国家示范性高职院校精品教材

DIANQI SHEBEI JIANXIU

电气设备检修

四川电力职业技术学院　组编

李开勤　肖艳萍　主编
叶章骏　贾剑冰　刘圣辉　编写
黄文龙　罗建华　主审

U0248419

中国电力出版社
CHINA ELECTRIC POWER PRESS

内 容 提 要

本书是国家示范性高职院校精品教材。

全书共分低压断路器检修、电力电容器检修、互感器检修、高压断路器检修、高压隔离开关检修、高压开关柜检修等六个学习情境，着重讲述发电厂、变电站主要电气设备的作用、结构、工作原理、特性、参数、应用、检测、状态判断、常见故障处理、检修工具的使用、检修工艺、技术规范等专业知识和专业技能。其主要内容包括电弧和触头的基本知识，发电厂、变电站高、低压电器的作用、工作原理、结构特点及其运行维护知识，电气设备常见故障分析及处理方法，电气设备检修工作的现场查勘、危险点分析与控制、检修工器具及材料准备、安全措施布置、检修流程及工艺要求，电气设备检修工作的检查、评价和考核。

本书主要作为高职高专院校电力技术类专业电气设备检修课程的教学用书，也可作为电力职业资格和岗位技能培训教材。

图书在版编目（CIP）数据

电气设备检修 / 四川电力职业技术学院组编；李开勤，肖艳萍主编. —北京：中国电力出版社，2011.8（2021.5 重印）
国家示范性高职院校精品教材
ISBN 978-7-5123-1921-9

Ⅰ.①电⋯ Ⅱ.①李⋯ ②肖⋯ ③四⋯ Ⅲ. ①电气设备－检修－高等职业教育－教材 Ⅳ. ①TM64

中国版本图书馆 CIP 数据核字（2011）第 141780 号

中国电力出版社出版、发行

（北京市东城区北京站西街 19 号 100005 http://www.cepp.sgcc.com.cn）
北京雁林吉兆印刷有限公司印刷
各地新华书店经售

*

2011 年 8 月第一版 2021 年 5 月北京第七次印刷
787 毫米×1092 毫米 16 开本 24.5 印张 597 千字
定价 **62.00** 元

四川电力职业技术学院

专业人才培养方案及教材
编审委员会

前　　言

本书是国家示范性高职院校建设项目成果电气设备检修课程教材。

电气设备检修课程作为四川电力职业技术学院"示范性高职院校发电厂及电力系统专业建设项目"优质核心课程进行重点建设。本课程按照"帮助学生养成良好的职业道德，使其具有适应就业需要的专业技能，注重知识的系统性，促进学生可持续发展"的理念安排教学，重视学生校内学习与实际工作的一致性，综合考虑专业能力、方法能力和社会活动能力的培养，明确课程的培养目标；将原学科体系课程发电厂电气设备和电器检修实习进行重组，选择既能满足知识和技能的教学要求，又有利于实施"做中教、做中学"的典型工作任务，确定学习情境，建立突出职业能力培养的课程标准；与企业专家共同研讨、开发能满足教学和学习需要的各类教学资源，建设促进学生实践操作能力培养的教学环境；利用校企合作建设"双师"结构的课程教学团队，教授学生专业知识，通过实施工作任务使学生能够运用专业知识，掌握专业技能；参照行业企业的技能考核标准进行教学情境的技能考核，实现课程考核与岗位考核的融合，充分体现教学过程的实践性、开放性和职业性，使学生校内学习与实际工作保持一致性，为学生可持续发展奠定良好的基础。2009年本课程被评为国家级精品课程建设项目。

本书配合课程教学要求，选取了既能满足专业知识的教学要求又有利于实施"做中教、做中学"的典型工作任务，作为职业能力和职业素养培养的载体，设置了低压断路器检修、电力电容器检修、互感器检修、高压断路器检修、高压隔离开关检修、高压开关柜检修等六个学习情境。每个学习情境都是一个完整的工作过程，遵循资讯、决策、计划、实施、检查、评价的思维过程，考虑职业能力培养的过程性和认知规律，按照从简单到复杂、从单一到综合的原则组织教材内容，将发电厂、变电站主要电气设备的作用、结构、工作原理、特性、参数、应用、检测、状态判断、常见故障处理、检修工具的使用、检修工艺、技术规范等专业知识和专业技能融入其中。本书将需要完成的任务和需要解决的问题，借助按照电力企业电气设备检修标准化作业流程来设计的"学生指南"（引导文），引导学生按标准化作业流程完成检修工作，使学生熟练掌握电气设备检修的专业知识，完成专业技能的培养和职业素质的养成。

本书由参与课程教学改革的学院老师和来自电力企业的变电检修专家合作开发编写。四川电力职业技术学院副院长李开勤和电气工程一系老师肖艳萍担任主编；四川省电力公司超（特）高压运行检修公司成都中心主任黄文龙和四川电力职业技术学院电气工程一系主任罗建华担任主审；四川电力职业技术学院电气工程一系老师叶章骏、四川省电力公司广元电业局高级技师贾剑冰、四川省电力公司超（特）高压运行检修公司绵阳中心高级技师刘圣辉等参与编写；全书由肖艳萍统稿。在编写过程中，得到四川省电力公司乐山电业局高级技师熊昌荣和四川省电力公司泸州电业局高级技师余万明的大力支持，在此表示衷心的感谢！

由于时间紧迫，书中不足和错误之处在所难免，恳请读者批评指正。

编者

2011 年 4 月

目　　录

绪　　论

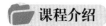 课程介绍

一、课程定位与设计

1. 课程的定位

发电厂及电力系统专业的培养目标是为电力企业培养从事电气设备安装、运行、检修、测试及管理工作的生产一线高素质技能型人才。按照国家示范性高职院校建设的要求，本专业在广泛调研学生就业岗位、岗位工作任务、岗位任职要求的基础上，组织电力企业专家、学院骨干教师根据专业培养目标和典型工作任务，通过打破原发电厂及电力系统专业学科体系的知识结构，重构了基于工作过程的课程体系。本课程作为"示范性高职院校发电厂及电力系统专业建设项目"的优质核心课程进行重点建设，着重体现岗位技能要求、促进学生实践操作能力的培养和职业素养的养成。

电气设备检修课程主要学习发电厂、变电站电气设备的结构、工作原理、检修工艺、技术规范等内容，是电力技术类高职高专发电厂及电力系统专业的一门实践性很强的主干专业必修课程。通过课程的学习，使学生具备电气设备检修的基本知识、岗位操作技能和基本的职业素养，培养学生掌握电气设备检修的专业知识、掌握按照标准化作业流程进行电气设备检修工作的专业技能，并培养学生具有良好的学习方法、工作方法和较强地促进职业发展的社会活动能力。

在新的专业课程体系中，本课程承接电力生产过程、电气安装图的识读、电工基础与应用课程的学习，为后续课程高电压技术、电力企业班组管理、继电保护装置运行与维护、自动装置运行与维护、变电站综合自动化、电气运行的学习奠定基础，对学生职业能力的培养和职业素养的养成起到了主要的支撑作用。

2. 课程设计的理念与思路

本课程按照"帮助学生养成良好的职业道德，使其具有适应就业需要的专业技能，注重知识的系统性，促进学生可持续发展"的理念，重视学生校内学习与实际工作的一致性，综合考虑专业能力、方法能力和社会活动能力的培养，确定课程的培养目标；将原学科体系课程发电厂电气设备、电器检修实习进行重组，选择既能满足知识和技能的教学要求，又有利于实施"做中教、做中学"的典型工作任务，确定学习情境，建立突出职业能力培养的课程标准；与企业专家共同研讨、开发能满足教学和学习需要的各类教学资源，建设促进学生实践操作能力培养的教学环境；利用校企合作建设"双师"结构的课程教学团队，按照工作过程系统化要求实施"做中教、做中学"的教学模式，教授学生专业知识，通过实施工作任务使学生能够运用专业知识，掌握专业技能；参照行业企业的技能考核标准进行教学情境的技能考核，实现课程考核与岗位考核的融合，充分体现教学过程的实践性、开放性和职业性，使学生校内学习与实际工作保持一致性，为学生的可持续发展奠定良好的基础。

二、课程培养目标

1. 知识目标

（1）掌握电气设备的作用、基本结构、工作原理、型号参数及技术规范；

（2）熟悉电气设备的常见故障形式、现象及处理办法；

（3）熟悉电气设备检修内容、检修程序和检修周期；

（4）熟悉电气设备检修工艺要求、质量标准；

（5）掌握电气设备的验收鉴定规范、检修安全注意事项。

2. 能力目标

（1）培养学生获取电气设备检修所需信息的能力；

（2）培养学生对工作现场进行危险点分析及控制的能力；

（3）培养学生对电气设备进行检修的能力；

（4）培养学生收集和整理技术资料的能力；

（5）培养学生对检修过程中出现的问题进行分析、选择解决方式与技巧的能力；

（6）培养学生进行设备验收和办理工作终结的能力；

（7）培养学生设计检修方案的能力；

（8）培养学生对检修项目进行综合评价的能力。

3. 素质目标

（1）培养学生的团队合作能力；

（2）培养学生对检修工作相关信息进行交换的能力；

（3）培养学生的环保意识、质量意识和成本控制意识；

（4）培养学生标准化作业的执行能力。

三、课程教学内容

为达到课程培养目标，选取电气设备的用途、结构特点、工作原理及其检修等知识，形成系统的课程知识体系；从众多的工作任务中，选取既能满足知识和技能的教学要求，又有利于实施"做中教、做中学"的"低压断路器检修"、"电力电容器检修"、"互感器检修"、"高压断路器检修"、"高压隔离开关检修"、"高压开关柜检修"等六个典型工作任务，作为职业技能和职业素养培养的载体；考虑学生职业能力培养的过程性和认知规律，按照从简单到复杂、从单一到综合的原则组织教学内容；将电气设备专业知识的学习、六个典型工作任务的实施以及对学习的评价与考核，按照工作过程系统化进行综合开发，形成本课程的六个学习情境（见表0-1）。

本课程选取的每个学习内容都是一个完整的工作过程，能将专业知识和技能有机融合在整个学习过程中；课程给学生提供独立进行计划工作的机会，在一定时间范围内学生可以自行组织、安排自己的学习行为，要求学生不仅能对已有知识、技能进行运用，而且还要学会运用已有知识，在一定范围内学习新的知识技能，解决过去从未遇到过的问题；在学习结束时，要求师生共同对工作过程以及工作和学习方法进行评价。课程内容难度逐步增加，通过对教学内容的合理组织把知识结构和学生的认知规律很好地结合起来，有利于学生快速有效地掌握知识。

表 0-1　　　　　　　　　　　　　　电气设备检修学习情境一览表

学习情境	任 务 描 述	培 养 目 标	主 要 内 容
低压断路器检修（22学时）	通过实施对 DW15 型低压断路器进行的检查、分解、检修、组装和调整的工作任务，了解低压电器的种类和作用，熟悉低压开关电器的基本结构，理解其工作原理；学会常用检修工具的使用方法，掌握低压开关电器的拆卸、组装要领	（1）掌握低压电气设备的作用及基本结构； （2）掌握电气触头和电弧的基本知识； （3）掌握低压断路器的用途、结构、工作原理； （4）能够熟练使用常用电工工具； （5）掌握低压断路器拆卸的工艺流程、要求和质量标准； （6）培养标准化作业实施行动力	（1）电弧的特点、产生过程和熄灭方法； （2）触头的分类及其结构； （3）低压电器的种类及用途； （4）低压断路器的结构和动作原理； （5）低压断路器常见故障及处理； （6）DW15 型断路器的维护与检修
电力电容器检修（20学时）	根据对高压电容器组的检查、综合分析与判断，通过实施 10kV 高压并联电容器的检测与更换工作任务，学习电力电容器、电抗器等相关设备的基本知识；掌握电气设备检测的基本技能	（1）掌握电容器、电抗器的结构类型； （2）掌握相关设备的作用及要求； （3）掌握安全措施布置的要点； （4）掌握绝缘电阻测试的基本方法和安全要求； （5）掌握高压电容器的常见故障及处理方法； （6）掌握高压电容器更换安装要求； （7）培养标准化作业实施行动力	（1）电容器的种类及作用； （2）电容器的基本结构和型号； （3）电抗器的种类、作用及基本结构； （4）电容器的配置与接线方式； （5）电容器组的运行和检修知识； （6）高压电容器和电抗器的常见故障及处理方法
互感器检修（24学时）	根据检修周期和运行工况进行综合分析判断，针对互感器漏油故障处理，实施对 LB6-110 电流互感器进行检修的工作任务，学习电流互感器、电压互感器等相关设备的基本知识，掌握互感器检修技能	（1）掌握互感器的结构、类型和接线方式； （2）掌握绝缘油处理的一般知识； （3）掌握互感器常见的故障及处理方法； （4）掌握互感器检修的工艺流程、要求和质量标准； （5）训练标准化作业实施行动力	（1）互感器的作用和类型； （2）互感器的接线方式； （3）互感器的基本结构及型号； （4）互感器的检修知识； （5）真空注油及油处理的知识； （6）互感器的常见故障及处理方法
高压断路器检修（42学时）	按照标准化作业流程的要求，通过实施对 SN10-10（或 SW6-110）型高压少油断路器及操动机构进行的检查、分解、检修、组装和调整的工作任务，熟悉高压断路器的基本结构，理解其工作原理；学会专用检修工具的使用方法，掌握高压开关电器的拆卸、组装、调整要领	（1）掌握断路器的作用、结构及类型； （2）掌握断路器操动机构的类型及特点； （3）掌握操动机构的结构、工作原理； （4）掌握断路器及操动机构的常见故障及处理方法； （5）具备起重、搬运的基本技能； （6）掌握断路器检修的工艺流程、要求和质量标准； （7）训练标准化作业实施行动力	（1）高压断路器的作用和功能； （2）高压断路器的基本结构和技术参数； （3）高压断路器的型号和基本类型； （4）高压断路器操动系统的作用、种类及特点； （5）高压断路器传动系统的作用和组成； （6）高压断路器的检查和维护； （7）高压断路器的检修
高压隔离开关检修（40学时）	按照标准化作业流程的要求，通过分析高压隔离开关的典型故障，实施对 GN19-10（或 GW6-110）型高压隔离开关及操动机构进行的检查、分解、检修、组装和调整的工作任务，掌握不同种类高压开关电器在基本结构、工作原理及用途等方面的区别；掌握专用检修工具的使用方法，掌握高压开关电器的拆卸、组装、调整操作技能	（1）掌握隔离开关的作用、结构及类型； （2）掌握隔离开关的常见故障及处理方法； （3）具备登高、除锈的基本技能； （4）掌握隔离开关检修的工艺流程、要求和质量标准； （5）规范标准化作业实施行动力	（1）隔离开关的作用、基本结构及类型； （2）隔离开关的操动机构； （3）隔离开关的检修与维护
高压开关柜检修（30学时）	按照标准化作业流程，通过实施高压开关柜检修工作任务，学习高压开关柜及 GIS 的基本知识；建立配电装置的概念，了解配电装置的作用、种类和技术要求；巩固相关电气一次设备的基本知识，进一步理解各设备在配电装置中的作用和相互关系；初步掌握综合分析判断故障的方法	（1）掌握高压开关柜的结构及类型； （2）掌握 GIS 的结构特点； （3）掌握高压开关柜的常见故障及处理方法； （4）掌握高压开关柜检修的工艺流程、要求和质量标准； （5）掌握高压开关柜的整体调试方法和质量要求； （6）规范标准化作业实施行动力	（1）配电装置的特点、种类及结构类型； （2）SF6 组合电器的特点、种类及结构； （3）高压开关柜、GIS 的常见故障及处理方法； （4）高压开关柜的检修

四、教学实施建议

本课程是一门实践性较强的专业课程，建议利用"教、学、做"为一体的教学环境，采用"双师"教学团队组织、实施具有电力行业电气设备检修工作特色的"六阶段"教学模式，灵活运用多种教学手段，使学生获得电气设备检修的专业知识和专业技能，全面掌握课程内容，培养学生分析问题、解决问题的能力。

"双师"教学团队由主讲教师、实训教师和企业兼职教师组成，相互协作实施教学。主讲教师负责课堂教学设计、分工和组织，负责理论教学和成绩综合评定，参与指导学生操作；实训教师准备场地和设备，配合企业兼职教师进行操作示范和指导学生操作；企业兼职教师负责操作示范，指导按标准化流程作业、检查和监督，以及检修质量控制。

本课程的实施应采用具有行业特色的"六阶段"教学模式。在"六阶段"教学过程中，教师可灵活运用多媒体教学法、引导文教学法、演示教学法、分组讨论法、角色扮演法、自主学习法和对比教学法等教学方法实施教学，提高学生学习的积极性和学习效率，提高教、学效果。引导文教学法可始终贯穿在六个阶段的教学过程中。

第一阶段：专业知识学习。主讲教师讲授相关专业知识。学生通过阅读"学习指南"，明确工作任务和学习目标，引导学生借助"学生指南"完成专业知识的自主学习。

第二阶段：接受工作任务。通过"学习指南"引导学生明确工作内容，完成小组人员分工，使各小组中每个成员都有明确的分工角色，工作任务清晰，各司其职；并引导学生收集相关资料，编制标准化作业计划表。

第三阶段：前期准备工作。通过"学习指南"引导学生完成现场查勘，进行危险点分析与预控；提供检修方案模板，引导完成检修方案的制定；完成工器具及材料准备，办理开工手续。

第四阶段：工作任务实施。学生在"学习指南"的引导及教师的指导下办理开工手续，按照工艺工序卡实施电气设备检修工作。"学习指南"提供了引导学生进行电气设备检修前的例行检查的检查项目、检查要求、检查方法、故障判断与处理措施，并引导学生进行分析和记录；提供了实施电气设备检修工作的检修内容、检修流程、检修工艺及质量标准，并引导学生按标准化作业流程进行检修和记录。

第五阶段：工作结束。学生借助"学习指南"中的电气设备检修评价细则的引导，明确检查要求，进行小组交叉检查；引导学生清理现场，进行检修工作验收，办理工作终结手续；按照"学习指南"提供的检修报告模板格式，编写检修报告。

第六阶段：评价与考核。老师对学生的学习过程、掌握的知识和操作技能、养成的职业素养进行评价；依据《电气设备检修技能考核评分细则》对学生进行技能操作考核。学生根据"学习指南"的评价细则，对自己小组和其他小组进行评价，工作完成以后，"学习指南"仍然是学生继续学习的很好资料。

另外，本课程建设的网站平台提供了本课程的学习情境实施计划、课程讲义、参考教案、参考课件、学习指南、设备图片、动画和视频，方便学生的学习，方便教师的查阅和使用；提供了供学生复习巩固的习题解答和检测学习情况的考试系统；提供了相关文件、国家标准与规范，拓宽学生的学习范围。相关网站的链接：http://www.kc.sc.sgcc.com.cn/jpkc2008/smj/dqsb/index.asp。

五、课程考核建议

本课程每个学习情境可作为独立的教学模块进行单独考核和评定成绩。各学习情境的考核包括综合评价、技能考核和理论考试，即：采用小组自评、小组互评和教师评价等手段对情境中的第二～第五阶段的学习情况进行综合评价；参照《电气设备检修技能考核评分细则》进行技能考核；对专业理论知识可采用口试或笔试。课程成绩由各学习情境成绩综合形成。课程考核应突出实践性、开放性和职业性，减少理论部分考核的比重，建议各学习情境的学习成绩=综合评价（40%）+技能考核（40%）+理论考试（20%）。各学习情境成绩的权重可参考表0-2。

表 0-2　　　　　　　　　　　　　电气设备检修课程成绩评定表

学习情境	权重	综合评价（40%）	技能考核（40%）	理论考试（20%）	小计
低压断路器检修	0.13				
电力电容器检修	0.10				
互感器检修	0.13				
高压断路器检修	0.23				
高压隔离开关检修	0.23				
高压开关柜检修	0.18				
总成绩					

电气设备概述

一、电气设备分类

为了满足电能的生产、输送和分配的需要，发电厂和变电站中安装有各种电气设备，用于实现起动、转换、监视、测量、调整、保护、切换和停止等操作。按电压等级可将电气设备分为高压电器和低压电器；按所起的作用不同，电气设备可分为一次设备和二次设备。

（一）一次设备

直接生产、转换和输配电能的电气设备，称为一次设备，主要有以下几种。

1. 生产和转换电能的设备

生产和转换电能的设备有同步发电机、变压器及电动机，它们都是按电磁感应原理工作的，统称为电机。

2. 开关电器

开关电器的作用是接通或断开电路。高压开关电器主要有以下几种。

（1）高压断路器（俗称开关）。断路器具有灭弧装置，可用来接通或断开电路的正常工作电流、过负荷电流或短路电流，是电力系统中最重要的具有控制和保护双重作用的开关电器。

（2）高压隔离开关（俗称刀闸）。隔离开关没有灭弧装置，用来在检修设备时隔离电源、进行电路的切换操作及接通或断开小电流电路。在各种电气设备中，隔离开关的使用量是最多的，但它一般只有在电路断开或无电流的情况下才能进行操作。

（3）高压负荷开关。负荷开关具有简易的灭弧装置，可以用来接通或断开电路的正常工作电流和过负荷电流，但不能用来接通或断开短路电流，在检修设备时还可用来隔离电源。高压开关电器还有用于配电系统的自动重合器和自动分段器等。

低压开关电器包括刀开关、组合开关和低压断路器等。

3. 保护电器

保护电器包括用于过负荷电流或短路电流保护的熔断器（俗称保险）和防御过电压的设备，即防雷装置。

熔断器用来断开电路的过负荷电流或短路电流，保护电气设备免受过载和短路电流的危害。熔断器不能用来进行正常工作电流的接通或断开操作，必须与其他电器配合使用。

防雷装置包括避雷器、避雷针、避雷线（架空地线）、避雷带和避雷网等（有关防雷装置的知识本书不作介绍）。

4. 互感器

互感器包括电流互感器和电压互感器。电流互感器的作用是将交流大电流变成小电流（5A 或 1A），供电给测量仪表和继电保护装置的电流线圈；电压互感器的作用是将交流高电压变成低电压（100V 或 $100/\sqrt{3}$ V），供电给测量仪表和继电保护装置的电压线圈。它们使测量仪表和保护装置标准化和小型化，使测量仪表和保护装置等二次设备与高压部分隔离，且互感器二次侧均接地，从而保证了设备和人身安全。

5. 补偿、限流电器

（1）调相机。调相机是一种不带机械负荷运行的同步电动机，主要用来向系统输出感性无功功率，以调节电压控制点或地区的电压。

（2）电力电容器。电力电容器补偿有并联和串联补偿两类。并联补偿是将电容器与用电设备并联，它发出无功功率，供给本地区需要，避免长距离输送无功，减少线路电能损耗和电压损耗，提高系统供电能力；串联补偿是将电容器与线路串联，抵消系统的部分感抗，提高系统的电压水平，也相应地减少系统的功率损失。

（3）消弧线圈。消弧线圈用来补偿小接地电流系统的单相接地电容电流，以利于熄灭电弧。

（4）并联电抗器。并联电抗器一般装设在 330kV 及以上超高压配电装置的某些线路侧。其作用主要是吸收过剩的无功功率，改善沿线电压分布和无功分布，降低有功损耗，提高送电效率。

（5）限流电抗电器。它包括串联在电路中的普通电抗器和分裂电抗器，其作用是限制短路电流，使发电厂或变电站能选择轻型电器和选用截面积较小的导体。

6. 载流导体

载流导体包括母线、架空线和电缆线等。母线用来汇集和分配电能或将发电机、变压器与配电装置连接；架空线和电缆线用来传输电能。

7. 绝缘子

绝缘子用来支持和固定载流导体，并使载流导体与地绝缘，或使装置中不同电位的载流导体间绝缘。

（二）二次设备

对一次设备进行监察、测量、控制、保护、调节的辅助设备，称为二次设备。

1. 测量表计

测量表计用来监视、测量电路的电流、电压、功率、电能、频率及设备的温度等，如电流表、电压表、功率表、电能表、频率表、温度表等。

2. 绝缘监察装置

绝缘监察装置用来监察交、直流电网的绝缘状况。

3. 控制和信号装置

控制主要是指采用手动（用控制开关或按钮）或自动（继电保护或自动装置）方式通过操作回路实现配电装置中断路器的分、合闸。断路器都有位置信号灯，有些隔离开关有位置指示器。主控制室设有中央信号装置，用来反映电气设备的事故或异常状态。

4. 继电保护及自动装置

继电保护的作用是当发生故障时，作用于断路器跳闸，自动切除故障元件；当出现异常情况时发出信号。自动装置的作用是用来实现发电厂的自动并列、发电机自动调节励磁、电力系统频率自动调节、按频率启动水轮机组；实现发电厂或变电站的备用电源自动投入、输电线路自动重合闸及按事故频率自动减负荷等。

5. 直流电源设备

直流电源设备包括蓄电池组和硅整流装置，用作开关电器的操作、信号、继电保护及自动装置的直流电源，以及事故照明和直流电动机的备用电源。

6. 高频阻波器

高频阻波器是电力载波通信设备中必不可少的组成部分，它与耦合电容器、结合滤波器、高频电缆、高频通信机等组成电力线路高频通信通道。高频阻波器有阻止高频电流向变电站或支线泄漏、减小高频能量损耗的作用。

二、电气设备的主要参数

1. 额定电压

额定电压（U_N）是国家根据国民经济发展的需要、技术经济合理性以及电机、电器制造水平等因素所规定的电气设备标准的电压等级。电气设备在额定电压下工作时，其技术性能与经济性能最佳。

我国的额定电压分三类。第一类是 100V 及以下者，主要用于安全照明、蓄电池及其他特殊设备。第二类是 100～1000V 之间的电压，广泛应用于工业与民用的低压照明、动力与控制。第三类是 1000V 及以上的电压，主要用于电力系统的发电机、变压器、输配电线路及高压用电设备。我国所制定的各种电气设备的额定电压见表 0-3。

表 0-3　　　　　　　　　　　　　　电气设备的额定电压　　　　　　　　　　　　　　单位：kV

用电设备额定电压	发电机额定电压	变压器额定电压	
		一次绕组	二次绕组
0.22	0.23	0.22	0.23
0.38	0.40	0.38	0.40
3	3.15	3、3.15	3.15、3.3
6	6.3	6、6.3	6.3、6.6
10	10.5	10、10.5	10.5、11
35		35	38.5
110		110	121
220		220	242
330		330	363
500		500	550

由于线路上的电压损失，同一电压等级下各电气设备的额定电压不尽相同。

（1）电网的额定电压：通常采用线路首端电压和末端电压的算术平均值。目前，我国电网的额定电压等级有 0.4、3、6、10、35、60、110、220、330、500、750kV 等。

（2）用电设备的额定电压：用电设备的额定电压就等于其所在电网的额定电压。

（3）发电机的额定电压：发电机的额定电压比其所在电网的额定电压高出 5%，从而保证末端用电设备工作电压的偏移不会超出允许范围，一般为±5%。

（4）变压器的额定电压：升压变压器的一次绕组的额定电压高出电网额定电压的 5%，即与发电机的额定电压相同；降压变压器一次绕组的额定电压等于所接电网的额定电压。变压器二次绕组的额定电压视所接线路的长短及变压器阻抗电压大小分别比所接电网高出 5% 或 10%。

2. 额定电流

额定电流（I_N）是指在规定的基准环境温度下，允许长期通过设备的最大电流值，此时设备的绝缘和载流部分的长期发热的最高温度不会超过规定的允许值。

我国采用的基准环境温度：电器，+40℃；导体，+25℃。

三、电气设备的符号

图形符号是用于表示电气图中电气设备、装置、元器件的一种图形和符号。文字符号是电气图中电气设备、装置、元器件的种类字母和功能字母代码。文字符号的字母应采用大写的拉丁字母。文字符号分为基本文字符号和辅助文字符号两种。常用一次电气设备的图形符号和文字符号见表0-4。

表 0-4　　　　　　　常用一次电气设备名称及图形符号和文字符号

名称	图形符号	文字符号	名称	图形符号	文字符号
交流发电机		G	负荷开关		Q
双绕组变压器		T	接触器的主动合、主动断触头		K
三绕组变压器		T	母线、导线和电缆		W
隔离开关		QS	电缆终端头		—
熔断器		FU	电容器		C
普通电抗器		L	三绕组自耦变压器		T
分裂电抗器		L	电动机		M

续表

名　　称	图形符号	文字符号	名　　称	图形符号	文字符号
断路器		QF	具有两个铁芯和两个二次绕组、一个铁芯两个二次绕组的电流互感器		TA
调相机		G	避雷器		F
消弧线圈		L	火花间隙		F
双绕组、三绕组电压互感器		TV	接地		E

四、电气主接线

1. 电气主接线的概念

发电厂和变电站的电气主接线是由发电机、变压器、开关电器等一次设备按其功能要求，通过导体连接而成的用于表示电能的生产、汇集和分配的电路，也称之为一次接线或电气主系统。

电气主接线代表了发电厂和变电站电气部分的主体结构，起着汇集电能和分配电能的作用，是电力系统网络结构的重要组成部分。电气主接线中一次设备的数量、类型、电压等级、设备之间的相互连接方式，以及与电力系统的连接情况，反映了该发电厂或变电站的规模和在电力系统中的地位。电气主接线的形式对电气设备的选择、配电装置的布置、继电保护与自动装置的配置起着决定性的作用，也将直接影响电力系统运行的可靠性、灵活性、经济性。

电气主接线的主要设备及其连接情况用电气主接线图表示。用国家规定的文字符号和图形符号表示主接线中的各元件，按实际运行原理排列和连接，详细地表示电气设备的基本组成和连接关系的接线图，称为发电厂或变电站的电气主接线图。电气主接线图一般画成单线图（即用单相接线表示三相交流系统），但对三相接线不完全相同的局部（如各相电流互感器的配备情况不同）则画成三线图。在电气主接线的全图中，还应将互感器、避雷器、中性点设备等也表示出来，并注明各个设备的型号与规格。

2. 电气主接线的种类

发电厂和变电站电气主接线的形式，因建设条件、能源类型、系统状况、负荷需求等多种因素而异。典型的电气主接线，可分为有母线和无母线两类，有母线类主要包括单母线接线、双母线接线等；无母线类主要包括桥形接线、多角形接线和单元接线等。

（1）单母线接线。单母线接线如图 0-1 所示。接线的特点是每一回路均经过一台断路器 QF 和隔离开关 QS 接于一组母线上。

母线用于汇集和分配电能。断路器用于在正常或故障情况下接通与断开电路。断路器两侧装有隔离开关，用于停电检修断路器时作为明显断开点以隔离电压，靠近母线侧的隔离开关称为母线侧隔离开关（如 QS11），靠近引出线侧的称为线路侧隔离开关（如 QS13）。

9

在主接线设备编号中隔离开关编号前几位与该支路断路器编号相同，线路侧隔离开关编号尾数为 3，母线侧隔离开关编号尾数为 1（双母线时是 1 和 2）。在电源回路中，若断路器断开之后，电源不可能向外送电能时，断路器与电源之间可以不装隔离开关，如发电机出口。若线路对侧无电源，则线路侧可不装设隔离开关。

（2）单母线分段接线。单母线分段接线如图 0-2 所示。利用分段断路器 QF0 和隔离开关 QS01、QS02 将母线适当分段，一般分为 2～3 段。

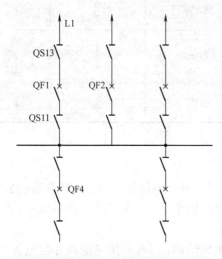

图 0-1　单母线接线

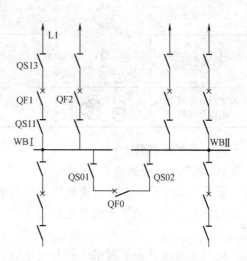

图 0-2　单母线分段接线

进出线路上的断路器和隔离开关的作用与单母线接线相同。分段断路器用于改变母线的运行方式，便于分段检修母线和母线隔离开关，减小母线和母线隔离开关故障的影响范围。

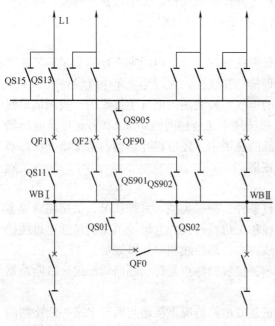

图 0-3　单母线分段带旁路母线接线

（3）单母线分段带旁路母线接线。单母线分段带旁路母线接线如图 0-3 所示，是增设了一组旁路母线及与各出线回路相连的旁路隔离开关的一种情况。旁路母线经旁路断路器 QF90 接至 I、II 段母线上。

旁路断路器的作用为当出线断路器检修时代替其工作，以保证供电的连续性。

旁路母线及旁路隔离开关的作用为将各出线进行横向连接，使旁路断路器能分别代替各出线断路器的工作。

当出线回路数不多时，旁路断路器利用率不高，可与分段断路器合用，有以下两种形式。

1）分段断路器兼作旁路断路器。如图

0-4 所示，从分段断路器 QF0 的隔离开关内侧引接联络隔离开关 QS05 和 QS06 至旁路母线，在分段工作母线之间再加两组串联的分段隔离开关 QS01 和 QS02。正常运行时，分段断路器 QF0 及其两侧隔离开关 QS03 和 QS04 处于接通位置，联络隔离开关 QS05 和 QS06 处于断开位置，分段隔离开关 QS01 和 QS02 中，一组断开，一组闭合，旁路母线不带电。

2）旁路断路器兼作分段断路器。如图 0-5 所示。正常运行时，两分段隔离开关 QS01、QS02 一个投入一个断开，两段母线通过 QS901、QF90、QS905、旁路母线、QS03 相连接，QF90 起分段断路器作用。

单母线分段带旁路接线与单母线分段接线相比，带来的唯一好处就是出线断路器故障或检修时可以用旁路断路器代路送电，使线路不停电。

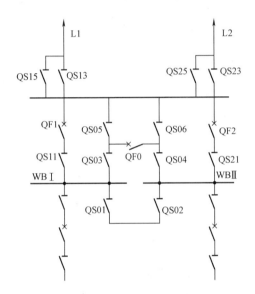

图 0-4　分段断路器兼作旁路断路器

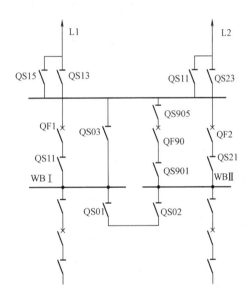

图 0-5　旁路断路器兼作分段断路器

（4）双母线接线。

1）不分段的双母线接线。不分段的双母线接线如图 0-6 所示。这种接线有两组母线（WB Ⅰ 和 WB Ⅱ），在两组母线之间通过母线联络断路器 QF0（简称母联断路器）连接；每一条引出线（L1、L2、L3、L4）和电源支路（QF5、QF6）都经一台断路器与两组母线隔离开关分别接至两组母线上。

2）双母线分段接线。双母线分段接线如图 0-7 所示，WB Ⅰ 母线用分段断路器 QF00 分为两段，每段母线与 WB Ⅱ 母线之间分别通过母联断路器 QF01、QF02 连接。这种接线较双母线接线具有更高的可靠性和更大的灵活性。

3）双母线带旁路母线接线。有专用旁路断路器的双母线带旁路母线接线如图 0-8 所示，除两组主母线 WB Ⅰ、WB Ⅱ 之外，增设了一组旁路母线及与各出线相连的旁路隔离开关和专用旁路支路（由旁路断路器 QF90 及两侧的隔离开关构成）。旁路断路器可代替出线断路器工作，使出线断路器检修时，线路供电不受影响。

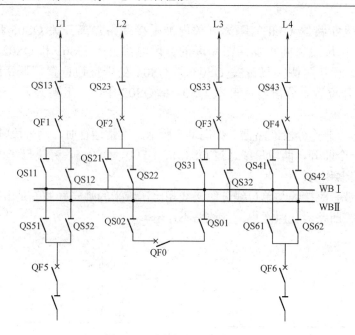

图 0-6 不分段的双母线接线

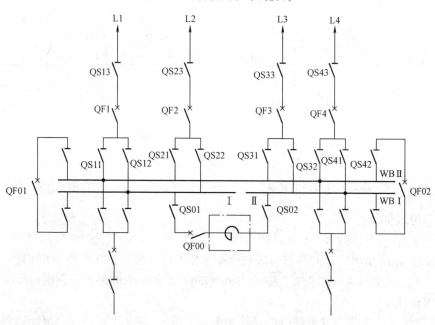

图 0-7 双母线分段接线

当出线数目不多，安装专用的旁路断路器利用率不高时，为了节省资金，可采用母联断路器兼作旁路断路器的接线，具体连接如图 0-9（a）、（b）、（c）所示。

（5）一台半断路器接线。一台半断路器接线如图 0-10 所示，有两组母线，每一回路经一台断路器接至一组母线，两个回路间有一台断路器联络，形成一串，每回进出线都与两台断路器相连，而同一串的两条进出线共用三台断路器，故而得名一台半断路器接线或叫做 $\dfrac{3}{2}$ 断路器接线。正常运行时，两组母线同时工作，所有断路器均闭合。

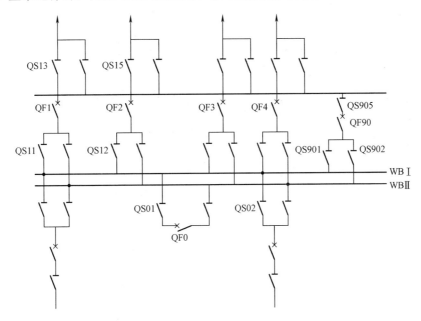

图 0-8　有专用旁路断路器的双母线带旁路母线接线

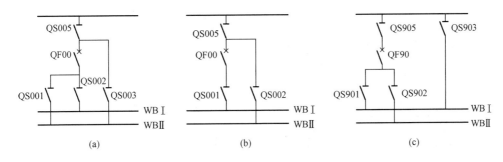

图 0-9　母联断路器兼旁路断路器接线

（a）两组母线带旁路；（b）一组母线带旁路；（c）设有旁路跨条

（6）变压器—母线组接线。如图 0-11 所示为变压器—母线组接线。这种接线变压器直接接入母线，各出线回路采用双断路器接线［如图 0-11（a）所示］或者一台半断路器接线［如图 0-11（b）所示］。

（7）桥形接线。桥形接线如图 0-12 所示。桥形接线仅用三台断路器，根据桥回路断路器（QF3）的位置不同，可分为内桥和外桥两种接线。

1）内桥接线。内桥接线如图 0-12（a）所示，桥回路置于线路断路器内侧（靠变压器侧），此时线路经断路器和隔离开关接至桥接点，构成独立单元；而变压器支路只经隔离开关与桥接点相连，是非独立单元。

2）外桥接线。外桥接线如图 0-12（b）所示，桥回路置于线路断路器外侧，变压器经断路器和隔离开关接至桥接点，而线路支路只经隔离开关与桥接点相连。

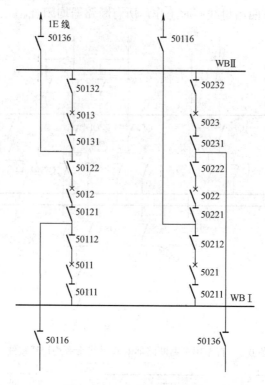

图 0-10　一台半断路器接线

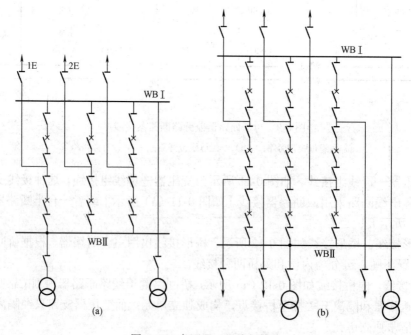

图 0-11　变压器—母线组接线

（a）出线双断路器接线；（b）出线一台半断路器接线

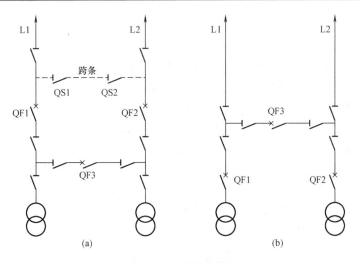

图 0-12　桥形接线

（a）内桥接线；（b）外桥接线

（8）多角形接线。多角形接线也称为多边形接线，如图 0-13 所示。它相当于将单母线按电源和出线数目分段，然后连接成一个环形的接线。比较常用的有三角形、四角形接线和五角形接线。

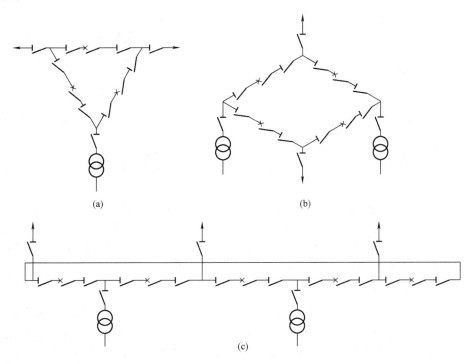

图 0-13　多角形接线

（a）三角形接线；（b）四角形接线；（c）五角形接线

（9）单元接线。单元接线是将不同的电气设备（发电机、变压器、线路）串联成一个整体，称为一个单元，然后再与其他单元并列。

1）单元接线。单元接线如图 0-14 所示。图 0-14（a）为发电机—双绕组变压器组成的单元，断路器装于主变压器高压侧作为该单元共同的操作和保护电器，在发电机和变压器之间不设断路器，可装一组隔离开关供试验和检修时作为隔离元件。

　　当高压侧需要联系两个电压等级时，主变压器采用三绕组变压器或自耦变压器，就组成发电机—三绕组变压器（自耦变压器）单元接线，如图 0-14（b）、（c）所示。为了能保证发电机故障或检修时高压侧与中压侧之间的联系，应在发电机与变压器之间装设断路器。若高压侧与中压侧对侧无电源时，发电机和变压器之间可不设断路器。

　　图 0-14（d）所示为发电机—变压器—线路组单元接线。它是将发电机、变压器和线路直接串联，中间除了自用电外没有其他分支引出。这种接线实际上是发电机—变压器单元和变压器—线路单元的组合，常用于 1～2 台发电机、一回输电线路，且不带近区负荷的梯级开发的水电站，把电能送到梯级开发的联合开关站。

　　2）扩大单元接线。采用两台发电机与一台变压器组成的单元接线称为扩大单元接线，如图 0-15 所示。在这种接线中，为了适应机组开停的需要，每一台发电机回路都装设断路器，并在每台发电机与变压器之间装设隔离开关，以保证停机检修的安全。

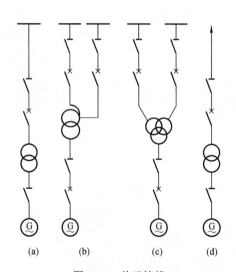

图 0-14　单元接线

（a）发电机—双绕组变压器单元接线；（b）发电机—自耦
变压器单元接线；（c）发电机—三绕组变压器单元接线；
（d）发电机—变压器—线路单元接线

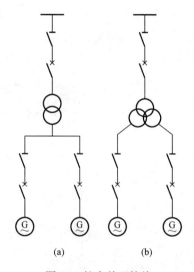

图 15　扩大单元接线

（a）发电机—双绕组变压器扩大单元接线；
（b）发电机—分裂绕组变压器扩大单元接线

3. 电气主接线的实例

　　某火力发电厂的电气主接线图如图 0-16 所示。该电厂有两个电压等级，即发电机电压 10kV 及升高电压 110kV；WBⅠ～WBⅢ是发电机电压母线。工作母线由断路器 QFd（称分段断路器）分为 WBⅠ 和 WBⅡ 两段，备用母线 WBⅢ 不分段；WBⅤ、WBⅣ 为升高电压母线；断路器 QFc 起到联络两组母线的作用，称为母线联络断路器（简称母联断路器）；每回进出线都装有断路器和隔离开关；发电机 G1 和 G2 发出的电力送至 10kV 母线，一部分电能由电缆线路供给近区负荷，剩余电能则通过升压变压器 T1 和 T2 送到升高电压母线 WBⅤ、WBⅣ；各电缆馈线上均装有电抗器 L，以限制短路电流；由于 G1 和 G2 足够供给本地区负荷，所以，发电机 G3 不再接在 10kV 母线上，而与变压器 T3 单独接成发电机—变压器单元，以减少发电机电压母线及馈线的短路电流。

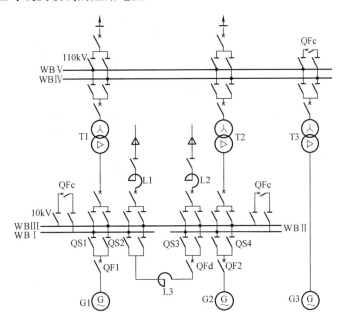

图 0-16　某火力发电厂的电气主接线图

光明变电站电气主接线如图 0-17 所示。110kV 侧采用双母线带旁路接线，利用旁路断路器兼作母联断路器；35kV 侧采用单母线不分段接线；10kV 侧采用单母线分段接线。该接线将出现于后续课程。

五、配电装置的概念

按照电气主接线图，由母线、开关设备、保护电器、测量电器及必要的辅助设备组建成接收和分配电能的电工建筑物，称为配电装置。配电装置是发电厂和变电站的重要组成部分。按电气设备的安装地点不同，配电装置可分为以下两种。

（1）屋内配电装置。全部设备都安装在屋内。

（2）屋外配电装置。全部设备都安装在屋外（即露天场地）。

按电气设备的组装方式不同，配电装置可分为以下两种。

（1）装配式配电装置。电气设备在现场（屋内或屋外）组装。

（2）成套式配电装置。制造厂预先将各单元电路的电气设备装配在封闭或不封闭的金属柜中，构成单元电路的分间。成套配电装置大部分为屋内型，也有屋外型。

配电装置还可按其他方式分类，例如按电压等级分类，即 10kV 配电装置、35kV 配电装置、110kV 配电装置、220kV 配电装置、500kV 配电装置等。

发电厂和变电站的电气装置除配电装置外，还有用来保证电力系统正常工作或保护人身安全的接地装置，前者称为工作接地，后者称为保护接地。

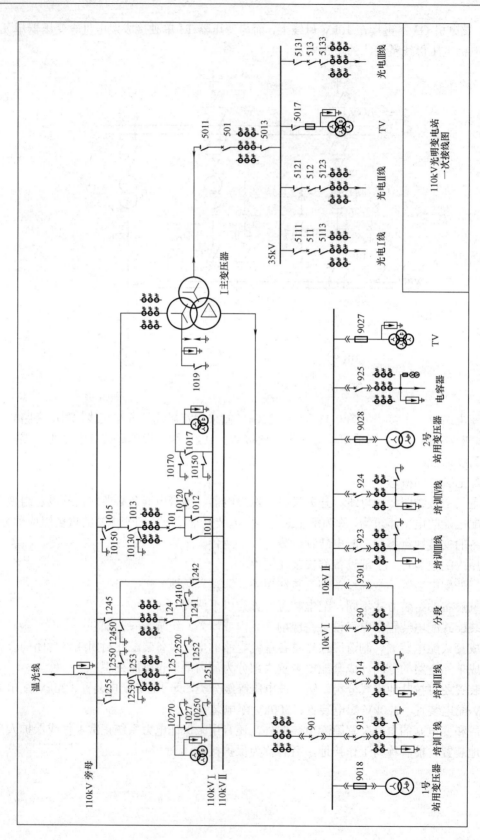

图 0-17 光明变电站电气主接线

学习情境一　低压断路器检修

任务描述

通过实施对 DW15 型低压断路器进行的检查、分解、检修、组装和调整的工作任务，了解低压电器的种类和作用，熟悉低压开关电器的基本结构，理解其工作原理；学会常用检修工具的使用方法，掌握低压开关电器的拆卸、组装要领。

学习目标

（1）掌握低压开关电器的作用及基本结构；

（2）掌握电气触头和电弧的基本知识；

（3）掌握低压断路器的用途、结构、工作原理；

（4）能够熟练使用常用电工工具；

（5）掌握低压断路器拆卸的工艺流程、要求和质量标准；

（6）培养标准化作业实施能力。

学习内容

（1）电弧的特点、产生过程和熄灭方法；

（2）触头的分类及其结构；

（3）低压电器的种类及用途；

（4）低压断路器的结构和动作原理；

（5）低压断路器常见故障及处理；

（6）DW15 型断路器的维护与检修。

1.1　资讯

一、电弧的基本知识

1. 电弧的特点及危害

电弧是电力系统及电能利用过程中常见的物理现象，其主要特点如下。

（1）电弧由阴极区、阳极区和弧柱区三部分组成，如图 1-1 所示。阴极和阳极附近的区域分别称为阴极区和阳极区，在阴极和阳极间的明亮光柱称为弧柱区。弧柱区中心部位温度最高、电流密度最大，称为弧心；弧柱区周围温度较低、亮度明显减弱的部分称为弧焰。

图 1-1　电弧的组成

（2）电弧的温度很高。电弧形成后，由电源不断地输送能量，维持它燃烧，并产生很高的温度。电弧燃烧时，能量高度集中，弧柱区中心温度可达到 10000℃以上，表面温度也有 3000～4000℃，同时发出强烈的白光，故称弧光放电为电弧。

（3）电弧是一种自持放电，不同于其他形式的放电现象（如电晕放电、火花放电等），电极间的带电质点不断产生和消失，处于一种动态平衡。弧柱区电场强度很低，一般仅为10～200V/cm，很低的电压就能维持电弧的稳定燃烧而不会熄灭。

（4）电弧是一束游离的气体，质量很轻，在电动力、热力或其他外力作用下能迅速移动、伸长、弯曲和变形。其运动速度可达每秒几百米。

电弧实际上是一种能量集中、温度很高、亮度很大的气体放电现象，它会对电力系统和电气设备造成很大的危害。电弧的主要危害表现在以下几方面。

（1）电弧的高温，可能烧坏电器触头和触头周围的其他部件；对充油设备还可能引起着火甚至爆炸等危险，危及电力系统的安全运行，造成人员的伤亡和财产的重大损失。

（2）由于电弧是一种气体导电现象，所以在开关电器中，虽然开关触头已经分开，但是在触头间只要有电弧的存在，电路就没有断开，电流仍然存在，直到电弧完全熄灭，电路才真正断开，电弧的存在延长了开关电器断开故障电路的时间，加重了电力系统短路故障的危害。

（3）由于电弧在电动力、热力作用下能移动，容易造成飞弧短路、伤人或引起事故扩大。

因此，要保证电力系统的安全运行，开关电器在正常工作时必须迅速可靠地熄灭电弧。

2. 电弧的产生过程

电弧的产生过程，实际上是气体介质在某些因素作用下发生强烈游离，产生很多带电质点，由绝缘变为导通的过程。电弧能成为导电通道，是由于电弧的弧柱内存在大量的带电粒子，这些带电粒子的定向运动形成电弧。

（1）热电子（强电场）发射产生自由电子。触头开断的瞬间由阴极通过热电子发射或强电场发射产生少量的自由电子。触头刚分离时，触头间的接触压力和接触面积不断减小，接触电阻迅速增大，使接触处剧烈发热，局部高温使此处电子获得动能，就可能发射出来成为自由电子，这种现象称为热电子发射。另一方面，触头刚分离时，由于触头间的间隙很小，在电压作用下间隙形成很高的电场强度，当电场强度超过 3×10^6V/m 时，阴极触头表面的电子就可能在强电场力的作用下，被拉出金属表面成为自由电子，这种现象称为强电场发射。

（2）碰撞游离形成电弧。从阴极表面发射出来的自由电子，在触头间电场力的作用下加速运动，不断与间隙中的中性气体质点（原子或分子）撞击，如果电场足够强，自由电子的动能足够大，碰撞时就能将中性原子外层轨道上的电子撞击出来，脱离原子核内正电荷吸引力的束缚，成为新的自由电子。失去自由电子的原子则带正电，称为正离子。新的自由电子又在电场中加速积累动能，去碰撞另外的中性原子，产生新的游离，碰撞游离不断进行、不断加剧，带电质点成倍增加，如图1-2所示。此过程愈演愈烈，如雪崩似地进行着，发展成为"电子崩"，在极短促的时间内，大量的自由电子和正离子出现，在触头间隙形成强烈的放电现象，形成了电弧，这种现象称为碰撞游离，又称电场游离。

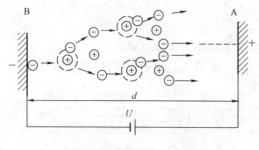

图1-2　碰撞游离示意图

对于一种气体，能否产生电场游离主要取决于电子运动速度，也就是取决于电场强度、电子的平均自由行程以及气体的性质。触头间电压越高，电场强度也越高，则气体更容易被击穿。气体的压力越高，其中自由电子的平均自由行程就越小，因而也就不容易产生电场游离。不同的气体要从其中性原子外层轨道撞击出自由电子，所需能量值是不同的。

（3）热游离维持电弧。触头间隙在发生了雪崩式碰撞游离后，形成电弧并产生高温。温度增高时，气体中粒子的运动速度也随着增大，就可能使原子外层轨道的电子脱离原子核内正电荷的束缚力（吸引力）成为自由电子，这种游离方式称为热游离。气体温度愈高，粒子运动速度愈大，原子热游离的可能性也愈大，从而供给弧隙大量的电子和正离子，维持电弧稳定燃烧。

一旦触头间隙形成电弧放电后，电弧的电阻很小，导电性很好，触头间隙的电压立刻降至最小，触头间隙的电场强度也大大降低，这时电场游离在间隙中作用不明显。另一方面，由于热平衡，电弧温度达到某一数值后不再上升，电导达到某一值后也不再上升，热游离将在一定强度下稳定下来，达到平衡状态。

综上所述，由于热电子发射或强电场发射在触头间隙中产生少量的自由电子，这些自由电子与中性分子发生碰撞游离并产生大量的带电粒子，从而形成气体导电，即产生电弧，一旦电弧产生后，将由热游离作用来维持电弧燃烧。

3. 电弧的熄灭过程

电弧的熄灭过程，实际上是气体介质由导通又变为截止的过程。电弧中发生游离的同时，还存在着相反的过程，即去游离。去游离使弧隙中正离子和自由电子减少。电弧的熄灭是电弧区域内已电离的质点不断发生去游离的结果。去游离的主要方式包括复合和扩散两种形式。

（1）复合。复合是指异性带电质点相遇，正负电荷中和成为中性质点的现象。电子的运动速度远远大于正离子，所以电子和正离子直接复合的可能性很小。复合的方式是电子先附在中性质点上形成负离子，负离子的运动速度比较小，正负离子的复合就容易进行。目前广泛使用的 SF_6 断路器就利用了 SF_6 气体的强电负性来实现电弧的尽快熄灭。

（2）扩散。扩散是指电弧中的自由电子和正离子散溢到电弧外面，并与周围未被游离的冷介质相混合的现象。扩散是由于带电粒子的无规则热运动，以及电弧内带电粒子的密度远大于弧柱外，电弧的温度远高于周围介质的温度造成的。电弧和周围介质的温度差愈大，带电粒子的密度差愈大，扩散作用就愈强。高压断路器中常采用吹弧的灭弧方法，就是加强了扩散作用。

综上所述，当游离作用大于去游离作用时，电弧电流增加，电弧燃烧加强；当游离作用与去游离作用持平时，电弧维持稳定燃烧；当去游离作用大于游离作用，弧隙中导电质点的数目减少，电导下降，电弧越来越弱，弧温下降，使热游离下降或停止，最终导致电弧熄灭。要使电弧熄灭，必须使去游离作用强于游离作用。影响去游离的物理因素有以下几方面。

（1）介质的特性。介质特性在很大程度上决定了电弧中去游离的强度。介质特性参数包括导热系数、热容量、热游离温度、介电强度等，这些参数值越大，去游离作用越强，电弧越容易熄灭，如氢气的灭弧能力是空气的 7.5 倍、SF_6 气体的灭弧能力约是空气的 100 倍。

（2）电弧的温度。降低电弧温度可以减弱热游离，减少新的带电质点的产生，同时也可降低带电质点的运动速度，加强了复合作用。通过快速拉长电弧，用气体或油吹动电弧，或使电弧与固体介质表面接触，都可以降低电弧的温度。

（3）气体介质压力。气体介质压力增大可使质点间的距离减小，浓度增大，复合作用加强。而高度真空的绝缘强度远远高于一个大气压的空气和 SF_6 气体的绝缘强度，并且高于变压器油的绝缘强度，真空中的绝缘强度恢复快，熄弧能力强。

（4）游离质点的密度。弧柱内带异号电荷的质点密度越大，复合作用越强烈，同时，电弧区内外的质点密度差越大，扩散作用越强。

（5）触头材料。触头材料也影响去游离的过程。当触头采用熔点高、导热能力强和热容量大的耐高温金属时，减少了热电子发射和金属蒸气，有利于电弧熄灭。

4. 直流电弧的特性和熄灭方法

在直流电路中产生的电弧叫直流电弧。直流电弧的特性，可以用沿弧长的电压分布和伏安特性来表示。稳定燃烧的直流电弧压降由阴极区压降、弧柱区压降和阳极区压降三部分组成。电弧阴极区压降近似等于常数，它与电极材料和弧隙的介质有关。弧柱区压降与弧长成正比。阳极区的压降比阴极区的小。当电流很大时，阳极区压降很小。如果其他条件不变，电弧电压随电流的增加而下降。

对于几毫米长的电弧，通常称为短弧。在短弧中，电弧电压主要由阳极、阴极电压降组成，它的特性表现在电弧电压约为20V左右，而且是与电流、外界条件无关的常数。对于长度为几厘米以上的电弧，称为长弧。在长弧中，电弧电压主要由弧柱区压降组成，电弧电压与电弧长度成正比。

当电源电压不足以维持稳态电弧电压及线路电阻电压降时，电弧即自行熄灭。熄灭直流电弧一般采用下列方法。

（1）采取冷却电弧或拉长电弧的方法，以增大电弧电阻和电弧电压；

（2）增大线路电阻，如熄弧过程中串入电阻；

（3）把长弧分割成许多串联的短弧，利用短弧的特性，使得电弧电压大于触头施加的电压时，则电弧即可熄灭。

在开断直流电路时，由于线路中有电感存在，则在触头两端电感上均会发生过电压。为了减小过电压，故需限制电流下降的速度。在高压大容量的直流电路中（如大容量发电机的励磁电路），一方面采用冷却电弧和短弧原理的方法来熄弧，另一方面采用逐步增大串联电阻的方法来熄弧。

5. 交流电弧的熄灭

在交流电路中产生的电弧称为交流电弧。交流电弧的燃烧过程与直流电弧的基本区别在于交流电弧中电流每半周要经过零点一次，称为"自然过零"，此时电弧自然暂时熄灭。如果电弧是稳定燃烧的，则电弧电流过零熄灭后，在另半周又会重燃。如果电弧过零后，电弧不发生重燃，电弧就会熄灭。

所以，交流电流过零的时刻是熄灭电弧的良好时机，如果在电流过零时采取有效措施加强弧隙的冷却，使弧隙介质的绝缘能力达到不会被弧隙外施电压击穿的程度，则在下半周电弧就不会重燃而最终熄灭。交流电流过零后，电弧是否重燃取决于弧隙介质绝缘能力或介电强度和弧隙电压的恢复。

（1）弧隙介质介电强度的恢复。弧隙介质能够承受外加电压作用而不致使弧隙击穿的电压称为弧隙的绝缘能力或介电强度。当电弧电流过零时电弧熄灭，弧隙中去游离作用继续进行，弧隙电阻不断增大，但弧隙介质的介电强度要恢复到正常状态值需要有一个过程，此恢复过程称为弧隙介质介电强度的恢复过程，以能耐受的电压 U_j 表示。

介质介电强度的恢复速度与冷却条件、电流大小、开关电器灭弧装置的结构和灭弧介质的性质有关。图 1-3 所示为不同介质的介电强度恢复过程曲线。

从图 1-3 中可见：在电流过零瞬间（$t=0$），介电强度突然出现升高的现象，此现象称为近阴极效应。这是因为电流过零后，弧隙的电极极性发生了改变，弧隙中剩余的带电质点的运动方向也相应改变，质量小的电子迅速向新的阳极运动，而比电子质量大很多倍的正离子由于惯性大，来不及改变运动方向停留在原地未动，导致新的阴极附近形成了一个正电荷的离子层，如图 1-4 所示，正空间电荷层使阴极附近出现了大约 150～250V 的起始介电强度。近阴极效应使弧隙在电弧自然熄灭后的极短瞬间能耐受 150～250V 的外加电压。在低压电器中，常利用近阴极效应这个特性来灭弧。

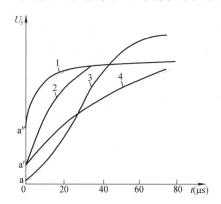 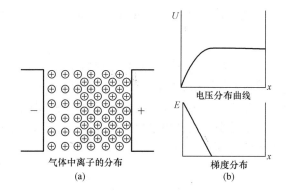

图 1-3 不同介质的介电强度恢复过程曲线
1—真空；2—SF₆；3—空气；4—油

图 1-4 近阴极效应
（a）电荷分布；（b）电压分布

影响介质介电强度恢复速率的主要因素有：

1）弧隙温度，弧隙温度降低越快，弧隙介质强度恢复速率越大；

2）弧隙介质特性，不同的灭弧介质中弧隙介质强度恢复速率不同；

3）灭弧介质的压力，压力高不易击穿产生电弧；

4）断路器触头的分断速度，分断速度越快，开距越大，介质介电强度的恢复速率越大。

（2）弧隙电压的恢复过程。电流过零使电弧熄灭后，加在弧隙上的电压称为恢复电压。电弧电流过零前，弧隙电压呈马鞍形变化，电压值很低，电源电压的绝大部分降落在线路和负载阻抗上。电流过零时，弧隙电压等于熄弧电压，正处于马鞍形的后峰值处；电流过零后，弧隙电压从后峰值逐渐增长，一直恢复到电源电压，弧隙电压从熄弧电压变成电源电压的过程称为弧隙电压恢复过程。

用 $u_{hf}(t)$ 表示电压恢复过程。电压恢复过程与电路参数、负荷性质等有关。受电路参数等因素的影响，电压恢复过程可能是周期性的变化过程，也可能是非周期性变化过程。图 1-5 所示是弧隙恢复电压按指数规律变化的非周期性过程，图中 U_0 是电弧自然熄灭瞬间的电源相电压，u_{xh} 为熄弧电压，u_{hf} 是弧隙恢复电压，依指数规律上升的恢复电压最大值不会超过 U_0，也就是说不会在电压恢复过程中出现过电压。图 1-6 所示是恢复电压呈现周期性振荡的变化过程，这时弧隙的恢复电压最大值理论上可达到 $2U_0$，实际中由于电阻影响，弧隙恢复电压振荡有衰减，实际最大值为（1.3～1.6）U_0。周期性振荡的恢复电压更容易超过弧隙介质强度，造成电弧重燃。

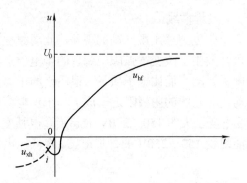

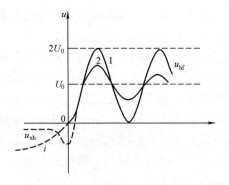

图 1-5　恢复电压非周期性变化过程 　　图 1-6　恢复电压周期性振荡变化过程

　　　　　　　　　　　　　　　　　　　1—衰减系数=0 的情况；2—衰减系数≠0 的情况

（3）交流电弧的熄灭条件。电弧电流过零后，电弧自然熄灭。电流过零后，弧隙中同时存在着两个作用相反的恢复过程，即介质介电强度恢复过程 u_j 和弧隙电压的恢复过程 u_{hf}。如果弧隙介质介电强度在任何情况下都高于弧隙恢复电压，则电弧熄灭；反之，如果弧隙恢复电压高于弧隙介质介电强度，弧隙就被击穿，电弧重燃，如图 1-7 所示。因此，交流电弧的熄灭条件为 $u_j(t) > u_{hf}(t)$

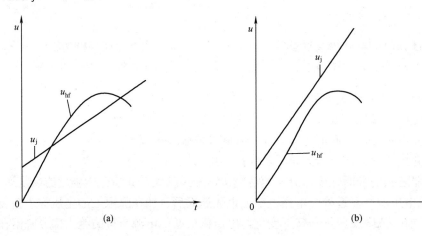

图 1-7　交流电弧在过零后重燃和熄灭

（a）重燃；（b）熄灭

　　综上所述，在交流电弧的灭弧中，应充分利用交流电流的自然过零点，采取有效的措施，加大弧隙间去游离的强度，使电弧不再重燃，最终熄灭。

　　6. 熄灭交流电弧的基本方法

　　开断交流电弧时，在电流达到零值以后，加强对弧隙的冷却，抑制热游离，加强去游离。为此，在开关设备中均装设了灭弧装置，或称为灭弧室，灭弧室不断改进，大大提高了开关的灭弧能力。另一方面，为了进一步提高灭弧能力，还可以采用性能更为优越的新型灭弧介质，例如 SF_6 断路器的使用等。目前，在开关电器中广泛采用的灭弧方法有以下几种。

　　（1）吹弧。利用灭弧介质（气体、油等）在灭弧室中吹动电弧，广泛应用在开关电器中，特别是高压断路器中。

用弧区外新鲜、低温的灭弧介质吹拂电弧，对熄灭电弧起到多方面的作用。它可将电弧中大量正负离子吹到触头间隙以外，代之以绝缘性能高的新鲜介质；它使电弧温度迅速下降，阻止热游离的继续进行，使触头间的绝缘强度提高；被吹走的离子与冷介质接触，加快了复合过程的进行；吹弧使电弧拉长变细，加快了电弧的扩散，弧隙电导下降。按吹弧方向分为：

1）横吹。吹弧方向与电弧轴线相垂直时，称为横吹，如图 1-8（a）所示。横吹更易于把电弧吹弯拉长，增大电弧表面积，加强冷却和增强扩散。

2）纵吹。吹弧方向与电弧轴线一致时，称为纵吹，如图 1-8（b）所示。纵吹能促使弧柱内带电质点向外扩散，使新鲜介质更好地与炽热的电弧相接触，冷却作用加强，并把电弧吹成若干细条，易于熄灭。

3）纵横吹。横吹灭弧室在开断小电流时，因灭弧室内压力太小，开断性能差。为了改善开断小电流时的灭弧性能，可将纵吹和横吹结合起来。在开断大电流时主要靠横吹，开断小电流时主要靠纵吹。

（2）采用多断口灭弧。在许多高压断路器中，常采用每相两个或多个断口相串联的方式，如图 1-9 所示。熄弧时，利用多断口把电弧分解为多个相串联的短电弧，使电弧的总长度加长，弧隙电导下降；在触头行程、分闸速度相同的情况下，电弧被拉长的速度成倍增加，促使弧隙电导迅速下降，提高了介电强度的恢复速度；另一方面，加在每一断口上的电压减小数倍，输入电弧的功率和能量减小，降低了弧隙电压的恢复速度，缩短了灭弧时间。多断口比单断口具有更好的灭弧性能，便于采用积木式结构（用于 110kV 及以上电压等级的断路器中）。

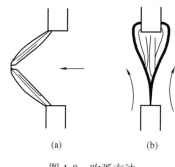

图 1-8　吹弧方法
（a）横吹；（b）纵吹

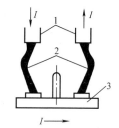

图 1-9　双断口示意
1—静触头；2—电弧；3—动触头

采用多断口的结构后，每个断口上的电压出现分配不均的现象，这是由于两断口之间的导电部分对地电容的影响而引起的。为了使各个灭弧室的工作条件相接近，通常采用断口并联电容的方法，在每个断口外边并联一个比对地电容大得多的电容，称为均压电容，其容量一般为 1000～2000pF。接了均压电容后，只要电容容量足够大，多断口的电压就接近相等了。实际中要做到电压完全均匀，必须装设容量很大的电容，造成投资增大，经济性不好，因此，一般按断口间最大电压不超过均匀分配值 10%的要求来选择均压电容的电容量。

（3）提高分闸速度。迅速拉长电弧，有利于迅速减小弧柱内的电位梯度，增加电弧与周围介质的接触面积，加强冷却和扩散作用。现代高压断路器中都采取了迅速拉长电弧的措施灭弧，如采用强力分闸弹簧，其分闸速度已达 16m/s。

（4）用耐高温金属材料制作触头。触头材料对电弧的去游离也有一定影响，用熔解点高、导热系数和热容量大的耐高温金属制作触头，可以减少热电子发射和电弧中的金属蒸气，减弱游离过程，利于电弧熄灭。常用的触头材料有铜钨合金和银钨合金等。

（5）采用优质灭弧介质。灭弧介质的特性，如导热系数、介电强度、热游离温度、热容量等，对电弧的游离程度有很大影响，这些参数值越大，去游离作用越强。现代高压开关中，广泛采用油、压缩空气、SF_6 气体、真空等作为灭弧介质。

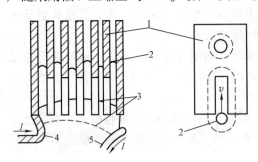

图 1-10　电弧在灭弧栅内熄灭

1—灭弧栅片；2—电弧；3—电弧移动位置；
4—静触头；5—动触头

（6）利用短弧原理灭弧。这种灭弧方法常用于低压开关电器中，如自动开关和电磁接触器等。利用一个金属灭弧栅将电弧分为多个短弧，利用近阴极效应的方法灭弧，如图 1-10 所示。灭弧栅用金属材料制成，触头间产生的电弧被磁吹线圈驱入灭弧栅，每两个栅片间就是一个短弧，每个短弧在电流过零时新阴极产生 150～250V 的起始介电强度，如果所有串联短弧的起始介电强度总和始终大于触头间的外加电压，电弧就不会重燃而熄灭。在低压电路中，电源电压远小于起始介质强度之和，因而电弧不能重燃。

（7）利用固体介质的狭缝灭弧装置灭弧。低压开关中也广泛应用狭缝灭弧装置灭弧。狭缝由耐高温的绝缘材料（如陶土或石棉水泥）制作，通常称为灭弧罩。电弧形成后，用磁吹线圈产生的磁场作用于电弧，电弧受电动力作用吹入狭缝中，在把电弧迅速拉长的同时，电弧与灭弧罩内壁紧密接触，热量被冷的灭弧罩吸收，电弧温度下降，电弧表面被冷却和吸附；又因窄缝中的气体被加热使其压力很大，加强了电弧中的复合过程。图 1-11 是狭缝灭弧装置的工作原理示意图。

磁吹力的产生靠外加磁场，使电弧在磁场中受力向灭弧室狭缝中移动。产生磁场的方法有以下三种。

1）磁吹线圈与电路串联。其特点是吸力的方向不随电流方向的改变而变化，磁吹力的大小与电弧电流的平方成正比。当切断小电流时，可能磁吹力太小，电弧不能被拉入狭缝中。

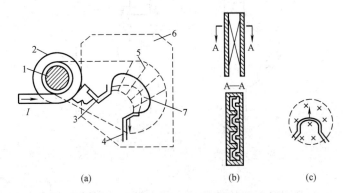

图 1-11　狭缝灭弧装置的工作原理

（a）灭弧装置；（b）迷宫式灭弧片；（c）磁吹弧原理

1—磁吹铁芯；2—磁吹线圈；3—静触头；4—动触头；
5—灭弧片；6—灭弧罩；7—电弧移动位置

2）磁吹线圈与电路并联。磁吹力不受电弧电流影响，可以获得恒定的磁场强度，开断小电流时不会降低它的开断能力。但磁吹力具有方向性，在使用中必须注意磁吹线圈的极性。

3）永久磁铁式。其工作原理与并联磁吹相同，但它不需要线圈，结构简单。它同样具有方向性，一般只应用于直流电路中。

二、电气触头的基本知识

1. 电气触头的概念

电气触头是指两个导体或几个导体之间相互接触的部分，如母线或导线的接触连接处以及开关电器中的动、静触头。电气触头设计不好、制造不良或工作状况不良，直接影响到电气设备和电气装置的工作可靠性，甚至导致电气设备发生严重事故。特别是开关电器中的触头，用来接通和断开电路，是开关电器的执行元件，因此，它的性能好坏直接决定了开关电器的品质。

对电气触头的基本要求如下：

（1）结构可靠；

（2）接触电阻小而且稳定，即有良好的导电性能和接触性能；

（3）通过规定电流时，发热稳定而且温度不超过允许值；

（4）通过短路电流时，具有足够的动稳定性和热稳定性；

（5）开断规定的短路电流时，触头不被灼伤，磨损尽可能小，不发生熔焊现象。

各种触头均需满足以上各种要求，同时还要尽可能地便于安装、维修、降低造价。

2. 触头的接触电阻

电流流过触头所产生的电阻称为接触电阻。由于触头的接触面往往不是全面接触，而是局部接触，所以接触面积可能小于导体的几何面积，因而接触电阻可能比导体其他部分的电阻增大。

正常情况下，触头间的接触紧密而牢靠，接触电阻是很小的。当接触部位接触不良时，接触电阻就会增大，使触头过热，如果不及时发现和处理，就会发展成触头烧毁、损伤触头周围物质，拉出电弧和飞弧短路，会导致故障的进一步扩大。

因为触头在正常工作和通过短路电流时的发热都与接触电阻值有关，所以触头的品质在很大程度上取决于触头的接触电阻值。触头的表面加工状况、表面氧化程度、触头间的压力及接触情况等都会影响接触电阻值。下面分析影响接触电阻的主要因素。

（1）触头间的压力。即使精细加工的触头表面，从微观上看也是凹凸不平的，触头接触面积的大小受施加压力大小的影响，如图 1-12 所示。在不加外力情况下，将两个触头对接放置时，触头间仅有一点 a 接触，如图 1-12（a）所示。施加外力 F_1 时，a 点被压平形成接触面；若施加比 F_1 更大的外力 F_2，则 a 接触面增大，同时又将 b 点接触并形成新的接触面，总的接触面增大了，接触电阻就小了。故压力是影响接触电阻的重要因素。

在开关电器中，一般在触头上附加钢性弹簧，目的是增大并保持触头间的接触压力，使触头接触可靠，减小接触电阻并保持稳定。

（2）触头材料及预防氧化的措施。触头一般由铜、黄铜和青铜等材料制

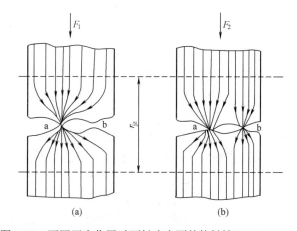

图 1-12 不同压力作用时两触头表面的接触情况（$F_2 > F_1$）
(a) 施加外力 F_1；(b) 施加外力 F_2

成，这些材料在空气中容易氧化。为了防止氧化，通常在触头表面镀上一层锡或铅锡合金。镀锡后，触头的接触电阻比没有氧化的铜触头的接触电阻约高 30%～50%，但在运行中不再增加。

镀锡铜触头的使用环境温度可在 60℃以上，它可以用在户外装置中，也可以用在潮湿的场所。没有镀锡的铜触头在上述条件下使用时，必须加以密封。在户外装置或潮湿场所使用的大电流触头，最好在触头表面镀银。银在空气中不易氧化，镀银触头的接触电阻比较稳定，因此镀银触头的特性比较稳定。对钢制触头，其接触表面应镀锡，并涂上两层漆加以密封。铝制触头在空气中最易氧化，并产生具有很大电阻的氧化膜层，对接触电阻的影响最大。因此，铝制触头必须在表面涂中性凡士林油加以覆盖，以防氧化。

一些电气设备，如变压器、电机等采用铜制引出端头，如果是在屋外和潮湿的场所中，就不能将铝导体用螺栓与铜端头连接。因为铜铝直接接触会形成电位差（约为 1.86V），当含有溶解盐的水分渗入接触面的缝隙时，会产生电解反应，铝被强烈地电腐蚀，导致触头损坏，并可能酿成重大事故。为了避免出现这种情况，通常采用铜铝过渡接头，其结构是一端为铝，一端为铜，如图 1-13 所示。

在屋内配电装置中，允许将铝导体用螺栓直接与电器的铜端头连接。

导体搭接面的处理应满足下列规定。

1）铝与铝：直接连接。

2）铜与铜：在干燥的室内可直接连接；在室外、高温且潮湿或对母线有腐蚀性气体的室内，必须搪锡。

3）钢与钢：必须搪锡或镀锌，不得直接连接。

4）铜与铝：在干燥的室内，铜导体应搪锡；在室外或空气湿度接近 100%的室内，应采用铜铝过渡板，铜导体应搪锡。

5）钢与铝：钢导体必须搪锡。

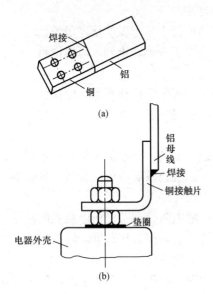

图 1-13 铝母线接到电器铜端头上用的接头
（a）铜铝过渡接头；（b）铝导体用螺栓直接与电器的铜端头连接

6）钢与铜：钢导体必须搪锡。

3. 触头的分类及其结构

（1）按接触面的形式分类。

1）点触头：是指两个触头间的接触面为点状的触头，如球面和平面接触、两个球面接触等都是点接触。这种接触形式的优点是压强较大、接触点较固定、接触电阻稳定、触头结构简单、自净作用较强；缺点是接触面积小、不宜通过较大电流、热稳定性差。因此，这种触头通常只用在工作电流和短路电流较小的情况下，如继电器和开关电器的辅助触点等。图 1-14（a）所示为点接触示意图。

2）线触头：是指两个触头的接触面为线状的触头，如柱面与平面接触，或两个圆柱面间的接触等都属于线接触。图 1-14（b）所示为线接触示意图。线触头的压力强度较大，在同样压力下，线触头比面接触触头的实际接触点要多。线触头在接通或断开时，触头间的运动形式是一个触头沿另一个触头的表面滑动。由于触头的压强很大，滑动时很容易把触头表面的金属氧化层破坏掉（这种效应也被称为自净作用），从而可减小接触电阻，铜制线触头的接触电阻是平面触头的 1/2～1/3。线触头的接触面积比较稳定，广泛应用于高、低压开关电器中。

3）面触头：是指两个平面或两个曲面的接触触头，触头容量较大。在受到较大压力时，接触点数和实际接触面积仍比较小，所以，为保证触头的动稳定，减小接触电阻，就必须对触头施加更大的压力。图 1-14（c）所示为面接触示意图。

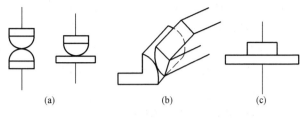

图 1-14　触点的三种接触形式

（a）点接触；（b）线接触；（c）面接触

（2）按结构形式分类。

1）固定触头：是指连接导体之间不能相对移动的触头，如母线之间、母线与电器引出端头的连接等，如图 1-15 和图 1-16 所示。

固定触头按其连接方式可分为可拆卸和不可拆卸两类。可拆卸的连接，采用螺栓连接方式，以方便安装和维修；不可拆卸的连接，采用铆接或压接方式，触头连接后便不可拆卸，压接时，使用专用的压接模具，由压接工具施压成形。

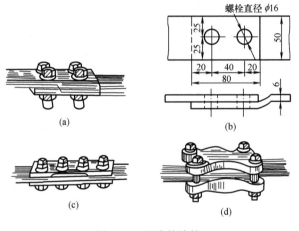

图 1-15　母线的连接

（a）、（b）搭接；（c）用连接片和夹持螺栓的对接；
（d）用连接片和夹持螺栓的搭接

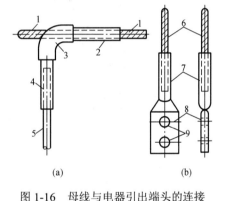

图 1-16　母线与电器引出端头的连接

（a）绞线分支的压接接头；
（b）与电器连接的压接接头

1、5、6—绞线；2、4、7—圆管；
3—夹具的外壳；8—端板；9—螺孔

固定触头的接触表面应采取适当的防腐措施，以防止外界的侵蚀，保证接触可靠、耐用。防腐的方法一般是在触头连接后，在外面涂以绝缘漆、瓷釉或凡士林油等。

2）可断触头：是指在工作过程中可以分开的触头，广泛应用于高低压开关电器中，按其结构可分为以下几种。

①对接式触头：这种触头的优点是结构简单，分断速度快；缺点是接触面不够稳定，关合时易发生触头弹跳，由于触头间无相对运动，故基本上没有自净作用，触头容易被电弧烧伤，动热稳定性较差。对接式触头主要适用于 1000A 以下的断路器中。

②插座式触头：如图 1-17 所示，又称梅花形触头。其静触头 1 是由多瓣独立的触指组成一个圆环，如同插座状，动触头 4 是圆形导电杆。接通时导电杆插入插座内，由强力弹簧或弹簧钢片把触指压向导电杆，静触指与动触头间形成线接触。由于触指的数量较多，每片触指的接触压力并不很大，插座式触头接触面工作可靠。在接通和断开过程中，导电杆与触指摩擦，自净作用强，接触电阻比较稳定。动触头的运动方向与动、静触头间的压力方向垂直，

接通时触头的弹跳很小。触指片间以及触指与导电杆之间的电流是同一方向，电动力使触指压紧导电杆，短路时的接触很稳定。但是，插座式触头的结构比较复杂，允许通过的电流也受到限制，断开时间也较长，广泛用于断路器中作为主触头和灭弧触头。为了使触头具有抗电弧烧伤能力，常在外套的端部加装铜钨合金保护环 3，在动触头的端部镶嵌铜钨合金制成的耐弧端。

③指形触头：如图 1-18 所示，它由装在载流导体两侧的接触指 1、楔形触头 3 和夹紧弹簧 4 组成。其特点是动稳定性较好，接通和断开过程中有自净作用；缺点是触头系统与灭弧室配合较难，工作表面易受电弧烧损。指形触头主要在断路器中作主触头，在隔离开关中应用也较多。

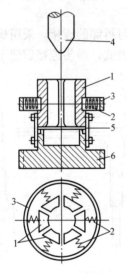

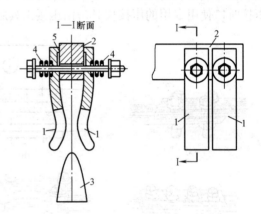

图 1-17　插座式触头

1—静触头；2—弹簧；3—铜钨合金保护环；

4—动触头；5—挠性连接条；6—触头底座

图 1-18　指形触头

1—接触指；2—载流导体；3—锁形触头；4—夹紧弹簧；

5—接触指上端的凸部

④插入式触头：其结构特点是所需接触压力较小，有自洁作用，无弹跳现象，触头磨损小，动热稳定性好；缺点是除了刀形触头外，结构复杂，分断时间长。

⑤刀形触头：其结构简单，广泛用于手动操作的高低压电器，如刀开关、隔离开关等。

3）滑动触头：也叫中间触头，又称可动触头，是指在工作中被连接的导体总是保持接触，能由一个接触面沿着另一个接触面滑动的触头。这种触头的作用是给移动的受电器供电，如电机的滑环碳刷、行车的滑线装置、断路器的滑动触头等。开关电器常采用豆形触头和滚动式滑动触头。在接通和断开过程中，滚轮沿着导电杆上、下滚动。

图 1-19 所示为豆形触头，它的静触指分上下两层，均匀分布在上下触头的圆周上，每一触指配有小弹簧作缓冲，以防止动触杆卡涩和减小摩擦，动触杆由其中心孔通过。由于其接触点多，因此在较小的压力下，具有良好的导电能力，且结构紧凑，但通用性差。

图 1-20 所示为滚动式滑动触头，它由可动导电杆 2、成对的滚轮 3、固定导电杆 1 及弹簧 5 组成。弹簧的作用是保持滚轮和可动导电杆以及滚轮和固定导电杆的接触压力。在接通和断开过程中滚轮绕着自身轴转动，并沿导电杆滚动。这种触头由于接触面的摩擦力很小，自净作用不如插座式触头有效。

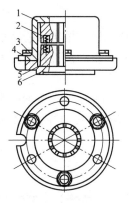

图 1-19　豆形触头

1—上触头座；2—弹簧；3—螺栓；4—弹簧垫圈；

5—触指；6—下触头座

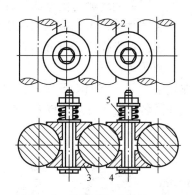

图 1-20　滚动式滑动触头

1—固定导电杆；2—可动导电杆；3—滚轮；

4—螺栓；5—弹簧

三、低压电器概述

1. 低压电器的概念

低压电器是指用于交流 50Hz、额定电压在 1200V 及以下或直流额定电压在 1500V 及以下的电力线路中起保护、控制、转换和调节等作用的电气元件的总称。

2. 低压电器的种类

低压电器种类繁多，按照用途或所控制的对象可分为：

（1）低压配电电器，主要用于低压配电系统中，如刀开关、转换开关、熔断器、低压断路器和保护继电器等；

（2）低压控制电器，主要用于电力传动系统中，如控制继电器、接触器、起动器、控制器、调整器、主令电器、变阻器和电磁铁等。

低压电器按照动作性质可以分为：

（1）手动电器，是指主要通过人力直接操作的电器，主要用于完成接通、分断、起动和停止等动作，如开关、按钮及各种主令电器等；

（2）自动电器，是指按照输入信号或本身参数的变化而自动动作的电器，主要用于完成接通、分断、起动或停止等动作，如接触器、继电器等。

3. 常用低压电器

（1）刀开关。刀开关是指具有刀型触头，用于不频繁接通和分断正常负荷电流及以下电流的低压供电线路的一类低压开关电器。刀开关可用于隔离电源以保证检修人员的安全，还可用于小容量笼型异步电动机的直接起动。

刀开关的结构比较简单，其典型结构如图 1-21 所示，主要由操作手柄、动触刀、静触座和绝缘底板构成。推动手柄使动触刀插入静触座中，电路就会被接通。二

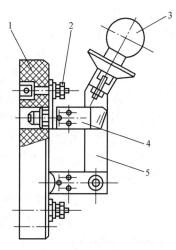

图 1-21　刀开关的结构图

1—绝缘底板；2—接线端子；3—操作手柄；

4—静触座；5—动触刀

极和三极刀开关的动触刀由绝缘横杆联动。

刀开关的种类很多。按触刀的极数可分为单极、双极和三极；按触刀的转换方向可分为单掷和双掷；按操作方式可分为直接手柄操作和远距离连杆操作；按灭弧情况可分为有灭弧罩和无灭弧罩等。

常用的刀开关有 HK 系列开启式负荷开关（又名瓷底胶盖闸刀开关）、HH 系列封闭式负荷开关（又名铁壳开关）、HD 及 HS 隔离刀开关和 HR 系列熔断器式刀开关（又称刀熔开关），如图 1-22 所示。

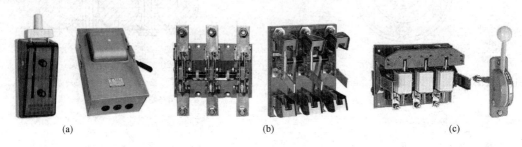

图 1-22　常用的刀开关

(a) HK、HH 系列负荷开关；(b) HD、HS 隔离刀开关；(c) HR 系列熔断器式刀开关

（2）组合开关。组合开关常用于低压电气线路中，供手动不频繁接通或分断电路、换接电源和负载、测量三相电压、改变负载的接线方式，控制小容量交、直流电动机的正反转、星—三角起动和变速、换向的控制等，是一种结构紧凑、体积小、使用十分广泛的低压开关电器。它的灭弧性能比刀开关好，种类很多，有单极、双极和多极之分。

图 1-23 所示为三极组合开关的外形及结构图。它有三个静触片，每一静触片的一端固定在绝缘垫板上，另一端伸出盒外，并附有接线柱，以便与电源线及用电设备的导线相连接。三个动触片装在另外的绝缘垫板上，垫板套在附有绝缘手柄的绝缘杆上，手柄能沿任一方向旋转 90°，带动三个动触片分别与三个静触片接通或断开。为了使开关在切断负荷电流时所产生的电弧能迅速熄灭，在转换轴上都装有弹簧储能机构，使开关能快速闭合或分断，其分断或闭合速度与手柄旋转速度无关。

（3）低压断路器。低压断路器是指能接通、承载及分断正常电路条件下的电流，也能在规定的非正常电路条件（过载、短路）下接通、承载一定时间和分断电流的低压开关电器，也称自动空气开关。可用来接通和分断负载电路，也可用来控制不频繁起动的电动机，是一种既有手动开关作用又能自动进行欠电压、失电压、过载和短路保护的开关电器。后面将重点介绍。

（4）接触器。接触器是一种自动控制电器，可以实现远距离接通和断开正常工作的主电路，允许频繁操作，是电力拖动自动控制系统中应用最广泛的电器。它工作可靠，还具有零压保护、欠压释放保护等作用，其外形图如图 1-24 所示。

接触器主要由电磁系统、触点系统、灭弧装置等部分组成，其结构如图 1-25 所示。

1）电磁系统。电磁系统由线圈、动铁芯、静铁芯组成。铁芯用相互绝缘的硅钢片叠压铆成，以减少交变磁场在铁芯中产生的涡流及磁滞损耗，避免铁芯过热。铁芯上装有短路铜环，以减少衔铁吸合后的振动和噪声。铁芯大多采用衔铁直线运动的双 E 形结构。交流接触器线圈在其额定电压的 85%～105% 时，能可靠地工作。电压过高，则磁路严重饱和，线圈电流将显著增大，有被烧坏的危险；电压过低，则吸不牢衔铁，触点跳动，影响电路正常工作。

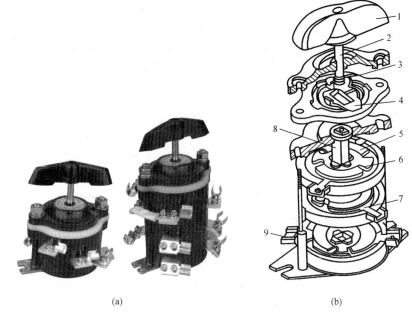

(a)

(b)

图 1-23 组合开关外形及结构图

（a）外形图；（b）结构图

1—手柄；2—转轴；3—弹簧；4—凸轮；5—绝缘垫；6—动触片；7—接线柱；8—绝缘杆；9—接线柱

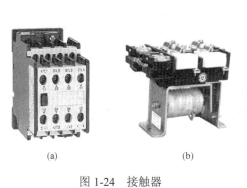

(a)

(b)

图 1-24 接触器

（a）CJ20 系列交流接触器；（b）CZ0 系列直流接触器

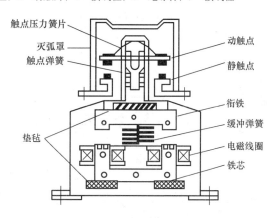

触点压力簧片　灭弧罩　触点弹簧　动触点　静触点　衔铁　缓冲弹簧　电磁线圈　铁芯　垫毡

图 1-25 交流接触器的结构

2）触点系统。触点系统是接触器的执行元件，用以接通或分断所控制的电路，必须工作可靠，接触良好。主触点在接触器中央，触点较大。复合辅助触点，分别位于主触点的左右侧，上方为辅助动断触点，下方为辅助动合触点。辅助触点用于控制电路，常起电气联锁作用，故又称联锁（自保或互锁）触点。

3）灭弧装置。交流接触器在分断大电流电路时，往往会在动、静触点之间产生很强的电弧。电弧的熄灭方法一般采用双断口结构的电动力灭弧和半封闭式绝缘栅片陶土灭弧罩。前者适用于容量较小（10A 以下）的接触器，而后者适用于容量较大（20A 以上）的接触器。

当接触器的电磁线圈通电后，产生磁场，使静铁芯产生足够的吸力，克服反作用弹簧与动触点压力弹簧片的反作用力，将衔铁吸合，使动触点和静触点的状态发生改变，其中三对动合主触点闭合。动断辅助触点首先断开，接着，动合辅助触点闭合。当电磁线圈断电后，由于铁芯电磁吸力消失，衔铁在反作用弹簧作用下释放，各触点也随之恢复原始状态。

接触器按其线圈通过电流种类不同，分为交流接触器和直流接触器，如图 1-25 所示。

四、低压断路器

1. 低压断路器的结构

低压断路器由触头系统、灭弧装置、操动机构、保护装置（脱扣器）等组成，结构如图 1-26 所示。

（1）触头系统。触头系统包括主触头和辅助触点。主触头用于分、合主电路，有单断口指式触头、双断口桥式触头、插入式触头等几种形式，通常是由两对并联触头即工作触头和灭弧触头所组成，工作触头主要是通过工作电流，灭弧触头是在接通和断开电路时保护工作触头不被电弧烧伤。辅助触点用于控制电路，用来反映断路器的位置或构成电路的联锁。

（2）灭弧装置。灭弧装置的作用是吸引开断大电流时产生的电弧，使长弧被分割成短弧，通过灭弧栅片的冷却，使弧柱温度降低，最终熄灭电弧。其结构因断路器的种类而异，框架式低压断路器常用金属栅片式灭弧室，由石棉水泥夹板、灭弧栅片及灭焰栅片所组成；塑壳式低压断路器所用的灭弧装置由红钢纸板嵌上栅片组成。快速低压断路器的灭弧装置还装有磁吹线圈。

（3）操动机构。操动机构包括传动机构和自由脱扣机构。其作用是用手动或电动来操作触头的合、分，在出现过载、短路时可以自由脱扣。当断路器合闸时，传动机构把合闸命令传递到自由脱扣机构，使触头闭合。

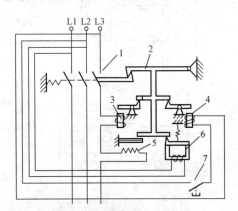

图 1-26　低压断路器的结构示意图
1—主触点；2—自由脱扣机构的锁扣；3—过电流脱扣器；
4—分励脱扣器；5—热脱扣器；6—欠电压脱扣器；7—按钮

（4）保护装置。断路器的保护装置是各种脱扣器。电磁脱扣器用于短路保护，是利用电磁吸力作用，使自由脱扣器机构上的触点断开；热脱扣器主要用于过负荷保护，一般为双金属片结构，电流超过额定值时，热元件发热使双金属片变形而导致断路器分闸；当电源电压低于某一规定数值或电路失压时，失压或欠压脱扣器使低压断路器分断；半导体式脱扣器由电流、电压变换器、电源变压器、半导体插件组成，可作过载长延时、短路短延时、特大短路瞬时动作保护用；另外，分励脱扣器用于远距离使低压断路器分闸，对电路不起保护作用。

2. 低压断路器的动作原理

低压断路器用于接通或分断电路时，通过扳动其手柄（或通过外部转动手柄）或采用电动机操动机构使动、静触头闭合或断开。正常情况下，触头能接通和分断额定电流。当主触头闭合后，自由脱扣器将主触头锁在合闸位置上。

当电路发生短路或严重过载时，过电流脱扣器的衔铁吸合，使自由脱扣机构动作，锁扣脱钩，主触头断开主电路。当电路过载时，热脱扣器的热元件发热使双金属片向上弯曲，推动自由脱扣机构动作使锁扣脱钩，断路器分闸。当电路欠电压（低于额定电压 70%）时，欠电压脱扣器的衔铁释放，也使自由脱扣机构动作。分励脱扣器则作为远距离控制用，在正常工作时，其线圈是断电的，在需要距离控制时，按下起动按钮，使线圈通电，衔铁带动自由脱扣机构动作，使主触头断开。

断路器分、合闸时，触头之间产生的强烈电弧使灭弧罩内的铁质栅片被磁化，产生吸力把电弧吸向灭弧罩，利用灭弧栅片冷却电弧，并将电弧分割成短弧，提高电弧电阻和电弧电压，最终将电弧熄灭。

3. 低压断路器的种类

低压断路器种类很多。按结构类型分，有塑壳式断路器和框架式（万能式）断路器两种；按极数分，有单极、二极、三极和四极等；按结构功能分，有一般式、多功能式、高性能式和智能式等；按安装方式分，有固定式和抽屉式两种；按接线方式分，有板前接线、板后接线、插入式接线、抽出式（抽屉式）接线和导轨式接线等；按操作方式分，有手动（手柄或外部转动手柄）和电动操作两种；按动作速度分，有一般型和快速型两种，交流快速型断路器通常称为限流断路器，其分断时间短到足以使短路电流在达到预期峰值前即被分断；按用途分类，有配电断路器、电动机保护用断路器、灭磁断路器和漏电断路器等几种。

（1）塑壳式断路器。塑壳式断路器的所有结构部件都装在由聚酯绝缘材料模压而成的封闭型外壳中，如图 1-27 所示，没有裸露的带电部分，提高了使用的安全性，具有结构紧凑、体积小等特点。塑壳式断路器多为非选择型，常用于低压配电开关柜（箱）中，用作配电线路、电动机、照明电路及电热器等设备的电源控制开关及保护，作为线路的不频繁转换及电动机的不频繁起动之用。

小容量断路器（50A 以下）常采用非储能式闭合，操作方式多为手柄式。大容量断路器的操动机构采用储能式闭合，可以手动操动，也可由电动机操作，可实现远方遥控操作。

塑壳式断路器种类繁多，国产主要型号有 DZ15、DZX10、DZ20等，引进技术生产的有 H、T、3VE、3WE、NSM、S 等型。此外，还生产有智能型塑壳式断路器如 DZ40 等型。

图 1-27 塑壳式断路器

（2）框架式断路器。框架式断路器具有带绝缘衬垫的钢制框架结构，所有部件均安装在这个框架底座内，如图 1-28 所示。框架式断路器容量较大，可装设较多的脱扣器，辅助触点

的数量也较多，不同的脱扣器组合可产生不同的保护特性（选择型或非选择型、反时限动作特性），且操作方式较多，故又称万能式断路器，主要用作配电网络的出线总断路器、母线联络断路器或大容量馈线断路器和大型电动机控制断路器。容量较小（如 600A以下）的框架式断路器多用电磁机构传动，容量较大（如 1000A以上）的框架式断路器则多用电动机机构传动。无论采用何种传动机构，都装有手柄，以备检修或传动机构故障时用。极限通断能力较高的框架式断路器还采用储能操动机构以提高通断速度。

框架式断路器常用型号有 DW16、DW15（一般型）、DW15HH（多功能、高性能）、DW45（智能型），另外还有 ME、AH（高性能型）和 M（智能型）等系列。

图 1-28 框架式断路器

（3）智能型万能式断路器。智能型万能式断路器由触头系统、灭弧系统、操动机构、互感器、智能控制器（脱扣器）、辅助开关、二次接插件、欠压和分励脱扣器、传感器、显示屏、通信接口、电源模块等部件组成，如图 1-29 所示。智能断路器的保护特性有过载长延时保护，短路短延时保护，反时限、定时限、短路瞬时保护，接地故障定时限保护。

智能化断路器的核心部分是智能脱扣器。它由实时检测、微处理器及其外围接口和执行元件三个部分组成。

（4）抽屉式断路器。低压断路器除了固定式结构外，也采用抽屉式结构。这种结构的断路器由本体及抽屉座两大部分组成，如图 1-30 所示，通过断路器本体和母线与抽屉座的桥式触点连接构成抽屉式断路器，采用正面面板结构，实现开关屏板外操作，开关屏板内装有以单片机为核心的脱扣控制器。

断路器本体是带附件的固定式断路器，其附件包括导轨、辅助电路动隔离触点、安全隔板驱动轴等。抽屉座由带有导轨的左右侧板、底座和横梁等组成，下方装推进机构，上方装辅助电路静隔离触点，底座横梁上装位置指示，桥式触点前方装安全隔板。断路器采用储能弹簧释能的闭合方式，电动操作时，有配合电动机工作的预储能操作用释能电磁铁，手动储能时，储能手柄带动断路器转轴转动进行储能操作。

（5）微型断路器。微型断路器是一种结构紧凑、安装便捷的小容量塑壳断路器，如图 1-31 所示，主要用来保护导线、电缆和作为控制照明的低压开关，所以也称导线保护开关。一般均带有传统的热脱扣、电磁脱扣，具有过载和短路保护功能。其基本形式为宽度在 20mm 以下的片状单极产品，将两个或两个以上的单极组装在一起，可构成联动的二、三、四极断路器。

图 1-29 智能型万能式断路器 　　　图 1-30 抽屉式断路器 　　　图 1-31 微型断路器

微型断路器具有技术性能好、体积小、用料少、易于安装、操作方便、价格适宜及经久耐用等特点。中小型照明配电箱已广泛应用这类小型低压电器元件，实现了导轨安装方式，并在结构尺寸方面模数化，大多数产品的宽度都选取 9mm 的倍数，使电气成套装置的结构进一步规范化和小型化。

目前我国生产的微型断路器有 K 系列和引进技术生产的 S 系列、C45 和 C45N 系列、PX系列等。

五、认识 DW15 型低压断路器

DW15 型低压断路器适用于交流 50Hz、额定工作电压至 1140V、额定电流至 4000A 的配电线路中，用来分配电能，作为线路和电源设备的过载、欠电压和短路保护，也能用来作为电动机的过载、欠电压和短路保护，并在正常条件下作线路不频繁转换及电动机不频繁起动

之用。由于断路器具有三段保护特性，可以对电网作选择性保护。

1. DW15-630 型万能式低压断路器

该断路器为立体布置形式，分为触头系统、操动机构和脱扣器三大部分，如图 1-32 所示。

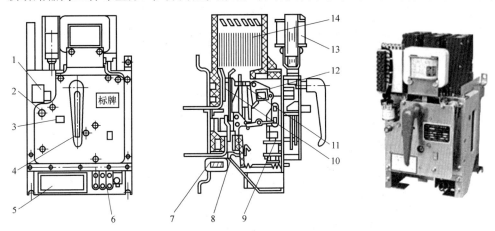

图 1-32　DWX15、DW15（630A 以下）型断路器结构图

1—分励脱扣器；2—手动断开按钮；3—"分"、"合"指示；4—操动机构；5—阻容延时装置；
6—热脱扣器（或半导体脱扣器）；7—速饱和互感器或电流电压变换器；8—快速电磁铁；
9—欠电压脱扣器；10—静触头；11—动触头；12—主轴；13—电磁铁；14—灭弧罩

触头系统、快速电磁铁、左右侧板安装在一块绝缘板上。触头系统安装在绝缘底板上，上部装有灭弧系统，快速电磁铁安装在触头系统的下方。

操动机构安装在正前方或右侧面。操动手柄安装在操动机构正面上，在操动手柄左侧有"分"、"合"指示及手动断开按钮。操动电磁铁安装在操动机构的上方，即为电磁铁操动机构。电动机系统安装在操动机构的上方，即为电动机操动机构。电磁铁和电动机操动的断路器另附有控制箱。

过电流脱扣器安装在断路器框架的下部；速饱和电流互感器或电流电压变换器套在下母线上；与脱扣半轴相连的欠电压脱扣器装在操动机构底板的下方；分励脱扣器装在操动机构的左上方；欠压延时装置、热继电器或半导体脱扣器均可分别装在下方。

2. DW15C 型抽屉式低压断路器

抽屉式断路器由经改装的 DW15 型断路器本体和抽屉座组成。断路器本体上装有隔离触刀、二次回路动触头、接地触头、支承导轨和控制箱。

抽屉座由左、右侧板与防锈铝固定支架等组成。铝支架上装有隔离触刀、地螺母。侧板上装有接地母线、二次回路静触头系统、滑架、联锁导轨、指示装置。正下方装有由操作摇手柄、螺杆等组成的推拉操动机构。其结构如图 1-33 所示。

操作摇手柄可自由装卸。使用操作摇手柄变换断路器状态，使之分别处于"断开"、"测试"和"接通"位置。抽屉式断路器还设有位置指示。当处于"测试"位置时，断路器本体的"主回路"与电网脱离（具有规定的隔离距离），仅二次回路仍继续接通（此时可进行一些必要的操作动作试验，如断路器本体的闭合或断开、脱扣器动作检查等）；如需拆卸，只要把处于"断开"位置的断路器本体向外拉出即可取下。

抽屉式断路器设置机械联锁装置，此装置只允许在隔离触刀可靠插入或获得规定绝缘距离时使主触头闭合，而防止断路器本体处于闭合状态时隔离触刀误拔、误插造成的故障及损害。

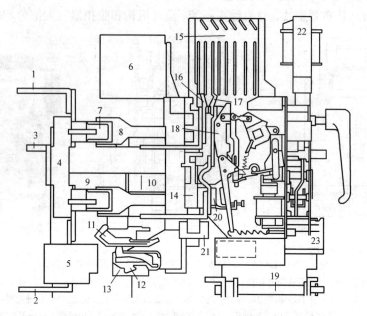

图 1-33　DW15C 型抽屉式断路器内部结构示意图

1—主回路上母线；2—主回路下母线；3—铝合金固定支架，4—底座；5—电流电压变换器（半导体式用）；

6—电磁操作控制箱；7、8—主回路隔离触刀座及触刀；9—接地触头座；10—接地触头；

11、12—二次回路触刀座及触刀；13—侧板；14—底板；15—灭弧罩；16—静主触头；17—动主触头；

18—支架；19—推进丝杆；20—快速脱扣器电磁铁；21—速饱和电流互感器；22—电动操作电磁铁；23—滑架

此外，抽屉式断路器还附有接长或引伸导轨装置以适应现场更换及满足维修方便的需要。使用引伸导轨能使断路器组件全部移出抽屉座，从而使维修、更换时装卸方便。

3．DW15 型低压断路器主要技术参数

DW15 型低压断路器主要技术参数见表 1-1。额定电流为 200～630A；额定电压为交流 50Hz、380～1140V。

表 1-1　　　　　　　　　　　　　　DW15 型低压断路器主要技术参数

壳架等级额定电流（A）	过电流脱扣器额定电流（A）		过电流脱扣整定值（A）				
			长延时		短延时	瞬 时	
	热—电磁式 电磁式	电子式	热—电磁式	电子式	电子式	电子式	热—电磁式
400	—	200	80～200		600～2000	600～2000	—
						1600～1400	
	315	—	201.6～252～315			—	3150
							3780
	400	400	256～320～400	160～400	1200～1400	1200～4000	4000
						3200～8000	4800

续表

壳架等级额定电流（A）	过电流脱扣器额定电流（A）		过电流脱扣整定值（A）				
			长延时		短延时	瞬　时	
	热—电磁式电磁式	电子式	热—电磁式	电子式	电子式	电子式	热—电磁式
630	315	315	201.6～252～315	126～315	945～3150	945～3150	3150
						2520～6300	3780
	400	400	256～320～400	160～400	1200～4000	1200～4000	4000
						3200～8000	4800
	630	630	403.2～504～630	252～630	1890～6300	1890～6300	6300
						5040～12600	7560

1.2　决策与计划

一、DW15 型低压断路器的常见故障分析及处理方法

DW15 型低压断路器的常见故障现象、故障原因及处理方法见表 1-2。

表 1-2　　　　DW15 型低压断路器的常见故障现象、故障原因及处理方法

故障现象	故　障　原　因	处　理　方　法
手动操作断路器触头不能闭合	(1) 失压脱扣器无电压或线圈烧坏； (2) 储能弹簧变形，闭合力减小； (3) 反作用弹簧力过大； (4) 机构不能复位再扣	(1) 检查线路或更换线圈； (2) 更换储能弹簧； (3) 重新调整弹簧力； (4) 调整再扣接触面至规定值
电动操作断路器触头不能闭合	(1) 操作电压不符； (2) 电源容量小； (3) 电磁铁拉杆行程不够； (4) 电动机操作定位开关失灵； (5) 控制器中整流管或电容器损坏	(1) 更换相应电压等级的操作电源； (2) 提高操作电源容量； (3) 重新调整或更换拉杆； (4) 重新调整或更换定位开关； (5) 更换整流臂或电容器
有一相触头不能闭合	(1) 一相连杆断裂； (2) 限流断路器斥力机构可拆连杆间角度变大	(1) 更换连杆； (2) 调整角度至规定要求
欠压脱扣器不能使断路器分断	(1) 反力弹簧弹力变小； (2) 若为储能释放，致使储能弹簧力变小； (3) 机构卡阻	(1) 调整弹簧； (2) 调整储能弹簧； (3) 消除卡阻原因
断路器闭合后一定时间内自行分断	(1) 过电流脱扣长延时整定值有误； (2) 热元件或半导体延时电路元件变质	(1) 重新调整整定值； (2) 更换元件
分励脱扣器不能使断路器分断	(1) 线圈短路； (2) 电源电压太低； (3) 再扣接触面太大； (4) 螺钉松动	(1) 更换线圈； (2) 调整电源电压； (3) 重新调整再扣接触面； (4) 拧紧螺钉

故障现象	故 障 原 因	处 理 方 法
起动电动机时断路器立即分断	(1) 过电流脱扣瞬时动作电流整定值太小； (2) 空气式脱扣器阀门失灵或橡皮膜破裂	(1) 调整过电流脱扣器整定值； (2) 更换空气式脱扣器或修理损坏部件
欠压脱扣器噪声大	(1) 反力弹簧弹力太大； (2) 铁芯工作面有油污； (3) 短路环断裂	(1) 重新调整； (2) 清除油污； (3) 更换短路环
触头温度过高	(1) 触头压力过低； (2) 触头表面过分磨损或接触不良	(1) 调整触头压力或更换弹簧； (2) 更换触头或清理接触面
辅助触点失灵	(1) 动触桥卡死或脱落； (2) 传动机构断裂，滚轮脱落	(1) 重新装好动触桥； (2) 更换传动杆和滚轮
半导体过电流脱扣器误动	(1) 半导体元件损坏； (2) 定值不稳定； (3) 外界电磁场干扰	(1) 更换损坏的元件； (2) 换成有温度补偿的稳压管； (3) 进行隔离，使其免受电磁场影响

二、现场查勘

现场查勘的主要内容包括以下几项。

（1）确认待检修低压断路器的安装地点，查勘工作现场周围（带电运行）设备与工作区域安全距离是否满足"电力安全工作规程"（以下简称"安规"）要求，工作人员工作位置与周围（带电）设备的安全距离是否满足要求；

（2）查勘工具、设备进入工作区域的通道是否畅通，绘制现场检修设备、工器具和材料定置草图；

（3）了解待检修低压断路器的连接方式，收集技术参数、运行情况及缺陷情况；

（4）正确填写现场查勘表。（参考学习指南）

三、危险点分析与控制

检修低压断路器，应考虑防止人身触电、机械性损伤、工器具损坏、设备损坏等因素，危险点分析与控制措施见表1-3。

表1-3　　　　　　　　危险点分析与控制措施

序号	危险点	控 制 措 施
1	人身触电	开工前工作负责人应组织全班人员学习施工措施，检查接地线、遮拦、标示牌是否设置正确、清楚，并向工作班成员指明工作范围及周围带电设备。工作班成员进入工作现场应戴安全帽，按规定着装。服从命令听指挥，不准在现场打闹，不准超越遮拦进入运行设备区
2	人员磕碰擦伤	工作班成员进入工作现场应戴安全帽，按规定着装，正确使用工具
3	弹簧伤人	断路器分解时，首先释放断路器合闸储能弹簧
4	低压触电	工作前应该先检查，二次电源回路必须断开
5	电磁线圈烧毁	检查铁芯是否卡涩，辅助开关变位是否正确、可靠

四、确定检修内容、时间和进度

根据现场查勘报告，参考表1-4，编制检修作业计划表。

表1-4	检 修 作 业 计 划 表	
工作任务	DW15型低压断路器检修	
工作日期	年　月　日至　月　日	工期　天
工作安排	工　作　内　容	时间（学时）
主持人： 参与人：全体小组成员	（1）分组制订检修工作计划、作业方案	
	（2）讨论优化作业方案，编制最优化标准化作业卡	
	（3）准备检修工器具、材料，办理开工手续	
小组成员训练顺序：	（4）DW15型断路器分解检修	
	（5）DW15型断路器缺陷处理	
	（6）DW15型断路器回装、调整、试验	
主持人： 参与人：全体小组成员	（7）清理工作现场，验收、办理工作终结	
	（8）小组自评、小组互评，教师总评	
确认（签名）	工作负责人： 小组成员：	

五、明确安全、技术措施

1. 一般安全注意事项

（1）着装正确（应准备工作服、工作鞋、安全帽、劳保手套）。

（2）正确选择、使用工器具。

（3）安全、正确地分解、装配断路器，工作中严禁损坏工器具和断路器各配件。

（4）标准化作业、规范化施工。

2. 技术措施

（1）在分解部件和传动机构中，必须边分解边检查，发现异常及时处理和更换。

（2）所有分解的零部件及工器具必须摆放整齐，排列有序。

（3）检修中轻拿轻放，防止碰伤和损坏零部件。

（4）组装顺序与分解时相反。

（5）大修后断路器手动、电动分、合正常。

六、工器具及材料准备

1. 工器具准备表（见表1-5）

表1-5　　　　　　　　　　　工 器 具 准 备 表

序号	名　　称	规　　格	单　　位	每组数量	备　　注
1	呆扳手	30～32	把	2	
2	呆扳手	17～19	把	1	
3	呆扳手	12～14	把	2	
4	梅花扳手	30～32	把	2	
5	梅花扳手	17～19	套	1	
6	梅花扳手	12～14	把	1	

续表

序号	名 称	规 格	单 位	每组数量	备 注
7	铁榔头	4磅	把	1	
8	大螺丝刀		把	1	
9	板尺	300	把	1	

2. 仪器、仪表准备表（见表1-6）

表1-6　　　　　　　　　　　　　仪器、仪表准备表

序号	名 称	规 格	单 位	每组数量	备 注
1	万用表	—	只	1	
2	试验导线		m	20	

3. 消耗性材料及备件准备表（见表1-7）

表1-7　　　　　　　　　　　　消耗性材料及备件准备表

序号	名 称	规 格	单 位	每组数量	备 注
1	凡士林		kg	0.1	
2	黄油		kg	1	
3	机油		kg	0.1	
4	砂布	00号	张	6	
5	白布		m	0.5	
6	套垫		套	1	

1.3　实施

一、布置安全措施，办理开工手续

（1）断开低压断路器，检查低压断路器机械位置指示器位于分闸位置，确认低压断路器处于分闸位置；

（2）检查回路电源已切断，拉开隔离刀开关至分闸位置；

（3）验电、挂接地线；

（4）列队宣读工作票，交代工作内容、安全措施和注意事项；

（5）准备好检修所需的工器具、材料、配件等，检查工器具应齐全、合格，摆放位置符合规定。

二、DW15-630型低压断路器的检查

（1）检查断路器闭合、断开是否异常。其动触头运动部分与灭弧罩的零件有无卡涩和碰擦现象。

（2）接通辅助回路电源。检查断路器在手动操作、电动操作时，断路器能否可靠闭合。按动断开按钮应能立即断开电路。

（3）检查断路器的欠压脱扣器、分励脱扣器能否在动作范围内使断路器断开。

（4）检查热脱扣器整定位置是否准确。

（5）检查半导体脱扣器是否正常工作，可按以下方法进行：对电源变压器供以工作电压，断路器处于闭合位置时将接线端子短接，此时脱扣器的长延时环节、短延时环节、触发环节发出信号，使执行元件动作，断路器分断，说明断路器能正常工作。

（6）检查抽屉式断路器的推拉操动机构工作时，其触头、二次回路触头系统的位置是否同位置指示相符，触头状态是否同联锁机构的功能相符。

三、DW15-630 型低压断路器的分解检修

拆下断路器上、下连接引线，松开四个固定螺栓，将断路器放置在工作台，按以下步骤进行分解检修。

（1）释放断路器合闸储能弹簧，检查合闸储能弹簧是否损坏、失去弹性。

（2）卸下断路器手动操作手柄，检查手柄是否转动灵活，有无变形。

（3）拆除断路器跳闸线圈二次接线，检查线圈是否完好，有无过热损坏。

（4）拆除断路器合闸线圈二次接线，检查线圈是否完好，有无过热损坏。

（5）拆除断路器失压线圈二次接线，检查线圈是否完好，有无过热损坏，电磁铁上的短路环有无损伤。

（6）卸下断路器灭弧罩，检查灭弧栅片是否完整，清除表面的烟痕和金属粉末，检查灭弧罩外壳是否完整、有无破损、烧伤，损坏应及时更换。

（7）卸下断路器面板固定螺栓。

（8）取出手动分闸按钮。

（9）取出合闸、分闸缓冲尼龙套和分闸死点机构，检查尼龙套是否完好，死点机构是否正常，有无变形、有无卡滞。

（10）卸下断路器合闸储能提升拐臂连接螺栓。

（11）卸下断路器合闸线圈固定螺栓。

（12）取下合闸储能传动连板。

（13）卸下断路器合闸机构与分、合闸批示器间连接卡销。

（14）卸下断路器分闸线圈，检查线圈是否完好，有无过热损坏。

（15）卸下断路器机座底板。

（16）卸下断路器分励脱扣器。

（17）检查断路器静触头和动触头有无烧伤，如表面有毛刺和颗粒等应及时清理和修整，以保证接触良好；检查触头的压力，有无因过热而失效。

（18）检查断路器触头及传动部分有无卡滞，检查辅助触点有无烧蚀现象，其动断、动合触点工作状态是否符合要求，并清擦其表面，损坏的触点应更换。

（19）检查过电流脱扣器有无异常，检查脱扣器的衔铁和弹簧活动是否正常，动作应无卡阻，电磁铁工作极面应清洁平滑，无锈蚀，毛刺和污垢。

（20）检查热继电器有无异常，热元件的各部位有无损伤，其间隙是否正常。

（21）检查断路器端子排、热继电器、TA 二次接线有无松动和过热。

（22）检查传动机构中的连接部分开口销子以及弹簧等是否完好以及传动机构有无变形、锈蚀、销钉松脱现象，相间绝缘主轴有无裂痕，表层剥落和放电现象；对传动机构及部件加注润滑油。

对断路器进行分解检修时要注意：

（1）在分解部件和传动机构中，必须边分解边检查，发现异常及时处理和更换；

（2）所有分解的零部件及工器具必须摆放整齐，排列有序；

（3）检修中轻拿轻放，防止碰伤和损坏零部件。

四、DW15-630 型低压断路器的调整

按照与分解时相反的顺序对检修好的断路器进行组装，并对断路器进行调整，常规调整方法如下。

1. 触头系统的调整

DW15-630 型断路器的触头系统为单挡触头，动、静触头部分由较长的平行载流体组成，在小电流时，起到电动补偿触头压力的作用，提高了断路器的通断能力。触头采用银基合金材料。

DW15 型断路器触头状态如图 1-34 和图 1-35 所示，当断路器处于闭合位置时，连杆 4 与螺杆 6 之间的夹角为 170°，当电路中出现短路故障时，短路电流通过静触头 1、动触头 2，同时同步产生两个过程：一是两块平行导体之间产生了一个电动斥力，使触头尾部抬起围绕 O 点拉动拉杆 8，连杆 4 与螺杆 6 之间的夹角由 170° 变为超过 180°，使刚体解脱，强大的电动力使触头迅速斥开，产生电弧，电弧电阻限制了短路电流上升；二是瞬动电磁铁，快速吸合也拉动了拉杆 8，使断路器快速断开，起到了限流作用。其运动过程由图 1-34 演变成图 1-35，由于复位弹簧 10 的作用，使连杆夹角又恢复到 170°，为断路器再次闭合做好准备。

动静触头之间的开距、触头超行程以及触头同步的调整，可以通过调整触头系统中连杆上的调节螺母来实现，要求触头开距≥18mm、触头超行程≥3mm、三相触头同步≤0.5ms。

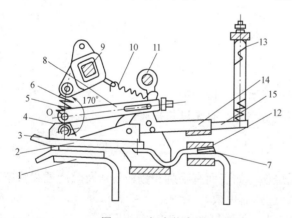
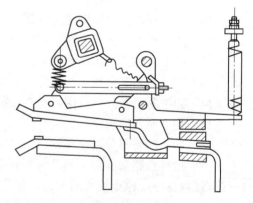

图 1-34 闭合状态 　　　　　　　　　 图 1-35 断开状态

1—静触头；2—动触头；3—压块；4—连杆；5—弧触头压簧；
6—螺杆；7—软连接；8—拉杆；9—主轴；l0、13—复位弹簧；
11—脱扣轴；12—压块；14—快速脱扣器衔铁；15—绝缘连杆

2. 操作系统的调整

操动机构如图 1-36 所示，由自由脱扣机构、储能弹簧、连杆、摇臂等组成。可分为手动操作和电动操作。操动机构采用储能合闸、半轴再扣结构，触头闭合速度与操作速度无关。操作分为两步动作，一是储能，二是释放能量，使断路器合闸。

（1）储能过程。将手动连杆 1 绕 O1 轴逆时针方向旋转。带动四连杆（由转轴 O1，手动连杆 1、2、3，摇臂 9，摇臂转轴 O2 组成）运动，从而使同步四连杆（由摇臂转轴 O2，摇臂 9，同步连杆 10、11 组成）也沿着顺时针方向转动，此时，储能弹簧被拉长进行储能。同时由于摇臂转轴 O2 顺时针转动，在弹簧 13 的作用下，曲柄滑块机构的连杆 5、曲柄 4 以 O4 为转动中心旋转。船体型摇杆 7 以 O3 为中心顺时针转动，在该摇杆的带动下，杠杆 8 绕 O5 轴逆时针转动，当手柄将主轴转动 110°时，杠杆 8 与半轴 O6 完成再扣，储能弹簧也已储足能量，四连杆中连杆 1、2 的逆时针夹角小于 180°，四连杆处于死区范围，此时储能结束。

　　完成储能过程后，将手柄顺时针方向转动，带动手动连杆 1，使主体四连杆解脱，拉长的储能弹簧就释放能量，使摇臂 9 迅速沿逆时针方向转动。摇臂上的滚轮压住曲柄 4，使连杆 5 迅速推动滑块 6 向上运动，从而使断路器迅速闭合，完成了断路器整个闭合过程。

　　当采用电动操作时，电动拉杆 14 直接带动上述同步连杆，完成断路器的闭合过程。

　　（2）断开过程。转动脱扣半轴（用手动，

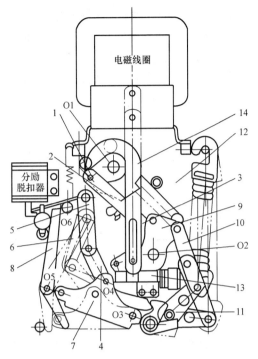

图 1-36　DWX15、DW15（630A 以下）型断路器
操动机构结构及动作原理图

O1—手动转轴；O2—摇臂转轴；O3—船体摇杆转轴；
O4—曲柄滑块支点；O5—扣片转轴；O6—半轴；
1、2、3—手动连杆；4—曲柄；5—连杆；6—滑块；
7—船体型摇杆；8—杠杆；9—摇臂；10、11—同步连杆；
12—底板；13—弹簧；14—电动拉杆

其他脱扣器带动），使杠杆 8 解扣，在断路器反力弹簧的作用下，杠杆 8 顺时针旋转，船形摇杆回到图 1-36 中的虚线位置，曲柄滑块机构回到最初位置，至此断路器完全断开。图 1-36 中实线的零件位置是闭合状态，主体四连杆、同步连杆部分虚线为储能位置。其断开位置与闭合位置相同，船体型摇杆 7 和杠杆 8 虚线部分为断开位置，实线为储能位置及闭合位置。曲柄连杆部分的虚线有两个位置，同船体摇杆转轴 O3 虚线部分相连的是断开状态，实线部分相连的是储能位置。

　　电磁铁操动机构的调整在电磁铁支架之间适当垫入调节片，以保证合闸行程。

　　3. 欠压脱扣器的调整

　　欠压脱扣器如图 1-37 所示，动作范围为 35%～70%额定电压。其作用是当用电设备处于欠压（35%额定电压以下）时，将断路器断开，防止欠压运行烧坏用电设备。欠压脱扣器有瞬时动作和延时动作两种。延时脱扣器的延时时间有 1、3、5s（半导体式）或 1s（阻容式），在 1/2 延时脱扣时间内，如电压恢复到 85%额定电压时脱扣器应能返回，断路器保持闭合。

　　（1）吸、放动作的调整。可通过欠压脱扣器的弹簧调节螺栓，调节反力弹簧的拉力，来调整欠压脱扣器的动作电压值。

　　（2）安装位置的调整。可通过欠压脱扣器上的连杆调节螺钉，调节胶木连杆的位置实现。当断路器断开时，欠压脱扣器被机构压块压短时，胶木连杆与机构脱扣半圆轴的联动小轴留有 1～1.5mm 间隙。欠压脱扣器本身的动静铁芯面之间留有 0.5～1.0mm 的间隙，可通过欠压脱扣器的安装支架的紧固螺栓来调整。

4. 分励脱扣器的调整

分励脱扣器如图 1-38 和图 1-39 所示，作用是控制断路器的断开。其动作电压范围为 70%～110%的额定电压。

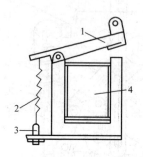

图 1-37　欠压脱扣器
1—动铁芯；2—反力弹簧；
3—调节螺杆；4—欠压线圈

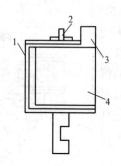

图 1-38　分励脱扣器
1—安装支架；2—螺杆；
3—接线柱；4—分励线圈

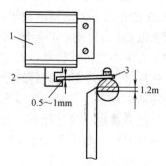

图 1-39　分励脱扣器
1—分励线圈；2—分励衔铁；
3—定位片

分励脱扣器的安装位置，要求脱扣半轴上的定位片与分励脱扣器的衔铁缺口应相钩挂，并留有 0.5～1mm 的间隙。可通过调整分励脱扣器的安装位置（长圆孔）来实现。

5. 过电流脱扣器的调整

过电流脱扣器有以下三种。

（1）热式脱扣器。热式脱扣器作过载长延时保护用，由速饱和电流互感器与热继电器组成。

（2）半导体式脱扣器。半导体式脱扣器可作过载长延时、短路短延时、特大短路瞬时动作保护用，由电流—电压变换器、电源变压器、半导体插件组成。

（3）电磁式过电流脱扣器。电磁式脱扣器仅与热式脱扣器相配合作短路瞬时动作保护用。

电磁式过电流脱扣器一般不可调整。如要调整，必须经专用大电流试验设备校验整定；热式过电流脱扣器可通过安装在断路器下面的热继电器拨盘，在整定范围内随意调节；电子式过电流脱扣器可通过面板上的各挡调节钮来调整过载长延时、短路短延时、短路瞬时动作值以及欠压延时动作时间。

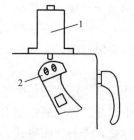

图 1-40　辅助开关调整
1—辅助开关组；2—凸轮片

6. 其他方面的调整

（1）断路器辅助开关组的调整,如图 1-40 所示。当断路器闭合时，辅助开关组必须可靠接通，并留有 0.5～1mm 的超程，可通过调整断路器主轴凸轮片的位置（长圆孔）来实现。

（2）抽屉式断路器位置的调整。每相隔离触刀的插入面应和触刀座的槽口对准，且各相触头的同步性应不大于 2mm，否则应松开紧固螺钉调整；二次回路动静触头应可靠接触，并有 4～6mm 超程，否则可通过调整垫片，以达到调整二次静触头座的上下位置。

五、DW15 型低压断路器的安装及维护

1. 断路器的安装

（1）应使电源自断路器上母线引进，下母线输出接于负载。

（2）断路器采用四个 M10 螺栓固定，应使其底板与水平面垂直，并用 M8 螺栓接地。

（3）抽屉式断路器用四个 M8 螺栓固定，用 M8 螺栓接地。

2．断路器的维护

（1）在使用前应将电磁铁工作面的锈油抹净。

（2）机构的摩擦部分应定期涂以润滑油。

（3）断路器在使用人力操作时必须储足能量，即手柄操作转动角度大于 110°。

（4）使用中必须经常注意断路器开断的原因，如是过电流开断，则应进一步检查灭弧罩及触头的情况。

（5）断路器在分断短路电流后，必须将电源切断，进行触头检查，并将断路器上的烟痕抹净，在检查触点时应注意：如果在触点接触面上有小的金属粒时，应用锉刀将其清除并保持触点原有形状不变；如果触点的厚度（银钨合金的厚度）小于 1mm，必须更换和进行调整，并保持压力符合要求。

（6）在触头检查及调整完毕后，还应对断路器的其他部分进行检查。检查内容包括传动机构动作的灵活性，各种脱扣器装置（如过电流脱扣器、欠压脱扣器、分励脱扣器等）。

（7）灭弧罩如有损坏，不允许使用，必须更换新的灭弧罩。灭弧罩内如有轻微的烟痕，应予抹去。

1.4　检查、考核与评价

一、工作检查

1．小组自查

检修工作结束后，工作负责人带领小组成员进行自查，检查项目和要求见表 1-8。

表 1-8　　　　　　　　　　　　　　　自检检查项目及要求

序号	检 查 项 目		质 量 要 求
1	资料准备	工作票	正确、规范、完整
		现场查勘记录	
		检修方案	
		标准作业卡	
		调整数据记录	
2	检修过程	正确着装	穿长袖工作服、戴安全帽、穿胶鞋
		工器具选用	一次性准备完断路器检修的工器具
		断路器分解检修	拆卸方法和步骤正确，拆下的零件逐项检查确认；拆下的零部件应放在清洁干燥的场所摆放有序，并不得碰伤掉地
		断路器装配调整	断路器装配顺序与拆卸时相反；装配后开关储能及分合正常
		施工安全	遵守安全规程，不发生习惯性违章或危险动作，不在检修中造成新的故障
		工具使用	正确使用和爱护工器具，工作中工具摆放规范
		文明施工	工作完后做到"工完、料尽、场地清"
3	检修记录		完善正确
4	遗留缺陷：		整改建议：

2. 小组交叉检查（见表 1-9）

表 1-9　　　　　　　　　　　小组交叉检查的内容及要求

序号	检 查 内 容	质 量 要 求
1	资料准备	资料完整、整理规范
2	检修记录	完善正确
3	检修过程	无安全事故、按照规程要求
4	工具使用	正确使用和爱护工器具，工作中工具无损坏
5	文明施工	工作完后做到"工完、料尽、场地清"

二、工作终结

（1）清理现场，办理工作终结。

1）将工器具进行清点、分类并归位。

2）清扫场地，恢复安全措施。

3）办理工作票终结。

（2）填写检修报告。

（3）整理资料。

三、考核

对学生掌握的相关专业知识的情况，由教师团队拟定试题，进行笔试或口试考核；对检修技能的考核，可按照考核评分细则进行（参考学习指南）。

四、评价

1. 学生自评与互评

（1）学生分组讨论，由工作负责人组织写出学习工作总结报告，并制作成 PPT。

（2）工作负责人代表小组进行工作汇报，各小组成员认真听取汇报，并做好记录。

（3）各小组成员对自己小组和其他小组在检修资料准备、检修方案制定、检修过程组织、职业素养等方面进行评价，并提出改进建议。参照学习综合评价表（见表 1-10）进行评价，并填写学生自评与互评记录表（见表 1-11）。

表 1-10　　　　　　　　　　　学 习 综 合 评 价 表

学习领域		电 气 设 备 检 修			
学习情境				实施学时	
评价对象	班级		第　　　组	组长签字	
评价项目	子项目	评价标准	自评	互评	教师评价
资讯 （10%）	工作任务（2%）	明确			
	收集资料（4%）	完整			
	引导问题（4%）	正确性			
决策与计划 （20%）	故障判断（4%）	流程和方法正确			
	现场查勘（4%）	流程及报告正确			
	危险点分析（4%）	正确完整			

续表

评价项目	子项目	评价标准	自评	互评	教师评价
决策与计划（20%）	任务安排（4%）	合理可行			
	材料工具（4%）	准备齐备			
实施（45%）	安全措施（10%）	完善、检查全面			
	使用工具（5%）	正确、规范			
	工艺工序（10%）	规范			
	工器具管理（5%）	完好			
	检修质量（10%）	动作正确			
	文明生产（5%）	不发生任何事故			
检查（10%）	全面性（5%）				
	准确性（5%）				
职业素养（15%）	吃苦耐劳（4%）				
	团队合作（4%）				
	创新（2%）				
	"5S"管理（5%）				
	评价小组	第 组	组长签字		日期	
	教师签字				日期	
评价评语	评语：|				

表 1-11 学生自评与互评记录表

项 目	评 价 对 象	主 要 问 题	整 改 建 议
资讯			
决策与计划			
实施			
检查			
职业素养			

2. 教师评价

教师团队根据学习过程中存在的普遍问题，结合理论和技能考核情况，以及学生小组自评与互评情况，对学生的相关知识学习、技能掌握、职业素养等方面进行评价，并提出改进要求。参照学习综合评价表（见表 1-10）进行评价，并填写教师评价记录表（见表 1-12）。

表1-12   **教 师 评 价 记 录 表**

项　　目	存 在 的 问 题	检修小组责任人	整　改　要　求
资讯			
决策与计划			
实施			
检查			
职业素养			

3. 学习综合评价

参考学习综合评价表，按照在工作过程的资讯、决策与计划、实施、检查各个环节以及职业素养的养成对学习进行综合评价。

学习指南

第一阶段：专 业 知 识 学 习

在主讲老师的引导下学习、了解相关专业知识，并完成以下资讯内容。

一、必备专业知识

1. 电气设备的种类和作用

（1）发电厂和变电站中安装有各种电气设备，用于实现_____、_____、_____、_____、_____、_____和_____等操作。

（2）按电压等级，电气设备可分为_____电器和_____电器；按所起的作用不同，电气设备可分为_____设备和_____设备两大类。

（3）直接生产、转换和输配电能的设备，称为_____次设备；进行监察、测量、控制、保护、调节的设备，称为_____次设备。

（4）_____次设备按预期的生产流程所连成的_____，称为电气主接线。

（5）由母线、开关设备、保护电器、测量电器及必要的辅助设备组建成接受和分配电能的电工建筑物，称为_____。

2. 电弧基本知识

（1）电弧是一种_____集中、_____很高、_____很大的_____导电现象。

（2）触头开断瞬间产生少量的自由电子的原因是由于阴极的_____发射或_____发射。

（3）中性质点转化为带电质点的过程称为_____。电弧的产生主要由于_____作用；维持电弧燃烧主要靠_____作用。

（4）电弧的熄灭过程，是电弧区域内不断发生_____的结果。去游离包括_____和_____两种形式。

（5）熄灭直流电弧一般采用下列方法：_____电弧或_____电弧；增大线路_____；把_____分割成许多串联的_____。

（6）开断直流电路时，如果线路中存在有电感，则在触头两端电感上均会发生_____。

（7）交流电弧的熄灭条件为：_____＞（大于）_____。

（8）影响介质介电强度恢复速率的主要因素有：_____；_____；

_____；_____。

（9）弧隙电压恢复过程与_____和_____等有关。

（10）开关电器中广泛采用的灭弧方法有以下几种：_____、_____、

_____、_____、_____、

_____、_____。

3．电气触头的基本知识

（1）电气触头是指两个_____或几个_____之间相互_____的部分。

（2）对电气触头的基本要求是：_____可靠；_____小而且稳定；通过规定电流时，发热稳定而且_____不超过允许值；通过短路电流时，具有足够的_____性和

_____性；开断规定的短路电流时，触头不被_____，_____尽可能小，不发生

_____现象。

（3）影响触头接触电阻的主要因素有表面_____状况、表面_____程度、触头间的_____及_____情况等。

（4）触头材料一般采用_____、_____和_____等。

（5）为了防止氧化，通常在触头表面镀上一层_____或_____。钢制触头接触表面应镀_____，并涂上两层_____加以密封。铝制触头必须在表面涂_____

_____加以覆盖，以防氧化。

（6）导体搭接面的处理应满足下列规定。

铝与铝：_____；钢与钢：_____。

钢与铝：_____；钢与铜：_____。

铜与铜：在干燥的室内，_____；在室外，_____。

铜与铝：在干燥的室内，_____；在室外，_____。

（7）触头按接触面的形式可分为：_____触头、_____触头和_____触头。

（8）触头按结构形式可分为_____触头、_____触头和_____触头。

（9）可拆卸的固定触头连接采用_____连接方式；不可拆卸的固定触头连接采用_____

或_____方式。

（10）可断触头按其结构可分为_____触头、_____触头、_____触头、_____触

头、_____触头。

二、认识设备

（1）低压断路器是指能接通、承载及分断正常电路条件下的电流，也能在规定的非正常电路条件（_____、_____）下接通、承载一定时间和分断电流的开关电器。

（2）低压断路器由_____、_____、_____等组成。

（3）框架式低压断路器常用_____式灭弧室，由_____、_____及_____所组成；塑壳式低压断路器所用的灭弧装置由_____嵌上栅片组成；快速低压断路的灭弧装置还装有_____线圈。

（4）低压断路器的保护装置是由各种脱扣器组成的，包括_____脱扣器、_____脱扣器、_____脱扣器和_____脱扣器。

（5）低压断路器按结构类型分，有_____式和_____式；按安装方式分，有_____

式和_____式两种。

（6）DW15C 型低压抽屉式断路器结构如图 1-41 所示，写出其型号含义及各编号部分的名称。

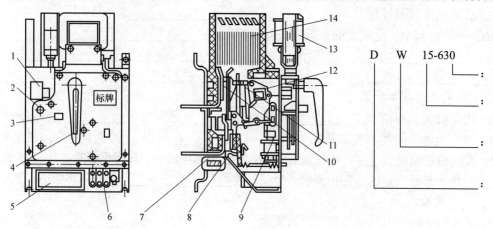

图 1-41　DW15C 型低压抽屉式断路器结构

1：_____；　3：_____；　5：_____；　6：_____；
7：_____；　10：_____；　13：_____；　14：_____。

第二阶段：接受工作任务

一、工作任务下达

（1）明确工作任务：根据检修周期和运行工况进行综合分析判断，对 DW15 型低压断路器进行分解、检修，并进行回装和调整。

（2）观摩 DW15 型低压断路器检修示范操作。

二、学生小组人员分工及职责

根据设备数量（8 台断路器）进行分组，40 人分为 8 组，每组 5 人。每组确定一名工作负责人、一名工具和资料保管人，其余小组成员作为工作班成员。小组人员分工及职责情况参见表 1-13。

表 1-13　　　　　　　　　　　学生小组人员分工及职责情况表

学生角色	签　名	能　力　要　求
工作负责人		（1）熟悉工作内容、工作流程、安全措施、工作中的危险点； （2）组织小组成员对危险点进行分析，告知安全注意事项； （3）工作前检查安全措施是否正确完备； （4）督促、监护小组成员遵守安全规章制度和现场安全措施，正确使用劳动防护用品，及时纠正不安全行为； （5）组织完成小组总结报告
工具和资料保管人		（1）负责现场工器具与设备材料的领取、保管、整理与归还； （2）负责小组资料整理保管
工作班成员		（1）收集整理相关学习资料； （2）明确工作内容、工作流程、安全措施、工作中的危险点； （3）遵守安全规章制度、技术规程和劳动纪律，正确使用安全用具和劳动防护用品； （4）听从工作负责人安排，完成检修工作任务； （5）配合完成小组总结报告

三、资料准备

各小组分别收集表 1-14 所列相关资料。

表 1-14　　　　　　　　　　资　料　准　备

序号	项　目	收集资料名称	收集人	保管人
1	低压断路器及相关低压设备文字资料	（1）		
		（2）		
		（3）		
		……		
2	低压断路器及相关低压设备图片资料	（1）		
		（2）		
		……		
3	低压断路器检修资料	（1）		
		（2）		
		……		
4	第一种工作票			
5	其他			

第 三 阶 段：前 期 准 备 工 作

一、现场查勘

现场查勘表见表 1-15。

表 1-15　　　　　　　　　　现 场 查 勘 表

工作任务：DW15 型低压断路器检修	小组：第　　　组
现场查勘时间：　　　年　　月　　日	查勘负责人（签名）：

参加查勘人员（签名）：

现场查勘主要内容：
（1）确认待检修低压断路器的安装地点；
（2）安全距离是否满足"安规"要求；
（3）通道是否畅通；
（4）低压断路器的连接方式、技术参数、运行情况及缺陷情况；
（5）确认本小组检修工位；
（6）绘制设备、工器具和材料定置草图

现场查勘记录：

现场查勘报告：

编制（签名）：

二、危险点分析与控制

明确危险点，完成控制措施，见表1-16。

表1-16 危险点与控制措施

序号		内　　容
1	危险点	人身触电
	控制措施	
2	危险点	人员磕碰擦伤
	控制措施	
3	危险点	弹簧伤人
	控制措施	
4	危险点	低压触电
	控制措施	
5	危险点	电磁线圈烧毁
	控制措施	

确认（签名）：

三、明确标准化作业流程

标准化作业流程见表1-17。

表1-17 第　　组　标准化作业流程表

工作任务	DW15型低压断路器检修	
工作日期	年　月　日至　月　日	工期　　天
工作安排	工　作　内　容	时间（学时）
主持人： 参与人：全体小组成员	（1）分组制订检修工作计划、作业方案	1
	（2）讨论优化作业方案，编制最优化标准化作业卡	1
	（3）准备检修工器具、材料，办理开工手续	1
小组成员训练顺序：	（4）DW15型断路器分解检修	3
	（5）DW15型断路器缺陷处理	2
	（6）DW15型断路器回装、调整、试验	4
主持人： 参与人：全体小组成员	（7）清理工作现场、验收、办理工作终结	1
	（8）小组自评、小组互评，教师总评	3
确认（签名）	工作负责人： 小组成员：	

四、工器具及材料准备

1. 工器具准备（见表 1-18）

表 1-18　　　　　　　　　工 器 具 准 备 表

序号	名　称	规　格	单　位	每组数量	确认（√）	责任人
1	呆扳手	30～32	把	2		
2	呆扳手	17～19	把	1		
3	呆扳手	12～14	把	2		
4	梅花扳手	30～32	把	2		
5	梅花扳手	17～19	套	1		
6	梅花扳手	12～14	套	1		
7	铁榔头	4磅	把	1		
8	大螺丝刀		把	1		
9	板尺	300	把	1		

2. 仪器、仪表准备（见表 1-19）

表 1-19　　　　　　　　　仪器、仪表准备表

序号	名　称	规　格	单　位	每组数量	确认（√）	责任人
1	万用表	—	只	1		
2	试验导线		m	20		

3. 消耗性材料及备件准备（见表 1-20）

表 1-20　　　　　　　　消耗性材料及备件准备表

序号	名　称	规　格	单　位	每组数量	确认（√）	责任人
1	凡士林		kg	0.1		
2	黄油		kg	1		
3	机油		kg	0.1		
4	砂布	00 号	张	6		
5	白布		m	0.5		
6	套垫		套	1		

4. 现场布置

可参考图 1-42 所示布置图，根据现场实际，绘制设备器材定置摆放布置图。

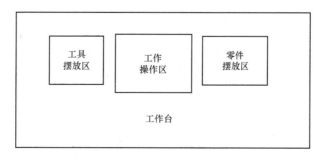

图 1-42　低压断路器检修设备器材定置摆放布置图

第 四 阶 段 : 工 作 任 务 实 施

一、布置安全措施，办理开工手续

布置安全措施，办理开工手续见表1-21。

表1-21 　　　　　　　　　　　　　　　　　开 工 手 续 表

序号	工 作 内 容	执行人（签名）
1	检查断路器机械位置指示器位于分闸位置，确认断路器处于分闸位置	
2	检查回路电源已切断，拉开隔离刀开关至分闸位置	
3	检查待检修断路器两侧已挂接地线	
4	列队宣读工作票，交待工作内容、安全措施和注意事项	
5	检查工器具应齐全、合格，摆放位置符合规定	

二、检修前例行检查

检修前例行检查项目见表1-22。

表1-22 　　　　　　　　　　　　　　　检修前例行检查项目表

序号	检查项目	检 查 要 求	检查记录	执行人（签名）
1	断路器闭合、断开	检查断路器闭合、断开是否异常。其动触头运动部分与灭弧罩的零件有无卡住和碰擦现象		
2	辅助回路	接通辅助回路电源。检查断路器在手动操作、电动操作时，断路器能否可靠闭合。按动断开按钮应能立即断开电路		
3	欠压脱扣器、分励脱扣器	检查断路器的欠压脱扣器、分励脱扣器能否在动作范围内使断路器断开		
4	热脱扣器	检查热脱扣器整定位置是否准确		
5	半导体脱扣器	对电源变压器供以工作电压，断路器处于闭合位置时，将接线端子短接，此时脱扣器的长延时环节、短延时环节、触发环节发出信号，使执行元件动作，断路器分断，说明断路器能正常工作		

三、检修流程及工艺要求

1. DW15型断路器检修流程及质量要求（作业卡）（见表1-23）

表1-23 　　　　　　　　　　　　DW15型断路器检修流程及质量要求

序号	检 修 内 容	质 量 要 求	检修记录	执行人	确认人
1	释放断路器合闸储能弹簧	检查合闸储能弹簧是否损坏，失去弹性			
2	卸下断路器手动操作手柄	检查手柄是否转动灵活、有无变形			

续表

序号	检 修 内 容	质 量 要 求	检修记录	执行人	确认人
3	拆除断路器跳闸线圈二次接线	线圈是否完好，有无过热损坏			
4	拆除断路器合闸线圈二次接线				
5	拆除断路器失压线圈二次接线				
6	卸下断路器灭弧罩	检查断路器灭弧罩有无破损、烧伤			
7	卸下断路器面板固定螺栓				
8	取出手动分闸按钮				
9	取出合闸、分闸缓冲尼龙套和分闸死点机构	检查尼龙套是否完好，死点机构是否正常，有无变形，有无卡滞			
10	卸下断路器合闸储能提升拐臂连接螺栓				
11	卸下断路器合闸线圈固定螺栓				
12	取下合闸储能传动连板				
13	卸下断路器合闸机构与分、合闸批示器间连接卡销	检查断路器静触头和动触头有无烧伤			
14	卸下断路器分闸线圈	线圈是否完好，有无过热损坏			
15	卸下断路器机座底板				
16	卸下断路器分励脱扣器	检查过电流脱扣器有无异常			
17	DW15型断路器组装	组装顺序与拆卸时相反			

2. 故障分析及处理（见表1-24）

表1-24　　　　　　　　　　故障分析及处理

故 障 现 象	可 能 原 因	处 理 办 法
手动操作断路器触头不能闭合		
电动操作断路器触头不能闭合		
有一相触头不能闭合		
欠压脱扣器不能使断路器分断		
断路器闭合后一定时间内自行分断		
分励脱扣器不能使断路器分断		
起动电动机时断路器立即分断		
欠压脱扣器噪声大		
触头温度过高		
辅助触点失灵		
半导体过电流脱扣器误动		

<h1 style="text-align:center">第五阶段：工 作 结 束</h1>

一、小组自查

检修工作结束后，工作负责人带领小组成员进行自查，检查项目和要求见表1-25。

表1-25 小组自查记录表

序号	检 查 项 目		质 量 要 求	确认打"√"
1	资料准备	工作票	正确、规范、完整	
		现场查勘记录		
		检修方案		
		标准作业卡		
		调整数据记录		
2	检修过程	正确着装	穿长袖工作服、戴安全帽、穿胶鞋	
		工器具选用	一次性准备完断路器检修的工器具	
		断路器分解检修	拆卸方法和步骤正确，拆下的零部件逐项检查确认；拆下的零部件应放在清洁干燥的场所摆放有序，并不得碰伤掉地	
		断路器装配调整	断路器装配顺序与拆卸时相反；装配后开关储能及分合正常	
		施工安全	遵守安全规程，不发生习惯性违章或危险动作，不在检修中造成新的故障	
		工具使用	正确使用和爱护工器具，工作中工具摆放规范	
		文明施工	工作完后做到"工完、料尽、场地清"	
3	检修记录		完善正确	
4	遗留缺陷：		整改建议：	

二、小组交叉检查

小组交叉检查见表1-26。

表1-26 小组交叉检查记录表

检查对象	检查内容	质 量 要 求	检 查 结 果
第1组	资料准备	资料完整、整理规范	
	检修记录	完善正确	
	检修过程	无安全事故、按照规程要求	
	工具使用	正确使用和爱护工器具，工作中工具无损坏	
	文明施工	工作完后做到"工完、料尽、场地清"	

续表

检查对象	检查内容	质 量 要 求	检 查 结 果
第 N 组	资料准备	资料完整、整理规范	
	检修记录	完善正确	
	检修过程	无安全事故、按照规程要求	
	工具使用	正确使用和爱护工器具，工作中工具无损坏	
	文明施工	工作完后做到"工完、料尽、场地清"	

三、清理现场、办理工作终结

清理现场、办理工作终结见表1-27。

表1-27　　　　　　　　　　工 作 终 结 记 录 表

序号	工 作 内 容	执 行 人
1	拆除安全措施，恢复设备原来状态	
2	工器具的整理、分类、归还	
3	场地的清扫	

四、填写检修报告

检修报告示例如下：

低压断路器检修报告（模板）

检修小组	第　组	编制日期	
工作负责人		编写人	
小组成员			
指导教师		企业专家	

一、工作任务
（包括工作对象、工作内容、工作时间……）

设备型号			
设备生产厂家		出厂编号	
出厂日期		安装位置	

二、人员及分工
（包括工作负责人、工具资料保管、工作班成员……）

三、初步分析
（包括现场查勘情况、故障现象成因初步分析）

四、安全保证
（针对查勘发现的危险因素，提出预防危险的对策和消除危险点的措施）

五、检修使用的工器具、材料、备件记录

续表

序号	名 称	规 格	单位	每组数量	总数量
1					
2					
3					
N					

六、检修流程及质量要求
（记录实施的检修流程）
七、检修中发现的问题

检修内容	存在的问题	处理方法及效果
断路器分解、检查		
触头系统检修、调整		
脱扣器检修、调整		
灭弧罩检修		
操动机构检修、调整		
电磁铁检修		
断路器回装		
其他		

八、收获与体会

五、整理资料

资料整理见表1-28。

表1-28　　　　　　　　　　资料整理记录表

序号	名 称	数 量	编 制	审 核	完成情况	整理保管
1	现场查勘记录					
2	检修方案					
3	标准作业卡					
4	工作票					
5	检修记录					
6	检修总结报告					

第六阶段：评价与考核

一、考核

1. 理论考核

教师团队拟定理论试题对学生进行考核。

2. 技能考核

技能考核任务书如下：

<table>
<tr><td colspan="2" align="center">电气设备检修技能考核任务书</td></tr>
<tr><td colspan="2">一、任务名称
DW15 型低压断路器检修。
二、适用范围
电气设备检修课程学员。
三、具体任务
完成 DW15 型低压断路器分解、检修和组装。
四、工作规范及要求
（1）开工前出具已审定合格的标准化作业卡。
（2）工具、仪表、材料齐全、合格，检修技术资料齐全。
（3）开工前做好现场安全措施，交待安全注意事项及对危险点的控制。
（4）工作过程、严格按照任务书规定的范围进行作业。
（5）要求操作程序正确、动作规范。若在操作过程中严重违规，应立即终止任务，考核成绩记为 0 分。
五、时间要求
本模块操作时间为 40min，时间到立即终止任务。</td></tr>
</table>

针对考核任务，相应的考核评分细则参见表 1-29。

表 1-29 　　　　　　　　　　DW15 型低压断路器检修考核评分细则

<table>
<tr><td>班级：</td><td colspan="2">考生姓名：</td><td colspan="4">协助人员姓名：</td></tr>
<tr><td>成绩：</td><td colspan="6">考评日期：</td></tr>
<tr><td>企业考评员：</td><td colspan="6">学院考评员：</td></tr>
<tr><td>技能操作项目</td><td colspan="6">DW15 型低压断路器检修</td></tr>
<tr><td>适用专业</td><td colspan="3">发电厂及电力系统</td><td>考核时限</td><td colspan="2">40min</td></tr>
<tr><td rowspan="5">需要说明的问题和要求</td><td colspan="6">（1）按工作需要选择工具、仪表及材料</td></tr>
<tr><td colspan="6">（2）要求着装正确（工作服、工作鞋、安全帽、劳保手套）</td></tr>
<tr><td colspan="6">（3）小组配合操作，在规定时间内完成低压断路器解体检修工作，安全操作</td></tr>
<tr><td colspan="6">（4）必须按程序进行操作，出现错误则扣除应做项目分值</td></tr>
<tr><td colspan="6">（5）考核时间到立即停止操作</td></tr>
<tr><td rowspan="2">工具、材料、设备、场地</td><td colspan="6">（1）配备安装好的 DW15 型低压断路器一台。按检修工艺配备工器具、备品、备件、专用工具、消耗性材料若干</td></tr>
<tr><td colspan="6">（2）校内实训基地</td></tr>
<tr><td>序号</td><td>项目名称</td><td>质 量 要 求</td><td>满分</td><td>扣 分 标 准</td><td>扣分原因</td><td>扣分</td></tr>
<tr><td>1</td><td>正确着装</td><td>穿长袖工作服、戴安全帽、穿胶鞋</td><td>3</td><td>不按规程要求着装不得分</td><td></td><td></td></tr>
<tr><td>2</td><td>工器具选用</td><td>一次性准备完断路器大修工器具</td><td>3</td><td>开始工作后再回去拿工器具，每次扣 1 分</td><td></td><td></td></tr>
<tr><td>3</td><td>分解检查断路器</td><td>拆卸方法和步骤正确，拆下的零部件逐项检查确认；拆下的零部件应放在清洁干燥的场所摆放有序，并不得碰伤掉地</td><td>40</td><td>（1）不按拆卸顺序步骤进行作业检查的一次扣 1 分；
（2）拆件掉落地面的每次扣 5 分；
（3）不能发现断路器有明显缺陷的零部件，每件扣 5 分</td><td></td><td></td></tr>
</table>

续表

序号	项目名称	质量要求	满分	扣分标准	扣分原因	扣分	得分
4	断路器装配	断路器装配顺序与拆卸时相反; 大修装配后断路器储能及分合正常	40	(1)装配时出现错装每处扣1分; (2)装配过程中出现漏装又返工每处扣2分; (3)转动和旋转轴不加注润滑油每处扣2分; (4)大修后不能储能扣5分; (5)大修后不能合闸扣5分; (6)大修后不能分闸扣5分; (7)定位销不到位乱敲扣5分			
5	施工安全	遵守安全规程,不发生习惯性违章或危险动作,不在检修中造成新的故障	6	(1)不戴劳保手套扣2分; (2)操作中划伤手扣1分; (3)操作中损坏零部件全扣分			
6	工具使用	正确使用和爱护工器具,工作中工具摆放规范	6	(1)工具使用不当(如用扳手敲打螺栓等)每次扣1分; (2)工具乱丢乱放或脚踩每次扣1分			
7	文明施工	工作完后做到"工完、料尽、场地清"	2	(1)工作中掉工具或材料一次扣1分; (2)工作完后不清理场地和工器具扣1分			
8	总分		100				

二、学生自评与互评

学生根据参考评价表的评价细则对自己小组和其他小组进行评价,并填写评价记录表,见表1-30。

表1-30   学生评价记录表

项目	评价对象	主要问题记录	整改建议	评价人
检修资料	第1组			
	第2组			
	第N组			
	第8组			
检修方案	第1组			
	第2组			
	第N组			
	第8组			
检修过程	第1组			
	第2组			
	第N组			
	第8组			

续表

项目	评价对象	主 要 问 题 记 录	整 改 建 议	评价人
职业 素养	第1组			
	第2组			
	第N组			
	第8组			

三、教师评价

教师团队根据参考评价表的评价细则对学生小组进行评价，并填写表1-31。

表 1-31　　　　　　　　　教师对学生小组评价记录表

项　　目	发 现 问 题	检修小组	责任人	整 改 要 求
检修资料		第1组		
检修方案				
检修过程				
职业素养				
检修资料		第2组		
检修方案				
检修过程				
职业素养				
检修资料		第3组		
检修方案				
检修过程				
职业素养				
检修资料		第N组		
检修方案				
检修过程				
职业素养				
检修资料		第8组		
检修方案				
检修过程				
职业素养				

学习情境二　电力电容器检修

📌 任务描述

根据对高压电容器组的检查、综合分析与判断，通过实施10kV高压并联电容器的检测与更换工作任务，学习电力电容器、电抗器等相关设备的基本知识；掌握电气设备检测的基本技能。

❓ 学习目标

（1）掌握电容器的结构类型；
（2）掌握电抗器等相关设备的作用及要求；
（3）掌握安全措施布置的要点；
（4）掌握电容器测试的基本方法和安全要求；
（5）掌握高压电容器的常见故障及处理方法；
（6）掌握电容器更换安装要求；
（7）培养标准化作业实施行动力。

📋 学习内容

（1）电容器的种类及作用；
（2）电容器的基本结构和型号；
（3）电抗器的种类、作用及基本结构；
（4）电容器组的配置与接线方式；
（5）电容器组的运行和检修知识；
（6）高压电容器和电抗器的常见故障及处理方法。

📖 2.1　资讯

一、电容器的种类及作用

电力电容器按所起作用的不同分为并联（移相）电容器、串联电容器、耦合电容器、电热电容器、脉冲电容器等。

（1）并联电容器。并联电容器并联在电网上来补偿电力系统感性负载的无功功率，以提高系统的功率因数，改善电能质量，降低线路损耗；还可以直接与异步电机的定子绕组并联，构成自激运行的异步发电装置。

（2）串联电容器。串联电容器主要用来补偿线路的感抗，提高线路末端电压水平，提高系统的动、静态稳定性，改善线路的电压质量，增长输电距离和增大电力输送能力。

（3）耦合电容器。耦合电容器主要用于高压及超高压电力线路的载波通信系统，同时也可作为测量、控制、保护装置中的部件；耦合电容器通常用来使高频载波装置在低电压下与高压线路耦合，并应用于控制、测量和保护装置中。

（4）均压电容器。均压电容器一般并联于断路器的断口上，使各断口间的电压在开断时分布均匀。

（5）脉冲电容器。脉冲电容器用于冲击分压、振荡回路、整流滤波等。

二、电容器的基本结构和型号

1. 电容器的基本结构

高压并联电容器主要由电容元件、浸渍剂、紧固件、引线、外壳和套管组成，其外形及结构如图 2-1 所示。

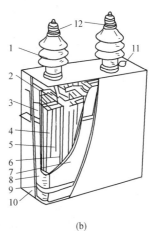

图 2-1　高压并联电容器外形及结构图

（a）外形图；（b）结构图

1—出线瓷套管；2—出线连接片；3—连接片；4—电容元件；5—出线连接片固定板；6—组间绝缘；
7—包封件；8—夹板；9—紧箍；10—外壳；11—封口盖；12—接线端子

（1）电容元件。电容元件是用一定厚度和层数的固体介质与铝箔电极卷制而成，如图 2-2 所示。为适应各种电压等级电容器耐压的要求，可由若干个电容元件并联和串联起来，组成电容器芯子。固体介质可采用电容器纸、膜纸复合或纯薄膜作为介质。在电压为 10kV 及以下的高压电容器内，每个电容元件上都串有一熔丝，作为电容器的内部短路保护，如图 2-3 所示。当某个元件击穿时，其他完好元件即对其放电，使熔丝在毫秒级的时间内迅速熔断，切除故障元件，从而使电容器能继续正常工作。

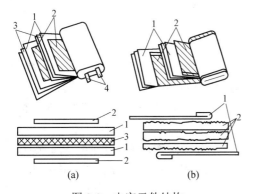
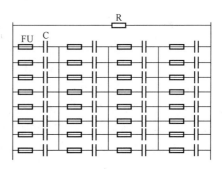

图 2-2　电容元件结构

（a）箔插引线片结构；（b）铝箔凸出折边结构

1—薄膜；2—铝箔；3—电容器纸；4—引线片

图 2-3　高压并联电容器内部电气连接示意

R—放电电阻；FU—熔丝；C—元件电容

单元电容器安装在框架上，根据不同的电压和容量作适当的电气连接，单台三相电容器的芯子一般接成三角形接线。出线端子通过导线与箱盖上的套管相连，供进出线及放电线圈使用。

　　（2）浸渍剂。为了提高电容元件的介质耐压强度，改善局部放电特性和散热条件，电容器芯子一般放于浸渍剂中，浸渍剂一般有矿物油、氯化联苯、SF_6气体等。

　　（3）外壳、套管。电容器的外壳一般采用薄钢板焊接而成，有利于散热，但绝缘性能较差，表面涂阻燃漆，壳盖上焊有出线套管，箱壁侧面焊有吊攀、接地螺栓等。大容量集合式电容器的箱盖上还装有油枕或金属膨胀器及压力释放阀，箱壁侧面装有片状散热器、压力式温控装置等。接线端子从出线瓷套管中引出。

　　低压自愈式电容器外形及结构如图 2-4 所示，采用聚丙烯薄膜作为固体介质，表面蒸镀了一层很薄的金属作为导电电极。当作为介质的聚丙烯薄膜被击穿时，击穿电流将穿过击穿点。由于导电的金属镀层电流密度急剧增大，金属镀层产生高热，使击穿点周围的金属导体迅速蒸发逸散，形成金属镀层空白区，击穿点自动恢复绝缘。

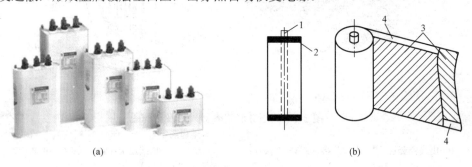

图 2-4　低压自愈式电容器外形及结构

（a）外形图；（b）结构图

1—心轴；2—喷合金层；3—金属化层；4—薄膜

　2. 电力电容器的型号

　　电容器的型号由字母和数字两部分组成，包括其系列代号、介质代号、设计序号、额定电压、额定容量、相数或频率、尾注号或使用环境等。例如：

$$\boxed{1}\ \boxed{2}-\boxed{3}-\boxed{4}\ \boxed{5}\ \boxed{6}$$

$\boxed{1}$：字母部分。

　　第一位字母是系列代号，表示电容器的用途特征：A—交流滤波电容器；B—并联电容器；C—串联电容器；D—直流滤波电容器；E—交流电动机电容器；F—防护电容器；J—断路器电容器；M—脉冲电容器；O—耦合电容器；R—电热电容器；X—谐振电容器；Y—标准电容器（移相，旧型号）；Z—直流电容器。

　　第二位字母是介质代号，表示液体介质材料种类：Y—矿物油浸纸介质；W—烷基苯浸纸介质；G—硅油浸纸介质；T—偏苯浸纸介质；F—二芳基乙烷浸介质；B—异丙基联苯浸介质；Z—植物油浸渍介质；C—蓖麻油浸渍介质。

　　第三位字母也是介质代号，表示固体介质材料种类：F—纸、薄膜复合介质；M—全聚丙烯薄膜；无标记—全电容器纸。

第四位字母表示极板特性：J—金属化极板。

2：额定电压（kV）。

3：额定容量（kvar）。

4：相数，1—单相，3—三相。

5：使用场所，W—户外式，不标记—户内式。

6：尾注号，表示补充特性：B—可调式；G—高原地区用；TH—湿热地区用；H—污秽地区用；R—内有熔丝。

例如：

（1）BFM 12-200-1W：B 表示并联电容器；F 表示浸渍剂为二芳基乙烷；M 表示全膜介质；12 表示额定电压（kV）；200 表示额定容量（kvar）；1 表示相数（单相）；W 为尾注号（户外使用）。

（2）BCMJ 0.4-15-3：B 表示并联电容器；C 表示浸渍剂为蓖麻油；M 表示全膜介质；J 表示金属化产品；0.4 表示额定电压（kV）；15 表示额定容量（kvar）；3 表示三相。

三、并联电容器组的补偿方式

电容器组补偿方式按安装地点不同可分为集中补偿和分散补偿（包括分组补偿和个别补偿）；按投切方式不同分为固定补偿和自动补偿。

1. 集中补偿

集中补偿是把电容器组集中安装在变电站的一次侧或二次侧母线上，如图 2-5 所示。这种补偿方式，安装简便、运行可靠、利用率高，因此应用比较普遍。但必须装设自动控制设备，使之能随负荷的变化而自动投切，否则可能会造成过补偿，而破坏电压质量。

电容器接在变压器一次侧时，可使线路损耗降低，一次侧母线电压升高，但对变压器及其二次侧没有补偿作用，而且安装费用高；电容器安装在变压器二次侧时，能使变压器增加出力，并使二次侧电压升高，补偿范围扩大，安装、运行、维护费用低。

2. 分组补偿

分组补偿是将电容器组分组安装在各分配电室或各分路出线上，它可与部分负荷的变动同时投入或切除。采用分组补偿时，补偿的无功不再通过主干线以上线路输送，从而降低配电变压器和主干线路上的无功损耗，因此分组补偿比集中补偿降损节电效益显著。这种补偿方式补偿范围更大，效果比较好，但设备投资较大，利用率不高，一般适用于补偿容量小、用电设备多而分散和部分补偿容量相当大的场所。

3. 个别补偿

个别补偿是把电容器直接装设在用电设备的同一电气回路中，与用电设备同时投切，如图 2-6 所示。用电设备消耗的无功就地补偿，能就地平衡无功电流，但电容器利用率低。一般适用于容量较大的高、低压电动机等用电设备的补偿。

考虑无功补偿效益时，降损与调压相结合，以降损为主；容量配置上，采取集中补偿与分散补偿相结合，以分散补偿为主。

四、电抗器的种类及作用

1. 串联电抗器

在电力系统中的并联电容补偿装置或交流滤波装置（也属补偿装置）的电容器回路中需要串联电抗器，其作用是限制电容器组合闸涌流并抑制电力谐波，防止电容对电网谐波的放大和发生谐振等。

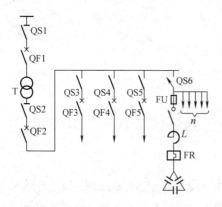

图 2-5 电容器集中补偿接线图

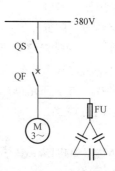

图 2-6 电容器个别补偿接线图

电容器（组）在合闸投运的瞬间，由于暂态过程的特性，将会产生很大的冲击涌流，即合闸涌流。单独一组电容器的合闸涌流约为额定电流的 5～15 倍，其频率约为 250～4000Hz，并伴随产生可达相电压的 2～3 倍的过电压，逐级投入电容器组时，将产生追加合闸涌流，过大的电流将产生很大的机械应力，这对电容器、断路器等可能造成很大破坏。限制合闸涌流的方法主要是安装串联电抗器，如图 2-7 所示。其主要作用表现如下。

（1）降低电容器组的涌流倍数和涌流频率。

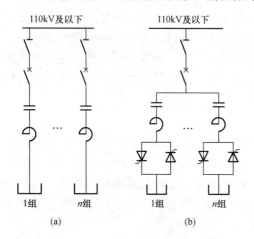

图 2-7 串联电抗器的应用

(a) 串接于由断路器投切的并联电容器或交流滤波装置；
(b) 串接于由可控硅投切的并联电容器或交流滤波装置

（2）可以吸收接近调谐波的高次谐波，降低母线上该谐波电压值，减少系统电压波形畸变，提高供电质量。

（3）与电容器的容抗处于某次谐波全调谐或过调谐状态下，可以限制高于该次的谐波电流流入电容器组，保护了电容器组。

（4）在并联电容器组内部短路时，减少系统提供的短路电流，在外部短路时，可减少电容器组对短路电流的助增作用。

（5）减少健全电容器组向故障电容器组的放电电流值。

（6）电容器组的断路器在分闸过程中，如果发生重击穿，串联电抗器能减少涌流倍数和频率，并能降低操作过电压。

有串联电抗器的并联电容器装置，其电容器容量不应随意改变。如果增加其容量，电抗器应考虑过载；减少其容量，可能引起谐波过分放大。

当电网中谐波量很小，仅为限制电容器组投入时的合闸涌流时，电抗器的电抗百分值可选得比较小，一般为 0.1%～1%；如从抑制谐波放大和限制涌流保护电容器组的角度考虑，电抗百分值为 12%～13% 时最有效。

2. 限流电抗器

发电厂和变电站中为了限制短路电流，以便能经济合理地选择电器，需要安装限流电抗器。按安装地点和作用可分为线路电抗器、母线电抗器及变压器回路电抗器。

（1）线路电抗器。为了出线能选用轻型断路器以及减小馈线电缆的截面，将线路电抗器串接在电缆馈线上。当线路电抗器后发生短路时，不仅限制了短路电流，还能维持较高的母线剩余电压，提高了供电的可靠性。由于电缆的电抗值较小且有分布电容，即使短路发生在电缆末端，也会产生和母线短路差不多大小的短路电流。

（2）母线电抗器。母线电抗器串接在发电机电压母线的分段处或主变压器的低压侧，用来限制厂内、外短路时的短路电流，也称为母线分段电抗器。当线路上或一段母线上发生短路时，它能限制另一段母线提供的短路电流。若能满足要求，可省去在每条线路上装设电抗器，以节省工程投资。但它限制短路电流的效果较小。

（3）变压器回路电抗器。变压器回路电抗器安装在变压器回路中，用于限制短路电流，以便变压器回路能选用轻型断路器。

3. 并联电抗器

并联电抗器在电力系统中的应用如图 2-8 所示。

（1）中压并联电抗器一般并联接于大型发电厂或 110～500kV 变电站的 6～63kV 母线上，用来吸收电缆线路的充电容性无功。通过调整并联电抗器的数量，向电网提供可阶梯调节的感性无功，补偿电网剩余的容性无功，调整运行电压，保证电压稳定在允许范围内。

并联电抗器经断路器、隔离开关接入线路，如图 2-8（a）所示，其投资大，但运行方式灵活。

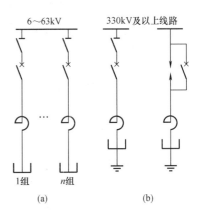

图 2-8　并联电抗器的应用
（a）6～63kV 中压并联电抗器的接线；
（b）超高压并联电抗器的接线

（2）超高压并联电抗器一般并联接于 330kV 及以上电压等级的超高压线路上，其主要作用如下：

1）降低工频过电压。装设并联电抗器吸收线路的充电功率，防止超高压线路空载或轻负荷运行时，由线路的充电功率造成线路末端电压升高。

2）降低操作过电压。装设并联电抗器可限制由于突然甩负荷或接地故障引起的过电压，避免危及系统的绝缘。

3）避免发电机带长线出现的自励磁谐振现象。

4）有利于单相自动重合闸。并联电抗器与中性点小电抗配合，有利于超高压长距离电力线路单相重合闸过程中故障相的消弧，从而提高单相重合闸的成功率。

总之，超高压并联电抗器对于改善电力系统无功功率有关运行状况、降低系统绝缘水平和系统故障率、提高运行可靠性，均有重要意义。

超高压并联电抗器可只经隔离开关接入线路，其投资较小，但电抗器故障时会使线路停电，电抗器需退出时需将线路短时停电。更好的方式是将电抗器经一组火花间隙接入，如图2-8（b）所示。间隙应能耐受一定的工频电压（例如 1.35 倍相电压），它与一个断路器并接。正常情况下，断路器断开，电抗器退出运行；当该处电压达到间隙放电电压时，断路器动作接通，电抗器自动投入，工频电压随即降至额定值以下。

五、电抗器的基本结构类型

1. 空芯式电抗器

空芯式电抗器只有绕组，没有铁芯。空芯式电抗器多数是干式，当电抗较大时，需要制成油浸式。干式空芯式电抗器的绕组可采用包封式，也可用电缆绕制后用水泥浇注的水泥电抗器，如图 2-9 所示。包封绕组的干式空芯式电抗器若能选用能耐户外气候条件的绝缘材料，就可用于户外。

2. 铁芯式电抗器

铁芯式并联电抗器的铁芯，电抗器芯柱由铁芯饼和气隙垫块组成。铁芯饼为辐射形叠片结构，铁芯饼与铁轭由压紧装置通过非磁性材料制成的螺杆拉紧，形成一个整体，如图 2-10 所示。由于铁芯采用了强有力的压紧和减震措施，整体性能好，震动及噪声小，损耗低，无局部过热。油箱为钟罩式结构，便于用户维护和检修。油箱为圆形或多边形，强度高，震动小，结构紧凑，单相并联电抗器的油箱和铁芯间设有防止器身在运输过程中发生位移的强力定位装置。油箱壁设有磁屏蔽，降低了漏磁在箱壁产生的损耗，消除了箱壁的局部过热。

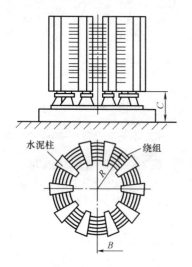

图 2-9 空芯水泥电抗器

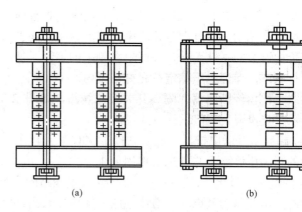

图 2-10 铁芯式电抗器的铁芯

（a）拉紧螺杆穿过铁芯柱与绕组之间；（b）拉紧螺杆位于绕组外面

3. 干式半芯电抗器

干式半芯电抗器在线圈中放入了由高导磁材料做成的芯柱，磁路中磁导率大大增加，与空芯电抗器相比较，在同等容量下，线圈直径大幅度缩小、导线用量大大减少，损耗大幅度降低。绕组选用小截面圆导线多股平行绕制，涡流损耗和漏磁损耗明显减小，其绝缘强度高、散热性好，具有很好的整体性，机械强度高，耐受短时电流的冲击能力强，能满足动、热稳定的要求。采用机械强度高的铝质的星形接线架，涡流损耗小，可以满足对线圈分数匝的要求。所有的导线引出线全部焊接在星形接线臂上，不用螺钉连接，提高了运行的可靠性。其铁芯结构为多层绕组并联的筒形结构，形状十分简单。铁芯柱经整体真空环氧浇注成型后密实而整体性很好，运行时振动极小、噪声很低，能耐受户外恶劣的气候条件，不受任何环境条件的限制。电抗器的工作寿命期可长达 30 年之久。因此，干式半芯并联电抗器是干式空芯并联电抗器的替代品。

图 2-11～图 2-13 所示分别为三种不同结构的电抗器的实物照片。

图 2-11　空芯式电抗器　　　　图 2-12　铁芯式并联电抗器　　　图 2-13　干式半芯电抗器

六、认识电容器组补偿装置

电容器组补偿装置实景图如图 2-14 所示。

1. 并联电容器组的接线

并联电容器组的接线如图 2-15 所示。

图 2-14　电容器组补偿装置实景图

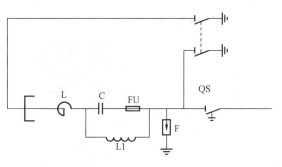

图 2-15　并联电容器组接线图

L—串联电抗器；C—电容器组；L1—放电线圈；
FU—熔断器；F—避雷器

2. 串联电抗器

串联电抗器是高压并联电容器装置的重要部分。采用普通铁芯电抗器时，装设位置宜在电容器组的中性点侧，电抗器承受的对地电压低，可不受短路电流的冲击，对动热稳定没有特殊要求，可减少故障，运行更安全；采用干式空芯电抗器时，装设位置宜在电容器组的电源侧，兼有限制短路电流的作用。

在安装空芯串联电抗器时，一定要使电抗器周边结构件（即框架或护栏）的金属件呈开环状，尤其是地下的金属接地体不得呈闭合环路状态，以避免因外部金属闭合环路感应电流形成的磁场造成电抗器电压或电流不均匀，加速电抗器的损坏。

3. 电容器放电装置

电容器从电源断开后，两极处于储能状态，残留一定电压，初始值为电容器的额定电压。电容器在带电荷的情况下再次合闸投运时，会产生很大的冲击合闸涌流和很高的过电压，对设备和人身有很大的危害。因此，电容器组必须加装放电装置。

电容器的放电装置有内部放电电阻和外部放电线圈。高压电容器放电装置可选用专用的放电线圈（如图 2-16 所示），也可以用互感器或配电变压器的一次绕组作为兼用放电线圈。

放电线圈的放电性能应使自动投切的电容器组的残留电压在电容器切断5s内下降至50V及以下；对于手动投切的高压电容器组，不应大于5min，低压不应大于1min。为确保安全，电容器组的投切时间间隔一般不小于5s，但实际操作中应适当延长投切的间隔时间，以确保电容器的充分放电。禁止使用放电线圈中性点接地的接线方式。

4. 电容器保护装置

（1）避雷器。电容器组选用每相一只避雷器的接线方式，能有效限制真空断路器单相重燃产生过电压，同时还能限制电容器组中性点过电压的发展，降低两相重燃的概率。避雷器外形图如图2-17所示。

电容器用避雷器不得选用带间隙的氧化锌避雷器，也禁止使用四避雷器接线方式，即三只接星形，一只接其中性点。因为这种接线对避雷器的技术要求，特别是方波通流能力的要求非常高，实际使用中常常因无法选择合适的避雷器，使避雷器本身成为故障频发点。

（2）熔断器。用熔断器对高压并联电容器进行单台保护，是保证电容器安全运行的有效措施。熔断器保护主要是将电容器有击穿的部分切除，可保证其他电容器的连续运行，以防止由于电容元件大量击穿引起电容器外壳爆裂或起火等严重事故。用于电容器单台保护的熔断器有跌落式（喷逐式）和限流式。通常采用跌落式（喷逐式）熔断器，只有在故障电流大，不能满足开断要求的特殊场合才选用限流式熔断器。熔断器外形图如图2-18所示。

图2-16　放电线圈外形图　　　图2-17　避雷器外形图　　　　　图2-18　熔断器外形图

5. 高压电容器技术参数（见表2-1）

表2-1　　　　　　　　　　　　　　高压电容器技术参数

序号	型　　号	额定电压（kV）	额定容量（kvar）	额定电容（μF）
1	BFM11/$\sqrt{3}$ -50-1W	11/$\sqrt{3}$	50	3.95
2	BFM11/$\sqrt{3}$ -100-1W	11/$\sqrt{3}$	100	7.9
3	BFM11/$\sqrt{3}$ -200-1W	11/$\sqrt{3}$	200	15.8

七、电容器的运行维护知识

1. 电容器的运行要求

电容器允许在不超过1.1倍额定电压下长期运行，并能在1.15倍额定电压（瞬时过电压除外）下每昼夜运行不超过30min。为了延长电容器的使用寿命，电容器应经常维持在不超过额定电压下运行。电容器组允许短时间的过电压，短时过电压值由过电压时间加以限定，如表 2-2 所示。

表 2-2　　　　　　　　　　　　　　　电容器组允许的工频过电压

工频过电压	最长持续时间	说　　明
$1.10U_\text{N}$	连续	电容器运行中任何一段时间的最高平均值
$1.15U_\text{N}$	每 24h 中 30min	系统电压的调整与波动
$1.20U_\text{N}$	5min	轻负荷时电压升高
$1.30U_\text{N}$	1min	

电容器组允许在其 1.3 倍额定电流下长期运行。允许超过额定电流的 30%中，10%是由允许的工频过电压引起的，20%是由高次谐波电压引起的。

电容器一般使用在周围环境空气温度为–40～+40℃的场所，自愈式电容器为–45～+50℃。安装地区海拔不超过 1000m，对于低电压并联电容器可用在海拔 2000m 以下。

2. 新装电容器组投入运行前的检查

（1）新装电容器组投入运行前应经过交接试验，并达到合格要求。

（2）布置合理，各部分连接牢靠，接地符合要求。

（3）接线正确，电压应与电网额定电压相符。

（4）放电装置符合规程要求，并经试验合格。

（5）电容器组的控制、保护和监视回路均应完善，温度计齐全并试验合格，整定值正确。

（6）与电容器组连接的电缆、断路器、熔断器等电气设备应试验合格。

（7）三相间的容量保持平衡，误差值不应超过一相总容量的 5%。

（8）外观检查应良好，无渗漏油现象。

（9）电容器室的建筑结构和通风措施均应符合规程要求。

3. 电容器组的运行检查和维护

对运行中的电容器组应进行日常巡视检查、定期停电检查以及特殊巡视检查。

（1）正常巡视检查，应由运行值班人员进行，做好电容器室的设备运行情况记录。有人值班时，每班检查一次；无人值班时，每周检查一次。检查时间，夏季在室温最高时进行，其他季节可在系统电压最高时进行。检查时主要观察以下各项。

1）电容器外壳有无膨胀、漏油痕迹。如发现箱壳明显膨胀（100kvar 以下每面膨胀量不大于 10mm；100kvar 及以上每面膨胀量应不大于 20mm）应停止使用，以免故障发生。

2）电容器内部有无异常声响和火花。

3）电容器的保护熔断器是否良好。

4）放电用电压互感器的指示灯、放电间隙、放电电阻及避雷器等设备均应完好，放电指示灯是否熄灭。

5）配套设备，包括断路器、隔离开关、互感器、串联电抗器、支持绝缘子、网状遮拦及门窗等均应完好。

6）记录有关电压表、电流表、温度表的读数。三相电流是否平衡（各相相差不大于 10%）；外壳温度是否过高，如超过设计的最高温度时，应采用人工冷却（安装风扇等）或将电容器断开。

7）对于户内式电容器组应检查通风装置是否良好。

8）对检查发现的缺陷应进行记录。

为了便于检查，必要时可以短时停电。停电时，除电容器组自动放电外，还应进行人工充分放电，否则不得触及电容器。

（2）定期停电检查应每季进行一次。除检查日常巡视检查的项目外，还应检查以下各项。

1）各螺丝接点的松紧和接触情况。

2）放电回路是否完好。

3）风道有无积尘，并清扫电容器的外壳、绝缘子和支架等处的灰尘。

4）检查外壳的保护接地线是否完好。

5）继电保护、熔断器等保护装置是否完整可靠，断路器、馈电线等是否良好。

（3）在出现断路器跳闸、熔体熔断等情况后，应立即进行特殊巡视检查，有针对性地查找原因，必要时应对电容器进行试验，在未查出故障原因之前，不得再次合闸运行。

（4）按规程要求定期对电容器进行预防性试验，各项试验均要合格。

4．电容器组的投入和退出运行

正常情况下，电容器组的投入和退出应根据系统无功负荷潮流和负荷功率因数以及电压情况来决定。原则上应按供电部门对功率因数给定的指标决定是否投入电容器组，电压偏低时可投入电容器组。

接通和断开电容器时应注意以下几点。

（1）电容器组在接通前用绝缘电阻表检查放电回路。

（2）当汇流排上的电压超出规定的最大允许数值时，禁止将电容器组接入回路。

（3）在电容器组断开后不得立即重新接入，若要立即接入，应使其端子上的电压不高于额定电压的10%。

（4）在接通和断开电容器时，要选用不能产生危险过电压的开关，并装设能抑制危险过电压的设备，并且开关的额定电流不应低于1.5倍电容器组的额定电流。

当变电站进行全部停电的操作时，应先拉开电容器组开关，后拉开各路出线开关；当变电站全部恢复送电时，应先合上各路出线开关，后合上电容器组开关。

八、电容器的检修知识

目前电力系统只对渗漏油等不需要开壳的缺陷进行小修，凡需要打开外壳处理的缺陷，均应返回制造厂修理。对于坚固化的集合式并联电容器，一次用完，中间不考虑大修；带有油枕和呼吸器的集合式并联电容器，外形与变压器相似，油箱内的油可以补充或更换。对于明显有外壳击穿、箱体膨胀爆裂等缺陷的电容器，只能报废。

在运输或运行过程中如发现电容器外壳漏油，可以用锡铅焊料钎焊的方法修理。套管焊缝处渗油，可用锡铅焊料修补，但应注意烙铁不能过热以免银层脱焊。

运行中某电容器熔断器熔断，要对电容器进行故障鉴定。发生熔断器的"群爆"现象，不一定是单元电容器的故障，可能是熔丝额定电流过小，或者是熔丝熔断后尾线未掉出以及表面闪络引起。

高压并联电容器的检修主要是指对电容器进行检测和预防性试验。其检测周期取决于电容器在系统中的重要性和运行环境、安装现场的环境和气候以及历年运行和预防性试验等情况。

2.2　决策与计划

一、电容器的常见故障分析及处理方法（见表 2-3）

表 2-3　　　　　　　　　　电容器的常见故障分析及处理方法

故障现象	故 障 原 因	处 理 方 法
外壳鼓肚变形	（1）介质内产生局部放电，使介质分解而析出气体； （2）部分元件击穿或极对外壳击穿，使介质分解而析出气体	立即将电容器退出运行，更换合格电容器
渗漏油	（1）搬运时提拿瓷套，使法兰焊接处裂缝； （2）接线时拧螺丝过紧，瓷套焊接处损伤； （3）产品制造缺陷； （4）温度急剧变化； （5）漆层脱落，外壳锈蚀	（1）用铅锡料补焊，但勿使过热，以免瓷套管上银层脱落； （2）改进接线方式，消除接线应力，接线时勿搬摇瓷套，勿用猛力拧螺丝帽； （3）防暴晒，加强通风； （4）及时除锈、补漆
温度过高	（1）环境温度过高，电容器布置过密； （2）高次谐波电流影响； （3）频繁切合电容器，反复受过电压作用； （4）介质老化，损耗不断增大	（1）改善通风条件，增大电容器间隙； （2）加装串联电抗器； （3）采取措施限制操作过电压及涌流； （4）停止使用及时更换
爆炸着火	内部发生极间或极壳间击穿，而无适当保护时，与之并联的电容器组对它放电，因能量大爆炸着火	（1）立即断开电源； （2）用沙子或干式灭火器灭火
单台熔丝熔断	（1）过电流； （2）电容器内部短路； （3）外壳绝缘故障	（1）严格控制运行电压； （2）测量绝缘，更换元件； （3）内部短路应退出运行

发生下列异常情况之一时，应立即拉开电容器组开关，使其退出运行。

（1）电容器组母线电压超过电容器组额定电压 1.1 倍或超过表 2-2 规定的短时间允许的过电压，以及通过电容器组的电流超过额定电流的 1.3 倍；

（2）电容器周围环境的温度超出允许范围（一般为±40℃），或电容器外壳最热点温度超出允许范围（一般为–25～+60℃）；

（3）电容器接点严重过热或熔化；

（4）电容器内部或放电装置有严重异常声响；

（5）电容器外壳有明显的异形膨胀；

（6）电容器瓷套管破裂或发生严重放电、闪络；

（7）电容器喷油、起火或爆炸。

电容器喷油、起火或爆炸是最严重的事故，大多是内部击穿短路引起，应立即退出运行。电容器着火，应立即断开电容器电源，并在离着火点较远一端放电，经接地后检修灭火。运行中的电容器引线如果发热至烧红，则必须立即退出运行，进行处理，以免造成事故扩大。平时应加强日常管理，及时发现有内部故障的电容器，尽量避免发生爆炸。

二、现场查勘

现场查勘的主要内容如下：

（1）确认待检修电容器的安装地点，查勘工作现场周围（带电运行）设备与工作区域安全距离是否满足"安规"要求，工作人员工作位置与周围（带电）设备的安全距离是否满足要求；

（2）查勘工具、设备进入工作区域的通道是否畅通，绘制现场检修设备、工器具和材料定置草图；

（3）了解待检修电容器的结构特点、连接方式，收集技术参数、运行情况及缺陷情况；

（4）正确填写现场查勘表（参考学习指南）。

三、危险点分析与控制

对高压电容器进行检测与更换，应考虑防止人身触电、机械性损伤、工器具损坏、设备损坏等因素，危险点分析与控制措施见表2-4。

表2-4   危险点分析与控制措施

序号	危 险 点	控 制 措 施
1	不熟悉工作内容	开工前工作负责人召开班前会，学习工序卡，交待安全注意事项及危险点
2	相邻 10kV 运行设备带电	对工作班成员进行带电部分与工作范围告知，在相邻运行设备上面向检修人员挂"止步，高压危险"标示牌
3	电容器剩余电荷伤人	人员接触电容器前，将电容器的端子短路并接地，充分放电
4	高压试验时有可能发生的人身触电事故	按照"安规"有关规定进行高压试验工作，试验完毕后对试品进行充分放电
5	着火	检修场地应无可燃物和爆炸性气体，做好消防措施

四、确定检修内容、时间和进度

根据现场查勘报告，参考表2-5，编制检修作业计划表。

表2-5   检修作业计划表示例

工作任务	高压电容器的检测与更换	
工作日期	年 月 日至 月 日	工期 天
工作安排	工 作 内 容	时间（学时）
主持： 参与：	（1）分组制订检修工作计划、作业方案	
	（2）讨论优化作业方案，编制最优化标准化作业卡	
	（3）准备检修工器具、材料，办理开工手续	
训练顺序：	（4）电容器组检测与维护	
	（5）电容器更换、调整试验	
主持： 参与：	（6）清理工作现场，验收、办理工作终结	
	（7）小组自评、小组互评，教师总评	
确认（签名）	工作负责人： 小组成员：	

五、确定安全、技术措施

1. 一般安全注意事项

（1）着装正确（工作服、工作鞋、安全帽、劳保手套）。

（2）正确选择、使用工器具。

（3）安全、正确地更换和检测电容器，工作中严禁损坏工器具和配件。

（4）标准化作业、规范化施工。

2．技术措施

（1）在更换前先进行检查，发现异常及时处理和更换。

（2）所有零部件及工器具必须摆放整齐，排列有序。

（3）检修中轻拿轻放，防止碰伤和损坏零部件。

（4）安装顺序与拆卸时相反，检修后各部件符合相关质量要求。

（5）更换电容器后按规定项目进行测试，在适当位置按一定顺序摆放仪器，仪器摆放整齐合理，试验线连接牢固可靠、正确无误。

六、工器具及材料准备

1．工器具准备（见表2-6）

表2-6 工 器 具 准 备 表

序号	名 称	规 格	单 位	每组数量	备 注
1	活动扳手	10 12	把	3	各3
2	梅花扳手	12～14 17～19	把	3	各3
3	锉刀	平锉 圆锉 什锦锉	把	1	各1
4	螺丝刀		把	2	
5	锯弓		把	1	
6	榔头		把	1	
7	管钳		把	1	
8	剪子		把	1	
9	钢板尺	50cm	把	1	
10	钢丝刷		把	2	
11	安全带		条	4	
12	U形环		个	4	
13	爬梯	人字梯	把	1	

2．仪器、仪表准备（见表2-7）

表2-7 仪器、仪表准备表

序号	名 称	规 格	单 位	每组数量	备 注
1	万用表	—	只	1	
2	绝缘电阻表	1000V	只	1	
3	数字电容表	DT6013	台		

3. 消耗性材料及备件准备（见表 2-8）

表 2-8 消耗性材料及备件准备表

序号	名 称	规 格	单 位	每组数量	备 注
1	黑胶布		盘	1	
2	锯条		根	10	
3	毛刷		把	5	
4	砂纸		张	10	
5	导电膏		瓶	1	
6	松动剂		瓶	1	
7	棉纱		kg	1	
8	洗涤剂		瓶	1	
9	螺丝		套	10	
10	熔断丝				
11	塑料布		m	10	
12	调和漆	中灰	kg	0.5	
13	防锈漆		kg	2	

2.3 实施

一、布置安全措施，办理开工手续

（1）断开电容器回路的断路器，检查断路器机械位置指示器位于分闸位置，确认断路器处于分闸位置。

（2）检查回路电源已切断，拉开隔离开关至分闸位置。

（3）对电容器进行充分放电。

（4）验电、挂接地线，在工作地点设安全围栏，向外悬挂"止步，高压危险"标示牌，每 5m 至少一个标示牌。

（5）列队宣读工作票，交代工作内容、安全措施和注意事项。

（6）准备好检修所需的工器具、材料、配件等，检查工器具应齐全、合格，摆放位置符合规定。

二、高压并联电容器组的检测

1. 电容器部分的检查

停电检查时，除电容器组自动放电外，还应进行人工充分放电，否则不得触及电容器。

（1）检查连接电容器金具。金具使用铜螺母，无烧伤损坏，连接紧固。

（2）检查固定金具。使用铝制金具，无裂纹，尺寸合适。

（3）检查电容器本体。检查套管应完好、本体无膨胀。若套管损伤、外壳变形或损伤，有异常声音、异臭，温度异常，继电保护装置动作，需更换电容器。检查有无渗漏油，若电容器外壳漏油，可以用锡铅焊料钎焊的方法修理；套管焊缝处漏油，可用锡铅焊料修补；漏油、油面下降应补充油或更换电容器。

（4）外观检查。引出线端连接用螺母、垫圈应齐全，外壳无显著变形。若接线端子过热变形，有异声、噪声、异臭，应将接线拧紧装牢。

（5）检查瓷件。瓷件应完好无破损。

（6）检查导电杆。导电杆应无弯曲变形。

（7）检查接地。接地可靠，接地螺丝应紧固，应将接线拧紧装牢。

（8）检查连接母线。母线应平整无弯曲。

（9）检查熔断器。熔断器无断裂、虚接，熔断器规格应符合设备要求。若熔丝熔断，需更换电容器。

（10）检查放电线圈。瓷套无破损，油位应正常，无渗漏现象，二次接线应紧固。

（11）检查编号及铭牌。编号应向外，铭牌应完整。

2. 电抗器部分检查

串联电抗器的检查项目如下：

（1）检查电抗器上下汇流排是否有变形裂纹；电抗器线圈至汇流排引线是否存在断裂、松焊；紧固件有无松动现象；接线桩头接触是否良好，有无烧伤痕迹；将接线拧紧装牢，进行打磨处理。

（2）检查电抗器表面涂层有无龟裂脱落、变色；包封表面憎水性，有无浸润现象；包封间导风撑条是否完好牢固；包封与支架间紧固带是否有松动、断裂。

（3）检查电抗器导电回路接触是否良好；器身及金属件有无过热现象；铁芯有无松动及是否有过热现象；绕组绝缘性能是否良好。

（4）检查支座绝缘子是否完好、清洁、紧固并受力均匀；绝缘性能是否良好，清扫绝缘子。

（5）检查通风道应无堵塞，器身卫生无尘土、脏污，无流胶、裂纹现象。

（6）检查防护罩及防雨栅有无松动和破损。

3. 电容器组的试验内容及要求

（1）测量放电线圈绝缘电阻。一次绕组用 2500V 绝缘电阻表，二次绕组用 1000V 绝缘电阻表，测量绝缘电阻不小于 1000MΩ。

（2）测量电容器极对壳绝缘电阻。用 2500V 绝缘电阻表测量，绝缘电阻不低于 2000MΩ；绝缘电阻下降，应换油或更换电容器。

（3）测量电容值。用电桥法或电流电压法测量电容值，电容值偏差不超过额定值的–5%～+10%范围；电容值不应小于出厂值的 95%；若电容量异常，则更换电容器。

（4）测量并联电阻值。用自放电法测量，电阻值与出厂值的偏差应在 10%范围内。

（5）测量电抗器绕组绝缘电阻。用 2500V 绝缘电阻表测量，绝缘电阻不低于 1000MΩ。

（6）测量绕组直流电阻。用电桥法或电流电压法测量，不大于上次测量值的 2%，三相绕组的差别不应大于平均值的 4%。

4. 绝缘电阻的测量

测量绝缘电阻时，首先应对被试品外绝缘表面进行清洁；将被试电容器极间短接，绝缘电阻表"E"接地；驱动绝缘电阻表达 120r/min，指针达到"∞"后，将测试线搭上电容器测试部位；测量时间不小于 60s，或指针稳定方可读数；读数完毕后，先断开加压端，再停止摇绝缘电阻表；测试过程中应大声呼唱，另一端应有人监护；测量后必须使用放电棒对被试部位反复充分放电并接地。

三、电容器装置常见故障的处理

1. 电容器常见故障的处理

（1）渗漏油或缺油。电容器金属外壳渗油不严重可将外壳渗漏处除锈、焊接、涂漆，渗漏严重的必须更换。外壳的渗油，一般发生在下底和上盖边沿的焊缝处、上盖地线端子和注油孔处、铭牌及两侧搬运把手焊接处。轻微渗油，可用铅焊解决，铅焊时，除上盖注油孔宜用松香作焊剂外，其他部位可用氯化锌作焊剂，用量不宜过多，不要用盐酸、焊锡膏等酸性焊剂。

装配套管式电容器，漏油常发生在套管与油箱的结合面处，适当拧紧螺帽即可解决，不要轻易拆开套管的外瓷件，如无法消除才可考虑拆开外瓷件，用汽油将瓷件擦拭干净、更换耐油胶垫，并涂以环氧树脂等胶合剂再紧固。打开瓷件的过程中，要注意防止引线铜芯掉进外壳内部。焊接式套管的电容器渗油，要进行补焊，补焊时要防止温度过高引起银层脱落。

电容器缺油时，可用烙铁烫下封口的小铁盖，将油倒出后检修真空注油。若缺油不多，元件未露出油面，则表明潮气尚未浸入元件，只需添加合格的油封口即可。

（2）外壳异形膨胀。运行中的电力电容器油箱随温度变化而热胀冷缩。当内部发生故障时，绝缘油被电弧高温分解，产生大量的气体会使油箱鼓肚变形，此时应立即将鼓胀的电容器停用，更换合格的电容器。

（3）温度过高。温度过高可能是运行电压偏高或电容器内部有局部短路引起，应查出原因予以消除，同时应改善通风条件。如果是由于电容器本身问题所致，则应更换。

（4）瓷套管表面闪络放电。应定期对瓷套管进行停电清扫，并注意保持电容器安装场所的卫生。运行中发现电容器的套管闪络破损，内部有放电声时应立即退出运行，予以更换。

（5）异常声响。注意观察，严重时应立即退出运行，更换电容器。

（6）电容器熔断器熔丝熔断。电容器熔断器熔丝熔断后应检查套管有无闪络痕迹，外壳是否变形、漏油，外接汇流排有无短路现象。用绝缘电阻表检查电容器极间和极对地的绝缘电阻是否合格。若未发现故障征象，可更换熔断器，将电容器投入运行。如果送电后熔断器仍熔断，则退出三相电容器，做进一步检查。

（7）电容器断路器跳闸。电容器断路器跳闸后，应检查断路器、电流互感器、电力电缆及电容器外部情况，若无异常情况，可恢复送电。否则，应对电容器保护做全面检查试验，或拆开电容器组逐个试验。

2. 电抗器的常见故障处理

电抗器的事故率高于同电压等级的主变压器，常见故障主要表现在以下方面。

（1）电抗器内部局部过热。过热使周围绝缘物严重过热变色。原因是该处均压环有一闭合回路，在漏磁的作用下产生涡流，引起局部过热。检修时，先切断涡流环路，将均压环由中部断开，检查是否有绝缘老化或缺陷，如损坏严重，应予以更换。

（2）电抗器外壳局部过热。漏磁产生的涡流从外壳流向升高座时，由于座与外壳之间垫有绝缘密封圈，只能靠螺栓导流，造成一部分螺栓氧化或被油漆绝缘，涡流只能通过另一部分螺栓流通，电流的热效应使得螺栓温度升高。检修时，将座与壳之间拆开，清除污垢，更换绝缘密封圈，氧化受损的螺栓应更换，然后重新组装。

（3）电抗器振动。电抗器严重振动时，内部套管端部均压环由于振动会造成固定环的铝条断裂，裂后均压环因悬浮电位，不断发生放电，此时应紧急停运检修。由于振动过大，也会造成外部连接构件牵拉筋拉裂油箱出现油箱严重漏油。散热片因振动过大，会使连接螺栓脱落，散热片发生裂纹，严重漏油。

另外，电抗器内部引线散股，会造成周围绝缘油分解，特征气体含量超标，也是常见故障。检修时，应更换散股的引线。

四、电容器的更换安装

电容器安装一般应满足以下要求。

（1）除满足周围环境温度的要求外，电容器应装在无侵蚀性蒸汽和气体，无易燃、易爆危险，无剧烈的冲击和振动，不受灰尘等侵蚀且通风良好的地方。户内产品应不受雨、雪等侵袭。可根据周围环境中鸟类、鼠、蛇类等小动物活动的情况，设置防侵袭的封堵、围栏和网栏等设施。

（2）电容器组的布置，宜分相设置独立的框（台）架，框（台）架间的水平距离不应小于0.5m。电容器分层安装时，一般不宜超过三层，层间不得安装隔板。电容器母线对上层构架的垂直距离不应小于20cm，下层电容器的底部距地面应大于30cm。

（3）电容器组的绝缘水平，应与电网绝缘水平相配合。当电容器与电网绝缘水平一致时，应将电容器外壳和框（台）架可靠接地；当电容器的绝缘水平低于电网时，应将电容器安装在与电网绝缘水平相一致的绝缘框（台）架上，电容器的外壳应与框（台）架可靠连接。

（4）为保持通风良好和工作人员巡回检查和维护方便，电容器装置应设置维护通道，其宽度不应小于1.2m。冷却空气的出风口应安装在每组电容器的上方。安装时电容器应直立，电容器之间的距离应不小于50mm。电容器的铭牌应面向通道。

（5）电容器套管相互之间和电容器套管至母线或熔断器的连接线，应有一定的松弛度。严禁直接利用电容器套管连接或支承硬母线。单套管电容器组的接壳导线，应采用软导线由接壳端子上引接。

（6）电容器应在适当位置设置温度计或贴示温蜡片，以便监视运行温度。电容器应有合格的放电装置并按需要加装串联电抗器。

（7）户外安装的电容器应安装在台架上，台架底部距地不应小于3m，采用户外落地式安装的电容器组，应安装在变、配电站围墙内的混凝土地面上，底部距地不小于0.4m。同时，电容器组应安装高度不低于1.7m的固定遮栏，并采取防止小动物进入的措施。

（8）总油量大于300kg的高压电容器组应设专用电容器室。低压电容器及总油量在300kg以下的高压电容器，可装设在厂房内，但应有单独间隔，通风良好。20台以下的电容器可装在配电室的单独间隔内，成套的电容器柜应靠在一侧安装。

电容器更换步骤如下：

（1）首先，拆除电容器底座螺栓及连接引线，固定好连接引线，取下旧电容器。

（2）新电容器在安装前应检查套管芯棒有无弯曲和滑扣现象、引出线端连接用的螺母垫圈是否齐全、外壳有无凹凸缺陷、所有接缝是否有裂纹或渗漏现象。

（3）安装新的电容器，连接螺栓应紧固，引线对地距离大于125mm。

五、电容器装置的测试

对新安装的电容器按试验要求进行检测，测量其绝缘电阻和电容值。

2.4 检查、考核与评价

一、工作检查

1. 小组自查

检修工作结束后，工作负责人带领小组成员进行自查，检查项目和要求见表2-9。

表 2-9 小组自查的检查项目和要求

序号	检 查 项 目		质 量 要 求
1	资料准备	工作票	正确、规范、完整
		现场查勘记录	
		检修方案	
		标准作业卡	
		调整数据记录	
2	检修过程	正确着装	正确佩戴安全帽，着棉质工作服，穿软底鞋
		工器具选用	工具、仪表、材料准备完备
		检查安全措施	（1）待更换电容器电源已可靠切除； （2）接地线、标示牌装挂正确
		检查电容器	对电容器各部件逐项检查确认是否完好
		拆除旧电容器	拆除电容器底座螺栓及连接引线，并保证旧设备的完整性
		安装新换电容器	安装应牢固，编号应向外，铭牌应完整
		施工安全	遵守安全规程，不发生习惯性违章或危险动作，不在检修中造成新的故障
		工具使用	正确使用和爱护工器具，工作中工具摆放规范
		文明施工	工作完后做到"工完、料尽、场地清"
3	检修记录		完善正确
4	遗留缺陷：		整改建议：

2. 小组交叉检查（见表2-10）

表 2-10 小组交叉检查的内容及要求

序号	检 查 内 容	质 量 要 求
1	资料准备	资料完整、整理规范
2	检修记录	完善正确
3	检修过程	无安全事故、按照规程要求
4	工具使用	正确使用和爱护工器具，工作中工具无损坏
5	文明施工	工作完后做到"工完、料尽、场地清"

二、工作终结

（1）清理现场，办理工作终结。

1）将工器具进行清点、分类并归位。

2）清扫场地，恢复安全措施。

3）办理工作票终结。

（2）填写检修报告。

（3）整理资料。

三、考核

对学生掌握的相关专业知识的情况，由教师团队（参考学习指南）拟定试题，进行笔试或口试考核；对检修技能的考核，可参照考核评分细则进行。

四、评价

1．学生自评与互评

（1）学生分组讨论，由工作负责人组织写出学习工作总结报告，并制作成 PPT。

（2）工作负责人代表小组进行工作汇报，各小组成员认真听取汇报，并做好记录。

（3）各小组成员对自己小组和其他小组在检修资料准备、检修方案制定、检修过程组织、职业素养等方面进行评价，并提出改进建议。参照学习综合评价表进行评价，并填写学生自评与互评记录表（参考学习情境一表 1-11）。

2．教师评价

教师团队根据学习过程中存在的普遍问题，结合理论和技能考核情况，以及学生小组自评与互评情况，对学生的相关知识学习、技能掌握、职业素养等方面进行评价，并提出改进要求。参照学习综合评价表进行评价，并填写教师评价记录表（参考学习情境一表 1-12）。

3．学习综合评价

参考学习综合评价表，按照在工作过程的资讯、决策与计划、实施、检查各个环节以及职业素养的养成对学习进行综合评价（参考学习情境一表 1-10）。

🖝 **学习指南**

第 一 阶 段： 专 业 知 识 学 习

在主讲老师的引导下学习，了解相关专业知识，并完成以下资讯内容。

一、关键知识

（1）电力电容器按其作用的不同分为：_____电容器、_____电容器、_____电容器、_____电容器和_____电容器。

（2）电容器主要由_____、_____、_____、_____、_____和_____组成。

（3）电容元件是用一定厚度和层数的_____与_____卷制而成，由若干个电容元件并联和串联起来，组成_____。

（4）10kV 及以下的高压电容器内，每个电容元件上都串有_____，作为电容器的内部短路保护。

（5）大容量集合式电容器的箱盖上装有_____或_____，箱壁侧面装有_____和_____装置。

（6）串联电抗器的作用是限制电容器组合闸_____并抑制_____，防止电容器对_____的放大和发生_____等。

（7）发电厂和变电站中为了限制_____电流，以便能经济合理地选择_____，需要安装_____。

二、绘制接线图

（1）画出电容器的个别补偿接线。

（2）画出电容器的集中补偿接线，并说明熔断器的作用。

（3）写出型号 BFM 12-200-1 的含义。

三、看图填空

并联电容器结构如图 2-19 所示，写出图中各部分编号的名称。

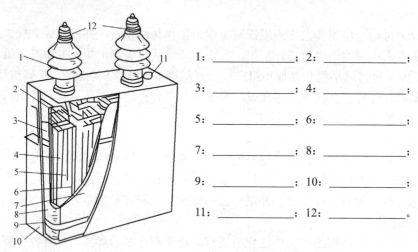

1:_____; 2:_____;

3:_____; 4:_____;

5:_____; 6:_____;

7:_____; 8:_____;

9:_____; 10:_____;

11:_____; 12:_____。

图 2-19　并联电容器结构

第二阶段：接受工作任务

一、工作任务下达

（1）明确工作任务：根据检修周期和运行工况进行综合分析判断，对 110kV 光明变电站 10kV 高压电容器组（如图 2-20 所示）进行检测，并对不合格的电容器进行更换。

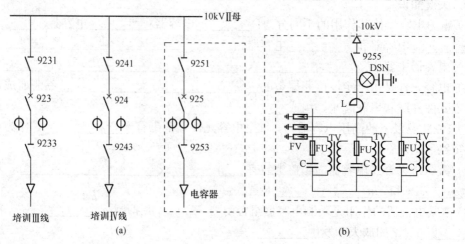

图 2-20　110kV 光明变电站电气主接线（10kV 部分）

（2）观摩高压电容器检测与更换示范操作。

二、学生小组人员分工及职责

根据设备数量进行分组，40 人分为 8 组，每组 5 人。每组确定一名工作负责人、一名工具和资料保管人，其余小组成员作为工作班成员。小组人员分工及职责情况参见表 2-11。

表 2-11　　　　　　　　　　学生小组人员分工及职责情况

学生角色	签　名	能　力　要　求
工作负责人		（1）熟悉工作内容、工作流程、安全措施、工作中的危险点； （2）组织小组成员对危险点进行分析，告知安全注意事项； （3）工作前检查安全措施是否正确完备； （4）督促、监护小组成员遵守安全规章制度和现场安全措施，正确使用劳动防护用品，及时纠正不安全行为； （5）组织完成小组总结报告
工具和资料保管人		（1）负责现场工器具与设备材料的领取、保管、整理与归还； （2）负责小组资料整理保管
工作班成员		（1）收集整理相关学习资料； （2）明确工作内容、工作流程、安全措施、工作中的危险点； （3）遵守安全规章制度、技术规程和劳动纪律，正确使用安全用具和劳动防护用品； （4）听从工作负责人安排，完成检修工作任务； （5）配合完成小组总结报告

三、资料准备

各小组分别收集表 2-12 所列相关资料。

表 2-12　　　　　　　　　　资　料　准　备

序号	项　　目	收集资料名称	收集人	保管人
1	高压电容器组相关设备的文字资料	（1）		
		（2）		
		……		
2	高压电容器组相关设备的图片资料	（1）		
		（2）		
		……		
3	高压电容器组相关设备的检修资料	（1）		
		（2）		
		……		
4	第一种工作票			
5	其他			

第三阶段：前期准备工作

一、现场勘查

现场勘查所需内容见表 2-13。

表 2-13 现 场 查 勘 表

工作任务：10kV 高压电容器组检测与更换		小组：第　组
现场查勘时间：　　　年　月　日		查勘负责人（签名）：
参加查勘人员（签名）：		
现场查勘主要内容： (1) 确认待检修高压电容器的安装地点； (2) 安全距离是否满足"安规"要求； (3) 通道是否畅通； (4) 高压电容器的连接方式、技术参数、运行情况及缺陷情况； (5) 确认本小组检修工位； (6) 绘制设备、工器具和材料定置草图		
现场查勘记录： 		
现场查勘报告： 		
编制（签名）：		

二、危险点分析与控制

明确危险点，完成控制措施，见表 2-14。

表 2-14 危 险 点 及 控 制 措 施

序号		内　　容
1	危险点	不熟悉工作内容
	控制措施	
2	危险点	相邻 10kV 运行设备带电
	控制措施	
3	危险点	电容器剩余电荷伤人
	控制措施	
4	危险点	高压试验时有可能发生的人身触电事故
	控制措施	
5	危险点	着火
	控制措施	

确认（签名）：

三、明确标准化作业流程

标准化作业流程见表 2-15。

表 2-15　　　　　　　　　　第　　组　标准化作业流程表

工作任务	高压电容器的检测与更换	
工作日期	年　月　日至　月　日	工期　天
工作安排	工　作　内　容	时间（学时）
主持人： 参与人：全体小组成员	（1）分组制订检修工作计划、作业方案	3
	（2）讨论优化作业方案，编制最优化标准化作业卡	1
	（3）准备检修工器具、材料，办理开工手续	1
小组成员训练顺序：	（4）电容器组检测与维护	2
	（5）电容器更换、调整试验	2
主持人： 参与人：全体小组成员	（6）清理工作现场，验收、办理工作终结	2
	（7）小组自评、小组互评，教师总评	3
确认（签名）	工作负责人： 小组成员：	

四、工器具及材料准备

1. 工器具准备（见表 2-16）

表 2-16　　　　　　　　　　工 器 具 准 备 表

序号	名　　称	规　　格	单　位	每组数量	确认（√）	责任人
1	活动扳手	10 12	把	各 3		
2	梅花扳手	12～14 17～19	把	各 3		
3	锉刀	平锉 圆锉 什锦锉	把	各 1		
4	螺丝刀		把	2		
5	锯弓		把	1		
6	榔头		把	1		
7	管钳		把	1		
8	剪子		把	1		
9	钢板尺	50cm	把	1		
10	钢丝刷		把	2		
11	安全带		条	4		
12	U 形环		个	4		
13	爬梯	人字梯	把	1		

2. 仪器、仪表准备（见表 2-17）

表 2-17　　　　　　　　　仪器、仪表准备表

序号	名　称	规　格	单　位	每组数量	确认（√）	责任人
1	万用表	—	只	1		
2	绝缘电阻表	1000V	只	1		
3	数字电容表	DT6013	台	1		

3. 消耗性材料及备件准备（见表 2-18）

表 2-18　　　　　　　　消耗性材料及备件准备表

序号	名　称	规格	单位	每组数量	确认（√）	责任人
1	黑胶布		盘	1		
2	锯条		根	10		
3	毛刷		把	5		
4	砂纸		张	10		
5	导电膏		瓶	1		
6	松动剂		瓶	1		
7	棉纱		kg	1		
8	洗涤剂		瓶	1		
9	螺丝		套	10		
10	熔断丝					
11	塑料布		m	10		
12	调和漆	中灰	kg	0.5		
13	防锈漆		kg	2		

4. 现场布置

可参考图 2-21 所示布置图，根据现场实际，绘制设备器材定置摆放布置图。

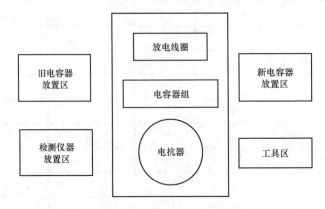

图 2-21　高压电容器检测与更换设备器材定置摆放布置图

第四阶段：工作任务实施

一、布置安全措施，办理开工手续

停电的范围：925 断路器电容器间隔及电容器组（见图 2-20（a）中虚线部分）。

1. 设备停电（见表 2-19）

表 2-19　　　　　　　　　　检 查 设 备 停 电

序号	工 作 内 容	执行人（签名）
1	检查 925 断路器机构机械位置指示器、位置指示灯等信号是否变化	
2	检查已将 925 断路器手车摇至检修位置（检修位置灯亮）	
3	检查电容器组 9255 隔离开关已拉开	

2. 布置安全技术措施（见表 2-20）

表 2-20　　　　　　　　　　布 置 安 全 技 术 措 施

序号	工 作 内 容	执行人（签名）
1	检查在 925 断路器电容器间隔出线路侧已接地	
2	检查在 925 断路器就地操作把手上已悬挂"禁止合闸，有人工作"标示牌	
3	检查 925 断路器操动机构控制、信号、合闸电源已断开，低压断路器已拉开或熔断器已取下	
4	检查在电容器组 9255 隔离开关靠母线侧已装设一组接地线	
5	在电容器组围栏门处悬挂"在此工作"标示牌	
6	在电容器组围栏与相邻带电设备间装设围栏，向内侧悬挂适量"止步，高压危险"标示牌；围栏设置唯一出口，在出口处悬挂"从此进出"标示牌	

3. 开工（见表 2-21）

表 2-21　　　　　　　　　　开 工 工 作 内 容

序号	工 作 内 容	执行人（签名）
1	列队宣读工作票，交代工作内容、安全措施和注意事项	
2	检查工器具应齐全、合格，摆放位置符合规定	
3	工作时，检修人员与 10kV 带电设备的安全距离必须不得小于 0.35m	

二、高压电容器组的检测（见表 2-22）

表 2-22　　　　　　　　　　高压电容器组的检测

序号	检测项目	检 测 要 求	检测记录	执行人	确认人
1	检查连接电容器金具	金具使用铜螺母，无烧伤损坏，连接紧固			
2	检查固定金具	使用铝制金具，无裂纹，尺寸合适			

续表

序号	检测项目	检 测 要 求	检测记录	执行人	确认人
3	检查电容器本体	套管应完好；本体无膨胀；无渗漏油			
4	检查外观	引出线端连接用螺母、垫圈应齐全，外壳无显著变形			
5	检查瓷件	瓷件应完好无破损			
6	检查导电杆	无弯曲变形			
7	检查接地	接地可靠，接地螺丝应紧固			
8	检查连接母线	母线应平整无弯曲			
9	检查熔断器	熔断器无断裂、虚接，熔断器规格应符合设备要求			
10	检查放电线圈	瓷套无破损，油位应正常，无渗漏现象，二次接线应紧固			
11	检查串联电抗器	外观完好，绝缘层无破损；支持瓷柱应无破损；汇流排无变形裂纹；接线板螺丝紧固并无发热现象			
12	检查编号及铭牌	编号应向外，铭牌应完整			
13	测量绝缘电阻	用2500V绝缘电阻表测量极对壳绝缘电阻，不低于2000MΩ			
		用2500V绝缘电阻表测量放电线圈一次绕组绝缘电阻，不小于1000MΩ			
		用1000V绝缘电阻表测量放电线圈二次绕组绝缘电阻，不小于1000MΩ			
		用2500V绝缘电阻表测量串联电抗器绝缘电阻，不低于1000MΩ			

三、高压电容器的检修和更换流程及要求

1. 检修和更换流程及质量要求（见表2-23）

表 2-23 　　　　　　　　　　检修和更换流程及质量要求

序号	检 修 内 容	质 量 要 求	检修记录	执行人	确认人
1	拆除电容器底座螺栓及连接引线，取下旧电容器	连接引线固定良好			
2	电容器外壳漏油修补	将外壳渗漏处除锈，用锡铅焊料钎焊，然后进行涂漆			
3	套管与油箱的结合面处漏油处理	更换耐油胶垫，并涂以环氧树脂等胶合剂，再紧固螺帽			
4	套管焊缝处漏油修补	用锡铅焊料修补，应注意烙铁不能过热以免银层脱焊			

续表

序号	检修内容	质量要求	检修记录	执行人	确认人
5	电容器补油	添加合格的油封口；或用烙铁烫下封口的小铁盖，将油倒出后进行真空注油			
6	安装修好（或新换）的电容器	电容器应直立，铭牌应面向通道；连接螺栓紧固，连接线应有一定的松弛度；引线对地距离大于125mm			
7	采用 2500V 绝缘电阻表对新换电容器进行绝缘电阻测试	测试数值大于 2000MΩ			

2. 故障分析及处理（见表 2-24）

表 2-24　　　　　　　　　　故障分析及处理办法

故障现象	可能原因	处理办法
外壳鼓肚变形		
渗漏油		
温度过高		
爆炸着火		
单台熔丝熔断		
套管闪络放电		
异常声响		

第五阶段：工 作 结 束

一、小组自查

检修工作结束后，工作负责人带领小组成员进行自查，检查项目和要求见表 2-25。

表 2-25　　　　　　　　　　小组自查项目及要求

序号	检查项目		质量要求	确认打"√"
1	资料准备	工作票	正确、规范、完整	
		现场查勘记录		
		检修方案		
		标准作业卡		
		调整数据记录		
2	检修过程	正确着装	正确佩戴安全帽，穿棉质工作服和软底鞋	
		工器具选用	工具、仪表、材料一次性准备完备	
		检查安全措施	（1）待更换电容器电源已可靠切除 （2）接地线、标示牌装挂正确	

续表

序号	检 查 项 目		质 量 要 求	确认打"√"
2	检修过程	检查电容器	对电容器各部件逐项检查确认是否全面	
		拆除旧电容器	选择使用工具正确,保证旧设备的完整性	
		电容器漏油修补	处理漏油方法选择正确	
		安装新换电容器	安装牢固,编号向外,铭牌完整	
		施工安全	遵守安全规程,不发生习惯性违章或危险动作,不在检修中造成新的故障	
		工具使用	正确使用和爱护工器具,工作中工具摆放规范	
		文明施工	工作完后做到"工完、料尽、场地清"	
3	检修记录		完善正确	
4	遗留缺陷:		整改建议:	

二、小组交叉检查

小组交叉检查内容及要求见表 2-26。

表 2-26 小组交叉检查内容及要求

检查对象	检查内容	质 量 要 求	检 查 结 果
第1组	资料准备	资料完整、整理规范	
	检修记录	完善正确	
	检修过程	无安全事故、按照规程要求	
	工具使用	正确使用和爱护工器具,工作中工具无损坏	
	文明施工	工作完后做到"工完、料尽、场地清"	
第N组	资料准备	资料完整、整理规范	
	检修记录	完善正确	
	检修过程	无安全事故、按照规程要求	
	工具使用	正确使用和爱护工器具,工作中工具无损坏	
	文明施工	工作完后做到"工完、料尽、场地清"	

三、办理工作终结

清理现场,办理工作终结见表 2-27。

表 2-27 工 作 终 结 记 录 表

序号	工 作 内 容	执 行 人
1	拆除安全措施,恢复设备原来状态	
2	工器具的整理、分类、归还	
3	场地的清扫	

四、填写检修报告

检修报告示例如下：

电容器检测更换检修报告（模板）

检修小组	第 组	编制日期	
工作负责人		编写人	
小组成员			
指导教师		企业专家	

一、工作任务

（包括工作对象、工作内容、工作时间……）

设备型号			
设备生产厂家		出厂编号	
出厂日期		安装位置	

二、人员及分工

（包括工作负责人、工具资料保管、工作班成员……）

三、初步分析

（包括现场查勘情况、故障现象成因初步分析）

四、安全保证

（针对查勘发现的危险因素，提出预防危险的对策和消除危险点的措施）

五、检修使用的工器具、材料、备件记录

序号	名 称	规 格	单 位	每组数量	总数量
1					
2					
3					
N					

六、检修流程及质量要求

（记录实施的检修流程）

七、检测记录

序号	检查项目	允许值	采取的处理方法	记录值		
				A	B	C
1	引线对地距离	>125mm				
2	新换电容器绝缘电阻	>2000MΩ				
3	水平误差	≤2mm				
4	中心距离误差	≤2mm				
5	电容值偏差	−5%～+10%				

续表

序号	检查项目	允许值	采取的处理方法	记录值		
				A	B	C
6	电容值	95%				
7	发现缺陷:		处理方法:			

八、收获与体会

五、整理资料

资料整理见表 2-28。

表 2-28   资料整理记录表

序号	名 称	数量	编制	审核	批准	统计保管
1	现场查勘记录					
2	检修方案					
3	标准作业卡					
4	工作票					
5	检修记录					
6	检修总结报告					

第六阶段：评价与考核

一、考核

1. 理论考核

教师团队拟定理论试题对学生进行考核。

2. 技能考核

技能考核任务书如下：

电气设备检修技能考核任务书
一、任务名称 高压电容器的检测与更换。 二、适用范围 电气设备检修课程学员。 三、具体任务 完成高压电容器的检测与更换。 四、工作规范及要求

续表

> （1）开工前出具已审定合格的标准化作业卡。
>
> （2）工具、仪表、材料齐全、合格，检修技术资料齐全。
>
> （3）开工前做好现场安全措施，交待安全注意事项及对危险点的控制。
>
> （4）工作过程、严格按照任务书规定的范围进行作业。
>
> （5）要求操作程序正确、动作规范。若在操作过程中严重违规，应立即终止任务，考核成绩记为0分。
>
> 五、时间要求
>
> 本模块操作时间为40min，时间到立即终止任务。

针对考核任务，相应的考核评分细则参见表2-29。

表 2-29　　　　　　　　　　　高压电容器的检测与更换考核评分细则

班级：		考生姓名：		协助人员姓名：			
成绩：			考评日期：				
企业考评员：			学院考评员：				
技能操作项目		高压电容器的检测与更换					
适用专业		发电厂及电力系统			考核时限		40min
需要说明的问题和要求		（1）按工作需要选择工具、仪表及材料					
		（2）要求着装正确（工作服、工作鞋、安全帽、劳保手套）					
		（3）小组配合操作，在规定时间内安全完成电容器检测更换工作操作					
		（4）必须按程序进行操作，出现错误则扣除应做项目分值					
		（5）考核时间到立即停止操作					
工具、材料、设备、场地		（1）配备安装好的配备安装好的10kV电容器一台。按检修工艺配备工器具、备品、备件、专用工具、消耗性材料若干					
		（2）校内实训基地					
序号	项目名称	质　量　要　求	满分	扣　分　标　准	扣分原因	扣分	得分
1	着装	正确佩戴安全帽，着棉质工作服，穿软底鞋	5	未正确着装一处扣2分			
2	工具、仪表、材料准备	工具、仪表、材料准备完备	5	工作中出现准备不充分再次拿工具、仪表或材料者每次扣2分			
3	检查安全措施	（1）待更换电容器电源已可靠切除； （2）接地线、标示牌装挂正确	10	（1）未检查电源扣10分； （2）未检查标示牌一处扣5分			

续表

序号	项目名称	质 量 要 求	满分	扣 分 标 准	扣分原因	扣分	得分
4	检查外观电容器	（1）检查引出线端连接用螺母、垫圈应齐全，外壳无显著变形； （2）检查电容器本体，套管应完好，本体无膨胀，无渗漏油； （3）检查绝缘子，应完好无破损； （4）检查导电杆，应无弯曲变形； （5）检查连接母线应平整无弯曲； （6）检查熔断器无断裂、虚接，熔断器规格应符合设备要求； （7）检查放电线圈，绝缘子无破损，油位应正常，无渗漏现象，二次接线应紧固； （8）检查串联电抗器，外观检查完好，绝缘层无破损；支持瓷柱应无破损；接线板螺丝紧固并无发热现象	40	检查项目缺少一项扣 5分，扣完为止			
5	拆除旧电容器	拆除电容器底座螺栓及连接引线，并保证旧设备的完整性	10	（1）不能正确拆除设备扣 5 分； （2）造成损坏扣 10 分			
6	安装检测新换电容器	（1）安装牢固，编号应向外，铭牌应完整； （2）测量放电线圈绝缘电阻，一次绕组用 2500V 绝缘电阻表，二次绕组用 1000V 绝缘电阻表测量； （3）测量串联电抗器绝缘电阻，测量绕组直流电阻； （4）测量极对壳绝缘电阻； （5）测量电容值； （6）测量并联电阻	20	测量项目缺少一项扣 4分，扣完为止			
7	施工安全	不发生习惯性违章或危险动作，不在检修中损坏元器件、工具	5	出现一次扣 2 分，扣完为止			
8	文明施工	工作完后做到"工完、料尽、场地清"	5	（1）工作中掉工具或材料一次扣 2 分； （2）不清理场地扣 3 分			
9	合 计		100				

二、学生自评与互评

学生根据评价表（见学习情境 1）的评价细则对自己小组和其他小组进行评价，并填写表 2-30。

表 2-30　　　　　　　　　　　学 生 评 价 记 录 表

项目	评价对象	主 要 问 题 记 录	整 改 建 议	评价人
检修资料	第 1 组			
	第 2 组			
	第 N 组			
	第 8 组			

续表

项目	评价对象	主 要 问 题 记 录	整 改 建 议	评价人
检修方案	第1组			
	第2组			
	第 N 组			
	第8组			
检修过程	第1组			
	第2组			
	第 N 组			
	第8组			
职业素养	第1组			
	第2组			
	第 N 组			
	第8组			

三、教师评价

教师团队根据评价表（见学习情境1）的评价细则对学生小组进行评价，并填写表2-31。

表 2-31 　　　　　　　　　　　教 师 评 价 记 录 表

项　　目	发 现 问 题	检修小组	责任人	整 改 要 求
检修资料				
检修方案		第1组		
检修过程				
职业素养				
检修资料				
检修方案		第 N 组		
检修过程				
职业素养				

学习情境三　互感器检修

任务描述

　　根据检修周期和运行工况进行综合分析判断，针对互感器漏油故障处理，实施对 LB6-110 型电流互感器进行检修的工作任务，学习电流互感器、电压互感器等相关设备的基本知识，掌握互感器检修技能。

学习目标

　　（1）掌握互感器的结构、类型和接线方式；
　　（2）掌握绝缘油处理的一般知识；
　　（3）掌握互感器常见的故障及处理方法；
　　（4）掌握互感器检修的工艺流程、要求和质量标准；
　　（5）训练标准化作业实施行动力。

学习内容

　　（1）互感器的作用和类型；
　　（2）互感器的接线方式；
　　（3）互感器的基本结构及型号；
　　（4）互感器的检修知识；
　　（5）真空注油及油处理的知识；
　　（6）互感器的常见故障及处理方法。

3.1　资讯

一、互感器概述

　　互感器是电力系统中一次系统和二次系统之间的联络元件，分为电压互感器（TV）和电流互感器（TA），用以变换电压或电流，分别为测量仪表、保护装置和控制装置提供电压或电流信号，反映电气设备的正常运行和故障情况。在交流电路多种测量中，以及各种控制和保护电路中，应用了大量的互感器。测量仪表的准确性和继电保护动作的可靠性，在很大程度上与互感器的性能有关。

　　互感器的作用体现在以下几个方面。

　　（1）将一次回路的高电压和大电流变为二次回路的标准值。通常电压互感器（TV）额定二次电压为 100V 或 $100/\sqrt{3}$ V，电流互感器（TA）额定二次电流为 5、1A 或 0.5A，使测量仪表和继电保护装置标准化、小型化，以及二次设备的绝缘水平可按低压设计，使其结构轻巧、价格便宜。

　　（2）所有二次设备可用低电压、小电流的控制电缆来连接，这样就使配电屏内布线简单、安装方便；同时也便于集中管理，可以实现远距离控制和测量。

（3）二次回路不受一次回路的限制，可采用星形、三角形或 V 形接线，因而接线灵活方便。同时，对二次设备进行维护、调换以及调整试验时，不需中断一次系统的运行，仅适当地改变二次接线即可实现。

（4）使一次设备和二次设备实现电气隔离。一方面使二次设备和工作人员与高电压部分隔离，而且互感器二次侧还要接地，从而保证了设备和人身安全。另一方面二次设备如果出现故障也不会影响到一次侧，从而提高了一次系统和二次系统的安全性和可靠性。

二、电流互感器

1. 电流互感器的工作原理

电力系统中广泛采用电磁式电流互感器，其原理接线如图 3-1 所示，电流互感器的一次绕组串联于被测量电路内，二次绕组与二次回路串联。

（1）电磁式电流互感器的工作原理。电磁式电流互感器的工作原理和变压器相似。当一次侧流过电流 I_1 时，在铁芯中产生交变磁通，此磁通穿过二次绕组，产生电动势，在二次回路中产生电流 I_2。则电流互感器的磁动势平衡方程为

$$\dot{I}_1 N_1 + \dot{I}_2 N_2 = \dot{I}_0 N_1 \tag{3-1}$$

如果忽略很小的励磁安匝 $\dot{I}_0 N_1 = 0$，则

$$\dot{I}_1 N_1 = -\dot{I}_2 N_2$$

若只考虑以额定值表示的电流数值关系，则可得出

$$I_{1N} N_1 = I_{2N} N_2 \tag{3-2}$$

电流互感器一、二次侧额定电流之比，称为电流互感器的额定电流比，用 K_i 表示，即

$$K_i = I_{1N} / I_{2N} \approx N_2 / N_1 \approx I_1 / I_2 \tag{3-3}$$

式中　I_{1N}、I_{2N}——一、二次绕组额定电流；

　　　I_1、I_2——一、二次绕组工作电流；

　　　N_1、N_2——一、二次绕组匝数。

从式（3-3）可见，电流互感器二次电流 I_2 近似与一次电流 I_1 成正比，测出二次电流，按照变比放大，即可得到一次电流的大小。只要适当配置互感器一、二次绕组的额定匝数比就可以将不同的一次额定电流变换成标准的二次电流。

（2）电流互感器的电流误差和相位差。电流互感器的简化相量图如图 3-2 所示，一次电

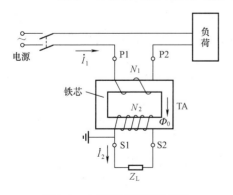

图 3-1　电流互感器原理接线

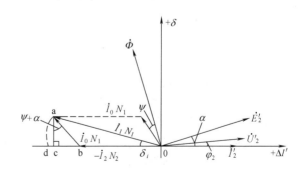

图 3-2　电流互感器的简化相量图

流 $\dot{I}_1$ 应是 $\dot{I}_0$ 与 $-\dot{I}_2$ 之和，所以一次电流 $\dot{I}_1$ 与 $-\dot{I}_2$ 相差 δ_i 角，即励磁电流 $\dot{I}_0$ 导致一、二次电流在大小和相位上都出现了差别，通常用电流误差和相位差表示。

电流误差为

$$f_i = \frac{K_i I_2 - I_1}{I_1} \times 100\% \tag{3-4}$$

式（3-4）表明：测出值大于实际值时，互感器幅值误差为正，反之为负。

相位差 δ_i 为旋转的二次侧电流相量与一次电流相量的相角之差，以′为单位，并规定二次侧相量超前于一次侧相量时角误差为正，反之为负。

2. 电流互感器的特点

电流互感器用在各种电压的交流装置中。电流互感器和普通变压器相似，都是按电磁感应原理工作的，与变压器相比电流互感器特点如下。

（1）电流互感器的一次绕组匝数少、截面积大，串联于被测量电路内；电流互感器的二次绕组匝数多、截面积小，与二次侧的测量仪表和继电器的电流线圈串联。

（2）由于电流互感器的一次绕组匝数很少（一匝或几匝）、阻抗很小，因此，串联在被测电路中对一次绕组的电流没有影响。一次绕组的电流完全取决于被测电路的负荷电流，即流过一次绕组的电流就是被测电路的负荷电流，而不是由二次电流的大小决定的，这点与变压器不同。

（3）电流互感器二次绕组中所串接的测量仪表和保护装置的电流线圈（即二次负荷）阻抗很小，所以在正常运行中，电流互感器是在接近于短路的状态下工作，这是它与变压器的主要区别。

（4）电流互感器正常运行时由于二次绕组负荷阻抗和负荷电流均很小，二次绕组内感应的电动势一般不超过几十伏，所需的励磁安匝 $I_0 N_1$ 及铁芯中的合成磁通很小。为了减小电流互感器的尺寸、质量和造价，其铁芯截面是按正常运行时通过不大的磁通设计的。运行中的电流互感器一旦二次侧开路，即 $I_2 = 0$，则 $I_0 N_1 = I_1 N_1$，一次安匝 $I_1 N_1$ 将全部用于励磁，它比正常运行的励磁安匝大许多倍，此时铁芯将处于高度饱和状态。铁芯的饱和，一方面导致铁芯损耗加剧、过热而损坏互感器绝缘，另一方面导致磁通波形畸变为平顶波，如图 3-3（a）所示。由于二次绕组感应的电动势与磁通的大小和变化率成正比，因此在磁通过零时，将产生很高的尖顶波电动势，如图 3-3（b）所示，其峰值可达几千伏甚至上万伏，这将危及工作人员、二次回路及设备的安全。此外，铁芯中的剩磁还会影响互感器的准确度。故运行中的电流互感器二次侧不得开路。

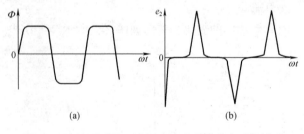

图 3-3　电流互感器二次侧开路时磁通和电动势波形
（a）磁通波形；（b）电动势波形

3. 电流互感器的种类及型号

（1）按照安装地点可以分为户内式和户外式。35kV 电压等级以下一般为户内式；35kV 及以上电压等级一般制成户外式。

（2）按照安装方式可以分为穿墙式、支持式和装入式。穿墙式安装在墙壁或金属结构的孔洞中，可以省去穿墙套管；支持式安装在平面或支柱上；装入式也称套管式，安装在 35kV

及以上的变压器或断路器的套管上。

（3）按照绝缘方式可以分为干式、浇注式、油浸式、瓷绝缘和气体绝缘以及电容式。干式使用绝缘胶浸渍，多用于户内低压电流互感器；浇注式以环氧树脂作绝缘，一般用于 35kV 及以下电压等级的户内电流互感器；油浸式多用于户外场所；瓷绝缘，即主绝缘由瓷件构成，这种绝缘结构已被浇注绝缘所取代；气体绝缘的产品内部充有特殊气体，如 SF_6 气体作为绝缘的互感器，多用于高压产品；电容式多用于 110kV 及以上电压等级的户外场所。

（4）按照一次侧绕组匝数可分为单匝式和多匝式。单匝式又分为贯穿型和母线型两种。

（5）按用途可分为测量用和保护用。

电流互感器的型号以汉语拼音字母表示，由两部分组成，斜线以上部分包括产品型号符号和设计序号。电流互感器的型号如下，型号中各字母含义见表 3-1。

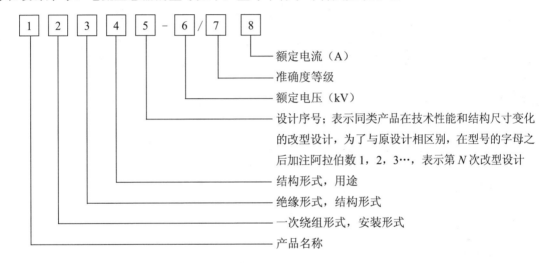

表 3-1　　　　　　　　　　　　　　　　电流互感器型号中各字母含义

型号名称	表示字母	字母含义	型号名称	表示字母	字母含义
产品名称	L	电流互感器		W	户外式
一次绕组形式	M	母线式	结构形式	M	母线式
	F	贯穿复匝式		G	改进式
	D	贯穿单匝式		Q	加强式
安装形式	A	穿墙式		L	铝线式
	B	支持式		J	加大容量
	Z	支柱式	用途	B	保护用
	R	装入式		D	差动保护用
绝缘形式	Z	浇注绝缘		J	接地保护用
	C	瓷绝缘		X	小体积柜用
	J	树脂浇注		S	手车柜用
	K	塑料外壳	油保护方式	N	不带金属膨胀器

例如：LQ-0.5/0.5-100 表示线圈式、0.5kV、准确度等级为 0.5 级、一次额定电流为 100A

的电流互感器。

4. 电流互感器的技术参数

（1）额定电压（kV）。电流互感器的额定电压是指一次绕组对二次绕组和地的绝缘额定电压。电流互感器的额定电压应该不小于安装地点的电网额定电压（即所接线路的额定电压）。

（2）额定电流（A）。额定电流是指在制造厂规定的运行状态下，通过一、二次绕组的电流。常用电流互感器的一次绕组额定电流有 5、10、15、20、30、40、50、75、100、1000、10000、25000A，二次绕组额定电流有 5、1A。

（3）额定电流比。电流互感器一、二次侧额定电流之比值称为电流互感器的额定电流比，也称额定互感比，用 k_i 表示，即

$$k_i = \frac{I_{1N}}{I_{2N}} \tag{3-5}$$

（4）额定二次负荷。电流互感器的额定二次负荷是指在二次电流为额定值，二次负载为额定阻抗时，二次侧输出的视在功率。通常额定二次负荷值为 2.5～100VA，共有 12 个额定值。

若把以伏安值表示的负荷值换算成欧姆值表示时，其表达式为

$$Z_2 = \frac{S_2}{I_{2N}^2} \tag{3-6}$$

式中　I_{2N}——二次侧额定电流，A；

　　　S_2——以伏安值表示的二次侧负荷，VA；

　　　Z_2——以欧姆值表示的二次侧负荷，Ω。

例如：电流互感器的额定二次电流为 5A，二次负荷为 50VA，若以欧姆值表示时，则为

$$Z_2 = \frac{50}{5^2} = 2(\Omega)$$

同一台电流互感器在不同的准确度等级工作时，有不同的额定容量和额定负载阻抗。

（5）准确度等级。电流互感器的准确度等级是根据测量时电流误差的大小来划分的，而电流误差与一次电流及二次负荷阻抗有关。准确度等级是指在规定的二次负荷范围内，一次电流为额定值时的误差限值。我国测量用电流互感器的准确度等级有 0.1、0.2、0.5、1、3 级和 5 级，准确度等级和误差限值如表 3-2 所示，负荷的功率因数为 0.8（滞后）。

表 3-2　　　　　　　　　　　电流互感器准确度等级和误差限值

准确度等级	一次电流为额定一次电流的百分数（%）	误差限值		二次负荷变化范围
		电流误差（±%）	相位差±（′）	
0.2	10	0.5	20	（0.25～1）S_{2N}
	20	0.35	15	
	100～120	0.2	10	
0.5	10	1	60	
	20	0.75	45	
	100～120	0.5	30	

续表

准确度等级	一次电流为额定一次电流的百分数（%）	误差限值		二次负荷变化范围
		电流误差（±%）	相位差±（′）	
1	10	2	120	$(0.25 \sim 1) S_{2N}$
	20	1.5	90	
	100～120	1	60	
3	50～120	3	未规定	$(0.5 \sim 1) S_{2N}$
5	50～120	5		

保护用电流互感器按用途分为稳态保护用（P）和暂态保护用（TP）两类。稳态保护用电流互感器规定有 5P 和 10P 两种准确度等级，其误差限值见表 3-3。

表 3-3　　　　　　　　稳态保护用电流互感器的准确度等级和误差限值

准确度等级	额定一次电流下的电流误差（±%）	额定一次电流下的相位差±（′）	在额定准确限值一次电流下的复合误差（%）
5P	1	60	5
10P	3	无规定	10

用于保护的电流互感器，要求一次绕组流过超过额定电流许多倍的短路电流时，互感器应有一定的准确度，即复合误差不超过限值。保证复合误差不超过限值的最大一次电流就叫做额定准确限值一次电流，即一次短路电流为额定一次电流的倍数，也称为额定准确限值系数。习惯上往往把保护用电流互感器的准确级与准确限值系数连在一起标注。例如：10P20，这表示互感器为 10P 级，准确限值因数为 20。只要电流不超过 $20I_{1N}$，互感器的复合误差不会超过 10%。

为了便于继电保护整定，需要制造厂提供 P 级电流互感器 10%误差曲线，表示在保证电流误差不超过 10%条件下，一次电流的倍数 n（$=I_1/I_{1N}$）与允许最大二次负载阻抗 Z_L 的关系曲线，如图 3-4 所示。

保证暂态误差的电流互感器有四种类型，即 TPX、TPY、TPZ 和 TPS。它们的适用场合和性能要求各不相同。TPX 级是不限制剩磁大小的互感器，铁芯没有气隙，误差限值较小；TPY 级是剩磁不超过饱和磁通 10%的互感器，铁芯有一定的气隙，误差限值稍大一些；TPZ 级是实际上没有剩磁的互感器，误差限值比

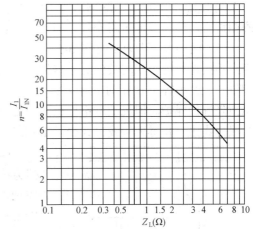

图 3-4　电流互感器 10%误差曲线

TPY 级大一些；气隙也相对地大一些。以上三种类型互感器的误差定义各不相同，限值条件也不一样，这里不作详细介绍。

TPS 级是一种低漏磁型电流互感器，其特性由二次励磁特性和匝数比误差确定，而且对剩磁无限制。我国已能生产 110～500kV 级的保证暂态误差的互感器，也生产出了用于发电

机保护的大电流母线型保证暂态误差的互感器。

5. 电流互感器的接线方式

电流互感器在三相电路中四种常见的接线方式如图 3-5 所示。

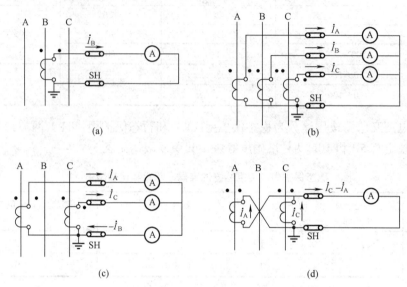

图 3-5 电流互感器的接线

(a) 单相接线;(b) 星形接线;(c) 两相 V 形接线;(d) 两相电流差接线

(1)单相接线:如图 3-5(a)所示,这种接线主要用来测量单相负荷电流或三相系统中平衡负荷的某一相电流。

(2)星形接线:如图 3-5(b)所示,这种接线可以用来测量负荷平衡或不平衡的三相电力系统中的三相电流。用三相星形接线方式组成的继电保护电路,能保证对各种故障(三相、两相短路及单相接地短路)具有相同的灵敏度,因此可靠性较高。

(3)两相 V 形接线:如图 3-5(c)所示,这种接线又称不完全星形接线,在 6~10kV 中性点不接地系统中应用较广泛。这种接线通过公共线上仪表中的电流,等于 A、C 相电流的相量和,大小等于 B 相的电流。不完全星形接线方式组成的继电保护电路,能对各种相间短路故障进行保护,但灵敏度不尽相同,与三相星形接线比较,灵敏度较差。由于不完全星形接线方式比三相星形接线方式少了 1/3 的设备,因此,节省了投资费用。

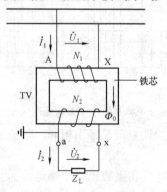

图 3-6 电磁式电压互感器原理接线图

(4)两相电流差接线。如图 3-5(d)所示,这种接线方式通常应用于继电保护线路中。例如,用于线路或电动机的短路保护及并联电容器的横联差动保护等,它能反应各种相间短路,但灵敏度各不相同。这种接线方式在正常工作时,通过仪表或继电器的电流是 C 相电流和 A 相电流的相量差,其数值为电流互感器二次电流的 $\sqrt{3}$ 倍。

三、电压互感器

1. 电压互感器的工作原理

电磁式电压互感器原理接线如图 3-6 所示,其一次绕组与一次被测电网并联，二次绕组与二次测量仪表和继电器的电压线圈并联。

（1）电磁式电压互感器工作原理。电磁式电压互感器的工作原理和变压器相同，其一、二次侧电动势平衡方程式为

$$\dot{U}_1 = -\dot{E}_1 + \dot{I}_1 Z_1$$
$$\dot{U}_2 = \dot{E}_2 - \dot{I}_2 Z_2 \qquad (3-7)$$

忽略一、二次侧绕组漏阻抗的压降，可得

$$\left. \begin{array}{l} \dot{U}_1 \approx -\dot{E}_1 \\ \dot{U}_2 \approx \dot{E}_2 \end{array} \right\} \qquad (3-8)$$

于是有

$$\frac{U_1}{U_2} \approx \frac{E_1}{E_2} = \frac{N_1}{N_2} = K_u \qquad (3-9)$$

式中　U_1、U_2 ——一、二次绕组电压；

　　　E_1、E_2 ——一、二次绕组电动势；

　　　K_u ——电压互感器的电压比。

由式（3-8）可见，电磁式电压互感器二次电压 U_2 近似与一次电压 U_1 成正比，测出二次电压，便可确定一次电压。

（2）电压互感器的电压误差和相位差。由于电压互感器存在励磁电流和内阻抗，使测量结果的大小和相位均有误差，通常用电压误差和相位误差表示。电压误差为

$$f_u = \frac{K_u U_2 - U_1}{U_1} \times 100\% \qquad (3-10)$$

相位误差 δ_u 是指互感器二次侧电压相量与一次侧电压相量的相角之差，以分为单位，并规定二次侧相量超前于一次侧相量时相位误差为正，反之为负。

（3）电容式电压互感器的工作原理。电容式电压互感器采用电容分压的原理，其原理如图 3-7 所示，在被测电网的相和地之间接有主电容 C_1 和分压电容 C_2，Z_2 为继电器、仪表等电压线圈阻抗。电容式电压互感器实质上是一个电容串接的分压器，被测电网的电压在电容 C_1、C_2 上按反比分压。

图 3-7 中 $\dot{U}_1$ 为电网相电压，根据分压原理，Z_2、C_2 上的电压为

$$\dot{U}_2 = \dot{U}_{C2} = \frac{C_1 \dot{U}_1}{C_1 + C_2} = k\dot{U}_1 \qquad (3-11)$$

式中　k ——分压比，$k = \dfrac{C_1}{C_1 + C_2}$。

电压 U_{C2} 与 U_1 成比例变化，测出 U_2，通过计算，即可测出电网的相对地电压。

电容式电压互感器基本原理结构，如图 3-8 所示，主要部件由电容分压器、补偿电抗器、中间变压器、阻尼器及载波装置、防护间隙等组成。

当负荷 Z_2 接通时，C_1、C_2 有容性阻抗影响，使 U_{C2} 小于电容分压值，因此在回路加入补偿电抗 L，尽量做到使 U_{C2} 与负荷无关。为了进一步减少负荷电流的影响，在二次侧并联电容 C_h，将测量仪表经过中间变压器 TV 与分压器相连，C_h 具有补偿互感器励磁电流和负荷电流中电感分量的作用，从而可减少误差。

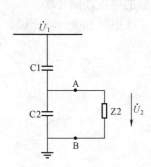

图 3-7 电容式电压互感器分压原理图

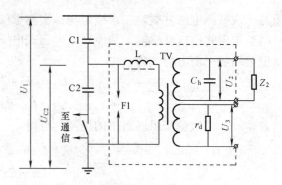

图 3-8 电容式电压互感器基本原理结构图

当互感器二次侧发生短路时，短路电流可达额定电流的几十倍，在 L 和 C_2 上将产生很高的共振过电压，为防止过电压击穿绝缘，在电容 C_2 两端并联放电间隙 F1。

当电容式电压互感器二次侧受到短路或断开等冲击时，由于非线性电抗饱和，可能产生铁磁谐振过电压，为了抑制谐振的产生，在互感器二次侧接入阻尼电阻 r_d。

电容式电压互感器的误差由空载误差、负载误差和阻尼负载电流产生的误差等几部分组成，除受到 U_1 和 Z_L 负载功率因数的影响外，还与电源频率有关，当系统频率变化超过 $\Delta f=\pm 0.5\text{Hz}$ 时，会产生附加误差。

2. 电压互感器的特点

电磁式电压互感器用于电压为 380V 及以上的交流装置中，其特点如下：

（1）电压互感器一次绕组匝数较多，二次绕组匝数较少，使用时一次绕组与被测量电路并联，二次绕组与测量仪表或继电器等电压线圈并联。

（2）由于测量仪表、继电器等电压线圈的阻抗很大，电压互感器在正常运行时二次绕组中的电流很小，一、二次绕组中的漏阻抗压降都很小。因此，它相当于一个空载运行的降压变压器，其二次电压基本上等于二次电动势值，且取决于一次的电压值，所以电压互感器在准确度所允许的负载范围内，能够精确地测量一次电压。

（3）二次侧负荷阻抗较大，且比较稳定，正常情况下二次电流很小，电压互感器近于开路状态运行，容量较小，要求有较高的安全系数。

3. 电压互感器的种类及型号

（1）按安装地点可以分为户内式和户外式。35kV 电压等级以下一般为户内式；35kV 及以上电压等级一般制成户外式。

（2）按绝缘方式可以分为干式、浇注式、油浸式和气体绝缘式等几种。干式多用于低压；浇注式用于 3～35kV；油浸式多用于 35kV 及以上电压等级。

（3）按绕组数可以分为双绕组、三绕组和四绕组式。三绕组式电压互感器有两个二次侧绕组，一个为基本二次绕组，另一个为辅助二次绕组。辅助二次绕组供绝缘监视或单相接地保护用。

（4）按相数可以分为单相式和三相式。一般 20kV 以下制成三相式，35kV 及以上均制成单相式。

（5）按结构原理分为电磁式和电容式。电磁式又可分为单级式和串级式。在我国，电压在 35kV 以下时均用单级式；电压在 63kV 以上时为串级式；电压在 110～220kV 范围内，采用串级式或电容式；电压在 330kV 以上时只采用电容式。

电压互感器的型号用汉语拼音字母表示，包括产品型号符号和设计序号，连接符后为电压等级（kV）。电压互感器的型号如下，型号中各字母含义见表 3-4。

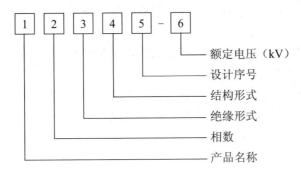

额定电压（kV）

设计序号

结构形式

绝缘形式

相数

产品名称

表 3-4　　　　　　　　　　　电压互感器型号中各字母含义

型号名称	表示字母	字母含义	型号名称	表示字母	字母含义
用途	J	电压互感器	结构形式及用途	X	带剩余（零序）绕组
相数	D	单相		B	三柱带补偿绕组式
	S	三相		W	五柱三绕组
绝缘形式	J	油浸式		C	串级式带剩余（零序）绕组
	G	空气（干式）		F	测量和保护分开的二次绕组
	Z	浇注成型固体	油保护方式	N	不带金属膨胀器
	Q	气体			
	C	瓷绝缘			
	R	电容分压式			

例如：JDZ6-10 表示第 6 次改型设计、浇注绝缘、单相、10kV 电压互感器。

4. 电压互感器的技术参数

（1）额定一次电压。额定一次电压是指作为电压互感器性能基准的一次电压值。供三相系统相间连接的单相电压互感器，其额定一次电压应为国家标准额定线电压；对于接在三相系统相与地间的单相电压互感器，其额定一次电压应为上述值的 $1/\sqrt{3}$，即相电压。

（2）额定二次电压。额定二次电压是按互感器使用场合的实际情况来选择，标准值为100V；供三相系统中相与地之间用的单相互感器，当其额定一次电压为某一数值除以 $\sqrt{3}$ 时，额定二次电压必须除以 $\sqrt{3}$，以保持额定电压比不变。

接成开口三角形的辅助二次绕组额定电压，用于中性点有效接地系统的互感器，其辅助二次绕组额定电压为 100V；用于中性点非有效接地系统的互感器，其辅助二次绕组额定电压为 100V 或 100V/3。

（3）额定变比。电压互感器的额定变比是指一、二次绕组额定电压之比，也称额定电压比或额定互感比，用 K_u 表示。

（4）额定容量。电压互感器的额定容量是指对应于最高准确度等级时的容量。电压互感器在此负载容量下工作时，所产生的误差不会超过这一准确度级所规定的允许值。

额定容量通常以视在功率的伏安值表示。标准值最小为 10VA，最大为 500VA，共有 13 个标准值，负荷的功率因数为 0.8（滞后）。

（5）额定二次负荷。额定二次负荷是指保证准确度等级为最高时，电压互感器二次回路所允许接带的阻抗值。

（6）额定电压因数。额定电压因数是指互感器在规定时间内仍能满足热性能和准确度等级要求的最高一次电压与额定一次电压的比值。

（7）电压互感器的准确度等级。电压互感器的准确度等级就是指在规定的一次电压和二次负荷变化范围内，负荷的功率因数为额定值时，电压误差的最大值。测量用电压互感器的准确度等级有 0.1、0.2、0.5、1 级和 3 级，保护用电压互感器的准确度等级规定有 3P 和 6P 两种。各准确度等级的误差限值列于表 3-5。

表 3-5 电压互感器的准确度级和误差限值

准确度等级	误差限值		一次电压变化范围	二次电压、功率因数、频率变化范围
	电压误差（±%）	相位误差（′）		
0.1	0.1	3		
0.2	0.2	10		在额定频率下，二次负荷在额定值的 25%～100%范围内，功率因数为 0.8
0.5	0.5	20	（0.8～1.2）U_{N1}	
1.0	1.0	40		
3.0	3.0	无规定		
3P	3.0	120	（0.05～1）U_{N1}	
6P	6.0	240		

电压互感器应能准确地将一次电压变换为二次电压，才能保证测量精确和保护装置正确地动作，因此电压互感器必须保证一定的准确度。如果电压互感器的二次负荷超过规定值，则二次电压就会降低，其结果就不能保证准确度等级，使得测量误差增大。

5. 电压互感器的接线方式

电压互感器在三相电路中有如图 3-9 所示的几种常见的接线方式。

（1）单相电压互感器的接线。如图 3-9（a）所示，这种接线可以测量某两相之间的线电压，主要用于 35kV 及以下的中性点非直接接地电网中，用来连接电压表、频率表及电压继电器等，为安全起见，二次绕组有一端（通常取 x 端）接地；单相接线也可用在中性点有效接地系统中测量相对地电压，主要用于 110kV 及以上中性点直接接地电网。

（2）Vv 形接线。Vv 接线又称不完全星形接线。如图 3-9（b）所示。它可以用来测量三个线电压，供仪表、继电器接于三相三线制电路的各个线电压，主要应用于 20kV 及以下电压等级中性点不接地或经消弧线圈接地的电网中。它的优点是接线简单、经济，广泛用于工厂供配电站高压配电装置中。它的缺点是不能测量相电压。

（3）一台三相三柱式电压互感器 Yyn 接线如图 3-9（c）所示，用于测量线电压。由于其一次侧绕组不能引出，不能用来监视电网对地绝缘，也不允许用来测量相对地电压。其原因是当中性点非直接接地电网发生单相接地故障时，非故障相对地电压升高，造成三相对地电压不平衡，在铁芯柱中产生零序磁通，由于零序磁通通过空气间隙和互感器外壳构成通路，所以磁阻大，零序励磁电流很大，造成电压互感器铁芯过热甚至烧坏。

（4）一台三相五柱式电压互感器 YNynd0 接线如图 3-9（d）所示。这种接线方式中互感器的一次侧绕组、基本二次侧绕组均接成星形，且中性点接地，辅助二次侧绕组接成开口三角形。它既能测量线电压和相电压，又可以用作绝缘监察装置，广泛应用于小接地电流电网中。当系统发生单相接地故障时，三相五柱式电压互感器内产生的零序磁通可以通过两边的辅助铁芯柱构成回路，由于辅助铁芯柱的磁阻小，因此零序励磁电流也很小，不会烧毁互感器。

（5）三个单相三绕组电压互感器接成的 YNynd0 接线如图 3-9（e）所示，这种接线方式主要应用于 3kV 及以上电压等级电网中，用于测量线电压、相电压和零序电压。当系统发生单相接地故障时，各相零序磁通以各自的互感器铁芯构成回路，对互感器本身不构成威胁。这种接线方式的辅助二次绕组也接成开口三角形，对于 3～60kV 中性点非直接接地电网，其相电压为 100/3V，对中性点直接接地电网。其相电压为 100V。

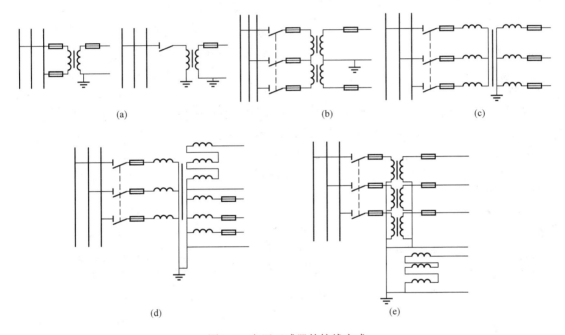

(a)　　　　　　　　　(b)　　　　　　　　　(c)

(d)　　　　　　　　　(e)

图 3-9　电压互感器的接线方式

（a）单相；（b）Vv 形；（c）Yyn；（d）YNynd0；（e）YNynd

四、认识互感器

1. 电流互感器的结构类型

电流互感器结构与双绕组变压器相似，由铁芯和一、二次绕组两个主要部分构成，按一次绕组的匝数分为单匝式和多匝式。0.5kV 电流互感器的一、二次绕组都套在同一铁芯上，结构最简单。10kV 及以上电压等级的电流互感器，为了使用方便和节约材料，常用多个没有磁联系的独立铁芯和二次绕组组成一台有多个二次绕组的电流互感器，这样，一台互感器可同时供测量和保护用。通常 10～35kV 电压等级，有两个二次绕组；63～110kV 电压等级有 3～5 个二次绕组；220kV 及以上电压等级有 4～7 个二次绕组。

为了适应线路电流的变化，63kV 及以上电压等级的电流互感器，常将一次绕组分成几段，通过串联或并联以获得两种或三种电流比。

为适应电力线路正常工作时电流不大而短路电流倍数很高的需要，多个二次绕组的高压电流互感器的测量用二次绕组往往带有中间抽头，对应的额定电流比较小，以保证应有的测量精度。

（1）浇注式绝缘互感器。浇注式互感器广泛用于 10～20kV 电压等级电流互感器。一次绕组为单匝式或母线式时，铁芯为圆环形，二次绕组均匀绕在铁芯上，一次绕组（导电杆）

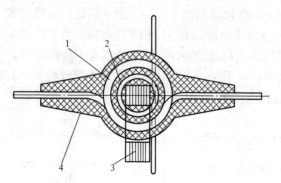

图 3-10 浇注式电流互感器结构（多匝贯穿式）

1——一次绕组；2——二次绕组；3—铁芯；4—树脂混合料

和二次绕组均浇注成一整体。一次绕组为多匝时，铁芯多为叠积式，先将一、二次绕组浇注成一体，然后再叠装铁芯。图 3-10 所示为浇注绝缘电流互感器结构（多匝贯穿式）。

1）LDZ1-10、LDZJ1-10 型环氧树脂浇注绝缘单匝式电流互感器。该型互感器的结构及外形如图 3-11 所示，当一次电流为 800A 及以下，其一次导电杆为铜棒；1000A 及以上，考虑散热和集肤效应，一次导电杆做成管状，互感器铁芯采用硅钢片卷成，两个铁芯组合对称地分布在金属支持件上，二次绕组绕在环形铁芯上。一次导电杆、二次绕组用环氧树脂和石英粉的混合胶浇注加热固化成型，在浇注体中部有硅铝合金铸成的面板。板上预留有安装孔。

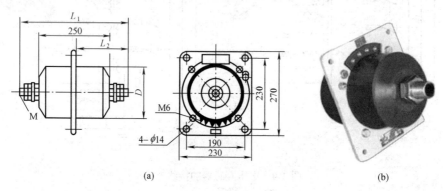

(a)　　　　　　　　　(b)

图 3-11 LDZ1-10、LDZJ1-10 型环氧树脂浇注绝缘单匝式电流互感器结构及外形图

（a）结构图；（b）外形图

2）LMZ1-10、LMZD1-10 型环氧树脂浇注绝缘单匝母线式电流互感器。互感器结构及外形如图 3-12 所示。这种互感器也具有两个铁芯组合，一次绕组可配额定电流大（2000～5000A）的母线，一次极性标志 L1 在窗口上方，两个二次绕组出线端为 1K1、1K2 和 2K1、2K2。这种互感器的绝缘、防潮、防霉性能良好，机械强度高，维护方便，多用于发电机、变压器主回路。

3）LFZB-10 型环氧树脂浇注绝缘有保护级复匝式电流互感器。由于单匝式电流互感器准确度等级较低，所以，在很多情况下需要采用复匝式电流互感器。复匝式可用于额定电流为各种数值的电路。LFZB-10 型环氧树脂浇注绝缘有保护级复匝式电流互感器结构及外形如

图 3-13 所示。该型互感器为半封闭浇注绝缘结构，铁芯采用硅钢叠片呈二芯式，在铁芯柱上套有二次绕组，一、二次绕组用环氧树脂浇注整体，铁芯外露。

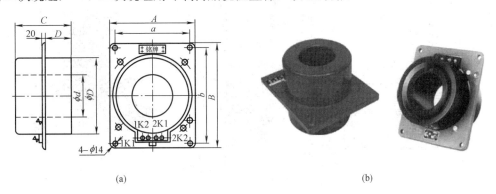

(a)　　　　　　　　　　　　　(b)

图 3-12　LMZ1-10、LMZD1-10 型环氧树脂浇注绝缘单匝母线式电流互感器结构及外形图

（a）结构图；（b）外形图

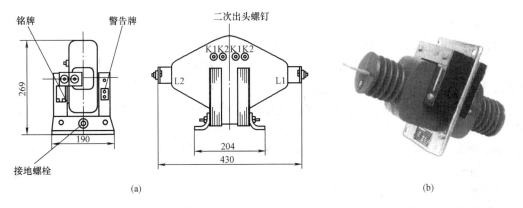

(a)　　　　　　　　　　　　　(b)

图 3-13　LFZB-10 型环氧树脂浇注绝缘有保护级复匝式电流互感器结构及外形图

（a）结构图；（b）外形图

4）LQZ-35 型环氧树脂浇注绝缘线圈式电流互感器。这种互感器结构及外形如图 3-14 所示。其铁芯也采用硅钢片叠装，二次绕组在塑料骨架上，一次绕组用扁铜带绕制并经真空干燥后浇注成型。

（2）油浸式电流互感器。35kV 及以上电压等级户外式电流互感器多为油浸式结构，主要由底座（或下油箱）、器身、储油柜（包括膨胀器）和瓷套等组成。瓷套是互感器的外绝缘，并兼作油的容器。63kV 及以上电压等级的互感器的储油柜上装有串并联接线装置，全密封结构的产品采用外换接结构。全密封互感器采用金属膨胀器后，避免了油与外界空气直接接触，油不易受潮、氧化，减少了用户的维修工作。

为了减少一次绕组出头部分漏磁所造成的结构损耗，储油柜多用铝合金铸成，当额定电流较小时，也可用铸铁储油柜或薄钢板制成。

油浸式电流互感器的绝缘结构可分为链型绝缘和电容型绝缘两种。链型绝缘用于 63kV 及以下电压等级互感器，电容型绝缘多用于 220kV 及以上电压等级互感器。110kV 的互感器有采用链型绝缘的，也有采用电容型绝缘的。

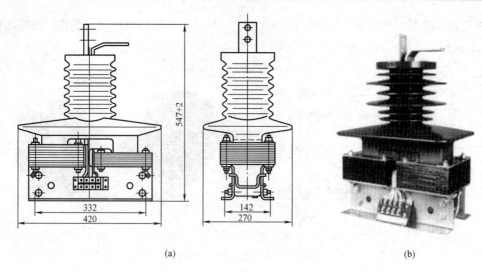

(a)

图 3-14 LQZ-35 型环氧树脂浇注绝缘线圈式电流互感器结构及外形图

（a）结构图；（b）外形图

　　链型绝缘结构如图 3-15 所示。链型绝缘结构的各个二次绕组分别绕在不同的圆形铁芯上，将几个二次绕组合在一起，装好支架，用电缆纸带包扎绝缘。二次绕组外包绝缘的厚度大约为总绝缘厚度的一半或略少。

　　链型绝缘结构的一次绕组可用纸包铜线连续绕制而成，可以实现较大的一次安匝以提高互感器的准确度；也可用分段的纸包铜线绕制，然后依次焊接成一次安匝。由于焊头不可能多，对于额定一次电流较小的互感器，这种绕组不可能实现较大的一次安匝，影响到互感器准确度的提高。额定一次电流较大时，可不用焊头，用半圆铝管制成一次绕组。两个半圆合成一个整圆。每个半圆即是一次绕组的一段（只有一匝），通过串、并联换接来改变电流比。

　　U 字形电容型绝缘的原理结构如图 3-16 所示。电容型绝缘的全部主绝缘都包在一次绕组

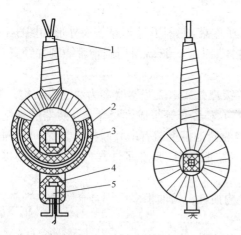

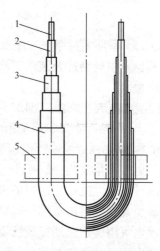

图 3-15 链型绝缘结构图

1—次引线支架；2—主绝缘Ⅰ；3—一次绕组；
4—主绝缘Ⅱ；5—二次绕组

图 3-16 U 字形电容型绝缘结构图

1—一次绕组；2—高压电屏；3—中间电屏；
4—地电屏；5—二次绕组

上，若为倒立式结构，则是包在二次绕组上。为了充分利用材料的绝缘特性，在绝缘内设有电容屏，使电场均匀。这些电容屏又叫做主屏。最内层的主屏接高电压，最外层的主屏（地电屏）接地。倒立式结构则相反，最外层接高电压，最内层接地。各主屏形成一个串联的电容型组，若主屏间电容接近相等，则其中电压就接近于均匀。电容屏用有孔铝箔制成或半导体纸制成，铝箔打孔是为了便于绝缘干燥处理和浸油处理。为了改善主屏端部的电场，在两个主屏之间放置有一些比较短的端屏（简称为端屏）。

电容型绝缘的一次绕组形状有U字形也有吊环形，如图3-17所示。前者便于机器连续包扎；后者则由于引线部分紧凑，瓷套直径较小，产品总质量可以减轻。但是吊环形的三叉头处的绝缘包扎不能连续，必须手工操作，而且要加垫特制的异形纸，包扎时要非常仔细地操作。

U字形一次绕组，其铁芯是连续卷制的圆环形铁芯。正立式吊环形则要求采用开口铁芯。

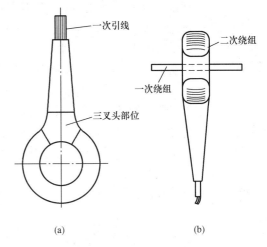

图3-17 吊环形绕组结构图
（a）正立吊环形；（b）倒立吊环形

但开口铁芯的励磁电流较大，对于制造高精度测量用互感器是一个不利因素。这是正立式吊环形很少得到采用的主要原因之一。

1）LCW-110型户外油浸式瓷绝缘电流互感器。该型互感器结构及外形图如图3-18所示。

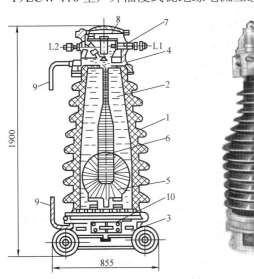

图3-18 LCW-110型户外油浸式瓷绝缘电流互感器结构及外形图
1—瓷外壳；2—变压器油；3—小车；4—膨胀器；
5—环形铁芯及二次绕组；6—一次绕组；7—瓷套管；
8—一次绕组换接器；9—放电间隙；10—二次绕组引出端

互感器的瓷外壳内充满变压器油，并固定在金属小车上；带有二次绕组的环形铁芯固定在小车架上，一次绕组为圆形并套住二次绕组，构成两个互相套着的形如"8"字的环。换接器用于在需要时改变各段一次绕组的连接方式，方便一次绕组串联或并联。互感器上部由铸铁制成的油膨胀器，用于补偿油体积随温度的变化，其上装有玻璃油面指示器。放电间隙用于保护瓷外壳，使外壳在铸铁头与小车架之间发生闪络时不致受到电弧损坏。由于绕组电场分布不均匀，故只用于35～110kV电压等级，一般有2～3个铁芯。

2）LCLWD3-220型户外瓷箱式电流互感器。LCLWD3-220型户外瓷箱式电容型绝缘电流互感器结构如图3-19所示。其一次绕组呈"U"字形，一次绕组绝缘采用电容均压结构，用高压电缆纸包扎而成；绝缘共分十层，层间有电容屏（金属箔），外屏接地，形成圆筒式电容串联结构；有四个环形铁芯及二次绕组，分布在"U"字形一次绕组下部的两侧，二次绕组为漆包圆铜线，铁芯由优质冷轧晶粒取向硅钢板卷成。

这种电流互感器具有用油量少、瓷套直径小、质量轻、电场分布均匀、绝缘利用率高和便于实现机械化包扎等优点，因此在110kV及以上电压等级中得到广泛的应用。

3）L-110型串级式电流互感器。互感器结构及原理接线图如图3-20所示。互感器由两个电流互感器串联组成。I级属高压部分，置于充油的瓷套内，它的铁芯对地绝缘，铁芯为矩形叠片式，一、二次绕组分别绕在上、下两个芯柱上，其二次电流为20A；为了减少漏磁，增强一、二次绕组间的耦合，在上、下两个铁芯柱上设置了两个匝数相等、互相连接的平衡绕组，该绕组与铁芯有电气连接。II级属低压部分，有三个环形铁芯及一个一次绕组、三个二次绕组，装在底座内；I级的二次绕组接在II级的一次绕组上，作为II级的电源，II级的互感比为20/5A。由于这种两级串级式电流互感器，每一级绝缘只承受装置对地电压的一半，因而可节省绝缘材料。

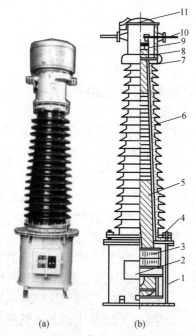

图3-19　LCLWD3-220型户外瓷箱式电流
互感器外形及结构图
（a）外形图；（b）结构图

1—油箱；2—二次接线盒；3—环形铁芯及二次绕组；
4—压圈式卡接装置；5——次绕组；6—瓷套管；
7—均压护罩；8—储油箱；9——次绕组切换装置；
10——次接线端子；11—呼吸器

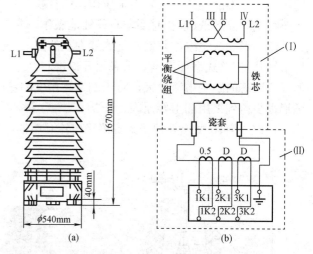

图3-20　L-110型串级式电流互感器结构及原理接线图
（a）结构图；（b）原理接线图

（3）SF$_6$气体绝缘电流互感器。SF$_6$电流互感器有两种结构形式，一种是与SF$_6$组合电器（GIS）配套用的，另一种是可单独使用的，通常称为独立式SF$_6$电流互感器，这种互感器多做成倒立式结构，如图3-21所示。

SF$_6$气体绝缘电流互感器有SAS、LVQB等系列，电压为110kV及以上。LVQB-220型SF$_6$气体绝缘电流互感器结构及外形如图3-21所示，由壳体、器身（一、二次绕组）、瓷套和底座组成。互感器器身固定在壳体内，置于顶部；二次绕组用绝缘件固定在壳体上，一、二次绕组间用SF$_6$气体绝缘；壳体上方设有压力释放装置，底座有SF$_6$压力表、密度继电器和充气阀、二次接线盒。

在这种互感器中气体压力一般选择 $0.3\sim0.35\mathrm{MPa}$，要求其壳体和瓷套都能承受较高的压力。壳体用强度较高的钢板焊接制造。瓷套采用高强瓷制造，也有采用环氧玻璃钢筒与硅橡胶制成的复合绝缘子作为 $\mathrm{SF_6}$ 互感器外绝缘筒。

（4）新型电流互感器简介。随着输电电压的提高，电磁式电流互感器的结构越来越复杂和笨重，成本也相应增加，需要研制新型的高压和超高压电流互感器。要求新型电流互感器的高、低压之间没有直接的电磁联系，绝缘结构简化；测量过程中不需要耗费大量的能量；测量范围宽、暂态响应快、准确度高；二次绕组数增加，满足多重保护需要；质量小、成本低。

新型电流互感器按耦合方式可分为无线电电磁波耦合、电容耦合和光电耦合式。其

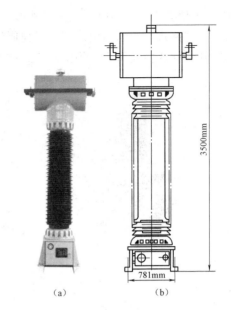

图 3-21 LVQB-220 型 $\mathrm{SF_6}$ 气体绝缘电流
互感器外形及结构图
（a）外形图；（b）结构图

中光电式电流互感器性能最好，基本原理是利用材料的磁光效应或光电效应，将电流的变化转换成激光或光波，通过光通道传送，接收装置将收到的光波转变成电信号，并经过放大后供仪表和继电器使用。非电磁式电流互感器的共同缺点是输出容量较小，需要较大功率的放大器或采用小功率的半导体继电保护装置来减小互感器的负荷。

2. 电压互感器的结构类型

电压互感器型式很多，其结构与变压器有很多相同之处，主要由一次绕组、二次绕组、铁芯、绝缘等几部分组成。

（1）浇注式电压互感器。浇注式电压互感器结构紧凑、维护简单，主要用于 $3\sim35\mathrm{kV}$ 的户内，有半浇注式和全浇注式两种。一次绕组和各低压绕组，以及一次绕组出线端的两个套管均浇注成一个整体，然后再装配铁芯，这种结构称为半浇注式（铁芯外露式）结构。其优点是浇注体比较简单，容易制造；缺点是结构不够紧凑，铁芯外露会产生锈蚀，需要定期维护。绕组和铁芯均浇注成一体的叫全浇注式，其特点是结构紧凑、几乎不需维修，但是浇注体比较复杂、铁芯缓冲层设置比较麻烦。

浇注式互感器的铁芯一般用旁轭式，也有采用 C 形铁芯的。一次绕组为分段式，低压绕组为圆筒式；绕组同芯排列，导线采用高强度漆包线。层间和绕组间绝缘均用电缆纸或复合绝缘纸。为了改善绕组在冲击电压作用时的起始电压分布，降低匝间和层间的冲击强度，一次绕组首末端均设有静电屏。

一、二次绕组间的绝缘可采用环氧树脂筒、酚醛纸筒或经真空压力浸漆的电缆纸筒。绕组对地绝缘都是树脂。由于树脂的绝缘强度很高，其厚度主要根据浇注工艺和机械强度确定。同浇注绝缘电流互感器一样，在浇注绝缘电压互感器中也要在适当部位采取屏蔽措施，以提高其游离电压和表面闪络电压。

JDZ-10 型浇注式单相电压互感器外形如图 3-22（a）所示。其铁芯为三柱式，一、二次绕组为同心圆筒式，连同引出线用环氧树脂浇注成型，并固定在底版上；铁芯外露，由经热处理的冷轧硅钢片叠装而成，为半封闭式结构。

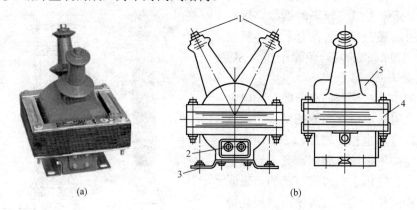

图 3-22　JDZ-10 型浇注式单相电压互感器外形及结构图

（a）外形图；（b）结构图

1——一次绕组引出端；2——二次绕组引出端；3——接地螺栓；4——铁芯；5——浇注体

（2）油浸式电压互感器。油浸式电压互感器的结构与小型电力变压器很相似，分为普通式和串级式。

1）JSJW-10 型油浸式三相五柱电压互感器。这种互感器原理及外形如图 3-23 所示。铁芯的中间三柱分别套入三相绕组，两边柱作为单相接地时零序磁通的通路；一、二次绕组为 YNyn 接线，其余绕组为开口三角形接线。

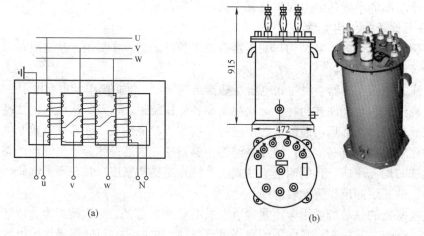

图 3-23　JSJW-10 型油浸式三相五柱电压互感器原理与外形图

（a）原理图；（b）外形图（单位：mm）

2）JCC-220 型串级式电压互感器。JCC-220 型串级式电压互感器的原理接线图如图 3-24 所示，其外形图如图 3-25 所示。互感器的器身由两个铁芯（元件）、一次绕组、平衡绕组、连耦绕组及二次绕组构成，装在充满油的瓷箱中；一次绕组由匝数相等的 4 个元件组成，分别套在两个铁芯的上、下铁柱上，并按磁通相加方向顺序串联，接于相与地之间，每个铁芯上绕组的中点与铁芯相连；二次绕组绕在末级铁芯的下铁柱上，连耦绕组的绕向相同，反向对接。

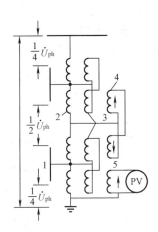

图 3-24　JCC-220 型串级式电压互感器原理图

1—铁芯；2—一次绕组；3—平衡绕组；

4—连耦绕组；5—二次绕组

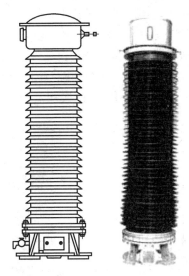

图 3-25　JCC-220 型串级式电压互感器外形图

当二次绕组开路时，各级铁芯的磁通相同，一次绕组的电位分布均匀，每个绕组元件边缘线匝对铁芯的电位差都是 $U_p/4$（U_p 为相电压）；当二次绕组接通负荷时，由于负荷电力的去磁作用，使末级铁芯的磁通小于前级铁芯的磁通，从而使各元件的感抗不等，电压的分布不均，准确度下降。为避免这一现象，在两铁芯相邻的铁芯柱上，绕有匝数相等的连耦绕组。这样，当每个铁芯的磁通不等时，连耦绕组中出现电动势差，从而出现电压，使磁通较小的铁芯增磁，磁通较大的铁芯去磁，达到各级铁芯的磁通大致相等和各绕组元件电压分布均匀的目的。因此，这种串级式结构，其每个绕组元件的对铁芯的绝缘只需按 $U_p/4$ 设计，比普通式（需按 U_p 设计）大大节约绝缘材料和降低造价。在同一铁芯的上、下柱上还有平衡绕组，借平衡绕组内的电流，使两柱上的安匝数分别平衡。

（3）SF$_6$ 气体绝缘电压互感器。SF$_6$ 电压互感器有两种结构形式，一种是与 GIS 配套使用的组合式，另一种为独立式。独立式增加了高压引出线部分，包括一次绕组高压引出线、高压瓷套及其夹持件等，如图 3-26 所示。SF$_6$ 电压互感器的器身由一次绕组、二次绕组、剩余电压绕组和铁芯组成，绕组层绝缘采用聚酯薄膜。一次绕组除在出线端有静电屏外，在超高压产品中，一次绕组的中部还设有中间屏蔽电极。铁芯内侧设有屏蔽电极以改善绕组与铁芯间的电场。

一次绕组高压引线有两种结构，一种是短尾电容式套管，另一种是用光导杆做引线，在引线的上下端设屏蔽筒以改善端部电场。下部外壳与高压瓷套可以是统仓结构或隔仓结构。统仓结构是外壳与高压瓷套相通，SF$_6$ 气体从一个充气阀进入后即可充满产品内部，吸附剂和防爆片只需一套。隔仓结构是在外壳顶部装有绝缘子，绝缘子把外壳和高压瓷套隔离开，使气体互不相通，所以需装设两套吸附剂及防爆片，以及其他附设装置，如充气阀、压力表等。

（4）电容式电压互感器。电容式电压互感器结构简单、质量轻、体积小、成本低，而且电压越高效果越显著，此外，分压电容还可以兼作为载波通信的耦合电容。广泛应用于110～500kV中性点直接接地系统中，作电压测量、功率测量、继电防护及载波通信用。其缺点是输出容量小，误差较大时暂态特性不如电磁式电压互感器。

TYD220系列单柱叠装型电容式电压互感器如图3-27所示。电容分压器由上、下节串联组合而成，装在瓷套管中，瓷套管内充满绝缘油；电磁单元装置由装在同一油箱中的中压互感器、补偿电抗器、保护间隙和阻尼器组成，阻尼器由多只釉质线绕电阻并联而成，油箱同时作为互感器的底座；二次接线盒在电磁单元装置侧面，盒内有二次端子接线板及接线标牌。

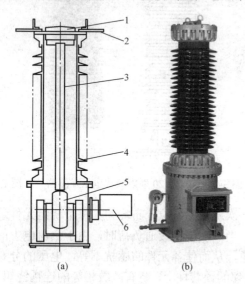

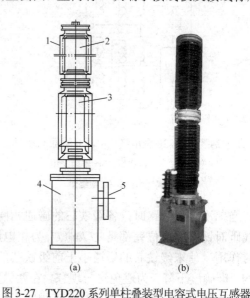

图 3-26 SF₆独立式电压互感器结构及外形图

(a) 结构图；(b) 外形图

1—防爆片；2—一次出线端子；3—高压引线；

4—瓷套；5—器身；6—二次出线

图 3-27 TYD220系列单柱叠装型电容式电压互感器

结构及外形图

(a) 结构图；(b) 外形图

1—瓷套管；2—上节电容分压器；3—下节电容分压器；

4—电磁单元装置；5—二次接线盒

3. LB-110 电流互感器主要技术参数（见表 3-6）

表 3-6　　　　　　　　　　　　　LB-110 电流互感器主要参数表

型　号	额定电流（A）	级次组合	额定输出（VA）	10%倍数	1s 热稳定电流（kA）/动稳定电流（kA）											
					一　次　电　流　（A）											
					50	75	100	150	200	300	400	500	600	800	1000	1200
LB1-110 LB1-110G	2×90/5 2×75/5	0.2/10P/ 10P/10P	40	15	3.75/ 8.9	5.5/14	7.5/ 17.8	11/ 28	15/ 36	21/ 55	21/ 55	95/-	35/ 89	42/ 110	42/ 110	42/ 110
LB11-110W2	2×100/5 2×150/5 2×200/5	0.5/10P/ 10P/10P														
LB1-110W1	2×300/5 2×400/5 2×500/5 2×600/5	0.5（0.1） /10P/10P/ 10P/10P														

注　额定输出为 cosφ=0.8 时的输出。

五、互感器的运行维护知识

1. 互感器的运行要求

（1）互感器应有标明基本技术参数的铭牌标志，互感器技术参数必须满足装设地点运行工况的要求。

（2）互感器应有明显的接地符号标志，接地端子应与设备底座可靠连接，并从底座接地螺栓用两根接地引下线与地网不同点可靠连接。互感器的各个二次绕组（包括备用）均必须有可靠的保护接地，且只允许有一个接地点。

（3）互感器二次绕组所接负荷应在准确度等级所规定的负荷范围内。

（4）电压互感器二次侧严禁短路。电流互感器二次侧严禁开路，备用的二次绕组也应短接接地。

（5）电流互感器允许在设备最高电压下和额定连续热电流下长期运行。

（6）电压互感器允许在 1.2 倍额定电压下连续运行，中性点有效接地系统中的互感器，允许在1.3 倍额定电压下运行 30s；中性点非有效接地系统中的互感器，在系统无自动切除对地故障保护时，允许在 1.9 倍额定电压下运行 8h。系统有自动切除对地故障保护时，允许在1.9 倍额定电压下运行 30s。

（7）电压互感器二次回路，除剩余电压绕组和另有专门规定者外，应装设自动（快速）开关或熔断器。

（8）35kV 及以上电压等级电磁式油浸互感器应装设膨胀器或隔膜密封，应有便于观察的油位或油温压力指示器，并有最低和最高限值标志。运行中全密封互感器应保持微正压，充氮密封互感器的压力应正常。互感器应标明绝缘油牌号。

2. 互感器投入运行前的检查

（1）设备外观完整、无损，等电位连接可靠，均压环安装正确，引线对地距离、保护间隙等均符合规定。

（2）油浸式互感器无渗漏油，油标指示正常；气体绝缘互感器无漏气，压力指示与制造厂规定相符；三相油位与气压应调整一致。

（3）电容式电压互感器无渗漏油，阻尼器确已接入，各单元、组件配套安装与出厂编号要求一致。

（4）金属部件油漆完整，三相相序标志正确，接线端子标志清晰，运行编号完善。

（5）引线连接可靠，极性关系正确，电流比换接位置符合运行要求。

（6）各接地部位接地牢固可靠。

3. 互感器的运行检查和维护

油浸式互感器的检查项目如下：

（1）设备外观是否完整无损，各部连接是否牢固可靠；

（2）外绝缘表面是否清洁、有无裂纹及放电现象；

（3）油色、油位是否正常，膨胀器是否正常；

（4）吸湿器硅胶是否受潮变色；

（5）有无渗漏油现象，防爆膜有无破裂；

（6）有无异常振动、异常音响及异味；

（7）各部位接地是否良好，注意检查电流互感器末屏连接情况与电压互感器一次绕组 N

（X）端连接情况；

（8）电流互感器是否过负荷，引线端子是否过热或出现火花，接头螺栓有无松动现象；

（9）电压互感器端子箱内熔断器及自动开关等二次元件是否正常。

对于电容式电压互感器，除要检查以上相关项目外，还应注意检查项目如下：

（1）电容式电压互感器分压电容器各节之间防晕罩连接是否可靠；

（2）分压电容器低压端子（N、δ、J）是否与载波回路连接或直接可靠接地；

（3）电磁单元各部分是否正常，阻尼器是否接入并正常运行；

（4）分压电容器及电磁单元有无渗漏油。

4. 互感器的投入和退出运行

（1）电压互感器停用前应注意：按继电保护和自动装置有关规定要求变更运行方式，防止继电保护误动；将二次回路主熔断器或自动开关断开，防止电压反送。

（2）中性点非有效接地系统发生单相接地或产生谐振时，严禁就地用隔离开关或高压熔断器拉、合电压互感器。

（3）严禁就地用隔离开关或高压熔断器拉开有故障（油位异常升高、喷油、冒烟、内部放电等）的电压互感器。

（4）为防止串联谐振过电压烧损电压互感器，不宜使用带断口电容器的断路器投切带电磁式电压互感器的空母线。

（5）若保护与测量共用一个二次绕组，当在带电的电流互感器的二次表计回路工作时，应先将表计端子短接，以防止电流互感器开路或误将保护装置退出。

（6）电容式电压互感器投运前，应先检查电磁单元外接阻尼器是否接入，否则严禁投入运行。

（7）电容式电压互感器断开电源后，在接触电容分压器之前，应对分压电容器单元件逐个接地放电，直至无火花放电声为止，然后可靠接地。

（8）分别接在两段母线上的电压互感器，二次并列前，应先将一次侧经母联断路器并列运行。

5. 电流互感器的同名端

电流互感器在接线时要注意其端子的极性。在安装和使用电流互感器时，一定要注意端子的极性，否则其二次仪表、继电器中流过的电流就不是预期的电流，可能引起保护的误动作、测量不准确或仪表烧坏。

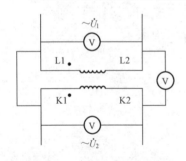

图 3-28　互感器同名端的判别

$\dot{U}_1$—输入电压；$\dot{U}_2$—输出电压

如图 3-28 所示，电流互感器的一次绕组端子标以 L1、L2，二次绕组端子标以 K1、K2，L1 和 K1 为同名端，L2 和 K2 也为同名端，同名端在同一瞬间的极性相同，即同时为高电位和低电位。当一次绕组上的电压为 U_1，二次绕组感应电动势为 U_2，这时如将一对同名端短接，则在另一对同名端间测出来的电压为 $\Delta U=U_1-U_2$（即"减极性"号法）。由于电流互感器二次绕组电流为感应电动势产生的电流，电流在绕组中的方向应从低电位到高电位，所以一次电流从 L1 流向 L2 时，二次电流则从 K2 流向 K1。

六、互感器的检修知识

1. 互感器的检修分类及周期

（1）检修分类。

1）小修：是指互感器不解体进行的检查与修理，一般在现场进行。

2）大修：是指互感器解体暴露器身（SF_6互感器、电容式电压互感器的分压电容器、330kV及以上电压等级电流互感器除外），对内外部件进行的检查与修理，一般在检修车间进行。

3）临时性检修：发现有影响互感器安全运行的异常现象后，针对有关项目进行的检查与修理。

（2）检修周期。

1）小修1～3年一次，一般结合预防性试验进行。运行在污秽场所的互感器应适当缩短小修周期。

2）大修根据互感器预防性试验结果及运行中在线监测结果（如有），进行综合分析判断，认为确有必要时进行。

3）临时性检修应针对运行中发现的严重缺陷及时进行。

2. 互感器的检修项目

（1）小修项目包括：外部检查及清扫；检查维修膨胀器、储油柜、呼吸器；紧固一次和二次引线连接件；渗漏处理；检查紧固电容屏型电流互感器及油箱式电压互感器末屏接地点，电压互感器N（X）端接地点；必要时进行零部件修理与更新；必要时调整油位或氮气压力；必要时补漆；必要时加装金属膨胀器进行密封改造；必要时进行绝缘油脱气处理。

（2）大修项目包括：外部检查及修前试验；检查金属膨胀器；排放绝缘油；一、二次引线接线柱瓷套分解检修；吊起瓷套或吊起器身，检查瓷套及器身；更换全部密封胶垫；油箱清扫、除锈；压力释放装置检修与试验；绝缘油处理或更换；呼吸器检修，更换干燥剂；必要时进行器身干燥处理；总装配；真空注油；密封试验；绝缘油试验及电气试验；喷漆。

3.2　决策与计划

一、互感器的常见故障分析及处理方法

互感器的常见故障分析及处理方法见表3-7。

表3-7　　　　　　　　　　互感器的常见故障分析及处理方法

故障现象	故　障　原　因	处　理　方　法
局部放电	（1）一次绕组位置偏移，绝缘距离发布不均匀，间隙小的一边容易产生局部放电； （2）引线端头连接松动或具有焊接不良引起的局部放电； （3）绕组绝缘薄弱，绕组对地绝缘距离偏小； （4）绝缘油劣化	（1）在绕组适当位置加装固定防偏措施，保证绕组对箱壁距离四周一致，不要使绕组变形； （2）拧紧螺母，对虚焊处检查后重新焊牢； （3）加强绝缘和修复损伤的绝缘； （4）更换新油，油质劣化不严重，可采取真空滤油和注油工艺处理
介质损耗升高	（1）互感器受潮，箱内进入水分和潮气； （2）互感器绝缘劣化或老化	（1）进行真空加热滤油，同时对绕组进行加热烘干，真空注油； （2）更换互感器的密封胶垫，更换受潮变色的吸湿剂

续表

故障现象	故障原因	处理方法
绝缘油老化变质	(1) 互感器过负荷运行，油温升高造成油老化； (2) 互感器受潮或含酸性腐蚀； (3) 互感器内树枝状的局部放电； (4) 短路电流造成油质劣化	(1) 不过负荷运行，加强巡视和密封性检查工作，防止水分进入； (2) 进行真空加热滤油，同时对绕组进行加热烘干，真空注油； (3) 更换合格新油，采取真空滤油和注油工艺处理
匝间绝缘击穿	(1) 制造工艺不良； (2) 系统过电压； (3) 长期过载； (4) 绝缘老化	(1) 解体吊芯后处理一次侧绕组匝间绝缘； (2) 对劣化绝缘油进行更换或采取真空滤油和注油工艺处理
主绝缘击穿	(1) 绝缘老化或裂纹缺陷； (2) 绝缘油受潮； (3) 严重漏油、导电异物； (4) 绕组制造工艺缺陷，主绝缘薄弱，包扎不紧密； (5) 系统过电压	(1) 若主绝缘全部过热老化，或受潮击穿严重，可以考虑更换一、二次侧绕组； (2) 局部修理击穿部位的绝缘； (3) 对劣化的绝缘油进行更换或真空滤油注油
铁芯故障	(1) 铁芯片间绝缘不良； (2) 过电压或过负荷造成铁芯运行温度升高，导致铁芯片间绝缘老化； (3) 铁芯接地片没有插紧、螺栓松动或铁芯接地片断裂； (4) 铁芯夹紧装置松动	(1) 重新紧固松动的夹紧装置，并检查无松动； (2) 更换绝缘不良的硅钢片或重新叠铁芯； (3) 更换接地片并确认接地良好
电流互感器二次侧开路	电流引线接头松动，端子损坏	(1) 按表计指示，判断是仪表级还是保护级二次开路； (2) 戴绝缘手套，用钳形电流表测各相电流值并进行比较； (3) 逐段将回路短接，测量回路电流，找出故障点并处理
电晕放电	绝缘严重腐蚀、老化	将绝缘表面与铁芯间隙用防晕漆或半导体垫条塞紧
电压互感器铁磁谐振	在中性点不直接接地系统中，系统运行状态发生突变，铁芯发生磁饱和	(1) 改善互感器的伏安特性； (2) 调整系统的 X_C 与 X_L 参数，使 X_C/X_L 值脱离易激发铁磁谐振区； (3) 在开口三角形处接非线性电阻，或在一次侧中性点接入适当阻尼电阻

当发生下列情况之一时，应立即将互感器停用（注意保护的投切）。

（1）电压互感器高压熔断器连续熔断 2～3 次。

（2）高压套管严重裂纹、破损，互感器有严重放电，已威胁安全运行时。

（3）互感器内部有严重异音、异味、冒烟或着火。

（4）油浸式互感器严重漏油，看不到油位，SF_6 气体绝缘互感器严重漏气、压力表指示为零；电容式电压互感器分压电容器出现漏油时。

（5）互感器本体或引线端子有严重过热时。

（6）膨胀器永久性变形或漏油。

（7）压力释放装置（防爆片）已冲破。

（8）电流互感器末屏开路，二次侧开路；电压互感器接地端子 N（X）开路、二次侧短路，不能消除时。

（9）树脂浇注互感器出现表面严重裂纹、放电。

二、现场查勘

现场查勘的主要内容如下：

（1）确认待检修电流互感器的安装地点，查勘工作现场周围（带电运行）设备与工作区域安全距离是否满足"安规"要求，工作人员工作位置与周围（带电）设备的安全距离是否满足要求；

（2）查勘工具、设备进入工作区域的通道是否畅通，绘制现场检修设备、工器具和材料定置草图；

（3）了解待检修电流互感器的结构特点、连接方式，收集技术参数、运行情况及缺陷情况；

（4）正确填写现场查勘表。

三、危险点分析与控制

对电流互感器进行检修，应考虑防止人身触电、机械性损伤、工器具损坏、设备损坏等因素，危险点分析与控制措施见表 3-8。

表 3-8　　　　　　　　　　　　危险点分析与控制措施

序号	危　险　点	控　制　措　施
1	作业现场情况的核查不全面、不准确	布置作业前，必须核对图纸，勘察现场，彻底查明可能向作业地点反送电的所有电源，并应断开断路器、隔离开关。对施工作业现场，应查明作业中的不安全因素，制定可靠的安全防范措施
2	作业任务不清楚	对施工作业现场，应按有关规定编制现场作业标准卡，并需组织全体作业人员结合现场实际认真学习，做好事故预想
3	工作负责人和安全监护人选派不当	选派的工作负责人应有较强的责任心和安全意识，并熟练地掌握所承担的检修项目的质量标准。选派的电流互感器需能在工作负责人的指导下安全、保质地完成所承担的工作任务
4	工器具不足或不合规范	检查着装和所需使用安全用具是否合格、齐备
5	监护不到位	工作负责人正确、安全地组织作业，做好全过程的监护。作业人员做到相互监护、照顾、提醒
6	人身触电	作业人员必须明确当日工作任务、现场安全措施、停电范围；现场的工具，长大物件必须与带电设备保持足够的安全距离并设专人监护；现场要使用专用电源，不得使用绝缘老化的电线，控制开关要完好，熔丝的规格应合适；低压交流电源应装有触电保安器；电源开关的操作把手需绝缘良好；接线端子的绝缘保护罩齐备，导线的接头必须采取绝缘包扎措施
7	使用梯子不当造成摔伤	梯子必须放置稳固，由专人扶持或专梯专用，将梯子与固定物牢固地捆绑在一起；上下梯子和设备时必须清理鞋底油污

四、确定检修内容、时间和进度

根据现场查勘报告，参考表 3-9，编制检修作业计划表。

表 3-9 检修作业计划表示例

工作任务	电流互感器的检修	
工作日期	年 月 日至 月 日	工期 天
工作安排	工 作 内 容	时间（学时）
主持： 参与：	（1）分组制订检修工作计划、作业方案	
	（2）讨论优化作业方案，编制最优化标准化作业卡	
	（3）准备检修工器具、材料，办理开工手续	
训练顺序：	（4）互感器漏油缺陷处理	
	（5）互感器回装、恢复接线	
主持： 参与：	（6）清理工作现场，验收、办理工作终结	
	（7）小组自评、小组互评，教师总评	
确认（签名）	工作负责人： 小组成员：	

五、确定安全、技术措施

1. 一般安全注意事项

（1）着装正确（正确佩戴安全帽，穿好工作服、工作鞋、劳保手套）。

（2）正确选择、使用工器具；工作前，检查安全工器具是否齐备、合格；工作中严禁损坏工器具和配件。

（3）按规定办理工作票，工作负责人同值班人员一起检查现场安全措施，履行工作许可手续。

（4）开工前，工作负责人组织全体工作人员列队宣读工作票，进行安全、技术交底。

（5）施工过程中互相监督，保证安全施工，高空作业正确使用安全带。

（6）严格按照标准卡进行工作。

2. 技术措施要求

（1）拆除一次接线时，做好记录，按记录恢复 L1、L2 接线。

（2）所有零部件及工器具必须摆放整齐，排列有序。

（3）检修中轻拿轻放，防止碰伤和损坏零部件，发现异常及时处理。

（4）装配顺序与拆卸时相反，检修后规定项目进行测试，各部件符合相关质量要求。

（5）末屏可靠接地。

六、工器具及材料准备

1. 工器具准备（见表 3-10）

表 3-10 工 器 具 准 备 表

序号	名 称	规 格	单 位	每组数量	备 注
1	活动扳手	8 10 12	把	各 1	
2	梅花扳手	12～14 17～19 22～24	把	各 1	

续表

序号	名　称	规　格	单　位	每组数量	备　注
3	呆扳手	17～19	把	1	
4	汽油壶	2kg	个	1	
5	平口改刀		把	1	
6	爬梯	人字梯	把	1	
7	锉刀		把	1	
8	榔头		把	1	
9	真空滤油机		台	1	
10	真空泵		台	1	
11	安全带		条	4	
12	U 形环		个	4	
13	爬梯	人字梯	把	1	

2. 仪器、仪表准备（见表 3-11）

表 3-11　　　　　　　　　　　仪器、仪表准备表

序号	名　称	规　格	单　位	每组数量	备　注
1	万用表	—	只	1	
2	绝缘电阻表	1000V	只	1	

3. 消耗性材料及备件准备（见表 3-12）

表 3-12　　　　　　　　　　消耗性材料及备件准备表

序号	名　称	规　格	单　位	每组数量	备　注
1	棉纱		kg	0.5	
2	汽油	90 号	kg	1	
3	塑料布		m	10	
4	六角螺母	M12、M16、M20	个	各20	
5	凡士林		kg	1	
6	砂 布	00 号	张	2	
7	导电膏		瓶	3	
8	相序漆	红、黄、绿	kg	3	
9	调和漆	中灰	kg	0.5	
10	防锈漆		kg	2	
11	松动剂		瓶	2	
12	黄油		包	2	

3.3　实施

一、布置安全措施，办理开工手续

（1）断开电流互感器回路的断路器，检查断路器机械位置指示器位于分闸位置，确认断路器处于分闸位置。

（2）检查回路电源已切断，拉开隔离刀开关至分闸位置。

（3）验电、挂接地线。

（4）列队宣读工作票，交代工作内容、安全措施和注意事项。

（5）准备好检修所需的工器具、材料、配件等，检查工器具应齐全、合格，摆放位置符合规定。

二、互感器的检查与处理

（1）外观检查。

1）外绝缘表面清洁、无裂纹及放电现象；表面污秽轻微，裂纹损伤不严重，底座、支架轻微变形，可等停电机会处理。

2）金属部位无锈蚀，底座、支架牢固，无倾斜变形；锈蚀及油漆层的缺陷可等停电机会处理。

3）设备外涂漆层清洁、无大面积掉漆；硅橡胶增爬裙有放电痕迹应更换处理。

4）套管瓷套根部若有放电现象涂以半导体绝缘漆。

5）膨胀器正常。膨胀器异常升高时，互感器应停止运行，进一步检查处理。

（2）温度检查。

1）用红外测温仪检测一、二次引线接触是否良好，接头无过热，各连接引线无发热、变色。

2）互感器内外接头接触情况，一次侧过负荷，二次侧短路或绝缘介质损耗升高。

3）是否发生谐振。

（3）油位检查。油位正常，油面指示应与实际温度相符。

1）油位计问题。

2）油面过低用真空注油。

（4）渗漏油检查。瓷套、底座、阀门和法兰等部件应无渗漏现象。

1）如果油从密封处渗出，则重新紧固密封件，如果还渗漏则更换密封件。

2）如焊缝渗漏应进行补焊，若面积较大或时间较长，则应带油在持续真空下（油面上抽真空）补焊。

3）如果防爆膜渗漏油，重点检查：①油位是否过高；②防爆膜如有裂纹及时更换，同时检查本体通往膨胀器管路是否有堵塞；③膨胀器本体渗漏，应更换。

（5）端子箱检查。

1）密封性。如果漏水进入则重新密封。

2）接触良好。电压互感器端子箱熔断器和二次低压断路器正常。

3）完整性。如果电气元件有损坏，则应进行更换。

（6）声响和振动。检查有无异常声响和异常振动。

1）如果是不正常的噪声或振动，则是由于连接松动造成的，应重新紧固这些连接部位。

2）如果是由于谐振引起的，应及时汇报运行人员破坏谐振条件，消除谐振。

3）末屏（末端）开路；电流互感器二次侧开路。

（7）其他。各连接及接地部位连接可靠，力矩扳手螺丝紧固，连接可靠。

三、互感器的解体

互感器解体吊出器身应在空气相对湿度不大于 75%的清洁无尘的室内环境中进行，避免污染器身；解体应尽量减少器身暴露在空气中的时间，相对湿度小于 65%时不大于 8h，在 65%～75%时不大于 6h。

电流互感器的解体步骤如下：

（1）解体前划好瓷套与储油柜及底箱或底座的相对位置的标记。

（2）打开放油阀（对全密封结构产品还应先打开储油柜或膨胀器的注油阀），将产品内的变压器油放尽。

（3）拆掉储油柜的外罩，卸下金属膨胀器，用塑料布将膨胀器包封好。

（4）拆掉在储油柜内换接电流比的连接板（对在储油柜外换接变比的结构，不必拆卸一次换接板）。

（5）卸下一次绕组引线与一次导杆的连接螺母，做好一次引线的标记，将所有一次引线用布带捆在一起，以便瓷套顺利吊起。

（6）拆除瓷套上部压圈与储油柜之间的连接螺栓或夹件，取下储油柜。

（7）取出一次绕组引出线之间的纸隔板。

（8）取掉上压圈及上半压圈，注意勿碰坏瓷套。

（9）拆除瓷套下压圈与底油箱（或升高座）之间的连接螺栓或夹件，小心地吊起瓷套，切勿碰损器身。

（10）取出瓷套下凸台上的下压圈与下半压圈，用塑料布将瓷套两端部包封，以免瓷套内腔污染或受潮。

（11）对有升高座结构的产品，继续拆除升高座与底油箱之间的连接螺栓，小心地吊起升高座，切勿碰损器身。

（12）如果使器身与底油箱脱离，先拆下二次接线板，松开二次引线及末屏、监测屏引线，并做好各引线的标记。

（13）拆除器身支架与底油箱的固定螺母，即可吊出器身。

（14）将拆下的螺栓、螺母、垫圈等清擦干净，若有缺损应更换补齐，并按拆卸部位分类装袋保管。

四、互感器的检修

1. 互感器的外部检修

（1）瓷套检修。

1）清除瓷套外表积污，注意不得刮伤釉面。

2）瓷套外表应修补完好，用环氧树脂修补裙边小破损，或用强力胶（如 502 胶）粘接修复碰掉的小瓷块；如瓷套径向有穿透性裂纹，外表破损面超过单个伞裙 10%或破损总面积虽不超过单伞 10%，但同一方向破损伞裙多于两个以上者，应更换瓷套。

3）在污秽地区若爬距不够，可在清扫后涂覆防污闪涂料或加装硅橡胶增爬裙。

4）检查防污涂层的憎水性，若失效则应擦净重新涂覆；增爬裙失效应更换。

（2）渗漏油检修。检查储油柜、瓷套、油箱、底座等各组件、部件有无渗漏，密封件中尺寸规格与质量是否符合要求，有无老化失效现象；检查油标、瓷套两端面、一次引出线、二次接线板、末屏及监测屏引出小瓷套、压力释放阀及放油阀等密封部位有无渗漏。

1）工艺不良的处理。①因密封垫圈压紧不均匀引起渗漏油时，可先将压缩量大的部位的螺栓适当放松，然后拧紧压缩量小的部位，调整合适后，再依对角位置交叉地反复紧固螺母，每次旋紧约 1/4 圈，不得单独一拧到底。弹簧垫圈以压平为准，密封圈压缩量约为 1/3。②法兰密封面凸凹不平、存在径向沟痕或存在异物等情况导致渗漏时，应将密封圈取开，检查密封面，并进行相应处理。③因装配不良引起的渗漏，如密封圈偏移或折边，应更换密封圈后重新装配。

2）部件质量不良的处理。①膨胀器本体焊缝破裂或波纹片永久变形，应更换膨胀器。②小瓷套破裂导致渗漏油，应更换小瓷套。③铸铝储油柜砂眼渗漏油，可用铁榔头，样冲打砸砂眼堵漏。④储油柜、油箱、升高座等部件的焊缝渗漏，可采用堵漏胶临时封堵，待大修解体时再予补焊。⑤密封圈材质老化，弹性减弱，应更换密封圈。更换时在密封圈两面涂抹密封胶（如 801 密封胶）。

（3）检查铭牌及各端子标志牌是否齐全正确，牌面干净清洁，字迹清晰。

（4）检查油位或盒式膨胀器的油温、压力指示是否正确，油位示值应与相应环境温度相符。

（5）检查电流互感器储油柜的等电位连接是否可靠，发现松动应拧紧，避免储油柜电位悬浮。

（6）打开二次接线盒盖板，检查并清擦二次接线端子和接线板，检查二次接线板及端子密封完好，无渗漏，清洁、干燥、无氧化，无放电烧伤痕迹；接线柱的紧固件齐全并拧紧。

（7）检查接地端子，接地应可靠，接地线完好；发现接触不良应清除锈蚀后紧固。

2. 互感器的器身检修

（1）检查器身是否清洁。器身表面应洁净，无油污、金属粉末、非金属颗粒等异物。发现脏污时，可用海绵泡沫塑料块擦除或用合格的变压器油冲洗干净。

（2）检查一、二次绕组的外包布带。器身外包布带应紧固，完好无损，无松包、位移等现象。发现松包，应予修整或用烘干的直纹布带半叠包绕扎紧。

（3）检查器身绝缘。器身绝缘及外电屏（末屏）应完好无损，无电弧烧伤痕迹。器身外包布带破损或有电弧放电痕迹时，应解开布带进一步检查内绝缘状况。如发现绝缘表层有机械损伤，可用皱纹纸带修补绝缘纸层，用铝箔修补外屏。如有过热老化或电弧放电痕迹时，应进一步查明原因，并进行处理。

（4）检查一次绕组引出连接部位。一次绕组引出的焊接或压接均应完好可靠，无虚焊、脱焊或压板松动等现象。在焊接部位有虚焊、脱焊时，应予补焊；如压板连接引出发现松动时，应重新拧紧螺母，保证压接可靠。

（5）检查二次绕组引线应完好，不得出现焊接不良或断线；引线外包层应包扎紧固，无破损。发现二次引线断线或焊接不良，应重新焊好；如发现引线外包层松脱或破损时，应用电工绸布带、皱纹纸带包扎后，再用直纹布带扎紧。

（6）检查一次绕组导杆端部段间绝缘纸板应完好，无松动现象。发现段间绝缘不良，可插入绝缘纸板并用布带固定。

（7）检查电容型 U 形器身一次引线的绝缘隔板应清洁、无受潮、无破损，若发现脏污、老化或破损则应予更换。

（8）检查 U 形器身一次绕组并腿的夹件、卡箍、木垫块、支撑条及亚麻绳、无纬玻璃丝带等应完好无损、紧固牢靠，无位移、松动现象。检查并腿是否紧固，如发现松动，应调整位置后，拧紧夹件卡箍的螺栓或重新绑扎紧固。

（9）检查 U 形器身底部有无受潮和放电痕迹；末屏或监测屏对地绝缘良好。如发现异常应查明原因并进行处理。

（10）检查 U 形器身底部支架位置正确，无松动现象。若发现支架松动，二次绕组位移，应调整后将支架重新紧固。

（11）检查 U 形器身底部与支架间的侧面绝缘纸隔板及底部绝缘纸托板应完好，无受潮、变形及位移。若发现受潮、变形或位移，则应更换绝缘纸隔板和托板，并调整其位置。

（12）检查 U 形器身一次绕组的零屏、末屏及监测屏引线应完好，连接可靠，无位移、松动或脱落。若发现引线脱焊应重新焊牢；若末屏或监测屏引线松动，可在其放置处用布带扎紧；若末屏或监测屏脱落，应将器身解包后进一步检查并处理。

（13）检查倒置式电流互感器器身头部外屏蔽引线应牢靠无松动、脱落现象。若发现松动，应解开外包布带重新包扎；若外屏蔽引线脱落，则解包重新处理。

（14）检查链形器身两个绕组之间的绝缘纸板应清洁完好，无受潮；安放位置正确，绑带扎紧。若发现脏污、受潮、破损或变形，应更换为烘干的绝缘纸板；若发现绑带松动、纸板位移，应重新调整，并扎紧绑带。

（15）检查链形器身两个绕组的三角区绝缘完好无损，无松包、滑移现象；外包布带扎实紧固。若发现三角区有绝缘破损，纸带滑移等不良现象，应用皱纹纸加垫扎牢进行局部补强。

（16）检查链形器身的带环形铁芯的下半环（二次绕组）与支架的连接应牢靠，不得松动。若发现严重松动，应解开外包布带，重新扎紧。

3. 互感器主要部件的检修

（1）小瓷套管的检修。互感器一、二次侧引出的小瓷套末屏与监测屏引出以及电压互感器的一次侧 N 端引出的小瓷套若无渗漏，则不必拆卸；如渗漏则应按以下步骤检修。

1）如有脏污应清擦干净。

2）更换破损、压裂的小瓷套。

3）更换老化失效的密封圈。

4）紧固引出导电杆的螺母。

（2）金属膨胀器检修。

1）膨胀器密封应可靠，无渗漏，无永久性变形。检查膨胀器的波纹片焊缝是否渗漏，如波纹片焊缝处开裂或膨胀器永久变形，应予更换，如升高座部分渗漏，可予补焊。

2）检查膨胀器放气阀内有无气体存在，如有气体应查明原因，并放掉残存气体。

3）检查膨胀器的油位指示机构或油温压力指示机构是否灵活可靠、指示正确，如发现卡滞应检修排除。

4）检查盒式膨胀器的压力释放装置是否完好，如释放片破裂应查明原因予以更换。

5）检查波纹式膨胀器顶盖外罩的连接螺钉是否齐全，有无锈蚀，若短缺应补齐，并清除顶盖与外罩的锈蚀；波纹式膨胀器上盖与外罩连接可靠，不得锈蚀卡死，保证膨胀器内压力异常增大时能顶起上盖。

6）检查外罩漆膜完好，如漆膜脱落，应予补漆。

（3）储油柜检修。

1）检查油标完好无渗漏，油位指示正确，无假油位，如发现渗漏应拧紧螺钉，更换破裂的油标玻璃油管或油标玻璃面板，更换老化失效的密封圈。

2）检查储油柜内橡胶隔膜完好无损，如发现破裂或老化应予更换。

3）检查硅胶吸湿器完好无损；硅胶干燥，油杯中油质清洁，油量正常，如发现玻璃罩筒破裂应予更换；硅胶吸潮变色应更换干燥硅胶；吸湿器油杯脏污或缺油应予清洁并补油。

4）检查一次引线连接紧固、可靠。

5）检查外表漆面漆膜完好，如漆膜脱落或锈蚀，应予除锈补漆。

（4）油箱、底座检修。

1）检查铭牌、标志牌完备齐全，并补齐铭牌和标志牌。

2）检查外表清洁，无积污，无锈蚀，清扫外表积污与锈蚀。

3）检查二次接线板及端子密封完好，无渗漏，清洁无氧化，无放电烧伤痕迹打开二次接线盒盖板，检查并清擦二次接线端子和接线板。

4）小瓷套应清洁，无积污，无破损渗漏，无放电烧伤痕迹。清擦电压互感器 N 端小瓷套、电流互感器末屏及监测屏小瓷套。

5）检查压力释放装置膜片完好，密封可靠。

6）检查放油阀密封良好，无渗漏。

7）检查外表漆面漆膜完好，如漆膜脱落或锈蚀，应予除锈补漆。

（5）绝缘电阻测量。用 2500V 绝缘电阻表测量绝缘电阻大于 1000MΩ。

五、互感器的装配

互感器装配按拆卸解体的相反程序进行，装配过程如下。

（1）装配前的准备。

1）储油柜、油箱、升高座、底座等组件的内壁应擦拭干净。

2）瓷套内壁洗净烘干。

3）器身检修合格，拧紧器身夹件、支架。

4）螺栓、螺母垫圈等紧固件，按组装部位配齐，分别放置。

5）更换拆卸下来的密封圈。

6）检查金属膨胀器、压力释放器及油标等组件，应齐全完好。

7）清点检查一、二次侧引出小瓷套，电流互感器末屏及监测屏引出小瓷套，电压互感器 N 端引出小瓷套等应齐备，清洁干燥。

8）将二次接线端子安装在二次接线板上，检查标志牌应完整，字迹清晰。

9）清点装配用的工器具应齐全，起吊设备完好。

10）清理装配场地。

（2）油箱（或底座）装配。

1）在油箱上装好电流互感器的末屏、监测屏引出小瓷套。

2）在底座上装好二次侧引出小瓷套及电压互感器的 N 端引出小瓷套，将二次接线板装在底座底部，按相应端子接好小瓷套至二次接线板的连线。

3）用 2500V 绝缘电阻表测量小瓷套对油箱（或底座）的绝缘电阻，应大于 1000MΩ。

4）检查放油导管及放油阀，应清洁通畅，拧紧放油阀或放油螺塞，装好油罩。

（3）器身装配。

1）装配前应将器身用合格的变压器油冲洗干净。装配时器身暴露在空气中的时间应尽量短。当空气相对湿度小于 65% 时，器身暴露时间不得超过 8h；相对湿度在 65%～75% 时，不得超过 6h；大于 75% 时不宜装配器身。

2）将器身安装在油箱（或底座）上，拧紧器身与底座的固定螺母。

3）将电流互感器的末屏（地屏）、监测屏引线，电压互感器的 N 端引线接到相应的小瓷套上，要求正确牢靠。

4）将二次引线按标志接在底座的小瓷套或油箱的二次接线板的相应端子上，要求正确牢靠。

5）将二次接线板装入油箱二次接线盒中。

6）检查二次绕组之间及对地，以及末屏（地屏）、监测屏、N 端套管对地的绝缘电阻，结果应合格。

7）测量电压互感器铁芯对穿心螺杆的绝缘电阻，应不小于 500 MΩ，然后恢复铁芯连接片。油箱式电压互感器的铁芯只能一点可靠接地。

8）检查并拧紧电流互感器器身支架及电压互感器绝缘支架的紧固螺母。

（4）瓷套装配。

1）对一次导杆从瓷套侧孔直接引出的电流互感器，先在瓷套侧孔装好一次导电杆。

2）对储油柜与瓷套内连接的结构（如部分链式电流互感器或 110kV 电压互感器），拧紧储油柜与瓷套的紧固螺母。

3）在油箱（或底座）法兰上，安放好两侧涂有密封胶的瓷套下密封圈，对压板螺栓紧固结构则先放置圆挡圈。

4）将缓冲胶垫套在瓷套的下装配凸台上，然后安放下半压圈和下压圈。将瓷套吊放在油箱（或底座）法兰上，注意 L1（P1）与 L2（P2）的位置应与拆卸前一致，并注意防止器身的一次引线受碰损。

5）装好下压圈的固定螺栓或在圆挡圈内装好夹件压板螺栓，对角均匀拧紧各个螺母，直至压紧为止。

6）对从瓷套侧孔引出一次导杆的电流互感器，按标志将一次引线接到相应的导电杆上，拧紧螺母，插装好一次引线间纸隔板。

7）对储油柜已预装在瓷套上的电流互感器，按标志在储油柜内按电流比要求接好连板。

（5）储油柜装配。

1）将缓冲胶圈安放在瓷套上凸台斜面，并将上压圈、上半压圈或压板螺栓紧固结构的圆挡圈套入瓷套上端。

2）在瓷套上端面安放好两侧涂有密封胶的瓷套上密封圈。

3）装上储油柜，注意 L1（P1）、L2（P2）位置应与拆卸前一致。

4）装好上压圈的固定螺栓，或在圆挡圈内装好夹件压板螺栓，对角均匀拧紧各个螺母，直至压紧为止。

（6）储油柜一次引线的装配。

1）在储油柜内部改换电流比的电流互感器，将 L1（P1）、L2（P2）引线分别接到储油柜两侧相应的导电杆上，将 C1（P11）、C2（P12）分别接到变换电流比的接线板上，然后拧紧螺母。

2）在储油柜外部改换电流比的电流互感器，将一次绕组 L1（P1）、L2（P2）、C1（P11）、C2（P12）四个引线分别接到储油柜四侧相应的导电杆上，然后拧紧螺母。

3）装配电压互感器的一次侧引线时，将一次绕组 A 端引线接到储油柜内的 A 端接线螺丝上，然后拧紧螺母。

4）装好一次绕组与储油柜间的等电位片，以免储油柜出现高压悬浮电位。

5）测量一次侧引线装配后的一次导电杆对地绝缘电阻，应不小于 1000 MΩ。

6）检查 L1（P1）、L2（P2）之间的氧化锌避雷器（若有），应正常。

7）检查储油柜上一次导电杆的标志牌，要求正确无误。

（7）金属膨胀器的装配。

1）按膨胀器使用说明书的规定安装好膨胀器，注意不要碰损波纹盘。

2）调整好盒式及串组式膨胀器的温度压力指示机构及压力释放机构，要求灵活无卡滞现象。

3）装好膨胀器外罩及上盖。

六、真空注油及油的处理

1. 真空注油工艺要点

（1）安装金属膨胀器前，先在瓷套或储油柜上安装带有真空注油阀的临时注油盖板。

（2）接好注油管路，检查注油系统应无渗漏。

（3）预抽真空，真空残压不大于 133Pa，35kV 互感器抽真空时间 2h，66kV 和 110kV 互感器抽真空时间 4h，220kV 互感器抽真空时间 6h。

（4）真空注油，直到油面浸没器身 10cm 左右。

（5）真空浸渍脱气，真空残压不大于 133Pa，35kV 互感器真空浸渍脱气 4h，66kV 及 110kV 互感器真空浸渍脱气 8h，220kV 互感器真空浸渍脱气 16h。

（6）卸下临时盖板，装上金属膨胀器，进行补油，其要点是：

1）将膨胀器顶部真空注油阀接入补油系统。

2）抽真空 30min，残压不大于 133Pa。

3）用真空注油设备，将油补至要求的油位或预定的温度压力指针位置。

4）关闭膨胀器真空注油阀，拆除注油系统。

5）安装好膨胀器外罩及上盖。

2. 绝缘油的处理

（1）油处理的一般要求。

1）注入互感器内的变压器油，其质量应符合 GB/T 7595—2008《运行中变压器油质量》规定。

2）混用不同品牌的变压器油时，应先做混油试验，合格后方可使用。

3）注油后，应从互感器底部的放油阀取油样，进行油简化分析、电气试验、气体色谱分析及微水试验。

（2）油处理的方法。油处理的方法是指可用压力滤油机或真空滤油设备清除油中的杂质和水分等。

1）采用压力式滤油机时，若有条件可将油加温至 60~70℃，以提高滤油的工艺效果，必要时可采用高效吸附滤纸。

2）使用内装加热器加温时，开机应先启动滤油机，待油路畅通后，再投入加热器，停机操作顺序相反。

3）采用真空滤油机进行油处理时，应按设备使用说明书进行操作。

（3）互感器换油工艺。互感器换油是指将互感器的油全部放掉，重新进行真空注油，工艺要点如下：

1）打开放油阀，放尽变压器油。

2）拆下金属膨胀器。

3）用合格油注满互感器，然后再放掉，根据油质情况重复充放油多次。

4）装上带有真空注油阀的临时盖板，接好管路。

5）预抽真空，真空残压不大于 133Pa，35kV 互感器抽真空时间 2h，66kV 及 110kV 互感器抽真空时间 4h，220kV 互感器抽真空时间 6h。

6）真空注油，至浸没器身约 10cm。

7）真空浸渍脱气，抽真空残压不大于 133Pa，35kV 互感器抽真空时间 4h，66kV 和 110kV 互感器抽真空时间 8h，220kV 互感器抽真空时间 16h。

8）拆除临时盖板，装上金属膨胀器。

9）对膨胀器充油，其要点是预抽真空残压 133Pa，维持 30min，然后真空注油至规定油位指示。

10）换油后静置 24h，取样进行绝缘油的简化、电气、色谱、微水试验。

3.4　检查、考核与评价

一、工作检查

1. 小组自查

检修工作结束后，工作负责人带领小组成员进行自查，检查项目和要求见表 3-13。

表 3-13　　　　　　　　　　小组自查检查项目及要求

序号	检查项目		质量要求
1	资料准备	工作票	正确、规范、完整
		现场查勘记录	
		检修方案	
		标准作业卡	
		调整数据记录	
2	检修过程	正确着装	正确佩戴安全帽，着棉质工作服，穿软底鞋
		工器具选用	工具、仪表、材料准备完备
		检查安全措施	(1) 隔离开关闭锁可靠

序号	检 查 项 目		质 量 要 求
2	检修过程	检查安全措施	（2）接地线、标示牌装挂正确
			（3）断路器控制、信号、合闸熔断器已取下
			（4）起吊措施完备，三脚架受力均匀，底脚有防滑绳
		检查互感器	对各部件逐项检查确认是否完好
		部件检修	拆除连接引线，并保证旧设备的完整性
		漏油处理	安装应牢固，密封垫圈压紧应均匀
		施工安全	遵守安全规程，不发生习惯性违章或危险动作，不在检修中造成新的故障
		工具使用	正确使用和爱护工器具，工作中工具摆放规范
		文明施工	工作完后做到"工完、料尽、场地清"
3	检修记录		完善正确
4	遗留缺陷：		整改建议：

2. 小组交叉检查（见表 3-14）

表 3-14　　　　　　　　　　　　　小组交叉检查内容及要求

序号	检 查 内 容	质 量 要 求
1	资料准备	资料完整、整理规范
2	检修记录	完善正确
3	检修过程	无安全事故、按照规程要求
4	工具使用	正确使用和爱护工器具，工作中工具无损坏
5	文明施工	工作完后做到"工完、料尽、场地清"

二、工作终结

（1）清理现场，办理工作终结。

1）将工器具进行清点、分类并归位。

2）清扫场地，恢复安全措施。

3）办理工作票终结。

（2）填写检修报告。

（3）整理资料。

三、考核

对学生掌握的相关专业知识的情况，由教师团队（参考学习指南）拟定试题，进行笔试或口试考核；对检修技能的考核，可参照考核评分细则进行。

四、评价

1. 学生自评与互评

（1）学生分组讨论，由工作负责人组织写出学习工作总结报告，并制作成 PPT。

（2）工作负责人代表小组进行工作汇报，各小组成员认真听取汇报，并做好记录。

（3）各小组成员对自己小组和其他小组在检修资料准备、检修方案制定、检修过程组织、职业素养等方面进行评价，并提出改进建议。参照学习综合评价表进行评价，并填写学生自评与互评记录表（参考学习情境一表 1-11）。

2. 教师评价

教师团队根据学习过程中存在普遍问题，结合理论和技能考核情况，以及学生小组自评与互评情况，对学生的相关知识学习、技能掌握、职业素养等方面进行评价，并提出改进要求。参照学习综合评价表进行评价，并填写教师评价记录表（参考学习情境一表 1-12）。

3. 学习综合评价

参考学习综合评价表，按照在工作过程的资讯、决策与计划、实施、检查各个环节及职业素养的养成对学习进行综合评价（参考学习情境一表 1-10）。

☞ **学习指南**

第 一 阶 段：专 业 知 识 学 习

学习相关专业知识，并完成以下资讯内容。

一、关键知识

（1）互感器分为_____和_____。

（2）电压互感器的额定二次电压为_____V，电流互感器的额定二次电流为_____A。

（3）测量用电流互感器的准确级有_____、_____、_____、_____、_____和_____级；保护用电流互感器规定有_____和_____两种准确级。

（4）测量用电压互感器的准确级有：_____、_____、_____、_____和_____级；保护用电压互感器的准确级规定有_____和_____两种。

二、绘制接线图

（1）画出电流互感器星形接线图，说明其用途。

（2）画出三相五柱式电压互感器的 YNynd0 接线图，说明其用途。

三、看图填空

（1）如图 3-29 所示接线，_____和_____为同名端，_____和_____也为同名端。一次电流从 L1 流向 L2 时，二次电流则从_____流向_____。

（2）LCLWD3-220 型户外瓷箱式电流互感器结构如图 3-30 所示，说出图中各部分编号的名称及型号含义：

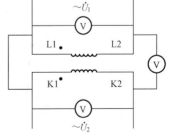

图 3-29　填空题（1）图

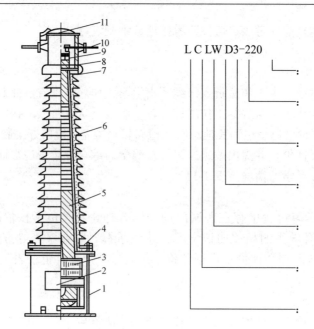

图 3-30 LCLWD3-220 型户外瓷箱式电流互感器结构图

1: _____ ; 2: _____ ; 3: _____ ; 4: _____ ;

5: _____ ; 6: _____ ; 7: _____ ; 8: _____ ;

9: _____ ; 10: _____ ; 11: _____ 。

第二阶段：接受工作任务

一、工作任务下达

（1）明确工作任务：根据检修周期和运行工况进行综合分析判断，对温光线 110kV A 相电流互感器（LB6-110 型）漏油故障进行处理。现场接线如图 3-31 所示。

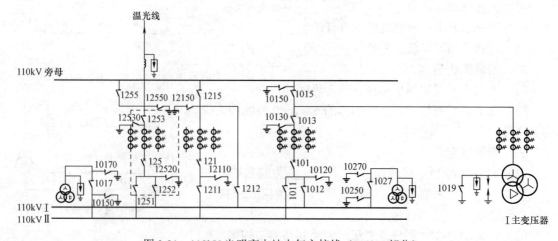

图 3-31 110kV 光明变电站电气主接线（110kV 部分）

（2）观摩电流互感器检修示范操作。

二、学生小组人员分工及职责

根据设备数量（4 台）进行分组，40 人分为 4 组，每组 10 人。每组确定一名工作负责人，一名安全监护人、一名工具和资料保管人，其余小组成员作为工作班成员。小组人员分工及职责情况参见表 3-15。

表 3-15　　　　　　　　　　　学生小组人员分工及职责情况

学生角色	签　　名	能　力　要　求
工作负责人		（1）熟悉工作内容、工作流程、安全措施、工作中的危险点； （2）组织小组成员对危险点进行分析，告知安全注意事项； （3）工作前检查安全措施是否正确完备； （4）督促、监护小组成员遵守安全规章制度和现场安全措施，正确使用劳动防护用品，及时纠正不安全行为； （5）组织完成小组总结报告
工具和资料保管人		（1）负责现场工器具与设备材料的领取、保管、整理与归还； （2）负责小组资料整理保管
工作班成员		（1）收集整理相关学习资料； （2）明确工作内容、工作流程、安全措施、工作中的危险点； （3）遵守安全规章制度、技术规程和劳动纪律，正确使用安全用具和劳动防护用品； （4）听从工作负责人安排，完成检修工作任务； （5）配合完成小组总结报告

三、资料准备

各小组分别收集表 3-16 所列相关资料。

表 3-16　　　　　　　　　　　　资　料　准　备

序号	项　　目	收集资料名称	收集人	保管人
1	互感器的文字资料	（1）		
		（2）		
		（3）		
		……		
2	互感器的图片资料	（1）		
		（2）		
		（3）		
		……		
3	互感器的检修资料	（1）		
		（2）		
		（3）		
		……		
4	第一种工作票			
5	其他			

第三阶段：前期准备工作

一、现场查勘（见表3-17）

表3-17　　　　　　　　　　　现 场 查 勘 表

工作任务：温光线110kV A 相电流互感器漏油故障处理	小组：第　　组
现场查勘时间：　　年　月　日	查勘负责人（签名）：
参加查勘人员（签名）：	

现场查勘主要内容：
(1) 确认待检修电流互感器的安装地点；
(2) 安全距离是否满足"安规"要求；
(3) 通道是否畅通；
(4) 电流互感器的连接方式、技术参数、运行情况及缺陷情况；
(5) 确认本小组检修工位；
(6) 绘制设备、工器具和材料定置草图

现场查勘记录：

现场查勘报告：

编制（签名）：

二、危险点分析与控制

明确危险点，完成控制措施，见表3-18。

表3-18　　　　　　　　　　危 险 点 及 控 制 措 施

序号		内　　容
1	危险点	作业现场情况的核查不全面、不准确
	控制措施	
2	危险点	工作负责人和安全监护人选派不当
	控制措施	
3	危险点	作业任务不清楚
	控制措施	

续表

序号		内　　　容
4	危险点	监护不到位
	控制措施	
5	危险点	工器具不足或不合规范
	控制措施	
6	危险点	使用梯子不当造成摔伤
	控制措施	
7	危险点	人身触电
	控制措施	

确认（签名）：

三、明确标准化作业流程

标准化作业流程见表 3-19。

表 3-19　　　　　　　　　　　第　　组　标准化作业流程表

工作任务	温光线 110kVA 相电流互感器的检修	
工作日期	年　月　日至　月　日	工期　　天
工作安排	工　作　内　容	时间（学时）
主持人： 参与人：全体小组成员	（1）分组制订检修工作计划、作业方案	2
	（2）讨论优化作业方案，编制最优化标准化作业卡	1
	（3）准备检修工器具、材料，办理开工手续	1
小组成员训练顺序：	（4）互感器漏油缺陷处理	3
	（5）互感器回装、恢复接线	4
主持人： 参与人：全体小组成员	（6）清理工作现场，验收、办理工作终结	2
	（7）小组自评、小组互评，教师总评	3
确认（签名）	工作负责人：　　　　　　　安全监护人： 小组成员：	

四、工器具及材料准备

1. 工器具准备（见表 3-20）

表 3-20　　　　　　　　　　　工器具准备表

序号	名　　称	规　　格	单　位	每组数量	确认（√）	责任人
1	活动扳手	8 10 12	把	各 1		

序号	名　称	规　格	单　位	每组数量	确认（√）	责任人
2	梅花扳手	12～14 17～19 22～24	把	各1		
3	呆扳手	17～19	把	1		
4	汽油壶	2kg	个	1		
5	平口改刀		把	1		
6	爬梯	人字梯	把	1		
7	锉刀		把	1		
8	榔头		把	1		
9	真空滤油机		台	1		
10	真空泵		台	1		
11	安全带		条	4		
12	U形环		个	4		
13	爬梯	人字梯	把	1		

2.　仪器、仪表准备（见表3-21）

表3-21　　　　　　　　　　　　仪器、仪表准备表

序号	名　称	规　格	单　位	每组数量	确认（√）	责任人
1	万用表	—	只	1		
2	绝缘电阻表	1000V	只	1		

3.　消耗性材料及备件准备（见表3-22）

表3-22　　　　　　　　　　　　消耗性材料及备件准备表

序号	名　称	规　格	单　位	每组数量	确认（√）	责任人
1	棉纱		kg	0.5		
2	汽油	90号	kg	1		
3	塑料布		m	10		
4	六角螺母	M12、M16、M20	个	各20		
5	凡士林		kg	1		
6	砂布	00号	张	2		
7	导电膏	瓶	瓶	3		
8	相序漆	红、黄、绿	kg	3		
9	调和漆	中灰	kg	0.5		
10	防锈漆		kg	2		
11	松动剂		瓶	2		
12	黄油		包	2		

4. 现场布置

可参考图 3-32 所示布置图，根据现场实际，绘制设备器材定置摆放布置图。

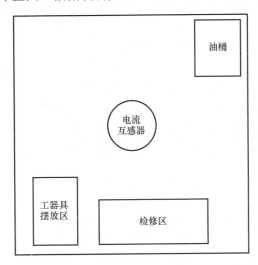

图 3-32 温光线 110kVA 相电流互感器检修设备器材定置摆放布置图

第四阶段：工作任务实施

一、布置安全措施，办理开工手续

检查停电的范围：110kV 光明变电站 125 温光线线路间隔（见图 3-31 虚线）。

表 3-23 检 查 停 电 范 围

序号	工 作 内 容	执行人（签名）
1	检查温光线 125 断路器已断开	
2	检查 125 断路器机构机械位置指示器、分闸弹簧、基座拐臂的位置，确认断路器已在分位	
3	检查 1252 隔离开关已在分位	
4	检查 1253 隔离开关已拉开	
5	检查 1251 隔离开关已拉开	
6	检查并确认 1251、1253 隔离开关的分闸闭锁	
7	检查 12520、12530 接地开关已合上	
8	检查在 125 断路器操作把手上已悬挂"禁止合闸，有人工作"标示牌	
9	检查在 1251、1252、1253 隔离开关操作把手上已悬挂"禁止合闸，有人工作"标示牌	
10	检查在 12520、12530 隔离开关操作把手上已悬挂"禁止分闸"标示牌	
11	在检查 125 温光线间隔 A 相电流互感器处已悬挂"在此工作"标示牌	
12	检查在温光线 125 电流互感器与相邻带电设备间已装设围栏，并向内侧悬挂适量"止步，高压危险"标示牌；围栏设置唯一出口，已在出口处悬挂"从此进出"标示牌	

续表

序号	工 作 内 容	执行人（签名）
13	检查 125 断路器端子箱、机构箱液压机构控制电源开关已断开，125 断路器储能电源开关已拉开	
14	检查在温光线 125 断路器保护屏及测控屏已挂"在此工作"标示牌，并在相邻运行设备上挂"运行设备"红布帘	
15	列队宣读工作票，交代工作内容、安全措施和注意事项	
16	检查工器具应齐全、合格，摆放位置符合规定	
17	工作时，检修人员与 110kV 带电设备的安全距离必须不得小于 1.5m	

二、检修前例行检查

检修前例行检查见表 3-24。

表 3-24　　　　　　　　　　　　　　　检 修 前 例 行 检 查

序号	检查项目	检 查 要 求	检查记录	执行人（签名）
1	外观	外绝缘表面清洁、无裂纹及放电现象； 金属部位无锈蚀，底座、支架牢固，无倾斜变形； 设备外涂漆层清洁、无大面积掉漆； 膨胀器正常		
2	温度	一、二次引线接触良好，接头无过热，各连接引线无发热、变色		
3	油位	油位正常，油面指示应与实际温度相符		
4	渗漏油	绝缘子、底座、阀门和法兰等部件应无渗漏现象		
5	端子箱	（1）密封性； （2）接触； （3）完整性		
6	其他	各连接及接地部位连接可靠		

三、检修流程及工艺要求

1. 检修流程及质量要求（作业卡）（见表 3-25）

表 3-25　　　　　　　　　　　　　　　检修流程及质量要求

序号	检修内容	检 修 工 艺	质 量 要 求	执行人	确认人
1	电流互感器的解体	打开放油阀，将互感器内的油放尽	解体前划好绝缘子与储油柜及底箱或底座的相对位置的标记		
2		拆掉储油柜的外罩	用塑料布将膨胀器包封好		
3		卸下金属膨胀器			
4		拆掉在储油柜内换接电流比的连接板			
5		卸下一次绕组引线与一次导杆的连接螺母	做好一次引线的标记，将所有一次引线用布带捆在一起，以便绝缘子顺利吊起		

序号	检修内容	检 修 工 艺	质 量 要 求	执行人	确认人
6	电流互感器的解体	拆除绝缘子上部压圈与储油柜之间的连接螺栓或夹件，取下储油柜			
7		取出一次绕组引出线之间的纸隔板			
8		取掉上压圈及上半压圈	注意勿碰坏绝缘子		
9		拆除绝缘子下压圈与底油箱（或升高座）之间的连接螺栓或夹	小心地吊起绝缘子，切勿碰损器身		
10		取出绝缘子下凸台上的下压圈与下半压圈	用塑料布将绝缘子两端部包封，以免绝缘子内腔污染或受潮		
11		拆除升高座与底油箱之间的连接螺栓	小心地吊起升高座，切勿碰损器身		
12		拆下二次接线板，松开二次引线及末屏、监测屏引线	做好各引线的标记		
13		拆除器身支架与底油箱的固定螺母，吊出器身	将拆下的螺栓、螺母、垫圈等清擦干净，若有缺损应更换补齐，并按拆卸部位分类装袋保管		
14	金属膨胀器检修	检查膨胀器的波纹片焊缝是否渗漏，如波纹片焊缝处开裂或膨胀器永久变形，应予更换，如升高座部分渗漏，可予补焊	膨胀器密封可靠，无渗漏，无永久性变形		
15		检查膨胀器放气阀内有无气体存在，如有气体应查明原因，并放掉残存气体	放气阀内无残存气体		
16		检查膨胀器的油位指示机构或油温压力指示机构是否灵活可靠，如发现卡滞应检修排除	油位指示或油温压力指示机构灵活，指示正确		
17		检查盒式膨胀器的压力释放装置是否完好，如释放片破裂应查明原因予以更换	盒式膨胀器的压力释放装置完好正常		
18		检查波纹式膨胀器顶盖外罩的连接螺钉是否齐全，有无锈蚀，若短缺应补齐，并清除顶盖与外罩的锈蚀	波纹式膨胀器上盖与外罩连接可靠，不得锈蚀卡死，保证膨胀器内压力异常增大时能顶起上盖		
19		检查外罩，如漆膜脱落，应予补漆	漆膜完好		
20	储油检修	检查油标，如发现渗漏应拧紧螺钉，更换破裂的油标玻璃油管或油标玻璃面板，更换老化失效的密封圈	油标完好无渗漏，油位指示正确，无假油位		
21		检查储油柜内橡胶隔膜，如发现破裂或老化应予更换	隔膜完好无损		
22		检查硅胶吸湿器，如发现玻璃罩筒破裂应更换；硅胶吸潮变色应更换干燥硅胶；吸湿器油杯脏污或缺油，应予清洁并补油	吸湿器完好无损；硅胶干燥，油杯中油质清洁，油量正常		
23		查一次侧引线连接紧固情况	一次侧引线连接可靠		
24		检查外表漆面，如漆膜脱落或锈蚀，应予除锈补漆	漆膜完好		
25	绝缘子检修	清除绝缘子外表积污	不得刮伤釉面，绝缘子径向有穿透性裂纹，外表破损面超过单个伞裙10%或同一方向破损伞裙多于两个以上者，应更换绝缘子		
26		涂覆防污闪涂料或加装硅橡胶增爬裙			

续表

序号	检修内容	检 修 工 艺	质 量 要 求	执行人	确认人
27	油箱、底座检修	检查并补齐铭牌和标志牌	铭牌、标志牌完备齐全		
28		清扫外表积污与锈蚀	外表清洁，无积污，无锈蚀		
29		打开二次接线盒盖板，检查并清擦二次接线端子和接线板	二次接线板及端子密封完好，无渗漏，清洁无氧化，无放电烧伤痕迹		
30		清擦电压互感器 N 端小绝缘子、电流互感器末屏及监测屏小绝缘子	小绝缘子应清洁，无积污，无破损渗漏，无放电烧伤痕迹		
31		检查压力释放装置	压力释放装置膜片完好，密封可靠		
32		检查放油阀	放油阀密封良好，无渗漏		
33		检查外表漆面，如漆膜脱落或锈蚀，应予除锈补漆	漆膜完好		
34	渗漏油检修	检查油标、绝缘子两端面、一次引出线、二次接线板、末屏及监测屏引出小绝缘子、压力释放阀及放油阀等密封部位	密封件中尺寸规格与质量符合要求，无老化失效现象		
35		更换密封圈后重新装配	在密封圈两面涂抹密封胶，密封垫圈压紧应均匀，弹簧垫圈以压平为准，密封圈压缩量约为 1/3		
36		更换小绝缘子			
37	互感器回装	按拆卸解体的相反程序进行互感器装配	组件应齐全完好，内壁应擦拭干净，紧固螺母，防止器身的一次引线受碰损		
38	绝缘电阻测量	用 2500V 绝缘电阻表测量绝缘电阻	>1000MΩ		

2. 故障分析及处理（见表 3-26）

表 3-26 故 障 分 析 及 处 理

故 障 现 象	可 能 原 因	处 理 办 法
局部放电		
介质损耗升高		
绝缘油老化变质		
匝间绝缘击穿		
主绝缘击穿		
铁芯故障		
电流互感器二次开路		
电晕放电		
电压互感器铁磁谐振		
局部放电		

第五阶段: 工 作 结 束

一、小组自查

检修工作结束后,工作负责人带领小组成员进行自查,检查项目和要求见表3-27。

表3-27 小组自查项目及质量要求

序号	检 查 项 目		质 量 要 求	确认打"√"
1	资料准备	工作票	正确、规范、完整	
		现场查勘记录		
		检修方案		
		标准作业卡		
		调整数据记录		
2	检修过程	正确着装	正确佩戴安全帽,着棉质工作服,穿软底鞋	
		工器具选用	工具、仪表、材料准备完备	
		检查安全措施	(1)隔离开关闭锁可靠	
			(2)接地线、标示牌装挂正确	
			(3)断路器控制、信号、合闸熔断器已取下	
			(4)起吊措施完备,三脚架受力均匀,底脚有防滑绳	
		检查互感器	对各部件逐项检查确认是否完好	
		部件检修	拆除连接引线,并保证旧设备的完整性	
		漏油处理	安装应牢固,密封垫圈压紧应均匀	
		施工安全	遵守安全规程,不发生习惯性违章或危险动作,不在检修中造成新的故障	
		工具使用	正确使用和爱护工器具,工作中工具摆放规范	
		文明施工	工作完后做到"工完、料尽、场地清"	
3	检修记录		完善正确	
4	遗留缺陷:		整改建议:	

二、小组交叉检查

小组交叉检查内容及要求见表3-28。

表 3-28 小组交叉检查内容及要求

检查对象	检查内容	质量要求	检查结果
第1组	资料准备	资料完整、整理规范	
	检修记录	完善正确	
	检修过程	无安全事故、按照规程要求	
	工具使用	正确使用和爱护工器具，工作中工具无损坏	
	文明施工	工作完后做到"工完、料尽、场地清"	
第N组	资料准备	资料完整、整理规范	
	检修记录	完善正确	
	检修过程	无安全事故、按照规程要求	
	工具使用	正确使用和爱护工器具，工作中工具无损坏	
	文明施工	工作完后做到"工完、料尽、场地清"	

三、办理工作终结

清理现场，办理工作终结见表 3-29。

表 3-29 工作终结记录表

序号	工作内容	执行人
1	拆除安全措施，恢复设备原来状态	
2	工器具的整理、分类、归还	
3	场地的清扫	

四、填写检修报告

检修报告示例如下：

电流互感器检修报告（模板）

检修小组	第 组	编制日期	
工作负责人		编写人	
小组成员			
指导教师		企业专家	

一、工作任务
（包括工作对象、工作内容、工作时间……）

设备型号			
设备生产厂家		出厂编号	
出厂日期		安装位置	

二、人员及分工
（包括工作负责人、工具资料保管、工作班成员……）
三、初步分析
（包括现场查勘情况、故障现象成因初步分析）

续表

四、安全保证

（针对查勘发现的危险因素，提出预防危险的对策和消除危险点的措施）

五、检修使用的工器具、材料、备件记录

序号	名　称	规　格	单　位	每组数量	总数量
1					
2					
3					
N					

六、检修流程及质量要求

（记录实施的检修流程）

七、检修记录

序号	检查项目	质量要求	采取的处理方法	记录值		
				A	B	C
1	膨胀器密封可靠	密封可靠				
2	放气阀	无残存气体				
3	油位指示	正确				
4	储油柜橡胶隔膜	完好				
5	硅胶	干燥				
6	瓷件外观检查	清洁无损伤				
7	顶盖螺栓连接检查	紧固				
8	末屏接地检查	牢固				
9	整体密封性检查	完好不渗漏				
10	设备连线检查	符合规范				
11	绝缘电阻 DC2500V	>1000MΩ				
12	遗留缺陷：		建议处理方法：			

八、收获与体会

五、整理资料

资料整理见表 3-30。

表 3-30　　　　　　　　　　资料整理记录表

序号	名　称	数量	编制	审核	完成情况	整理保管
1	现场查勘记录					
2	检修方案					
3	标准作业卡					
4	工作票					

147

续表

序号	名　称	数量	编制	审核	完成情况	整理保管
5	检修记录					
6	检修总结报告					

第六阶段：评价与考核

一、考核

1. 理论考核

教师团队拟定理论试题对学生进行考核。

2. 技能考核

技能考核任务书如下：

电气设备检修技能考核任务书
一、任务名称 电流互感器漏油故障处理。 二、适用范围 电气设备检修课程学员。 三、具体任务 对已完成分解的电流互感器（LB6-110 型）进行漏油故障检查和处理。 四、工作规范及要求 （1）开工前出具已审定合格的标准化作业卡。 （2）工具、仪表、材料齐全、合格，检修技术资料齐全。 （3）开工前做好现场安全措施，交待安全注意事项及对危险点的控制。 （4）工作过程、严格按照任务书规定的范围进行作业。 （5）要求操作程序正确、动作规范。若在操作过程中出现严重违规，立即终止任务，考核成绩记为 0 分。 五、时间要求 本模块操作时间为 40min，时间到立即终止任务。

针对考核任务，相应的考核评分细则参见表 3-31。

表 3-31　　　　　　　　　　　电流互感器检修考核评分细则

班级：	考生姓名：	协助人员姓名：		
成绩：		考评日期：		
企业考评员：		学院考评员：		
技能操作项目	电流互感器漏油故障检修			
适用专业	发电厂及电力系统		考核时限	40min
需要说明的问题和要求	（1）按工作需要选择工具、仪表及材料			
	（2）要求着装正确（工作服、工作鞋、安全帽、劳保手套）			
	（3）小组配合操作，在规定时间内安全完成互感器检修工作操作			
	（4）必须按程序进行操作，出现错误则扣除应做项目分值			
	（5）考核时间到立即停止操作			
工具/材料/设备/场地	（1）配备安装好的 LB6-110 电流互感器一组，将 A 相进行分解。按检修工艺配备工器具、备品、备件、专用工具、消耗性材料若干			
	（2）校内实训基地			

续表

序号	项目名称	质 量 要 求	满分	扣 分 标 准	扣分原因	扣分	得分
1	着装	正确佩戴安全帽，着棉质工作服，穿软底鞋	5	未正确着装一处扣2分			
2	工作准备	工具、仪表、材料准备完备	5	工作中出现准备不充分再次拿工具、仪表或材料者每次扣2分			
3	检查安全措施	（1）隔离开关闭锁可靠； （2）接地线、标示牌装挂正确； （3）断路器控制、信号、合闸熔断器已取下，起吊措施完备； （4）三脚架受力均匀，底脚有防滑绳	10	（1）未检查隔离开关闭锁扣10分； （2）未检查接地线装设扣10分； （3）未检查接地线各连接点一处扣5分； （4）未检查标示牌一处扣5分； （5）未检查断路器控制、信号、合闸熔断器已取下一处扣5分； （6）未检查三脚架扣5分			
		正确拆卸引线和防雨帽	2	（1）未用铝线绑扎拆卸引线扣1分； （2）未用正确方法拆卸防雨帽扣1分			
4	检查膨胀器	（1）波纹片焊缝处应无开裂； （2）膨胀器应无永久变形； （3）升高座部分渗漏，予以补焊	10	未检查波纹片焊缝扣10分			
		放气阀内无气体存在，如有气体应采样，并放掉残存气体	5	（1）未检查放气阀扣5分； （2）未对气体进行采样扣2分； （3）未正确放掉残存气体扣1分			
		膨油位指示机构或油温压力指示机构灵活可靠，无卡滞	2	未检查油位指示机构扣2分			
		压力释放装置应完好，释放片无裂纹	2	（1）未检查压力释放装置扣1分； （2）未更换已破裂的释放片扣1分			
		膨胀器顶盖外罩螺钉齐全，无锈蚀，顶盖与外罩无锈蚀	2	（1）未检查外罩螺钉扣1分； （2）未检查顶盖与外罩表面扣1分			
		外罩表面无漆膜脱落	2	未按要求对外罩补漆扣2分			
5	检查储油柜	（1）油标无渗漏应拧紧螺钉； （2）油标玻璃油管或油标玻璃面板无破裂； （3）密封圈未老化失效	5	（1）未检查油标螺钉扣2分； （2）未检查油标玻璃油管或油标玻璃面板扣2分； （3）未更换老化密封圈扣1分			
		储油柜内橡胶隔膜无破裂或老化	2	（1）未检查储油柜内橡胶隔膜扣2分； （2）未更换破裂或老化的橡胶隔膜扣1分			
		（1）吸湿器玻璃罩筒无破裂应予更换； （2）吸潮硅胶未变色； （3）油杯清洁干净且油位充足	4	（1）未检查玻璃罩筒扣1分； （2）未检查吸潮硅胶扣1分； （3）未清洁油杯扣1分； （4）未补油扣1分			
		一次侧引线应连接紧固	2	未检查一次引线连接扣2分			
		检查外表漆面无漆膜脱落或锈蚀	2	（1）未检查外表漆面扣2分； （2）未按要求对外罩补漆扣1分			

续表

序号	项目名称	质 量 要 求	满分	扣 分 标 准	扣分原因	扣分	得分
6	绝缘子	（1）绝缘子外表无污物； （2）釉面无刮伤	2	（1）未清除绝缘子外表积污扣1分； （2）未检查釉面扣1分			
		（1）用环氧树脂修补裙边小破损，或用强力胶（如502胶）粘接修复碰掉的小瓷块； （2）绝缘子径向不得有穿透性裂纹； （3）外表破损面不得超过单个伞裙10%； （4）同一方向破损的，外表破损总面积超过单伞10%的伞裙应少于两个	5	（1）未处理绝缘子扣5分； （2）未正确处理裙边小破损扣3分			
		清扫绝缘子后涂覆防污闪涂料或加装硅橡胶增爬裙	2	未正确采取防污闪措施扣2分			
		检查防污涂层憎水性应无失效	2	（1）未检查防污涂层憎水性扣2分； （2）发现涂层失效未擦净重涂扣1分			
7	油箱、底座	铭牌、标志牌完备齐全	1	未检查铭牌、标志牌扣1分			
		外表清洁，无积污，无锈蚀	2	未清洁油箱、底座外表扣2分			
		二次侧接线板及端子密封完好，无渗漏，清洁无氧化，无放电烧伤痕迹	2	未检查二次接线板扣2分			
		小绝缘子清洁，无积污，无破损渗漏，无放电烧伤痕迹	1	未检查末屏小绝缘子扣1分			
		压力释放装置膜片完好，密封可靠	2	未检查压力释放装置扣2分			
		放油阀密封良好，无渗漏	2	未检查放油阀扣2分			
		漆膜完好	2	未按要求补漆扣2分			
8	绝缘电阻测量	用2500V绝缘电阻表>1000MΩ	5	（1）未按正确方法测试扣3分； （2）未正确分析测试结果扣1分； （3）未正确记录测试结果扣1分			
9	文明施工	工完料尽场地清	2	未清理场地扣2分			
10	施工安全	不发生习惯性违章或危险动作，不在检修中损坏元器件	10	出现一次扣2分			
11	合计		100				

二、学生自评与互评

学生根据评价表评价细则对自己小组和其他小组进行评价，并填写表3-32所示记录表。

表3-32　　　　　　　　　　学生评价记录表

项　目	评价对象	主 要 问 题 记 录	整 改 建 议	评价人
检修资料	第1组			
	第2组			
	第3组			
	第4组			

续表

项　目	评价对象	主 要 问 题 记 录	整 改 建 议	评价人
检修方案	第1组			
	第2组			
	第3组			
	第4组			
检修过程	第1组			
	第2组			
	第3组			
	第4组			
职业素养	第1组			
	第2组			
	第3组			
	第4组			

三、教师评价

教师团队根据评价表评价细则对学生小组进行评价，并填写记录表，见表3-33。

表 3-33　　　　　　　　　　　　教 师 评 价 记 录 表

项　目	发 现 问 题	检修小组	责任人	整 改 要 求
检修资料				
检修方案		第1组		
检修过程				
职业素养				
检修资料				
检修方案		第2组		
检修过程				
职业素养				
检修资料				
检修方案		第3组		
检修过程				
职业素养				
检修资料				
检修方案		第4组		
检修过程				
职业素养				

学习情境四　高压断路器检修

任务描述

　　按照标准化作业流程的要求，通过实施对 SN10-10（或 SW6-110）型高压少油断路器及操作机构进行的检查、分解、检修、组装和调整的工作任务，熟悉高压断路器的基本结构，理解其工作原理；学会专用检修工具的使用方法，掌握高压开关电器的拆卸、组装、调整要领。

学习目标

　　（1）掌握断路器的作用、结构及类型；
　　（2）掌握操动断路器机构的类型及特点；
　　（3）掌握操动机构的结构、工作原理；
　　（4）掌握断路器及操动机构的常见故障及处理方法；
　　（5）具备起重、搬运的基本技能；
　　（6）掌握断路器检修的工艺流程、要求和质量标准；
　　（7）训练标准化作业实施行动力。

学习内容

　　（1）高压断路器的作用和功能；
　　（2）高压断路器的基本结构和技术参数；
　　（3）高压断路器型号和基本类型；
　　（4）高压断路器操动系统的作用、种类及特点；
　　（5）高压断路器传动系统的作用和组成；
　　（6）高压断路器的检查和维护；
　　（7）高压断路器的检修。

4.1　资讯

一、高压断路器概述

1. 高压开关电器的概念

　　在高压电力系统中，用于接通或开断电路的电器称为高压开关电器。其作用主要表现在以下几方面。
　　（1）在正常工作情况下可靠地接通或开断具有电流的电路。
　　（2）在改变运行方式时灵活地进行切换操作。
　　（3）在系统发生故障时迅速地切除故障部分以保证非故障部分的正常运行。
　　（4）在设备检修时可靠地隔离带电部分以保证工作人员的安全。

根据开关电器的安装地点可分为户内式和户外式两类。通常 35kV 及以下电压等级的开关电器采用户内式，110kV 及以上电压等级的开关电器主要采用户外式。

根据开关电器在开断和关合电路中所承担的任务的不同分为断路器、隔离开关、负荷开关、自动重合器、自动分段器等。

2. 高压断路器的作用及功能

额定电压为 3kV 及以上，能够关合、承载和开断运行状态的正常电流，并能在规定时间内关合、承载和开断规定的异常电流（如短路电流、过负荷电流）的开关电器称为高压断路器。它是电力系统中最重要的控制和保护设备，具有两方面的作用。一是控制作用，即根据电网运行要求，将一部分电气设备及线路投入或退出运行状态、转为备用或检修状态；二是保护作用，即在电气设备或线路发生故障时，通过继电保护装置及自动装置使断路器动作，将故障部分从电网中迅速切除，防止事故扩大，保证电网的无故障部分得以正常运行。

高压断路器的工作特点是：瞬时地从导电状态变为绝缘状态，或者瞬时地从绝缘状态变为导电状态。因此要求断路器具有以下功能。

（1）导电。在正常的闭合状态时应为良好的导体，不仅对正常的电流，而且对规定的短路电流也应能承受其发热和电动力的作用，保持可靠的接通状态。

（2）绝缘。相与相之间、相对地之间及断口之间具有良好的绝缘性能，能长期耐受最高工作电压，短时耐受大气过电压及操作过电压。

（3）开断。在闭合状态的任何时刻，应能在不发生危险过电压的条件下，在尽可能短的时间内安全地开断规定的短路电流。

（4）关合。在开断状态的任何时刻，应能在断路器触头不发生熔焊的条件下，在短时间内安全地闭合规定的短路电流。

3. 高压断路器的基本结构

为实现上述功能，高压断路器应具有的基本结构如图 4-1 所示。

（1）通断元件，执行接通或断开电路的任务。其核心部分是触头，而是否具有灭弧装置或灭弧能力的大小则决定了开关的开断能力。

（2）操动机构，向通断元件提供分、合闸操作的能量，实现各种规定的顺序操作，并维持开关的合闸状态。

（3）传动机构，把操动机构提供的操作能量及发出的操作命令传递给通断元件。

（4）绝缘支撑元件，支持固定通断元件，并实现与各结构部分之间的绝缘作用。

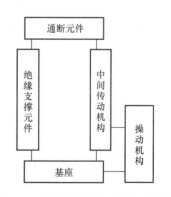

图 4-1　高压断路器原理结构示意图

（5）基座，用于支撑、固定和安装开关电器的各结构部分，使之成为一个整体。

4. 高压断路器的技术参数

（1）额定电压（kV），是保证断路器长时间正常运行能承受的工作电压（线电压）。额定电压不仅决定了断路器的绝缘水平，而且在相当程度上决定了断路器的总体尺寸和灭弧条件。我国采用的额定电压等级有 3、6、10、35、60、110、220、330、500、750、1000kV 等。

（2）最高工作电压（kV），考虑到线路始端与末端运行电压的不同及电力系统的调压要求，断路器可能在高于额定电压下长期工作。因此，规定了断路器的最高工作电压，通常规定：220kV 及以下设备，其最高工作电压为额定电压的 1.15 倍；对于 330kV 及以上的设备规定为额定电压的 1.1 倍。我国采用的最高电压有 3.6、7.2、12、40.5、72.5、126、252、363、550、800、1200kV 等。

（3）额定电流（A），是断路器在规定的基准环境温度下允许长期通过的最大工作电流有效值。断路器长期通过额定电流时，其载流部分和绝缘部分的温度不会超过其长期最高允许温度。额定电流决定了断路器导体、触头等载流部分的尺寸和结构。

我国采用的额定电流有 200、400、630、1000、1250、1600、2000、2500、3150、4000、5000、6300、8000、10000、12500、16000、20000A 等。

（4）额定短路开断电流（kA），是在额定电压下，断路器能可靠开断的最大短路电流有效值。它表明断路器开断电路的能力。当电压不等于额定电压时，断路器能可靠开断的最大电流，称为该电压下的开断电流。在电压低于额定电压时，开断电流可以比额定开断电流大，并称其最大值为极限开断电流。

我国规定的高压断路器的额定开断电流为 1.6、3.15、6.3、8、10、12.5、16、20、25、31.5、40、50、63、80、100kA 等。

（5）额定关合电流（kA），在额定电压下断路器能可靠闭合的最大短路电流峰值。它反映断路器关合短路故障的能力，主要决定于断路器灭弧装置的性能、触头构造及操动机构的型式。

（6）额定热稳定电流（kA），即额定短时耐受电流，指断路器在规定时间（通常为 4s）内允许通过的最大短路电流有效值。它表明断路器承受短路电流热效应的能力。其值等于额定短路开断电流。

（7）额定动稳定电流（kA），即额定峰值耐受电流，是断路器在闭合状态下，允许通过的最大短路电流峰值，又称极限通过电流。它表明断路器在冲击短路电流的作用下，承受电动力效应的能力，它决定于导体和绝缘等部件的机械强度。其值等于额定关合电流，并且等于额定短时耐受电流的 2.55 倍。

（8）合闸时间（s），断路器从接到合闸命令（合闸回路通电）起到断路器触头刚接触时所经过的时间间隔。

（9）分闸时间（s），是反映断路器开断过程快慢的参数，包括：

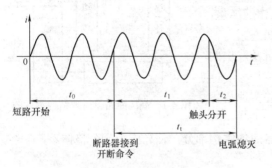

图 4-2　断路器开断电路时的各个时间

t_0—继电保护动作时间；t_1—固有分闸时间；
t_2—燃弧时间；t_t—全分闸时间

1）固有分闸时间 t_1 是指断路器接到分闸命令起到灭弧触头刚分离时所经过的时间；

2）灭弧时间 t_2 是指触头分离到各相电弧完全熄灭所经过的时间；

3）全分闸时间 t_t 是指断路器从接到分闸命令（分闸回路通电）起到断路器触头开断至三相电弧完全熄灭时所经过的时间间隔。它等于断路器固有分闸时间与灭弧时间之和。

三者的关系如图 4-2 所示。一般为 0.06～0.12s。分闸时间小于 0.06s 的断路器，称为快速断路器。

（10）额定操作顺序，是指根据实际运行需要制定的对断路器的断流能力进行考核的一组标准的规定操作。操作顺序分为两类。

1）无自动重合闸断路器的额定操作顺序，一种是发生永久性故障断路器跳闸后两次强送电的情况，即"分－180s－合分－180s－合分"；另一种是断路器合闸在永久故障线路上跳闸后强送电一次，即"合分－15s－合分"。

2）能进行自动重合闸断路器的额定操作顺序为"分－0.3s－合分－180s－合分"。

5. 高压断路器的型号含义

国产高压断路器的型号主要由七个单元组成，各单元含义如下：

$$\boxed{1}\ \boxed{2}\ \boxed{3}-\boxed{4}\ \boxed{5}/\boxed{6}-\boxed{7}$$

$\boxed{1}$：产品名称：S—少油断路器，D—多油断路器，L—六氟化硫（SF_6）断路器，Z—真空断路器，K—压缩空气断路器，Q—自产气断路器，C—磁吹断路器；

$\boxed{2}$：安装地点：N—户内型，W—户外型；

$\boxed{3}$：设计序号；

$\boxed{4}$：额定电压（或最高工作电压）（kV）；

$\boxed{5}$：补充特性：C—手车式，G—改进型，W—防污型，Q—防震型；

$\boxed{6}$：额定电流（A）；

$\boxed{7}$：额定开断电流（kA）。

例如：ZN28-12/1250-25，表示户内式真空断路器，设计序号为28，最高工作电压为12kV，额定电流为1250A，额定开断电流为25kA。

二、高压断路器的种类

高压断路器有许多种类，其结构和动作原理各不相同。按灭弧介质和灭弧原理的不同进行分类，高压断路器主要有以下几种。

（一）油断路器

油断路器是指采用绝缘油作为灭弧介质的断路器。随着新技术的发展，运行中的油断路器已经大量被淘汰。但油断路器作为最早出现的断路器，其运行历史最悠久，使用经验丰富，对于高压断路器的相关专业知识的认识和操作技能的掌握仍具有一定的意义，所以对油断路器应予以足够的重视。

1. 油断路器的种类及特点

按照绝缘结构的不同，可分为多油断路器和少油断路器两种。

多油断路器的触头和灭弧系统放置在由钢板焊接成的装有大量绝缘油的油箱中，其绝缘油既是灭弧介质，又是主要的绝缘介质，承受不同相的导体之间及导体与地之间的绝缘。

多油断路器通常每相采用两个断口，可靠性较高；油箱内可以安装套管式电流互感器，配套性好；结构简单，运行维护易于掌握；对气候适应性较强，而且价格低廉。其缺点是用油量多，消耗金属材料多，体积庞大，维修工作量大。相对而言，其分、合闸速度低，动作时间长，开断电流小。多油断路器一般用于偏远的、经济落后的地点。

少油断路器的触头和灭弧系统放置在装有少量绝缘油的绝缘筒中，其绝缘油主要作为灭弧介质，只承受触头断开时断口之间的绝缘，不作为主要的绝缘介质。少油断路器中不同相的导电部分之间及导体与地之间是利用空气、陶瓷和有机绝缘材料来实现绝缘。

少油断路器比多油断路器用油量少，体积小，质量轻，运输、安装、维修方便，且结构简单，产品系列化强；其主要技术参数比多油断路器好，动作快，可靠性高，价格优势很明显，适用于要求不高的场合。

由于使用油，油断路器存在易燃易爆和引起火灾的危险，且电气寿命短。

2. 油断路器的灭弧原理

无论是多油断路器还是少油断路器，其绝缘油用作灭弧介质的基本原理都是相似的。在油中开断电流时，动、静触头分离的瞬间在触头之间将产生电弧。绝缘油在电弧的高温作用下，被迅速蒸发成油蒸气，并被分解成其他气体。产生的气体由于受到周围油的惯性的限制，在电弧周围形成混合气泡。混合气泡中油蒸气约占 40%，其他分解气体约占 60%，分解气体中，约有 70%～80% 是具有强烈冷却作用和扩散作用的氢气。形成的气体被密封在灭弧室内，使灭弧室内压力不断增高，从而使电弧中游离质点的浓度增加，增强了复合、加强了去游离作用。另一方面，气泡中弧柱的温度较高，气泡外层的温度较低，因此气泡内由于温度和压力差而产生剧烈的扰动，加强了对弧柱的冷却作用。电弧处在高压力并有强烈冷却作用的封闭气泡之中，随着触头间距的增大，电弧被拉长，在电弧电流过零时，断口间的介质强度很快恢复，使电弧熄灭。

可见，油断路器是利用电弧本身的能量来熄灭电弧，即利用本体的油在高温下分解汽化，在特制的灭弧室内形成很大的压力去吹弧，达到灭弧的目的。所以油断路器是一种自能式断路器。

为提高介质强度的恢复速度，缩短燃弧时间，可采用各种类型的灭弧装置，如油气混合物的吹喷方向与电弧燃烧方向垂直的横吹灭弧室，吹喷方向与电弧燃烧方向一致的纵吹灭弧室，以及两者结合的纵横吹灭弧室等。

（二）真空断路器

真空断路器是以真空作为灭弧和绝缘介质，在真空容器中进行电流开断与关合的断路器。自 20 世纪 60 年代初真空断路器问世以来，随着各项关键工艺的改进和新型灭弧室与操动机构的研制，真空断路器的各项技术参数不断提高，以其卓越的性能和突出的优点得到迅速的发展。真空断路器已成为 35kV 等级以下中压领域中应用最广泛的断路器。

1. 真空断路器的工作原理

所谓真空是相对而言的，是指绝对压力低于正常大气压的气体稀薄的空间。真空的程度即真空度，用气体的绝对压力值来表示，绝对压力值越低表示真空度越高。真空间隙气体稀薄，气体分子的自由行程大，发生碰撞游离的机会少，击穿电压高，所以高真空度间隙的绝缘强度比灭弧介质的绝缘强度高得多。要满足真空灭弧室的绝缘强度要求，真空度一般要求在 $1.33\times10^{-3}\sim1.33\times10^{-7}Pa$ 之间。

由于真空中的气体十分稀薄，这些气体的游离不可能维持电弧的燃烧，所以真空间隙被击穿而产生电弧不是气体的碰撞游离的结果。实际上，真空间隙击穿产生的电弧，是在触头电极蒸发出来的金属蒸气中形成的。在开断电流时，随着触头的分离，触头接触面积迅速减少，最后只留下一个或几个微小的接触点，其电流密度非常大，温度急剧升高，使接触点的金属熔化并蒸发出大量的金属蒸气。由于金属蒸气温度很高，同时又存在很强的电场，导致强电场发射和金属蒸气的电离，从而发展成真空电弧。真空电弧的特性，主要取决于触头的材料及其表面状况，还与剩余气体的种类、间隙距离和电场的均匀程度有关。

真空断路器是利用在真空电弧中生成的带电粒子和金属蒸气具有很高扩散速度的特性，在电弧电流过零，电弧暂时熄灭时，使触头间隙的介质强度能很快恢复而实现灭弧的。真空断路器触头间隙高绝缘强度的恢复，取决于带电粒子的扩散速度、开断电流的大小以及触头的面积、形状和材料等因素。在燃弧区域施加横向磁场和纵向磁场，驱动电弧高速扩散运动，可以提高介质强度的恢复速度，还能减轻触头的烧损程度，提高使用寿命。

2. 真空断路器的基本结构

真空断路器主要由真空灭弧室、支架和操动机构三部分组成。真空灭弧室是真空断路器的核心元件，具有开断、导电和绝缘的功能，主要由绝缘外壳、动静触头、屏蔽罩和波纹管组成，其结构如图 4-3 所示。真空灭弧室的性能主要取决于触头材料和结构，还与屏蔽罩的结构、灭弧室的材质以及制造工艺有关。

（1）绝缘外壳。真空灭弧室的绝缘外壳既是真空容器，又是动静触头间的绝缘体。其作用是支持动静触头和屏蔽罩等金属部件，与这些部件气密地焊接在一起，以确保灭弧室内的高真空度。一般要求在 20 年内，真空度不得低于规定值，所以需要严格密封。绝缘外壳常用硬质玻璃、氧化铝陶瓷或微晶玻璃制造。

（2）触头。真空断路器的触头，既是关合时的通流元件，又是开断时的灭弧元件。触头的材料和结构直接影响到灭弧室的开断容量、电气寿命、耐压强度、关合能力、截流过电压及长期导通电流能力等。

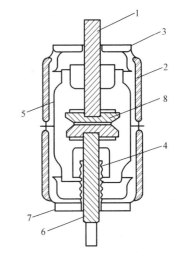

图 4-3　真空灭弧室结构图

1—静导电杆；2—绝缘外壳；3—触头；
4—波纹管；5—屏蔽罩；6—动导电杆；
7—动端盖板；8—静端盖板

真空断路器的触头材料除了要求具有导电、导热和较强的机械性能外，还应满足抗熔焊性能好、耐弧性能好、截断电流小、含气量低等要求。实际上，对触头材料的上述要求，彼此之间是有矛盾的，采用合金材料可以解决这些矛盾。国际上采用的触头材料主要有两大体系，即铜铋合金和铜铬合金。铜铬合金是目前使用最为广泛且综合性能优异的触头材料。预计正在开发的铜钽合金触头将比铜铬合金触头性能更好。

真空断路器的开断能力，在很大程度上取决于触头的结构。真空断路器触头的一般采用对接式，其发展经历了三种典型结构型式，即平板触头、横向磁场触头和纵向磁场触头，如图 4-4 所示。这些触头的共同特点是利用磁场力使真空电弧很快地运动，防止在触头上产生需要长时间冷却的受热区域。平板触头只能用于开断 8kA 以下电流，现在已经被淘汰。使用较多的是横向磁场触头和纵向磁场触头。

利用电流流过触头本身时所产生的横向磁场驱使电弧在触头表面运动的触头称为横向磁场触头，主要类型有螺旋触头和杯状触头，如图 4-4（b）、（c）所示。螺旋触头用于开断小于 40kA 的电流，近年来趋于淘汰；杯状触头可以开断 40kA 以上的电流。

利用在磁场间隙中呈现的纵向磁场来提高开断能力的触头称为纵向磁场触头。纵向磁场能约束带电质点，降低电弧电压，使电弧能量可均匀地输入触头的整个端面，不会造成触头表面局部的熔化，适合开断大电流的需要，其开断电流可以达到 70kA，在实验室已高达 200kA。纵向磁场触头分为线圈型触头和杯状触头，触头结构如图 4-4（d）、（e）所示。研究证实，杯状纵向磁场触头开断能力大，触头磨损小，电气寿命长，结构简单，体积小，有利于真空断路器向大容量和小型化方向发展。

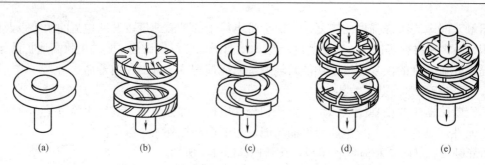

图 4-4　各种触头结构形状

（a）平板触头；（b）杯状触头（横磁场）；（c）螺旋触头（横磁场）；（d）纵磁场触头；（e）纵磁场触头

（3）屏蔽罩。真空灭弧室内常用的屏蔽罩有主屏蔽罩、波纹管屏蔽罩和均压屏蔽罩。屏蔽罩可采用铜或钢制成，要求具有较高的热导率和优良的凝结能力。

主屏蔽罩装设在触头的周围，一般固定在绝缘外壳内的中部，其主要作用如下：

1）防止燃弧过程中触头间产生的大量金属蒸气和金属颗粒喷溅到绝缘外壳的内壁，导致外壳的绝缘强度降低或闪络。

2）改善灭弧室内部电场的均匀分布，降低局部电场强度，提高绝缘性能，有利于促进真空灭弧室小型化。

3）吸收部分电弧能量，冷却和凝结电弧生成物，有利于提高电弧熄灭后间隙介质强度的恢复速度，这对于增大灭弧室的开断能力起到很大作用。

波纹管屏蔽罩包在波纹管的周围，防止金属蒸气溅落在波纹管上，影响波纹管的工作和降低其使用寿命。

均压屏蔽罩装设在触头附近，用于改善触头间的电场分布。

（4）波纹管。波纹管能保证动触头在一定行程范围内运动时，不破坏灭弧室的密封状态。波纹管通常采用不锈钢制成，有液压成形和膜片焊接两种。真空断路器触头每分合一次，波纹管便产生一次机械变形，长期频繁和剧烈的变形容易使波纹管因材料疲劳而损坏，导致灭弧室漏气而无法使用。波纹管是真空灭弧室中最易损坏的部件，其金属的疲劳寿命，决定了真空灭弧室的机械寿命。

3．真空断路器的特点

真空断路器具有以下优点。

（1）真空介质的绝缘强度高，灭弧室内触头间隙小（10kV 的触头间隙一般在 10mm 左右），因而灭弧室的体积小。由于分合时触头行程很短，故分、合闸动作快，且对操动机构功率要求较小，机构的结构可以比较简单，使整机体积小、质量轻。

（2）灭弧过程在密封的真空容器中完成，电弧和炽热的金属蒸气不会向外界喷溅，且操作时噪声小，不会污染周围环境。

（3）开断能力强，开断电流大，熄弧时间短，电弧电压低，电弧能量小，触头损耗小，开断次数多，使用寿命长，一般可达 20 年。

（4）电弧开断后，介质强度恢复迅速快，动导电杆的惯性小，适合于频繁操作，具有多次重合闸功能。

（5）介质不会老化，也不需要更换。在使用年限内，触头部分不需要检修，维护工作量小，维护成本低，仅为少油断路器的 1/20 左右。

（6）使用安全。由于不使用油，而且开断过程不会产生很高的压力，无火灾和爆炸的危险，能适用于各种不同的场合，特别是危险场所。

（7）触头部分为完全密封结构，不受潮气、灰尘、有害气体的影响，工作可靠，通断性能稳定。

（8）灭弧室作为独立的元件，安装调试简单、方便。

真空断路器存在的缺点如下。

（1）开断感性负载或容性负载时，由于截流、振荡、重燃等原因，容易引起过电压。

（2）由于真空断路器的触头结构是采用对接式，操动机构使用了弹簧，容易产生合闸弹跳与分闸反弹。合闸弹跳不仅会产生较高的过电压影响电网的稳定运行，还会使触头烧损甚至熔焊，特别在投入电容器组产生涌流时及短路关合的情况下更加严重。分闸反弹会减小弧后触头间距，导致弧后的重击穿，后果十分严重。

（3）对密封工艺、制造工艺要求很高，价格较高。

4. 真空断路器限制过电压的措施

当真空电弧电流很小时，提供的金属蒸气不够充分和稳定，难以维持真空电弧的稳定燃烧，真空电弧通常不在电流自然过零时熄灭，而是在过零前的某一电流值突然熄灭。随着电弧的熄灭，电流也突然降至零，这一现象称为截流，该电流称作截断电流。截断电流与电弧电流、负载特性、触头材料及磁场方向等因素有关。在感性电路中，截流容易引起操作过电压，因此，应尽可能地减小截断电流，并采取限制过电压的措施。

在电容器组并联金属氧化物避雷器（MOA），可以限制工频过电压的幅值，但不能限制过电压的波头陡度。另外，并联电容器或 R−C 阻容吸收装置以降低高频过电压的陡度和幅值。利用 R−C 阻容吸收装置改变电路的工作状态，将振荡电路改为非振荡电路，从而抑制过电压。它可以降低截流过电压幅值的陡度，并对高频振荡进行阻尼，降低重燃的可能性。其中电容的作用是使切除后回路中的电磁能量有相当多的部分转变为电容的电场能量，并加长电流的突变时间，削弱高频电压的陡度；电阻则对高频振荡起阻尼作用，进一步抑制过电压。

（三）六氟化硫（SF_6）断路器

六氟化硫（SF_6）断路器是采用具有优良灭弧性能的 SF_6 气体作为灭弧介质的断路器。目前，六氟化硫断路器在使用电压等级、开断性能等方面都已赶上和超过其他类型的断路器，在 126kV 以上的高压电压等级中居主导地位。

1. 六氟化硫（SF_6）气体的特性

六氟化硫（SF_6）气体是由两位法国化学家于 1900 年合成的。大约从 20 世纪 60 年代起，SF_6 气体成功地用作高压开关设备的绝缘和灭弧介质。SF_6 气体所具有的优良的灭弧和绝缘性能，目前还没有一种介质能与之媲美。在高压、超高压及特高压领域，SF_6 气体几乎成为断路器唯一的绝缘和灭弧介质。

（1）SF_6 气体的物理特性。在标准条件下，SF_6 为无色、无味的气体。在通常情况下 SF_6 气体有液化的可能性，在 45℃ 以上才能保持气态，因此，SF_6 不能在过低的温度和过低的压力下使用。在高压电气设备中，SF_6 的工作压力为 0.2～0.7MPa，呈气态。在钢瓶中 SF_6 通常以液态形式存在，以便于运输和储存。SF_6 气体是最重的已知气体之一，它（分子量为 146）

大约比空气重 5 倍，有向低处积聚的倾向。SF_6 气体的热导率比空气好 2～5 倍。声音在 SF_6 气体中传播的速度比在空气中小得多，大约是空气中音速的 2/5。SF_6 气体在水和油中的溶解度很低。

（2）SF_6 气体的化学特性。SF_6 气体在常温（低于 500℃）下是一种化学性能非常稳定的惰性气体。它在空气中不燃烧，不助燃，与水、强碱、氨、盐酸、硫酸等不发生反应。在常温甚至较高温度下一般不会发生自分解反应，热稳定性极好。它在通常条件下对电气设备中常用的金属和绝缘材料是不起化学作用的，它不侵蚀与它接触的物质。

（3）SF_6 气体的电气特性。SF_6 气体具有优异的绝缘性能。SF_6 气体及其分解物具有极强的电负性，能在较高温度下吸附自由电子而构成负离子，由于负离子的运动速度慢，因而与正离子复合的概率大大增加，弧隙的介质强度恢复大为加快。

在均匀电场中，SF_6 气体的绝缘强度为空气的 2.5～3 倍。气体压力为 0.2MPa 时，SF_6 气体的绝缘强度与绝缘油相当。工作压力为 0.6MPa 的 SF_6 气体的绝缘强度高出 0.1MPa 的空气的绝缘强度的 10 倍。

SF_6 气体具有优异灭弧性能。SF_6 气体的灭弧能力为空气的 100 倍，开断能力大约为空气的 2～3 倍。这不仅是由于它具有优良的绝缘特性，还因为它具有独特的热特性和电特性。在 SF_6 气体的电弧中，弧芯部分电导率高，导热率低；弧柱外围部分导热率高，电导率低，几乎为零。因此，弧芯部分的温度高（约为 12000～14000K），电弧电流集中于弧芯部分，电弧电压低，电弧功率小，有利于电弧熄灭；而弧柱外围部分的温度却相对低（约为 3000K 以下），这有利于弧芯部分高温的散发，而在低温区的 SF_6 气体及其分解物具有电负性，有利于正负粒子的复合，电流过零后，弧隙间介质强度能很快恢复。由于电弧在 SF_6 气体内冷却时直至相当低的温度，它仍能导电，电流过零前的截流小，由此避免了较高的过电压。

（4）SF_6 气体的分解特性。SF_6 气体在断路器操作中和出现内部故障时，会产生不同量的分解物，高毒性的分解物，如 SF_4、S_2F_2、S_2F_{10}、SOF_2、HF 及 SO_2 会刺激皮肤、眼睛黏膜，如果大量吸入，还会引起头晕和肺水肿。SF_6 气体的分解主要有三种情况，即在电弧作用下的分解，在电晕、火花和局部放电下的分解，在高温下的催化分解。

纯 SF_6 气体无腐蚀，但其分解物遇水后会变成腐蚀性强的电解质，会对设备内部某些材料造成损害及运行故障。通常使用的材料，如铝、钢、铜、黄铜几乎不受侵蚀，但玻璃、瓷、绝缘纸及类似材料易受损害，而且与腐蚀物质的含量有关。其他绝缘材料所受影响不大。

采用合适的材料和采取合理的结构，可以排除潮气和防止腐蚀。在设备运行中可以采用吸附剂（如氧化铝、碱石灰、分子筛或它们的混合物）清除设备内的潮气和 SF_6 气体的分解物。

处理从设备中取出的分解物，若是酸性成分可用碱性化合物生成硫化钙或氟化钙来降低。大多数固态反应物不溶于水，或难溶解，但某些金属氟化物能同水反应生成氢氟酸。因此，必须用氢氧化钙（石灰）去处理固态分解物。

2. SF_6 断路器的基本结构

（1）SF_6 断路器的灭弧室。六氟化硫断路器的发展，经历了双压式、单压式、自能式及二次技术智能化等几个阶段。双压式已被淘汰；单压式（又称为压气式）目前已用到 550kV 及 1100kV 级；自能式方兴未艾，现已做到 110～245kV 级，正向 420kV 努力；二次智能化集电子技术、传感技术、计算机技术等技术于一体，可实现开关智能控制和保护，变定期维护为状态维护。

1）压气式 SF_6 断路器的灭弧室。压气式 SF_6 断路器灭弧室的可动部分带有压气装置，利用在开断过程中活塞和气缸的相对运动，压缩 SF_6 气体形成气体吹弧而熄灭电弧。压气式 SF_6 断路器结构简单，断路器内的 SF_6 气体只有一种压力，工作压力一般为 0.6MPa。在 252kV 以上电压等级，主要是采用压气式 SF_6 断路器。压气式 SF_6 断路器按灭弧室结构可分为变开距和定开距。

① 变开距灭弧室。在灭弧过程中，触头的开距是变化的，故称为变开距灭弧室。变开距灭弧室按吹弧方式分为单向纵吹和双向纵吹，单吹式适用于中小容量断路器，高压大容量断路器采用双向纵吹居多。

变开距灭弧室结构如图 4-5 所示。触头系统由工作触头、弧触头和中间触头组成，工作触头和中间触头放在外侧，可改善散热条件，提高断路器的热稳定性；主喷口用聚四氟乙烯或以聚四氟乙烯为主的填料制成的复合材料等绝缘材料制成，这类材料具有耐电弧、机械强度高、易加工、耐高温、直接受电弧短时作用不易炭化、烧损均匀、烧蚀量少、不受 SF_6 分解物侵蚀等特点。

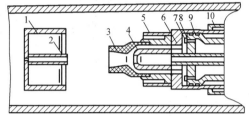

图 4-5　变开距灭弧室结构图

1—主静触头；2—弧静触头；3—喷嘴；4—弧动触头；
5—主动触头；6—压气缸；7—逆止阀；8—压气室；
9—固定活塞；10—中间触头

为了使分闸过程中压气室的气体集中向喷嘴吹弧，而在合闸过程中不致在压气室形成真空，故设置了逆止阀 7。在分闸时，逆止阀 7 堵住小孔，让 SF_6 气体集中向喷嘴 3 吹弧。合闸时，逆止阀 7 打开，使压气室与固定活塞 9 的内腔相通，SF_6 气体从活塞小孔充入压气室 8，为下一次分闸做好准备。

变开距灭弧室内的气吹时间较充裕，气体利用率高。喷嘴与动弧触头分开，根据气流场设计的喷嘴形状，有助于提高气吹效果。可按绝缘要求来设计开距，断口间隙可达 150～160mm，因此，断口电压可做得较高，便于提高灭弧室的工作电压。由于开距大，电弧长，电弧电压高，电弧能量大，对提高开断电流不利。绝缘喷嘴易被电弧烧伤，会影响弧隙的介质强度。

② 定开距灭弧室。图 4-6 所示为定开距灭弧室结构图。断路器的触头由两个带嘴的空心静触头 3、5 和动触头 2 组成。在关合时，动触头 2 跨接于静触头 3、5 之间，构成电流通路；开断时，断路器的弧隙由两个静触头保持固定的开距，故称为定开距结构。

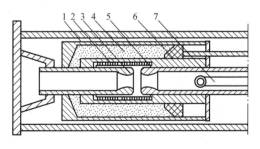

图 4-6　定开距灭弧室结构图

1—压气罩；2—动触头；3、5—静触头；
4—压气室；6—固定活塞；7—拉杆

由绝缘材料制成的固定活塞 6 和与动触头 2 连成一体的压气罩 1 之间围成压气室 4。通常采用对称双向吹弧方式。

这种结构的喷口采用耐电弧性能好的金属或石墨等导电材料制成。石墨能耐高温，在电弧作用下直接由固态变成气态，逸出功大，表面烧损轻。定开距灭弧室断口电场均匀，灭弧开距小，触头从分离位置到熄弧位置的行程很短，126kV

的断路器只有 30mm，电弧能量较小，熄弧能力强，燃弧时间短，可以开断很大的短路电流。但是压气室的体积较大。

2）自能式 SF_6 断路器的灭弧室。压气式 SF_6 断路器要利用操动机构带动气缸与活塞相对运动来压气熄弧，因而操作机构负担很重，要求操动机构的操作功率大。

利用电弧自身的能量来熄灭电弧的自能式 SF_6 断路器，可以减轻操动机构的负担，减少对操动机构操作功率的要求，从而可以提高断路器的可靠性。自能式 SF_6 断路器代表了 SF_6 断路器发展的主流。自能式 SF_6 断路器按灭弧原理可分为旋转式、热膨胀式和混合式。

① 旋弧式。旋弧式是利用设置在静触头附近的磁吹线圈在开断电流时自动地被电弧串接进回路，被开断电流流过线圈，在动、静触头之间产生磁场，电弧在磁场的驱动下高速旋转，电弧在旋转过程中不断地接触新鲜的 SF_6 气体，使电弧受到冷却而熄灭。按磁吹和电弧的运动方式不同可分为径向旋弧式和纵向旋弧式。

电磁驱动力随故障电流的减小而减小，所以旋弧式断路器灭弧能力受到较小的故障电流的限制。增加线圈匝数，就可以克服这一缺点，但线圈匝数的增加，受到机械强度的限制，因而在大的故障电流下，要承受大的电磁力。

旋弧式灭弧室结构简单，不需要大功率的操动机构，电弧高速旋转，触头烧损轻微，寿命长，在中压系统中使用比较普遍。

② 热膨胀式。热膨胀式是利用电弧本身的能量，加热灭弧室内的 SF_6 气体，建立高压力，形成压差，并通过喷口释放，产生强力气流吹弧，从而达到冷却和吹灭电弧的目的。

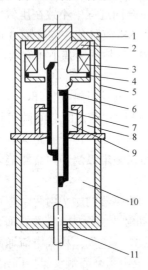

图 4-7　热膨胀式灭弧室结构图

1—灭弧室圆筒；2—静触头；3—旋弧线圈；4—触指；
5—环状电极；6—喷嘴；7—动触头；8—密闭间隔；
9—辅助吹气装置；10—排气间隔；11—对大气的
密封；中心线左边—断路器合闸；
中心线右边—断路器分闸

其灭弧室结构如图 4-7 所示，圆柱形的灭弧室被分成两个间隔，即密闭间隔 8 和比密闭间隔大得多的排气间隔 10。在这两个间隔中都充有 SF_6 气体。当断路器处于合闸位置时，动触头 7 通过触指 4 连接到静触头 2，如图 4-7 中心线左部所示。分闸时，电流通过旋弧线圈 3，如图 4-7 中心线右部所示。当动触头 7 运动一定距离后，在环状电极 5 和动触头 7 之间产生电弧。旋弧线圈 3 产生与触头的同轴磁场，燃弧环中的电弧垂直于旋弧线圈 3 的磁场，其间产生的电动力使电弧高速旋转，使电弧在 SF_6 气体中被拉长，旋转电弧不断接触新鲜的 SF_6 气体，释放热能，并将密闭间隔 8 中的气体加热，产生一个比排气间隔中较高的压力，当触头分开时，两个间隔经动触头 7 中的喷嘴 6 连通，此时，出现的气压差，被用来经过喷嘴形成纵向吹弧。在下一个电流过零点时，熄灭电弧。

③ 混合吹弧式。无论是采用旋弧式灭弧，还是热膨胀式灭弧都能大大减轻操动机构的负担，提高断路器的性能价格比，但是任何一种灭弧室都有它的不足之处，为此往往将几种灭弧原理同时应用在断路器的灭弧室中。压气式加上自能吹弧的混合式灭弧有助于提高灭弧效能，

不仅可以增大开断电流，而且可以明显减少操作功。混合吹弧式有多种方式，如旋弧＋热膨胀，压气＋热膨胀，压气＋旋弧，旋弧＋热膨胀＋助吹。

（2）SF_6断路器的附件。SF_6断路器的附件是指SF_6断路器及其操动机构配置的具有一定特殊功能的附属部件。如SF_6断路器上的压力表、压力继电器（也称压力开关）、安全阀、密度表、密度继电器、并联电容、并联电阻、净化装置、防爆装置等。它们虽然是附属部件，但是却起着非常重要的作用。

1）压力表和压力继电器。SF_6气体压力是断路器绝缘、载流、开断与关合能力的宏观标志，运行中必须始终保持在规定的范围内。为监视SF_6气体压力的变化情况，应装设压力表和压力继电器。

① 压力表。SF_6气体压力表起监视作用，按结构原理可分为弹簧管式、活塞式、数字式等。SF_6断路器一般采用弹簧管式压力表。

② 压力继电器。压力继电器主要配置在断路器的操动机构上，带有多对电触点，用于控制操动机构电动机的起动、停止和输出闭锁断路器分闸、合闸、重合闸的指令以及发出相应的信号等。当气体压力升高或降低时，压力继电器使相应的行程开关电触点动作，以实现利用压力来控制有关指令和信号的输出。压力继电器起控制和保护作用。

③ 安全阀。安全阀是用于电动机油泵或空气压缩机系统的一种安全保护装置。它是压力继电器的一种特殊形式。与压力继电器不同之处是安全阀带不带电触点，且动作方式不同。当油压或气压超过规定的最高压力值时，安全阀内部机构装置动作，泄压至规定的压力值时自动关闭。

2）密度表和密度继电器。气体密度表和密度继电器都是用来测量SF_6气体的专用表计，带指针及有刻度的称为密度表；不带指针及刻度的称为密度继电器。有的SF_6气体密度表也带有电触点，即兼作密度继电器使用。SF_6气体密度表起监视作用，密度继电器起控制和保护作用。

3）并联电容和并联电阻。并联电容（也称均压电容）和并联电阻（也称合闸电阻）都是与断路器灭弧断口相并联的、改善断路器分闸或合闸特性的重要附属元件。

为了降低断路器触头间弧隙的恢复电压速度，提高近区故障开断能力，在63kV及以上电压等级的单断口SF_6断路器上也装设了并联电容。

为了限制合闸或分闸以及重合闸过程中的过电压，改善断路器的使用性能，采用在断口间并联电阻的方式。并联电阻片一般是由碳质烧结而成，外形与避雷器阀片很相似，但其热容量要大得多。

并联电阻的安装方式一般为两种：一种是并联电阻片与辅助断口均置于同一绝缘子内，也可把并联电阻片布置在辅助断口的两侧，使电阻片在工作发热后更有利于热量扩散；另一种是合闸电阻片与辅助断口不在同一绝缘子内，而是各自成独立元件，串联后并联在灭弧室两端。

选择并联电阻值的大小对限制合闸过电压影响很大。目前我国500kV断路器上使用的并联电阻值一般为$400\sim450\Omega$。

4）净化装置。净化装置主要由过滤罐和吸附剂组成。吸附剂的作用是吸附SF_6气体中的水分和SF_6气体经电弧的高温作用后产生的某些分解物。

常用的吸附剂有以下几种。

① 活性炭：是以果壳、煤、木材等为原料，经过炭化、高温活化等制成的吸附剂。

② 分子筛：是一种人工合成的沸石，是具有四面骨架结构的铝硅酸盐。

③ 氧化铝：是一种由天然氧化铝或铝土矿经特殊处理而制成的多孔结构物质。

④ 硅胶：是一种坚硬多孔固体颗粒，以水玻璃为原料制成。

除了上述四种吸附剂外，还有漂白土、活性白土、吸附树脂、活性炭素纤维、炭分子筛、矾土、铝土、氧化镁、硫酸锶等数种吸附剂。目前，国内外 SF_6 开关设备上使用得最多的吸附剂主要是分子筛和氧化铝。

5）压力释放装置。压力释放装置可分为两类：以开启压力和闭合压力表示其特征的，称为压力释放阀，一般装设在罐式 SF_6 断路器上；一旦开启后不能够再闭合的，称为防爆膜，一般装设在支柱式 SF_6 断路器上。

当外壳和气源采用固定连接、且所采用的压力调节装置不能可靠地防止过压力时，应装设适当尺寸的压力释放阀，以防止万一压力调节措施失效时外壳内部的压力过高。

当外壳和气源不是采用固定连接时，应在充气管道上装设压力释放阀，也可以装设在外壳本体上。

防爆膜的作用主要是当 SF_6 断路器在性能极度下降的情况下开断短路电流时，或其他意外原因引起的 SF_6 气体压力过高时，防爆膜破裂将 SF_6 气体排向大气，防止断路器本体发生爆炸事故。防爆膜一般装设在灭弧室绝缘子顶部的法兰处。

3. SF_6 断路器的特点

六氟化硫断路器的优良性能得益于 SF_6 气体。由于 SF_6 气体优良的灭弧性能和绝缘性能，使 SF_6 断路器具有显著的特点，其优点表现在以下几方面。

（1）开断短路电流大。SF_6 气体的良好灭弧特性，使 SF_6 断路器触头间燃弧时间短，开断电流能力大，一般能达到 $40\sim50kA$ 以上，最高可以达到 $80kA$。并且对于近距离故障开断、失步开断、接地短路开断，也能充分发挥其性能。

（2）载流量大，寿命长。由于 SF_6 气体的分子量大，比热大，对触头和导体的冷却效果好，因此在允许的温升限度内，可通过的电流也比较大,额定电流可达 $12000A$。触头可以在较高的温度下运行而不损坏。在大电流电弧的情况下，触头的烧损非常小，电气寿命长。

（3）操作过电压低。SF_6 气体在低压下使用时，能够保证电流在过零附近切断，电流截断趋势减至最小，避免因截流而产生的操作过电压。SF_6 气体介质强度恢复速度特别快，因此开断近区故障的性能特别好，并且在开断电容电流时不产生重燃，通常不加并联电阻就能够可靠地切断各种故障而不产生过电压，降低了设备绝缘水平的要求。

（4）运行可靠性高。SF_6 断路器的导电和绝缘部件均被密封在金属容器内，不受大气条件的影响，也防止外部物体侵入设备内部，减少了设备事故的可能性。金属容器外部接地，防止意外接触带电部位，设备使用安全。SF_6 气体密封条件好，能够保持 SF_6 断路器内部干燥，不受外部潮气的影响，从而保证了长期较高的运行可靠性。

（5）安全性高。SF_6 气体是不可燃的惰性气体，SF_6 断路器没有爆炸和火灾的危险。SF_6 气体工作气压较低，在吹弧过程中，气体不排向大气，在密封系统中循环使用，而且噪声低、无污染、无公害，安全性较高。

（6）体积和占地面积小。SF_6 气体的良好绝缘特性，使 SF_6 断路器各元件之间的电气距离缩小,单断口的电压可以做得很高,与少油和空气断路器比较,在相同额定电压等级下,SF_6 断路器所用的串联单元数较少。断路器结构设计更为紧凑,体积减小。使用 SF_6 气体的高压开关设备,能大幅度地减小占地面积,空气绝缘与 SF_6 气体绝缘的开关设备的占地面积之比为 30:1。

(7)安装调试方便。通常制造厂以大组装件形式进行运输,到现场主要是单元吊装,安装、调试简单、方便,施工周期较短,220kV 的 SF_6 断路器只需 2~3h 就可装好。

(8)检修维护量小。SF_6 气体分子中不存在碳元素,SF_6 断路器内没有碳的沉淀物,其允许开断的次数多,无需进行定期的全面解体检修,检修周期长,日常维护工作量极小,年运行费用大为降低。

另外,SF_6 断路器也存在以下的缺点。

(1)制造工艺要求高、价格贵。SF_6 断路器的制造精度和工艺要求比油断路器要高得多,其制造成本高,价格昂贵,约为油断路器的 2~3 倍。

(2)气体管理技术要求高。SF_6 气体在环境温度较低、气压提高到某个程度时,难以在气态下使用。SF_6 分解有毒气体,即使较纯的 SF_6 气体也可能混有一些杂质,对人体无益,现场特别是室内要考虑窒息的危险。SF_6 气体处理和管理工艺复杂,要有一套完备的气体回收、分析测试设备,工艺要求高。

三、高压断路器的操动系统

高压断路器的操动系统包括操动机构、传动机构、提升机构、缓冲装置和二次控制回路等几个部分,如图 4-8 所示。

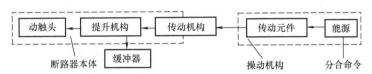

图 4-8 操动系统的组成框图

操动机构:将电能或人力能转变成电磁能、弹簧位能、重力位能、气体压缩能,并使能量转换成使机构动作的机械能。

传动机构:连接操动机构与提升机构的中间环节,起改变运动方向、增加行程并向断路器传递能量的作用。

提升机构:带动断路器动触头按一定轨迹运动的机构,它将传动机构的运动变为动触头的直线或近似直线运动,使断路器分、合闸,所以也叫变直机构。

缓冲装置:使动作过程即将结束时的动能有控制地释放出来并转化为其他形式的能量,以保证在制动过程中吸收危及设备正常运行的冲击力,有时也用于改变动作过程中的速度特性。

二次控制回路:发出分、合闸的操作命令。

主要部分的功能分述如下。

(一)操动机构

操动机构是指独立于断路器本体以外的对断路器进行操作的机械操动装置。操动机构既是断路器的重要组成部分,也是一个独立的装置,通常与断路器分体布置。

1. 操动机构的作用

操动机构的主要任务是将其他形式的能量转换成机械能，使断路器准确地进行分、合闸操作，要求具有以下功能。

（1）合闸操作。要求操动机构必须有足够的合闸力，满足所配断路器刚合速度要求（即动、静触头刚接触时的瞬时速度），在各种规定的使用条件下能可靠关合电路。不仅在正常情况下能可靠关合断路器，而且在关合有短路故障的线路时，操动机构也能克服短路电动力的阻碍使断路器可靠合闸。不会因为过大的电动力使断路器出现触头合不到底，或引起触头严重烧伤和熔焊，造成喷油、喷气、弧光短路、爆炸等事故。

（2）保持合闸。在合闸命令和合闸操作均消失后，操动机构应可靠地将断路器保持在合闸位置，不会由于电动力及机械振动等原因引起触头分离。

（3）分闸操作。要求操动机构不仅能根据需要接受自动或遥控指令使断路器快速电动分闸，而且在紧急情况下可在操动机构上进行手动分闸，并且分闸速度不因为手动而变慢。为了满足断路器灭弧性能的要求，应具有一定的分闸速度，分闸时间应尽可能缩短，并尽可能地省力。

（4）防跳跃和自由脱扣。断路器在关合有预伏短路故障的线路时，继电保护装置会快速动作，指令操动机构立即自动分闸，这时若合闸命令尚未解除，断路器会再次合闸于故障线路，如此反复，出现所谓"跳跃"现象。"跳跃"现象会造成断路器多次合分短路电流，使触头严重烧伤，甚至引起断路器爆炸事故，这是很危险的，必须防止，所以要求操动机构具备防跳跃功能。在关合过程中，如电路发生故障，操动机构应使断路器自行分闸，即使合闸命令未解除，断路器也不能再度合闸，以避免无谓地多次分、合故障电流。

防止跳跃可以采用机械或电气的方式达到，有时为了可靠，两种方法同时采用。机构中的自由脱扣就是机械防跳跃装置的一种。所谓自由脱扣，是指操动机构在合闸过程中接到分闸命令时，机构将不再执行合闸命令而立即分闸，这样就避免了跳跃。手动操动机构必须设自由脱扣装置，以确保操作人员的安全。

（5）复位。断路器分闸后，操动机构的各个部件应能自动恢复到准备合闸的位置。

（6）闭锁。为保证对断路器操作的安全可靠，操动机构还需具备必要的闭锁功能。例如：

1）分、合闸位置闭锁。达到断路器在分闸位置不能进行分闸操作，在合闸位置不能进行合闸操作的闭锁要求。

2）高、低气压（液压）闭锁。对于气动或液压操动机构还需装设气压（液压）超过上、下限时的信号、报警和闭锁回路，使断路器在气压（液压）超限时不能进行分、合的操作。

3）弹簧操动机构中合闸弹簧的位置闭锁。保证在合闸弹簧储能不到位时断路器不能合闸。

2. 操动机构的种类及特点

高压断路器的操动机构种类很多，结构差异很大，但基本上都是由操作能源系统、分闸与合闸控制系统、传动系统及辅助装置等四个部分构成。

按操作能源性质的不同，操动机构可分为以下几类。

（1）手动操动机构。手动操动机构是指直接用人力关合断路器的机构，其分闸则有手动和电动两种。这种机构结构简单，不需要专门的操作能源；但关合速度受操作人的影响较大，降低了关合能力，不能遥控和自动合闸，不够安全，只能用于 12kV 及以下短路容量很小的地方，随着系统容量的不断增大，手动操动机构大都已经淘汰。

（2）电磁操动机构。电磁操动机构是靠直流螺管电磁铁产生的电磁力进行合闸，以储能弹簧分闸的机构。电磁操动机构结构较简单，运行安全可靠，制造成本较低，可实现遥控和自动重合闸，但合闸时间较长，合闸速度受电源电压变动的影响大，消耗功率大，需配备大功率直流电源。该类机构可配用于 110kV 及以下电压等级的断路器。由于电磁操动机构结构笨重，消耗功率大，合闸时间长，不经济等原因，有逐步被其他较先进机构取代的趋势，但短期内还不会被淘汰。

（3）弹簧操动机构。弹簧操动机构是以储能弹簧为动力对断路器进行分、合闸操作的机构。弹簧操动机构动作快，可快速自动重合闸，一般采用电机储能，耗费功率较小，可用交、直流电源，且失去储能电源后还能进行一次操作，但结构复杂，冲击力大，对部件强度及加工精度要求高，价格较贵。弹簧操动机构适用于 220kV 及以下电压等级的断路器。

（4）液压操动机构。液压操动机构是以气体储能，以高压油推动活塞进行分、合闸操作的机构。液压操动机构功率大、动作快、冲击力小、动作平稳，能快速自动重合闸，可采用交流或直流电动机，暂时失去电动机电源仍可操作，直至低压闭锁；但结构复杂，密封及加工工艺要求高，价格较贵。液压操动机构适用于 110kV 及以上电压等级的断路器，特别是超高压断路器。

（5）气动操动机构。气动操动机构是以压缩空气推动活塞进行分、合闸操作的机构，或者仅以压缩空气进行单一的分、合操作，而以储能弹簧进行对应的合、分操作的机构。气动操动机构功率大，动作快，可快速自动重合闸，空气压缩机一般采用交流电动机，暂时失去电动机电源仍可操作，直至气压闭锁，但结构复杂，密封及加工工艺要求高，操作噪声较大，需增加空气压缩设备。气动操动机构适用于 220kV 及以下电压等级的断路器，特别适宜于压缩空气断路器或有空压设备的地方。

手力和电磁操动机构属于直动机构，由做功元件、连板系统、维持和脱扣部件等几个主要部分组成。弹簧、气动和液压机构属储能机构，由储能元件、控制系统、执行元件几大部分组成。

3. 操动机构的型号

一种操动机构可配用多种不同型号的断路器，同样一种断路器也可选用不同的操动机构，由于操动机构与断路器之间的多配性，为方便起见，操动机构有自己独立的型号。

操动机构产品全型号组成形式如下：

$$\boxed{1}\ \boxed{2}\ \boxed{3}\ -\ \boxed{4}\ \boxed{5}$$

$\boxed{1}$：操动机构用汉语拼音首位字母 C 表示。

$\boxed{2}$：操动方式，S—手动，D—电磁，J—电动机，T—弹簧，Q—气动，Y—液压，Z—重锤。

$\boxed{3}$：设计系列顺序号（1，2，3…）。

$\boxed{4}$：其他标志，如 G—改进型，X—操动机构带箱子。

$\boxed{5}$：特征数字，一般电磁、液压、弹簧、手动等机构以其能保证的最大合闸力矩为特征数字；气动机构以其活塞直径（mm）为特征数字。

例如：CD2 为电磁式操动机构，设计序号为 2；CY3 为液压操动机构，设计序号为 3。

（二）传动系统

1. 传动系统的作用和组成

传动系统是操动机构的做功元件与动触头之间相互联系的纽带，高压断路器的操动机构和本体在分、合闸过程中通过传动系统传递能量和运动，按照设计的性能要求完成分、合闸的操作。高压断路器的传动系统主要由操动机构中的传动元件、断路器中的提升机构和它们之间的传动机构三部分组成。三者之间相互关系如图4-8所示。

操动机构中的传动元件由连杆机构或液压、气动传动机构等构成，通过传动机构与断路器的提升杆相连。

由于提升机构与操动机构总是相隔一定的距离，而且两者的运动方向也不一致，因此需要有传动机构，一般由连杆机构组成。

2. 传动系统的分类

传动系统形式很多，大致可分为以下几类。

（1）机械传动方式。常用的有杠杆、连杆机构、凸轮、齿轮等传动方式，其中以连杆机构使用最广泛。其优点是传动可靠，同步性好，加工简单，调整方便，维护容易；缺点是传递大功率时速度较低，冲击力大。

（2）压缩空气传动方式。一般使用在高压空气断路器及气动机构中，优点是反应较快，动作迅速；缺点是管道增长时动作时间随之增长，结构较复杂，加工及维护要求高。

（3）液压传动方式。多用于液压操动机构中，优点是动作平稳，传动力大，速度快，调整方便；缺点是结构复杂，加工难度大，传递速度受温度的影响。

（4）气压机械混合传动方式。多用于压缩空气断路器和少油断路器，这种传动方式是以杠杆代替部分管道和元件，优点是同步性好，传动快；缺点是结构复杂，维护要求较高。

（5）液压机械混合传动方式。多用于少油及 SF_6 断路器中，此种传动方式也是以杠杆代替部分管道和元件，优点是动作速度快，制造比液压机构简单；缺点是结构较复杂，冲击力大。

3. 连杆机构

连杆机构在高压断路器的传动系统中占有重要位置，各种传动机构大多都是由连杆机构组合而成。高压断路器及操动机构的连杆机构是比较复杂的，但是任何复杂的连杆都可以把它分解成几个四连杆机构，在有自由脱扣机构的操动机构中还会有一个五连杆机构。连杆机构的常用类型有以下几种。

（1）四连杆机构。四连杆机构由三根活动连杆和一根固定连杆共同组成，如图4-9所示，O1 与 O2 为固定轴销，A、B 为可动轴销，连杆 AB、AO1、BO2 为能往复摆动或转动可动的连杆，O1O2 可视为一根固定连杆。其中连杆 AO1、BO2 常称为拐臂，简称为臂，连杆 AB 简称为杆。若 AO1 为主动臂，BO2 则为从动臂，加在主动臂上的操作力产生的力矩 M 与主动臂的转动方向一致，而从动臂产生的力矩与从动臂转动的方向是相反的。用作图的与法可得到它们的运动轨迹和运动特性。改变四连杆机构各连杆的相对尺寸，可得到不同的机构型式。

（2）摇杆滑块机构。摇杆滑块机构是四连杆机构的一种变形，常用作变直机构。如图4-10所示，O 为固定轴销，它没有从动臂，但有导向装置。当臂 OA 绕 O 摇动时，轴销 B 和滑块在导轨中作直线滑动。

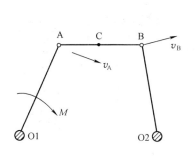

图 4-9　四连杆机构

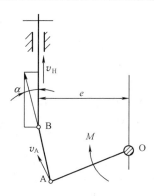

图 4-10　摇杆滑块机构

（3）准确椭圆机构。如图 4-11 所示，O 为固定轴，且 AB=AC=AO。其中 OAC 相当于一个摇杆滑块机构，C 点在导轨内作直线运动，BC 是连杆，B 端限制在直线导轨里滑动。当滑块 C 在导轨中运动时，推动 A 点绕 O 旋转，这时 B 点作经过轴 O 的直线运动，而 BC 杆上除了 A、B、C 三点的其他任意点均作椭圆运动，故称准确椭圆直线机构。如果将断路器的导电杆或绝缘提升杆连接在 C 点，那么动触头（B 点）分、合闸都作直线运动。

（4）近似椭圆机构。如图 4-12 所示，是由图 4-11 变化而来，即将图 4-11 所示导轨中的 C 点改在绕 O2 摆动的摇杆端点上，这时若摇杆 O2C 摆动不大，则 C 点轨迹为近似直线，B 点的轨迹也变为近似直线，而 BC 杆上除 A 点以外其他点的运动变为近似椭圆。

（5）五连杆机构。五连杆机构如图 4-13 所示，它有两个拐臂和两个连杆。其特点是主动臂与从动臂间没有确定的运动特点，即主动臂转过某一角度时，从动臂转过的角度可大可小，五连杆机构不能作传动机构，可在操作中用来实现自由脱扣。

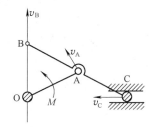

图 4-11　准确椭圆机构

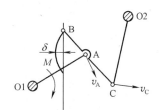

图 4-12　近似椭圆机构

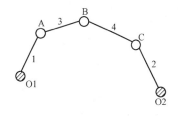

图 4-13　五连杆机构

（6）连杆式脱扣机构。常用脱扣机构有折杆式、锁钩式、滚轮锁扣式三种。

1）折杆式脱扣机构。如图 4-14 所示，折杆式脱扣机构由连杆 4、5、6 组成。当操动机构接到分闸信号后，分闸电磁铁通电，电磁力 F_2 推动 C 点向上运动脱离死区后，断路器在分闸弹簧作用下自动分闸。

2）锁钩式脱扣机构。图 4-15 所示为锁钩式脱扣机构原理图，断路器在合闸位置时，分闸力产生的力矩 M 作用在连杆 2 上，由于锁钩 1 的阻挡，连杆 2 不能被力矩 M 推动，因而可使断路器维持在合闸位置。断路器接到分闸信号后，分闸电磁铁通电，电磁力 F 推动销钩反时针方向运动，当销钩抬起一定距离后，连杆 2 在力矩 M 的作用下，使断路器分闸。

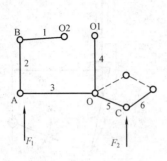

图 4-14　折杆式脱扣机构

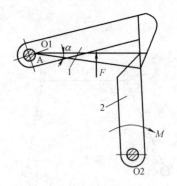

图 4-15　锁钩式脱扣机构

3）滚轮锁扣式脱扣机构。如图 4-16 所示为滚轮锁扣式脱扣机构原理图，断路器在合闸位置时，滚轮 1 被锁扣锁住，连杆 3 上虽然有分闸力矩 M 作用，但无法使连杆 3 转动，使断路器保持在合闸位置。当操动机构接到分闸信号后，分闸电磁铁通电，电磁力 F 推动锁扣 2 向顺时针方向转动。要使滚轮不被锁扣锁住，锁扣不仅要转过角 β，而且还要转过一个角度 α，使 A 点转出死区后，滚轮才能向顺时针方向转动，断路器分闸。

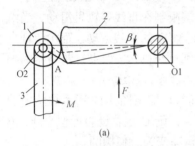

(a)

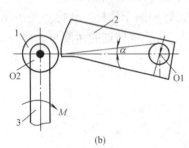

(b)

图 4-16　滚轮锁扣式脱扣机构

（a）合闸位置；（b）分闸位置

1—滚轮；2—锁扣；3—连杆

（三）缓冲装置

1. 缓冲装置的作用

断路器在操作过程中运动部件的速度很高，使得运动部件在运动即将结束时具有很大的动能，要使运动部件在较短的行程内停止下来，需要装置分、合闸缓冲器，使动作过程即将结束时的动能有控制地释放出来并转化为其他形式的能量，以保证在制动过程中吸收危及设备正常运行的冲击力，减少撞击，避免零部件变形损坏。缓冲器有时也可用于改变动作过程中的速度特性。缓冲器一般装设在提升机构旁。

2. 缓冲装置的类型

常用的缓冲装置有四类，即油缓冲器、弹簧缓冲器、气体缓冲器和橡皮缓冲器。

（1）油缓冲器。油缓冲器一般用作分闸缓冲器，其原理结构如图 4-17 所示，它由油缸、活塞、撞杆、返回弹簧、端盖等组成，活塞与油缸壁之间有很小的间隙。当高速运动的部件撞击到缓冲器活塞上的撞杆后，活塞与运动部件一同向下运动，由于活塞下的油只能通过很小的缝隙向上流到活塞上方，使油流受阻，对活塞底部产生压力，阻碍活塞向下运动，形成对运动部件的缓冲。

一般油缓冲器多用于吸收分闸终了时的动能，因为分闸行程终了时传动系统的摩擦力很小，采用其他缓冲器易产生反弹跳跃或缓冲特性难以满足要求。

（2）弹簧缓冲器。弹簧缓冲器利用运动部件撞击并压缩弹簧来吸收运动部件的动能而产生缓冲，其制动力与弹簧的压缩行程成正比。当需强力缓冲时必须增大弹力，在运动终了时，强力弹簧会使运动部件反弹，引起振动。弹簧缓冲器由弹簧、导杆、底座、撞杆组成，如图4-18所示。当运动部件与弹簧缓冲器相撞后，撞杆向上运动，弹簧被压缩，使运动部件的动能一部分变为弹簧的势能。

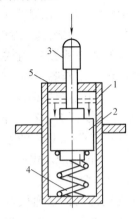

图 4-17　油缓冲器

1—油缸；2—活塞；3—撞杆；
4—返回弹簧；5—端盖

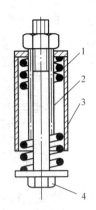

图 4-18　弹簧缓冲器

1—弹簧；2—导杆；
3—底座；4—撞杆

　　弹簧缓冲器结构简单，使用方便，特性不受温度影响；其缺点是有较大的反冲力。弹簧缓冲器多用作合闸缓冲器，因为合闸终了触头的摩擦阻力大，不易产生反弹振动，另外，被压缩的弹簧在分闸时释放能量还可以增加动触头的刚分速度。

　　（3）气体缓冲器。气体缓冲器的原理与油缓冲器类似，只不过是缓冲器活塞运动压缩气体介质产生缓冲而已，但气体缓冲器在缓冲过程中产生的反弹力较大。气体缓冲器多用于压缩空气断路器及 SF_6 断路器中。

　　（4）橡皮缓冲器。橡皮缓冲器在受到运动部件的撞击后，其动能消耗到压缩橡皮上，产生缓冲。橡皮缓冲器的优点是构造简单，反冲力不大；缺点是低温时橡皮弹性变坏，不耐油。一般用在缓冲能量不大的地方。

　　四、认识高压断路器

　　1. SN10-10 系列油断路器及 CD10 系列电磁操动机构

　　（1）SN10-10 系列户内少油断路器。

　　SN10-10 I、II、III型少油断路器基本结构相类似，均由框架、传动系统和箱体三部分组成，具体结构布置如图4-19（b）所示。

　　框架上装有分闸弹簧31、支持绝缘子30、分闸限位器28和合闸缓冲器25。传动系统包括主轴27和绝缘拉杆29。箱体中部装有灭弧室，采用纵横吹和机械油吹联合作用的灭弧装置，通常为三级横吹，一级纵吹。箱体的下部是球墨铸铁制成的基座装配22，基座内装有转轴、拐臂和连板组成的变直机构，变直机构连接导电杆。基座下部装有分闸油缓冲器23和放油螺栓24，分闸油缓冲器在分闸时起缓冲作用，吸收分闸终了时的剩余能量。

　　电流由上接线座5引入，经过静触座7、导电杆20和滚动触头19，从下接线座18引出。当断路器分、合闸时，操动机构通过主轴、绝缘拉杆和基座内的变直机构，使导电杆上下运动，实现断路器的分、合闸。

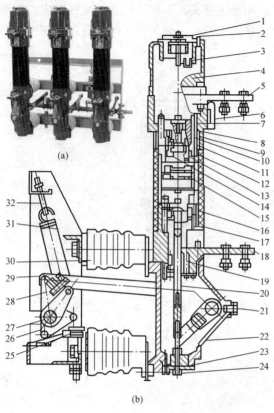

图 4-19 SN10-10I 型断路器实物和结构示意图

（a）实物图；（b）结构图

1—排气孔盖；2—注油螺栓；3—回油阀；4—上帽装配；
5—上接线座；6—油位指示计；7—静触座；8—逆止阀；
9—弹簧片；10—绝缘套筒；11—上压环；12—绝缘环；
13—触指；14—弧触指；15—灭弧室；16—下压环；
17—绝缘筒；18—下接线座；19—滚动触头；20—导电杆；
21—特殊螺栓；22—基座；23—油缓冲器；24—放油螺栓；
25—合闸缓冲器；26—轴承座；27—主轴；28—分闸限位器；
29—绝缘拉杆；30—支持绝缘子；31—分闸弹簧；32—框架

（2）CD10 系列操动机构。CD10 系列电磁操动机构是一种户内悬挂式的电磁操动机构，分为 I、II、III 型，分别用来操作 SN10-10 I、II、III 型少油断路器。该操动机构采用悬挂式结构，由自由脱扣机构、电磁系统和缓冲系统等组成。其实物图如图 4-20 所示，结构图如图 4-21 所示。

1）自由脱扣机构。其左右两侧分别装有 F4 型辅助开关，在右下端装有分闸电磁铁，中间装有接线端子板。

2）电磁系统。电磁系统在操动机构的中部，它由合闸线圈、合闸铁芯 1 和方形磁轭组成机构的铸铁弯板及方板为磁回路的一部分。为了防止铁芯吸合时吸附在磁轭上，特加一黄铜垫圈和压缩弹簧，以保证铁芯在合闸终了时迅速下落。线圈和铁芯间装一铜套筒，防止铁芯运动时磨损线圈。

3）缓冲系统。在机构的下部，是由帽状铸铁盖和分闸橡胶缓冲垫组成。盖上装有手力合闸手柄，检修时在手柄上套入 800mm 长的铁管即可进行手力缓慢合闸。橡胶缓冲垫用于铁芯合闸后下落时缓冲之用。

4）机构有一铁罩作封盖，罩的中部有一圆孔指示分合状态。

CD10 系列操动机构的分、合闸过程可用图 4-22 表示。

1）合闸动作，见图 4-22（a）～（d）。合闸前，连杆 2 和 3 处于"死点"位置，见

图 4-22（a），两杆基本上成一直线，接近 180°，在连杆 3 和 4 的作用下，使轴 5 固定不动，此时连杆 6、12、13 组成四连杆机构。合闸线圈通电时，铁芯向上运动，推动轴 10 上行，通过四连杆机构使主轴 16 转动 90°，带动机构外的传动杆，使断路器合闸。与此同时，断路器的分闸弹簧被拉伸、储能，见图 4-22（b）。当铁芯行至终点时，轴 10 与托架 7 出现 1.0～1.5mm 间隙，见图 4-22（c）。线圈断电后，铁芯落下，托架 7 复位，轴 10 被支承在支架的圆弧面上，见图 4-22（d），

图 4-20 CD10 系列操动机构实物图

完成了合闸过程。此时，因主轴 16 的转动，使辅助开关原先的动断触点打开，切断合闸线圈电路。

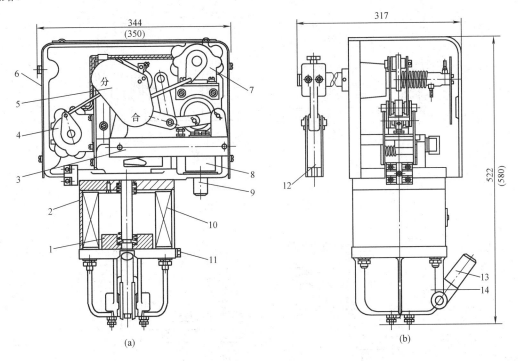

图 4-21　CD10 系列电磁操动机构的结构图

（a）前视图；（b）侧视图

1—合闸铁芯；2—磁轭；3—接线板；4—信号用辅助开关；5—分合指示牌；

6—罩壳；7—分合闸用辅助开关；8—分闸线圈；9—分闸铁芯；10—合闸线圈；

11—接地螺栓；12—拐臂；13—操作手柄；14—盖

（括号内数字为 CD10-Ⅲ型操动机构的尺寸）

2）分闸动作，见图 4-22（e）。当分闸线圈通电或手力撞击分闸铁芯 14 向上冲击时，把连杆 2、3 撞离"死点"（此时角度大于 180°），在断路器分闸弹簧力的作用下，通过连杆 6 和 12，使轴 10 右移，离开托架 7 而落下，主轴 16 反时针转动 90°，完成分闸动作。分闸位置则由断路器上的分闸橡皮限位垫决定。此时因主轴的转动又使辅助开关已闭合的触点打开，切断分闸线圈电路。

3）自由脱扣动作，见图 4-22（f）。所谓自由脱扣，是指断路器及其操动机构在合闸过程中任何时刻，接到分闸信号时，都能使断路器马上分闸。

合闸过程中，合闸铁芯顶着轴心向上运动，一旦接到分闸信号，使分闸铁芯马上向上运动，冲击连杆 2、3 撞离"死点"，在断路器分闸弹簧力作用下，轴 10 从铁芯顶杆 11 的端头掉下，实现了自由脱扣。

（3）设备主要技术参数。

1）SN10-10 系列油断路器主要技术参数见表 4-1。

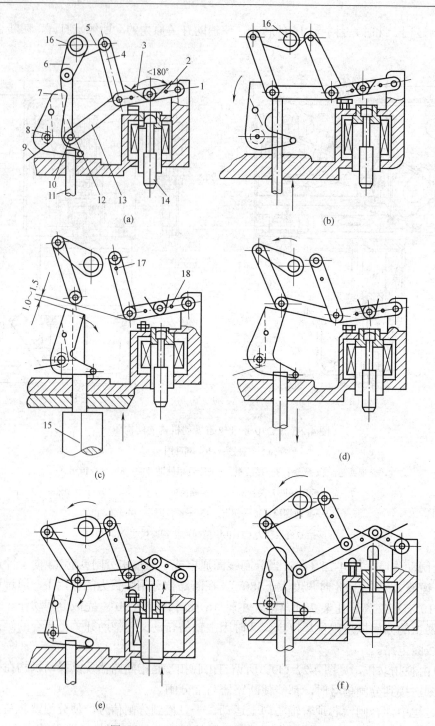

图 4-22　CD10 系列操动机构分、合闸过程

（a）表示机构准备合闸的状态；（b）表示合闸过程；（c）表示合闸的最终位置；

（d）表示合闸扣住位置；（e）表示分闸过程；（f）自由脱扣过程

1—定位螺钉；2、3、4、6、12、13—连杆；5、8、10、16—轴；7—托架；9—返回弹簧；

11—合闸铁芯顶杆；14—分闸铁芯顶杆；15—合闸铁芯；17、18—扭力弹簧

表 4-1　　　　　　　　　　　　SN10-10 系列油断路器主要技术参数

序号	名　称	单位	断 路 器 数 据				
			SN10-10 I		SN10-10 II	SN10-10III	
1	额定工作电压	kV	10				
2	额定工作电流	A	630	1000	1000	1250	3000
3	最高工作电压	kV	11.5				
4	额定频率	Hz	50				
5	额定开断电流	kA	16		31.5	43	
6	最大关合电流	kA	40		79	130	
7	动稳定电流	kA	40		79	130	
8	热稳定电流 4s	kA	16		31.5	43	
9	燃弧时间	s	≤0.02				
10	一次重合闸无电流间隙时间	s	0.5				
11	合闸时间	s	≤0.02				
12	固有分闸时间	s	≤0.06				
13	操作循环		O-0.5s-CO-180s-CO			O-180s-CO-180s-CO	
14	机械稳定性	次	2000			1050	
15	三相油重	kg	6		8	9	13
16	断路器重	kg	～100		～100	～140	～190
17	配用机构型号		CD10-I		CD10-II	CD10-III	
18	配用机构重量		57		62	80	

2）CD10 系列电磁操动机构主要技术参数见表 4-2。

表 4-2　　　　　　　　　　　　CD10 系列电磁操动机构主要技术参数

序号	名　称		单位	机 构 数 据					
				CD10-I		CD10-II		CD10-III	
1	配用断路器			SN10-10 I		SN10-10 II、III		SN10-10III	
2	断路器额定电流			630A、1000A		1000A、1250A		3000A	
3		额定电压	V	110	220	110	220	110	220
4		额定电流	A	196	98	240	120	314	157
5		线圈段数		1					
6		导线直径	mm	1.62		1.81		2.26	
7	合闸线圈	匝数		325	650	326	652	341	682
8		连接方式		双线并联		双线并联		双线并联	
9		内径不小于	mm	100		100		126	
10		外径不大于	mm	151		154		190	
11		高度不大于	mm	100		100		133	
12		每段线圈20℃时电阻	Ω	0.56±0.05	2.22±0.15	0.46±0.04	1.82±0.15	0.35±0.03	1.4±0.12

序号	名　称		单位	机 构 数 据					
				CD10-Ⅰ		CD10-Ⅱ		CD10-Ⅲ	
13		额定电压	V	110	220	110	220	110	220
14		额定电流	A	5	2.5	5	2.5	5	2.5
15		线圈段数		2					
16		导线直径	mm	0.35					
17	分闸线圈	匝数		1690					
18		连接方式		并	串	并	串	并	串
19		内径不小于	mm	28					
20		外径不大于	mm	62					
21		高度不大于	mm	58					
22		每段线圈20℃时电阻	Ω	44±2.2					

2. SW6 系列油断路器及 CY3 系列液压操动机构

（1）SW6-110、SW6-220 型户外少油断路器。SW6 系列户外少油断路器主要由底架、支柱绝缘子、传动系统、触头系统、灭弧系统、缓冲器及油位指示器等部分组成。其实物图如图 4-23 所示，结构图如图 4-24 所示。

图 4-23　SW6-110 型油断路器实物图

各断口单元均为标准结构，每柱由两个断口组成，呈"Y"形布置。SW6-110 型每极为一柱两个断口，SW6-220 型每极由两柱四个断口串联组成。为了均衡电压分布，在各断口上并联有均压电容器。每极断路器配用一台液压操动机构操动，由电气实现三相机械联动。

断路器每柱由底架、支柱绝缘子、中间传动机构和两个灭弧室组成。底架由型钢焊接而成，上面装有传动拐臂、油缓冲器和合闸保持弹簧。支柱绝缘子的固定为弹簧卡固，构成对地绝缘，内有绝缘油和提升杆。中间传动机构位于支柱绝缘子上部的三角箱内。

灭弧室的主体是一个高强度环氧玻璃钢筒，它起压紧保护灭弧室绝缘子的作用，也作为开断时高压力的承受件，筒内放有隔弧板，组成多油囊的纵吹灭弧室。

触头座内装有压油活塞，以提高开断小电流的性能。导电部分装有铜钨合金触头、触指、保护环，以提高开断能力，延长使用周期。

（2）CY3 系列液压操动机构。CY3 系列液压操动机构的结构如图 4-25 所示。该机构主要由机构箱、储压筒、阀系统、工作缸、油泵、控制板等组成。

1）机构箱。机构箱是整个机构的支承基架和保护外壳，箱内左右两侧和上方开有三个活门供检修用，上盖可以打开至 45°。下部装有加热器，当环境温度低于 0℃时投入运行。左侧门上开有监视压力表的孔。

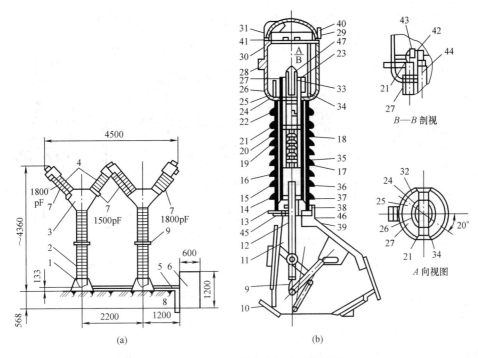

图 4-24 SW6-220 型少油断路器结构图

（a）一相的外形尺寸（相间中心距离为 300mm）；（b）灭弧室剖面图

1—座架；2—支持绝缘子；3—三角形机构箱；4—灭弧装置；5—传动拉杆；6—操动机构；

7—均压电容器；8—支架；9—卡固法兰；10—直线机构；11—中间机构箱；12—导电杆；

13—放油阀；14—玻璃钢筒；15—下衬筒；16—调节垫；17—灭弧片；18—衬环；

19—调节垫；20—上衬筒；21—静触头；22—压油活塞；23—密封垫；24—铝压圈；

25—逆止阀；26—铁压圈；27—上法兰；28—接线板；29—上盖板；30—安全阀片；

31—帽盖；32—铝帽；33—铜压圈；34—通气管；35—绝缘子；36—中间触头；

37—毛毡垫；38—下铝法兰；39—导电板；40—M10 螺丝；41—M12 螺母；

42—导向件；43—M14 螺丝；44—压油活塞弹簧；45—M12 螺丝；

46—胶垫；47—压油活塞

2）储压筒。储压筒上部内腔中（活塞上方）预充有一定压力的氮气。储压筒活塞杆处装有微动开关，分别起到油泵启动与停止、合闸闭锁、分闸闭锁、重合闸闭锁、压力降低发告警信号等作用。

3）阀系统。阀系统由滤油器、放油阀、操动阀组成。操动阀放在油箱中，箱内有 10 号航空液压油。

4）工作缸。工作缸和活塞为高强度耐磨元件，活塞左端接高压油，运行时，活塞左端始终保持常高压，活塞右端接操作管，高压油经合闸回路进入活塞右端。根据差动原理，活塞向左运动，通过水平拉杆带动断路器合闸。当右侧合闸回路中压力释放后，活塞在常高压作用下，向右运动，带动断路器分闸。

5）油泵。油泵是双柱塞式的，柱塞是打压元件，柱塞与阀座为滑动配合，电动机带动油泵工作时，低压油经单向阀进入阀座内腔，曲轴转动时，滚珠轴承推动柱塞向阀座运动，于是腔内的油被挤压，并将另一侧单相阀（高压侧）打开，油经阀口进入高压油管，单相阀打开，液压油经管道进入储压筒中储存起来。曲轴转动一周，两柱塞各工作一次。

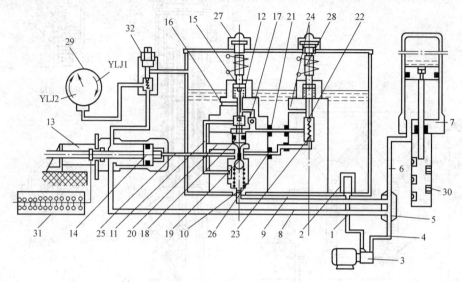

图 4-25 CY3 系列液压操动机构

1、4、6、8、9、11、21、25、26—管道；2—滤油器；3—油泵；5、17—逆止阀；

7—储压筒；10—管接头；12—一级控制阀；13—工作缸；14—活塞；

15—一级启动阀；18—二级起动阀；19—二级阀钢球；16、20、24—泄油孔；

22—分闸阀钢球；23—保持阀；27—合闸电磁铁；28—分闸电磁铁；

29—电触点压力表；30—微动开关；31—辅助开关；32—高压放油阀

6）控制板。控制板上装有辅助开关、接触器、中间继电器、电接点压力表，接线端子排等。

CY3 系列液压操动机构的动作原理如下。

1）机构储能。油泵电机的电路接通后，油泵 3 开始运转，油箱中的低压油经滤油器 2 进入油泵，高压油进入储压筒 7 内。当储压筒活塞杆使停泵位置微动开关动作时，油泵停止运转，储能过程结束。运行中，当储压筒活塞杆向下位移至起泵位置使微动开关动作时，油泵自动运转补压。

由于在电路中没有油泵零压闭锁，在零表压时油泵不能自启动打压，为此需人为地将闭锁回路临时短接一下（或者人为地按动）。

2）合闸及合闸自保持。当合闸电磁铁 27 接到合闸命令或者手按铁芯按钮时，合闸电磁铁的可动铁芯向下运动，推动合闸一级启动阀 15 的阀杆运动，先堵住阀座下泄油孔 16，然后打开一级球阀，于是从合闸控制油管 11 来的高压油通过被推开的球阀阀口，并经内部通道推交流接触器的动铁芯。当油压高于低压力异常闭锁压力时，油泵的起停才能自动进行。打开合闸保持逆止阀 17。高压油进入二级启动阀 18 的上部，推动该锥阀芯高速向下运动。它首先预封住阀座上泄油孔 20 的通路，然后推开二级阀钢球 19。二级启动阀 18 利用其锥面密封住二级阀的上阀口，并堵住排油回路。从合闸进油管 9 来的高压油经二级阀的下阀口和管道 25 进入工作缸 13 的合闸腔（无活塞杆的一侧）。这时，工作缸活塞两端均受到相同压强的高压油作用，由于合闸侧受压面积大得多，使该活塞向合闸方向运动，直到合闸终了为止。此时，辅助开关 31 也完成了切换，合闸电磁铁失电，合闸一级阀在其复位弹簧力作用下返回，

178

合闸一级阀腔中的高压油通过泄油孔 16 泄放。同时，由于高压油自保持回路的作用，操动机构得以保持在合闸状态。

合闸二级启动阀 18 所处的位置，决定了断路器是处于合闸还是分闸状态。为了保持合闸状态，必须使二级阀锥阀芯处于合闸位置，即在合闸操作后，该锥阀芯上部必须始终保持有高压油作用，以保证使该二级阀的下阀口打开，而上阀口关闭。

为了防止由于慢性渗漏使锥阀芯上部的油压降到零，机构设置了自保持的高压油补充回路。它是由管道 26、带 0.5mm 节流孔的接头、保持阀 23 和管道 21 等部件组成，借此来实现合闸自保持。

3）分闸。当分闸电磁铁 28 接到分闸命令或者手按分闸按钮时，分闸电磁铁 28 的动铁芯推动分闸一级阀的阀杆向下运动，从而使分闸阀钢球 22 阀口打开。合闸保持回路的高压油经管路 21 和分闸一级阀阀口，通过阀座上泄油孔 24 排放到低压油箱中。二级启动阀 18 在其下部高压油作用下立即向上返回，先将上阀口打开，工作缸 13 合闸侧腔内的高压油经管道 25 和上阀口以及阀座上的泄油孔 20 排到低压油箱中。工作缸活塞在分闸侧高压油作用下向分闸方向运动，最终完成分闸操作。同时，辅助开关 31 也完成切换，将分闸电磁铁的电路断开。

在二级阀上阀口打开的同时，二级阀钢球 19 在其复位弹簧作用下，迅速将下阀口关闭，使高压油不会过多地被泄放掉。

4）合闸闭锁。当储能装置的油压已不够合闸时，储压筒活塞下移，当降到闭锁合闸的微动开关时，微动开关触点闭合，合闸闭锁继电器动作，切除了合闸控制回路。另外当储压筒氮气漏气，氮气压力异常降低或由于某种原因油压不正常升高时，压力表触点闭合，启动有关继电器，从而切除合闸回路及油泵电动机电源回路。

5）分闸闭锁。当储能装置的油压降低已不满足分闸要求时，储压筒活塞杆下移，当降到闭锁分闸的微动开关时，微动开关触点闭合，分闸闭锁继电器随之动作，从而切除分闸控制回路。如上所述，如油压异常升高或降低以及氮气漏失，则电触点压力表动作，同样切除分闸回路及油泵电动机电源。

（3）设备主要技术参数。

1）SW6-110 型油断路器主要技术参数见表 4-3。

表 4-3　　　　　　　　　SW6-110 型油断路器主要技术参数

制造厂	西　　开					北　　开
额定电压（kV）	220		110			220
最高工作电压（kV）	252		126			252
额定电流（A）	1200		1200			1200
额定断流容量（MVA）	8000	12000	3000	4000	6000	8000
额定开断电流（kA）	21	31.5	15.8	21	31.5	21
极限通过电流峰值（kA）	55	80		55	80	55
四秒热稳定电流（kA）	21	31.5		21	31.5	21
重合闸无流间隔（s）	0.3		0.3			0.3

续表

制造厂	西 开		北 开
固有分闸时间（s）	≤0.04	≤0.04	≤0.04
合闸时间（s）	≤0.2	≤0.2	≤0.2
断路器三相油重（kg）	800	300	900
断路器三相无油自重（kg）	4800	1860 | 2050	4800
单台机构重量（kg）	300	300	300
操作循环	O-0.3s-CO-180s-CO	O-0.3s-CO-180s-CO	O-0.3s-CO-180s-CO

2）CY3 系列操动机构主要技术参数见表 4-4。

表 4-4　　　　　　　　　　　CY3 系列操动机构主要技术参数

序号	名　称		制　造　厂			备注
			西　开		北　开	
			220kV	110kV	220kV	
1	预充压力（20℃）		120	142	120±10	压力单位为大气压
2	额定油压（20℃）		192	227	180	
3	分合闸线圈电压（V）		24/48/110/220	24/48/110/220	24/48/110/220	
4	分合闸线圈电流（A）		18/9/4/2	18/9/4/2	18/9/4/2	
5	电动机转速（转/min）	AC 380V	1.5kW 1425	1.5kW 1425	1.5kW 1425	
		DC 220V	0.6 kW 1500	0.6 kW 1500	1.1 kW 1500	
6	加热器（kW）		（110/220V）0.6～1.2/0.5～1	（110/220V）0.6～1.2/0.5～1	220V 1	
7	防潮加热器（照明）		220V 200W	220V 200W		1981 年以后产品

3）操动机构分合闸线圈技术数据见表 4-5。

表 4-5　　　　　　　　　　　操动机构分合闸线圈技术数据

名　称		分 合 闸 线 圈			
额定电压（V）		220	110	48	24
线圈缠绕方式（并绕）		1	1	1	1
线圈匝数（匝）		2000^{+50}	1000	500	250
线圈层数乘匝数		34×60	22×47	17×30	12×22
导线直径 QZ_1		0.23	0.31	0.49	0.69
20℃时线圈电阻（Ω）		109±5.5	28.4±1.4	5.95±0.3	1.47±0.07
线圈骨架尺寸	内径（mm）	26^{+1}			
	外径（mm）	58_{-1}			
	高度不大于（mm）	21			
备　注		北开和西开数据相同			

3. ZN28-12 系列真空断路器及 CT19 系列弹簧操动机构

（1）ZN28-12 系列真空断路器。ZN28-12 系列真空断路器采用中间封接式纵磁场真空灭弧室，按照总体结构特点可分为两类，一类是断路器本体与操动机构一起安装在箱形固定柜和手车柜中，称为整体式，即 ZN28-12 系列；另一类是断路器本体与操动机构分离安装在固定柜中，称为分体式，即 ZN28A-12 系列。分体式特别适合于旧柜无油化改造工程。ZN28-12 真空断路器实物图如图 4-26 所示。

ZN28-12 系列真空断路器总体结构为落地式，如图 4-27 所示。每个真空灭弧室由一只落地绝缘子和一只悬挂绝缘子固定，真空灭弧室旁有一棒形绝缘子支撑。真空灭弧室上下铝合金支架既是输出接线的基座又兼起散热作

图 4-26　ZN28-12 真空断路器实物图

用。在灭弧室上支架的上端面，安装有黄铜制作的导向板，使导电杆在分闸过程中对中良好。触头弹簧装设在绝缘拉杆的尾部。操动机构、传动主轴和绝缘转轴等部位均设置滚珠轴承，用于提高效率。断路器本体与操动机构一起安装在箱形固定柜和手车柜中，又称为整体式。

ZN28A-12 系列真空断路器是固定开关柜专用真空断路器，总体结构为悬臂式，如图 4-28 所示。主导电回路、真空灭弧室与断路器机架前后布置。真空灭弧室用两只水平布置的悬臂绝缘子固定在机架的前面，主轴、分闸弹簧、缓冲器等部件安装在机架内。主轴通过绝缘拉杆、拐臂与真空灭弧室动导电杆连接，并从机架侧面伸出，与传动系统相连。断路器本体与操动机构分离安装在固定柜中，又称为分体式。

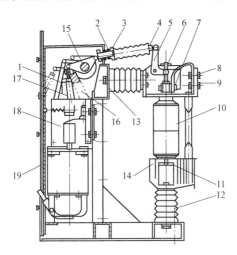

图 4-27　ZN28-12 系列结构图

1—开距调整垫片；2—触头压力弹簧；3—弹簧座；
4—接触行程调整螺栓；5—拐臂；6—导向板；
7—导电夹紧固螺栓；8—动支架；9—螺钉；
10—真空灭弧室；11—固定螺栓；12—绝缘子；
13—绝缘子固定螺栓；14—静支架；15—主轴；
16—分闸拉簧；17—输出杆；18—机构；19—面板

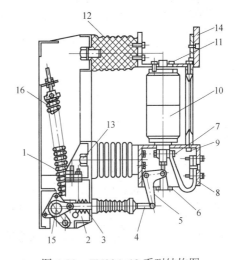

图 4-28　ZN28A-12 系列结构图

1—开距调整垫片；2—触头压力弹簧；3—弹簧座；
4—接触行程调整螺栓；5—拐臂；6—导向板；
7—导电夹紧固螺栓；8—动支架；9—螺钉；
10—真空灭弧室；11—真空灭弧室固定螺栓；
12—绝缘子；13—绝缘子固定螺栓；14—静支架；
15—主轴；16—分闸拉簧

（2）CT19 系列弹簧操动机构。弹簧机构主要由合闸储能部分、传动部分和控制部分三部分组成。合闸储能部分包括电动机、减速装置、合闸弹簧、储能装置及保持释放装置。按合闸弹簧储能所用的能源不同，弹簧机构可分为电动机储能弹簧机构和手力储能弹簧机构两种。合闸和分闸控制部分主要有脱扣器（即脱扣机构）。CT19 系列弹簧操动机构结构及实物图如图 4-29 所示。

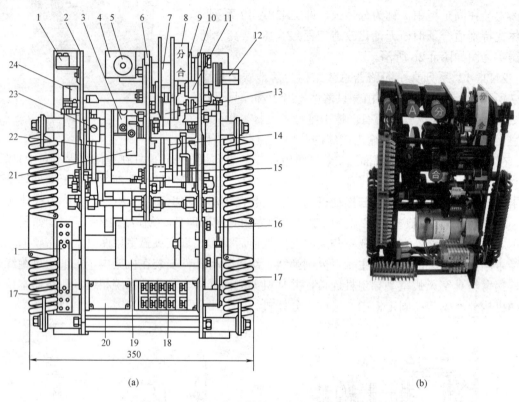

图 4-29　CT19 系列弹簧操动机构结构及实物图

（a）结构图；（b）实物图

1—接线端子；2—左侧板；3—合闸电磁铁；4—分闸电磁铁；5—分闸按钮；
6—中间板；7—输出轴；8—分合闸指示；9—分闸限位拐臂；10—右侧板；
11—分闸位销轴；12—人力合闸接头；13—连杆；14—凸轮；15—储能指示；
16—辅助开关连杆；17—合闸弹簧；18—辅助开关；19—电动机；20—铭牌；
21—合闸按钮；22—齿轮；23—人力储能摇臂；24—行程开关

弹簧操动机构利用电动机对合闸弹簧储能，并由合闸掣子保持。在断路器合闸操作时，利用合闸弹簧释放的能量操动断路器合闸，与此同时，对分闸弹簧储能，并由分闸掣子保持；断路器分闸操作时，利用分闸弹簧释放的能量操动断路器分闸。其动作一般包括以下三个过程。

1）储能。机构合闸弹簧的储能方式有电动机储能和手动储能两种。电动机接通电源后，通过皮带轮即链轮减速，利用偏心轮使链轮的转动变为拐臂的摆动，通过棘爪和棘轮转动，使合闸弹簧拉伸储能，直到拐臂过死点，凸轮上的凸缘顶部被杠杆顶住，电动机的电源被切断，储能完毕。

2）合闸。使合闸电磁铁通电，掣子释放，在合闸弹簧力作用下，凸轮使拐臂输出轴顺时针转动，带动断路器合闸。与此同时，将分闸弹簧拉紧储能并利用一系列连杆拐臂（主要是省力机构）使断路器保持合闸状态。

3）分闸。分闸操作有分闸电磁铁、过电流脱扣电磁铁及手动按钮、欠电压脱扣电磁铁四种。使分闸脱扣器绕组通电，在分闸弹簧的作用下连杆脱扣，使断路器分闸。

弹簧操动机构可以具备闭锁、重合闸等功能。若合闸与分闸弹簧分开为两体，但同时储能，合闸时仅合闸弹簧释放出能量，分闸时则由分闸弹簧释放出能量，这种结构不能重合闸。若合闸与分闸弹簧分开为两体，储能机构仅使合闸弹簧储能，而分闸弹簧是在断路器合闸过程中靠合闸弹簧释放出的部分能量储能，这种结构可实现重合闸。

4．六氟化硫（SF_6）断路器及弹簧液压操动机构

（1）瓷柱式 SF_6 断路器。瓷柱式 SF_6 断路器实物照片如图 4-30 所示，其结构图如图 4-31 所示。灭弧室安装在高强度绝缘子中，用空心瓷柱支承和实现对地绝缘。灭弧室和绝缘瓷柱内腔相通，充有相同压力的 SF_6 气体，通过控制柜中的密度继电器和压力表进行控制和监视。穿过瓷柱的绝缘拉杆把灭弧室的动触头和操动机构的驱动杆连接起来，通过绝缘拉杆带动触头完成断路器的分合操作。

瓷柱式 SF_6 断路器系列性强，可以用不同个数的标准灭弧单元及支柱绝缘子组成不同电压级的产品。

图 4-30　瓷柱式 SF_6 断路器实物图

这类断路器的结构简单，用气量少，运动部件少，价格相对便宜，是目前生产和使用较多的一种。它具有单断口电压高、开断电流大、运行可靠性高和检修维护工作量小等优点。然而由于它重心高，抗震能力较差，且不能加装电流互感器，所以，使用场所受到一定限制。

按其整体布置形式瓷柱式 SF_6 断路器可分为 I 形布置、Y 形布置（见图 4-31）及 T 形布置三种。I 形布置一般用于 220kV 及以下电压等级的单柱单断口断路器，三级安装在一个或三个支架上，如 LW25 等系列的 110kV 及以下电压等级的断路器和 LW31A 等系列的 220kV 断路器。Y 形布置一般用于 220kV 及以上电压等级的单柱双断口断路器，如 LW25 等系列的 220kV 断路器，ABB 公司的 ELFSP4-2 型 220kV 断路器。T 形布置一般用于 220kV 及以上特别是 500kV 电压等级的单柱双断口断路器，如 LW7 系列的 220kV 断路器，

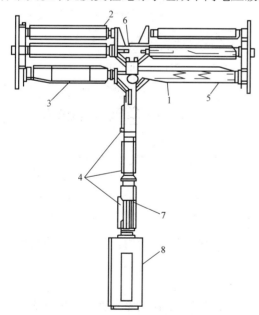

图 4-31　瓷柱式 SF_6 断路器结构图

1—并联电容；2—端子；3—灭弧室绝缘子；4—支持绝缘子；
5—合闸电阻；6—灭弧室；7—绝缘拉杆；8—操动机构箱

器，日本三菱公司的 SFM 型 500kV 断路器，西门子公司的 3AQ2 型 245kV、3AT3 型 252kV

图 4-32　I 形和 Y 形瓷柱式 SF₆ 断路器实物图

断路器和 3AT2 EI 型 550kV 断路器，ABB 公司的 ELFSP7-21 型 500kV 断路器。

（2）罐式 SF₆ 断路器。罐式 SF₆ 断路器结构图如图 4-33 所示。其灭弧室安装在接地的金属罐中，高压带电部分用绝缘子支持，对箱体的绝缘主要靠 SF₆ 气体。绝缘操作杆穿过支持绝缘子，把动触头与机构驱动轴连接起来，在两个出线套管的下部都可安装电流互感器。罐式 SF₆ 断路器实物照片如图 4-34 所示。

目前，110～500kV 均有罐式 SF₆ 断路器，其外形基本相似，大多是引进日本三菱公司 SFMT 型或日立公司 OFPTB 技术的产品，如 OFPTB-500-50LA 型，国产 LW12 系列的 220kV、500kV 断路器。这种结构重心低，抗震性能好，灭弧断口间电场较好，断流容量大，可以加装电流互感器，还能与隔离开关、接地开关、避雷器等融为一体，组合成复合式开关设备。借助于套管引线，基本上不用改装就可以用于全封闭组合电器之中。但罐体耗用材料多，用气量大，系列性差，难度较大，造价比较昂贵。日本东芝、日立和三菱等公司已开发出 550kV 63/50kA 单断口罐式断路器。

（3）弹簧储能液压机构。弹簧储能液压操动机构综合了弹簧储能和液压机构的优点，避免了由于氮气储能和管路连接带来的种种缺点。弹簧储能液压机构具有下述特点。

1）将氮气储能改换成弹簧储能，避免了受温度影响、漏氮补气和油气混合等问题。

2）高压区集中在块状结构内，避免了大量外部连接管路，总体尺寸减小，结构紧凑。

3）充压回路对外界大气的密封，全部采用可靠的静密封，并将外密封面减到最少，对经受压力的摩擦密封，任何可能散逸的油被设计成仅能流到低压储油箱内，因此不会出现油渗漏而污染环境。

图 4-33　落地罐式 SF₆ 断路器结构图

1—套管；2—支持绝缘子；3—电流互感器；4—静触头；5—动触头；6—喷口工作缸；7—检修窗；8—绝缘操作杆；9—油缓冲器；10—合闸弹簧；11—操作杆

4）用机械方法操作溢油阀，防止弹簧储能过度导致油压升高。

5）机械位置指示清晰，辅助开关由工作缸活塞机械联动；工作活塞及弹簧储能状态可由外部直观。

6）输出功率大，噪声小，维修方便。

7）合闸、分闸速度可通过各自节流丝杆调节，通过改变通流截面来达到速度改变，此点已在工厂调整好，现场无需调节，维护工作量小。

8）断路器的操作杆同液压机构的活塞杆直接对接，无能量转换联杆，液压机构与断路器本体经法兰连接，安装方法简单，不需特殊工具。

AHMA 弹簧储能液压操动机构将全部液压元件汇集在高压区，各部件环绕中央高压区主轴排列，结构十分紧凑，取消了外部连接管路，其构造如图4-35 所示。AHMA 弹簧储能液压操动机构的工作过程如图 4-36 所示。

图 4-34　罐式 SF_6 断路器

1）充压。液压泵 8 将油加压输送到高压蓄压器（又称蓄压缸）14，蓄压器的储能活塞 5 与组装碟形弹簧圆柱 1 连接。依靠弹簧的压缩行程指示弹簧圆柱的储能状态，通过控制连杆 10 带动液压泵控制系统的小开关。液压泵与高压蓄压器之间装有逆止阀，防止停泵时压力下跌。

(a)

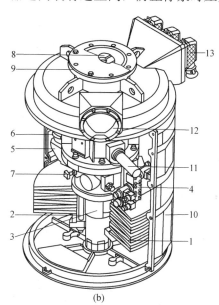

(b)

图 4-35　AHMA 弹簧储能液压操动机构实物及结构图

（a）实物图；（b）结构图

1—盘形弹簧柱；2—固定皮革；3—高压部件；4—控制阀；5—油泵；
6—电动机；7—压力释放螺栓；8—耦合器；9—连接法兰；10—外罩；
11—油量表；12—断路器位置指示器；13—连接插座

2）合闸。工作活塞 3 带有操作杆的一侧是常充压的，工作活塞顶端侧与低压储油箱 13 连接，由于一端常充压就能可靠地保持在分闸状态。当合闸导向阀 7 动作，主阀 6 切换，隔绝工作活塞顶端侧与低压储油箱通路，同时将高压蓄压器 14 与工作活塞顶端侧接通，工作活塞两端都接入高压系统，由于工作活塞顶端侧面积是盘形，大于工作活塞带操作杆侧的环形面积，工作活塞就移动到合闸位置。在工作活塞停留在关合位置期间，液压系统一直处在工作压力状态下，关合力一直存在，断路器不会受振动或其他原因分闸，防失压慢分闭锁 15 由液压力控制，防止当压力下跌时处在合闸位置的工作活塞向分闸方向移动。

185

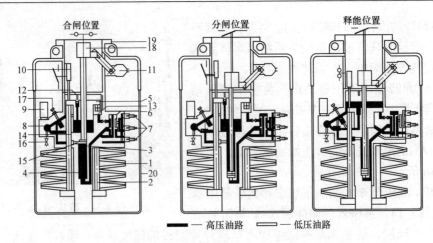

图 4-36 中等功率和大功率操动机构

1—碟形弹簧圆柱；2—拉紧螺栓；3—工作活塞；4—高压部件；5—储能活塞；6—主阀；
7—导向阀；8—液压泵；9—电动机；10—控制连杆；11—辅助开关；12—安全阀；
13—低压储油箱；14—高压蓄压器；15—防失压慢分闭锁；16—放油阀；
17—压力释放阀；18—连接轴；19—连接法兰；20—罩壳

3）分闸。当分闸导向阀 7 动作，主阀 6 转换到初始位置，工作活塞顶端侧液压介质流向低压储油箱 13，工作活塞即移动到分闸位置。

合闸和分闸的操作速度，可通过功能各自独立的节流丝杆来调节。

4）其他。用机械方法操作的安全阀 12 来防止弹簧储能过度和高压油系统压力过高，从储能活塞 5 的位置来控制各种操作程序的联锁触点。

电气控制回路由插入式触指引出，辅助开关 11 由工作活塞机械联动。可在外部直接观察到工作活塞 3 是在分闸或合闸位置，弹簧组装柱 1 是在储能状态还是释能状态。

五、高压断路器的运行维护知识

1. 油断路器检查和维护

在工程交接验收时，应检查油断路器固定牢靠，外表清洁完整；电气连接可靠且接触良好；无渗油现象，油位油色正常；断路器及其操动机构的联动正常，无卡阻现象；分、合闸指示正确；调试操作时，辅助开关动作准确可靠，触点无电弧烧损；瓷套完整无缺，表面清洁；油漆完整，相色标志正确，接地良好。

油断路器正常运行时，应检查断路器本体、机构及基础构架无变形，无锈蚀；油色、油位正常（位于油标 1/2～3/4 刻度），本体各充油部位不应有渗漏；瓷套管绝缘表面清洁，无破损裂纹、放电痕迹；绝缘拉杆及拉杆绝缘子完好无缺；各导电连接头接触良好，无发热、松动，相色及标示清楚；机构分、合闸指示器指示与实际一致，指示正确；操动机构箱盖关闭严密，压力表指示正常，无异响；各接线端子无松动、松脱，分合闸线圈无焦臭味，二次线部分无受潮、锈蚀现象；接地部位连接可靠。

2. 真空断路器的检查和维护

真空断路器通常采用整体安装，在安装前一般不需要进行拆卸和调整。真空断路器安装完毕，应按要求进行工频耐压试验、机械特性的测试和操动机构的动作试验。在验收时检查：断路器安装应固定牢靠，外表清洁完整；电气连接应可靠且接触良好；真空断路器与其操动机构的联动应正常，无卡阻；分、合闸指示正确，辅助开关动作应准确可靠，触点无电弧烧损；灭弧室的真空度应符合产品的技术规定；绝缘部件、瓷件应完整无损；并联电阻、电容值应符合产品的技术规定；油漆应完整、相色标志正确，接地良好。

真空断路器投入运行后要进行维护检查和调整：真空断路器的绝缘子、绝缘杆及灭弧室外壳应经常保持清洁；机械分合指示器指示与实际对应，储能指示位置与实际对应；动作次数计数器与操作记录核实一致；操动机构和其他传动部分应保持有干净的润滑油，动作灵活可靠；对变形、磨损严重的零部件应及时更换；定期检查紧固件，防止松动、断裂和脱落；定期检查真空灭弧室的真空度，有异常现象应立即更换；检查触头的开距及超行程，小于规定值时，必须按要求进行调整；检查真空灭弧室动导电杆在合、分过程中有无阻滞现象，断路器在储能状态时限位是否可靠；检查辅助开关、中间继电器及微动开关的触头接触是否正常，其烧灼部分应整修或调换，辅助开关的触头超行程应保持合格范围；各连接及接地部位连接可靠。

3. SF_6 断路器的检查和维护

（1）SF_6 断路器在运行中的检查。运行中除了按断路器的一般检查项目进行检查外，还应特别注意检查气体压力是否保持在额定范围，发现压力下降即表明有漏气现象，应及时查出泄漏部位并进行消除。SF_6 气体压力是断路器绝缘、载流、开断与关合能力的宏观标志，运行中必须始终保持在规定的范围内。严格防止潮气进入断路器内部。

由于 SF_6 气体比空气重，因而会在地势低凹处沉积。当空气中 SF_6 气体密度超过一定量时，可使人窒息。工作人员进入现场，尤其是进入地下室、电缆沟等低洼场所工作时，必须进行通风换气，并检测空气中氧气的浓度。只有当氧气的浓度大于 18% 时，才能开始工作。从安全角度出发，一般空气中 SF_6 气体的浓度不应超过 100ppm。

SF_6 气体作为绝缘和灭弧介质封闭在 SF_6 断路器中，由于制造质量和安装工艺、密封元件的老化等原因，SF_6 气体的泄漏是难以避免的，水分的渗入现象也是存在的。气体泄漏和水分渗入是影响 SF_6 设备能否长期安全运行的关键，应予以高度关注。SF_6 气体在运行中最重要的监测项目为含水量监测和气体检漏。

（2）SF_6 气体密度的监测。SF_6 气体的绝缘强度及灭弧能力取决于 SF_6 气体的密度，若 SF_6 气体的密度降低，则断路器的耐压强度降低，不能承受允许过电压，断路器的开断容量下降。大量的泄漏气体会使水分进入灭弧室中，气体中微水含量将大幅上升，导致耐压强度进一步下降，有害副产物增加。运行中的密度监测至关重要，常用的监测方法有以下几种。

1）压力表监测。在运行中可直观地监测气体的压力的变化、平均压力是否异常，由密度继电器发信号。

2）密度继电器监视。当气体泄漏时，先发补气信号，如不及时补气，继续泄漏，则进一步对断路器进行分闸闭锁，并发闭锁信号。

（3）SF_6 断路器的检漏方法。

SF_6 断路器易漏部位主要有各检测口、焊缝、充气嘴、法兰连接面、压力表连接管、密封底座等。检漏方法分为定性和定量两种测量办法。

1）定性检漏，只作为判断泄漏率的相对程度，而不测量其具体泄漏率，主要方法有以下几种。

① 抽真空检漏：主要用于断路器安装或解体大修后配合抽真空干燥设备时进行。

② 发泡液检漏：这是一种简单的方法，能较准确地发现漏气点。

③ 检漏仪检漏：使用简易定性的检漏仪，对所有组装的密封面、管道连接处及其他怀疑的地方进行检测。

④ 局部蓄积法：用塑料布将测量部位包扎，经过数小时后，再用检漏仪测量塑料布内是否有泄漏的 SF_6 气体，它是目前较常采用的定性检漏方法。

⑤ 分割定位法：是把 SF_6 气体系统分割成几部分后再进行检漏，可减少盲目性。适用于三相 SF_6 气路连通的断路器。

⑥ 压力下降法：即用精密压力表测量 SF_6 气体压力，隔数天或数十天进行复测，结合温度换算或进行横向比较来判断发生的压力下降，适用于漏气量较大时或运行期间检漏。

2）定量检漏，测定 SF_6 气体的泄漏率，方法主要有以下几种。

① 挂瓶法：用软胶管连接检漏孔和挂瓶（检漏瓶），经过一定时间后，测量瓶内泄漏气体的浓度，通过计算确定相对泄漏率。

② 扣罩法：用塑料罩将设备封罩在内，经过一定时间后，测量罩内泄漏气体的浓度，通过计算确定相对泄漏率。

③ 局部包扎法：设备局部用塑料薄膜包扎，经过一定时间后，一般是 24h，测量包扎腔内泄漏气体的浓度，再通过计算确定相对泄漏率。

定量测量应在充气 24h 后进行，判断标准为年漏气率不大于 1%。

（4）SF_6 断路器的含水量监测。SF_6 气体中水分的存在会影响其灭弧和绝缘性能，并使得 SF_6 气体受电弧分解时生成大量有毒的氟化物气体，威胁人体健康；而且低温运行时极易结露，引起 SF_6 断路器的事故。因此，应定期监测运行中 SF_6 断路器的含水量。因湿度随气温的升高而增加，特别应在夏季加强对水分含量的监测。

测量方法有重量法、电解法、露点法、电容法、压电石英振荡法、吸附量热法和气相色谱法。其中重量法是国际电工委员会（IEC）推荐的仲裁方法，而电解法和露点法为其推荐的日常测量方法。

湿度测量应在气室的湿度稳定后进行，一般在充气 24h 后进行。可使用 SF_6 微水测量仪测试。对于 SF_6 气体中水分含量的要求是：灭弧室内的 SF_6 气体含水量的体积分数，在交接验收或大修后不能超过 150ppm（体积比），运行中不能超过 300ppm；其他气室内的 SF_6 气体含水量的体积分数，在大修后不能超过 250ppm，交接验收和运行中不能超过 500ppm。

六、高压断路器的检修知识

1. 检修工作流程

检修工作流程如图 4-37 所示。检修单位接受检修任务后，应首先进行现场查勘，编制作业书、材料计划，交相关部门组织审批；然后由检修单位实施工作准备，并办理许可手续。检修单位实施现场检修工作时，由生产技术部门安排项目监理和质检人员对检修重要工序、工艺进行确认；检修结束后，检修单位进行自检并申请验收，由生产技术部门组织运行、检修及监理和质检人员进行总体验收；验收合格后，生产技术部门根据验收情况形成验收报告，检修单位编制设备检修工作总结。

2. 油断路器的检修

（1）油断路器大修。新安装的断路器在投运一年后应进行一次大修；12～40.5kV 少油断路器一般 3～4 年进行一次；60～252kV 少油断路器一般 4～6 年进行一次；可根据设备的健康状况延长或缩短周期。

大修项目包括：断路器的外部检查及修前试验，放油；导电系统和灭弧单元的分解检修；绝缘支撑系统（支持绝缘子等）的分解检修；变直机构和传动机构的分解检修；基座的检修；更换密封圈、垫；操动机构的检修；复装及调整试验（包括机械特性试验和电气、绝缘试验）；除锈刷漆，绝缘油处理注油或换油；清理现场，验收。

（2）油断路器小修。小修一般每年一次，可根据设备的健康状况或生产厂要求适当延长或缩短周期。

小修项目包括：断路器外部的检查和清洁，渗漏油处理；消除运行中发现的缺陷；检查外部传动机构和弹簧等；检查所有螺栓、螺帽、开口销；清扫检查操动机构，加润滑油；预防性试验。

（3）临时性检修。当发现断路器有危及安全运行的缺陷时（如回路电阻严重超标、接触部位有明显过热，多油断路器介质损耗因数值超标，少油断路器直流泄漏电流值超标，严重漏油等），或正常操作次数达到规定值时（达 200 次及以上时或达到规定的故障跳闸次数后），应进行临时性检修。

3. 真空断路器的检修

（1）周期性检修。真空断路器的检修周期没有统一的规定，主要取决于操动机构。真空断路器每年动作不足 2000 次，每年应检修一次；每年动作次数超过 2000 次的，按照每动作 2000 次检修一次。在开断 5 次短路电流后应调整触头超行程值。

周期性检修项目包括：

1）检查触头开距和超行程；

2）测试断口、相间、对地的工频耐压值；

3）测试主回路电阻；

4）测试断路器的分合闸速度和三相不同期值；

5）检查各传动部位、连接处的轴销、开口销、各紧固件螺母是否松动。

真空断路器检修的主要任务是进行以下有关调整。

1）行程开距调整。真空断路器的触头开距可通过调节分闸限位螺钉的高度或缓冲垫的厚度实现；调节导电杆连接件长度，可以使导杆的总行程达到规定值。

2）接触行程调整。接触行程通常通过调节绝缘拉杆连接头与真空灭弧室动导电杆的螺纹实现。为调节方便，各种型号的灭弧室端连接头都设计成标准细螺纹。

3）三相同步性调整。调节方法同接触行程调整，用三相同步指示灯或其他仪器检查。

4）分、合闸速度调整。操动机构的分、合闸速度一般不需要作调整。分、合闸速度用分闸弹簧来调整，分闸弹簧力越大，分闸速度越快，同时，合闸速度相应变慢；反之，分闸弹簧力小，分闸速度减慢，而合闸速度加快。

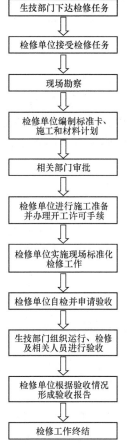

图 4-37 检修工作流程图

（2）真空灭弧室更换。真空断路器本体不需要检修，真空灭弧室损坏或寿命终止时只能更换。出现以下情况时，也需要更换真空灭弧室。

1）断路器动作达 10000 次。

2）满容量开断短路电流达 30 次。

3）触头电磨损达 3mm 及以上。

4）发现真空灭弧室真空度不满足要求时。

更换灭弧室应该注意灭弧室的安装质量，以保证动导电杆与灭弧室轴线的同轴；波纹管在做开断与关合操作时，不受扭力，不应与任何部位相摩擦；动导电杆的运动轨迹平直，任何时候也不会在波纹管周围产生电火花；在安装和调整时须特别注意对波纹管的保护，波纹管的压缩拉伸量不得超过触头允许的极限开距；灭弧室端面上的压环各个方向上的受力要均匀。

（3）真空度检查。由于真空灭弧室漏气和真空灭弧室内部金属材料含气释放，真空灭弧室的真空度会降低。当其真空度降低到一定数值时将会影响它的开断能力和耐压水平，因此必须定期检查真空灭弧室管内的真空度。10kV 真空断路器真空度检查的主要方法有以下几种。

1）肉眼观察：对透明外壳真空灭弧室，观察其开断电流时的颜色，若发现辉光呈红色或乳白色，则真空度已降低。

2）耐压试验：对不透明外壳真空灭弧室，采用耐压法测试真空度。方法是：短路器断开位置，触头额定开距，对断口施加工频 42kV，耐压 1min，将电压从零逐渐升至 70%额定电压，稳定 1min，再用 30s 均匀升至额定工频电压，如能保持 1min 无持续辉光放电、试验设备跳闸和电流突变，即为合格，否则真空度不合格。

3）真空度测试仪：对上述两种真空灭弧室，也可采用灭弧室真空度校验仪，加以测试。

目前采用的其他检测方法还有火花检漏计法、放电电流检测法、中间电位变化检测法等几种方法。

4．SF$_6$ 断路器的检修

SF$_6$ 断路器投入运行后根据有关的标准、规程、制造厂家推荐的实施检修的条件和运行条件以及 SF$_6$ 断路器的运行状况，决定其临时性检修、小修及大修的项目和内容。一般的，大修是对设备的关键零部件进行全面解体的检查、修理或更换，使之重新恢复到技术标准要求的正常功能；小修是对设备不解体进行的检查与修理；临时性检修是针对设备在运行中突发的故障或缺陷而进行的检查与修理。

由于制造厂不同、型号不同、结构不同、电压等级不同、运行条件不同，目前没有统一的检修周期、检修项目和检修工艺标准。对于实施状态检修的设备，应根据对设备全面的状态评估结果来决定对断路器设备进行相应规模的检修工作。对于未实施状态检修的设备，一般应结合设备的预防性试验进行小修，但周期一般不应超过 3 年；如果满足下列条件之一，则应该对其进行大修。

1）电寿命：累计故障开断电流达到设备技术条件中的规定。

2）机械寿命：机械操作次数达到设备技术条件中的规定。

3）运行时间：12～15 年。

SF$_6$ 断路器的检修，除包括断路器检修的一般内容外，还有 SF$_6$ 气体回收处理和吸附剂更换。

（1）SF$_6$气体中的杂质及处理。运行中的 SF$_6$断路器，对于 SF$_6$气体的纯度要求是相当严格的，它直接影响到断路器的安全可靠运行。SF$_6$气体中的杂质，对断路器的机械性能、电气性能都有很大的危害，尤其是运行后产生的新杂质，会对设备产生更大的影响。为防止运行中生成的低氟化物、金属氧化物和酸类物质，造成零部件腐蚀，绝缘件劣化，导体接触不良的严重后果，需要定期检测 SF$_6$气体的纯度。

为限制 SF$_6$气体中杂质的含量，我国规定 SF$_6$新气的纯度不应低于 99.8%，充入设备后 SF$_6$气体的纯度不低于 97%，运行中 SF$_6$气体的纯度不低于 95%。

为减少 SF$_6$断路器中杂质的含量，应该严格执行各项规章制度和质量标准。使用吸附剂和过滤器，特别是对气室进行清理和干燥处理。

（2）SF$_6$断路器的补气。所补充的 SF$_6$新气应符合国家标准。长期储存的 SF$_6$气体，补气前应测试其水分含量，必须符合标准。切勿将氮气等其他气体误认为 SF$_6$气体充入设备。充气前，所有管路必须冲洗干净，充气后使气压稍高于要求值。充气时，先开启钢瓶阀门，再打开减压阀，使 SF$_6$气体缓慢充入设备，并观察气压的变化；充气至额定气压后，先关闭减压阀，再关闭钢瓶气阀。补气前后，分别称取钢瓶质量，以便计算补充 SF$_6$气体的质量。

（3）SF$_6$气体的回收净化处理。当 SF$_6$气体的含水量超过运行管理标准或进行断路器检修时，必须将设备中的 SF$_6$气体回收，并进行净化处理。在现场采用 SF$_6$气体回收装置来完成。该装置设有净化器，当回收气体通过净化器时，气体中的水分和 SF$_6$气体分解物即被吸附剂所吸附，从而达到净化 SF$_6$气体的目的。

（4）SF$_6$断路器的检修应注意以下几点。

1）SF$_6$断路器在检修前，应先将断路器分闸，切断操作电源，释放操动机构的能量，用 SF$_6$气体回收装置将断路器内的气体回收，残存气体必须用真空泵抽出，使断路器内真空度低于 133.33Pa。

2）断路器内充入合适压力的高纯度氮气（纯度在 99.99%以上），然后放空，反复两次，以尽量减少内部残留的 SF$_6$气体及其生成物。

3）解体检修时，环境的空气相对湿度不得大于 80%，工作场所应干燥、清洁，并应加强通风。进入气室工作时，应事先对气室进行充分换气，在气室含氧量达到18%以上时方可入室工作。检修人员应穿戴尼龙工作衣帽，戴防毒口罩、风镜，使用乳胶薄膜手套；工作场所严禁吸烟，工作间隙应清洗手和面部，重视个人卫生。

4）断路器解体中发现容器内有白色粉末状的分解物时，应用吸尘器或柔软卫生纸拭净，并收集在密封的容器中深埋，以防扩散。切不可用压缩空气吹或用其他使粉末飞扬的方法清除。

5）断路器的金属部件可用清洗剂或汽油清洗。绝缘件应用无水酒精或丙酮清洗。密封件不能用汽油或氯仿清洗。必要时应全部换用新的。

6）SF$_6$断路器复装时，密封槽面应清洁，无划伤痕迹，应选用由氯丁橡胶等优质材料特殊配方生产的密封圈；已用过的密封（垫）圈，不得再使用；涂密封脂时，不得使其流入密封（垫）圈内侧而与 SF$_6$气体接触。

与 SF$_6$气体接触的零部件及密封圈可涂一薄层 HL8 号或 HL10 号聚四氟乙烯润滑脂，密封圈外侧法兰面应涂中性凡士林或 2 号防冻脂。引进的国外产品应根据使用说明书的要求选用适当油脂。法兰拼合缝隙及法兰连接螺栓等处应涂 703 密封胶密封。

7）断路器容器内的吸附剂应在解体检修时更换，换下的吸附剂应妥善处理防止污染扩散。新换上的吸附剂应先在 200～300℃的烘箱中烘燥处理 12h 以上，待自然冷却后立即装入断路器，要尽量减少在空气中的暴露时间。吸附剂的装入量为充入断路器的 SF$_6$ 气体质量的 1/10。

8）断路器解体后如不及时装复，应将绝缘件放置在烘箱或烘间内以保持干燥。

9）SF$_6$ 断路器在运输过程中，应充以低气压且符合标准的 SF$_6$ 气体或 N$_2$ 气体，以免潮气侵入。

4.2　决策与计划

一、高压断路器的常见故障分析及处理方法

1．SN10-10 系列高压断路器故障分析及处理（见表 4-6）

表 4-6　　　　　　　　　　　SN10-10 系列高压断路器故障分析及处理

故 障 现 象	故 障 原 因	处 理 方 法
摇臂转轴渗油	骨架橡胶密封有气孔、裂纹、破损等机械损伤或有毛边	检查油封外观，将内圈翻过来检查，如有损伤或缺陷应更换
	转轴或轴孔不光滑，有毛刺	用 0 号砂布处理，使轴和孔内壁光滑
静触指脱落，卡在灭弧片中，合不上闸	弹簧片弯曲，失去弹性	更换合格弹簧片
	铝隔栅与触座公差配合过大	更换合格铝隔栅或触座
引弧触指、弹簧片、与触座、隔栅接触部位烧伤	弹簧片失去弹性，导致触指与触座接触不良	更换合格弹簧片
引弧触指铜钨合金块脱落	焊接不良	更换整体烧结触头
触指与引弧触指紫铜部分烧伤	静触头逆止阀钢球行程过大	将逆止阀转个方向，重新打孔加铆钉，使钢球行程为 0.5～1mm
动静触头中心不正，合闸时撞击触指，使之变形倒下	下压环与绝缘筒之间的弹簧圈压偏	更换变形的弹簧圈，并正确安装进槽内
	下压环上四颗螺钉紧固受力不均匀	对角紧固均匀
	静触座装配装偏	调整静触座与上接线座间的安装位置或调整触头架与触座间的位置
基座底部油缓冲器圆盘渗油	密封圈与圆盘沟槽配合公差过大；使密封圈压缩量不足	更换较粗的密封圈，保证压缩量达 1/3 左右
	密封圈永久性变形	更换密封圈
分闸失灵	定位螺杆松动变位，造成分闸连板中间轴过低（死点过低）	重新调整定位螺杆，并紧固锁紧螺母
	分闸电磁铁铁芯运动卡涩	对卡涩原因作针对性处理
	分闸电磁铁固定顶丝松动，导致铁芯下落，甚至掉下	将顶丝牢固顶入丝窝，并在分闸铁芯下方加装托板
	分闸铁芯行程过大	调整分闸铁芯行程，必要时可适当小于 34 mm
	电气回路故障	作针对性处理

续表

故　障　现　象	故　障　原　因	处　理　方　法
合闸失灵	分闸连板中间轴位置过高（死点过高）	在保证满足最低动作电压的前提下，重新调整分闸连板中间轴位置
	合闸铁芯上部绝缘垫圈装偏	使合闸铁芯外部铜套两端准确进入上下轭铁槽内，放正绝缘垫圈
	合闸接触器动触头卡碰灭弧罩	作针对性处理
	电气回路故障	作针对性处理
产生"跳跃"合不上闸	辅助开关合闸触点打开过早	调整辅助开关触点，使其在断路器主触头接通后再打开，触点断开距离不小于2mm
	合闸铁芯顶杆太短	调整合闸铁芯顶杆，使过冲行程满足 1～1.5mm

2. SW6-126 型高压断路器故障分析及处理

（1）中间机构连板弯曲。可能原因分析及处理如下。

1）缓冲器缓冲效果不好，应更换合格的缓冲器活塞，活塞间隙应为 0.27～0.31mm。

2）中间机构销轴窜出，使机构卡滞。检查机构中各轴销有无变位，开口销是否齐全并分开。

3）杠杆铸造质量不良，应更换杠杆。

4）分闸缓冲器失灵，应更换新品。

（2）支持绝缘子、灭弧绝缘子断裂。可能原因分析及处理如下。

1）绝缘子质量不良，应更换新品。

2）支持绝缘子安装时受力不均，组装时要对角均匀拧紧法兰螺栓，拧螺栓的力矩不宜超过 20N·m。

（3）断路器本体进水。可能原因分析及处理如下。

1）铝帽呼吸孔不畅通，应检查呼吸孔，使其畅通。

2）铝帽帽盖 M20 螺栓孔密封不良，应更新密封圈，重新紧好。

3）铝帽有沙眼，应处理或更换铝帽。

（4）断路器本体漏油。可能原因分析及处理如下。

1）油标密封不良或有裂纹，应适当拧紧油标螺钉或更换密封圈，油标损坏者应更换。

2）放油阀密封不严，应检查处理放油阀。

3）灭弧室或支持绝缘子漏油时，应检查相应绝缘子及密封圈，对症处理，损坏的部件应更换。

4）基座油箱漏油一般是焊缝有裂纹或砂眼，应检查补焊。若是密封处漏油应检查更换密封圈。

（5）机构建不起压力。可能原因分析如下。

1）油泵内各阀体高压密封圈损坏或球阀密封不严，此时用手摸油泵，可能发热。

2）滤油器有脏物堵塞，影响油通过。

3）油泵低压侧有空气存在。

4）高压放油阀没有复位，高压油排至油箱中。

5）柱塞间隙配合过大。

6）一、二级阀口密封不严，有两种原因：①阀口有磨损；②合闸一级阀小球托翻倒或分阀小球托翻倒，导致逆止钢球不复位；球托翻倒后会出现两种现象，一种是从合闸一级阀的泄油孔往外渗油，这说明一级阀的球托翻倒；另一种是在合闸过程中，能听到机构箱内有一种像喷雾的声音，这说明分闸阀小球托翻倒，高压油从分闸泄油孔泄到油箱中。

7）由于油泵大修后，柱塞在装入时没有注入适量的液压油，加上柱塞及柱塞座没有擦拭干净，因此油泵建不起压力。

8）油泵滤油网堵塞。

（6）合闸不成功。可能原因分析如下。

1）合闸电磁铁线圈断线或匝间短路或线圈接线头接触不良。

2）合闸电磁铁顶杆或合闸阀杆变形、弯曲造成卡滞。

3）合闸一级阀阀杆过短，使球阀打开的距离过小或未打开。

4）操作回路不良，造成合闸回路不通。

5）合闸的一级阀逆止钢球的小球托被油流冲倒，造成钢球不能正确复位，逆止不严或者是分闸阀小球托翻倒。

6）由于早期产品中间触头为短触指，在合闸操作中"打翻"，造成导电杆卡滞或者由于导电杆与灭弧室不同心而影响断路器合闸。

（7）分闸不成功。可能原因分析如下。

1）分闸线圈断线或匝间短路或线间接头接触不良。

2）分闸电磁铁顶杆或分闸阀阀杆变形、弯曲造成卡滞。

3）分闸阀杆过短，使分闸阀钢球打开距离太小或未打开。

4）操作回路接触不良造成分闸回路不通或辅助开关没转换。

5）分闸阀装配两管接头装反，虽然分闸阀动作，但由于保持孔大于泄油孔，导致合闸保持油来不及泄漏，因此，使断路器仍处于合闸位置。

（8）合闸后即分。可能原因分析如下。

1）分、合闸一级阀逆止钢球密封不严，可能是复位弹簧变形，使钢球动作后不能复位逆止。

2）保持回路管道有堵塞现象。

3）分、合闸阀阀杆弯曲，动作后没有复位。

4）阀座密封圈损坏。

（9）油泵建压时间长（超过 3min）。可能原因分析如下。

1）油泵逆止阀或高压出口逆止阀密封不严。

2）油泵柱塞两个聚四氟乙烯垫密封不良。

3）柱塞配合间隙太大，中间存在空气。

4）只有一个柱塞起作用，油泵吸油阀作用不良。

5）滤油器不够畅通或油箱内油位太低。

6）油泵内 8 个 M10 螺丝松动。

（10）油泵起动频繁。可能原因分析如下。

1）管路接头有漏油处。

2）一、二级阀钢球密封不严。

3）如果从外观上检查无问题，则说明油泵出口的高压逆止阀密封不严（早期产品）。

4）如果机构在分闸状态，油泵起动也频繁，说明合闸的二级控制阀钢球密封不严，从外观上看，油是从合闸二级阀泄油孔中渗出。

5）放油阀关闭不严。

6）工作缸活塞密封圈不好也会引起泵起动频繁。

（11）机构压力异常升高。可能原因分析如下。

1）微动开关 1YLJ（1CK）失灵，使储压筒活塞杆超出 1YLJ（1CK）位置时，电机电源切不断继续打压。

2）储压筒密封胶圈损坏或者筒壁有磨损，液压油进入氮气侧。

3）由于压力表有误差或失灵，也会引起压力的异常增高。

4）中间继电器"粘住"，触点断不开。

5）起动器卡滞，电机始终处于运转状态。

（12）机构压力异常降低。可能原因分析如下。

1）温度变化。

2）机构箱内有大量的漏油处，阀体被油中脏物"垫起"或胶圈损坏 （属此情况油泵连续运转）。

3）若储压筒活塞杆在正常停止位置，而压力继续低，说明储压筒焊缝处有漏气现象。

4）单向逆止阀密封不严或储压筒活塞杆头部两个密封圈损坏，使氮气跑到油中。

二、现场查勘

现场查勘由工作票签发人组织，工作负责人必须参加。根据现场查勘结果正确填写现场查勘表；并针对危险性、复杂性、困难度较大的作业环节，编制针对性的组织措施、技术措施、安全措施，报上一级领导审核批准。

现场查勘的主要内容包括以下几方面。

（1）现场检修作业需要的停电范围、保留的带电部位。确认待检修断路器的安装地点，查勘工作现场周围（带电运行）设备与工作区域安全距离是否满足"安规"要求，工作人员工作位置与周围（带电）设备的安全距离是否满足要求。

（2）查勘现场作业条件、环境、临时电源搭接。查勘工具、设备进入工作区域的通道是否畅通，绘制现场检修设备、工器具和材料定置草图。

（3）了解待检修断路器的结构特点、连接方式，收集技术参数、运行情况及缺陷情况。

（4）查勘其他的危险点。正确填写现场查勘表（参考学习指南）。

三、危险点分析与控制

检修高压断路器，应考虑防止人身触电、机械性损伤、工器具损坏、设备损坏等因素，危险点分析与控制措施见表4-7。

表 4-7　　　　　　　　　　　危险点分析及控制措施

序号	危　险　点	控　制　措　施
1	作业现场情况的核查不全面、不准确	布置作业前,必须核对图纸,勘察现场,彻底查明可能向作业地点反送电的所有电源,并应断开其断路器、隔离开关。对施工作业现场,应查明作业中的不安全因素,制定可靠的安全防范措施
2	作业任务不清楚	对施工作业现场,应按有关规定编制施工安全技术组织措施计划,并需组织全体作业人员结合现场实际认真学习, 做好事故预想

续表

序号	危 险 点	控 制 措 施
3	作业组的工作负责人和工作班组成员选派不当	选派的工作负责人应有较强的责任心和安全意识,并熟练地掌握所承担的检修项目和质量标准。选派的工作班成员需在工作负责人指导下能安全、保质地完成所承担的工作任务
4	安全用具、工器具不足或不合规范	检查着装和所需使用安全用具是否合格齐备
5	监护不到位	工作负责人正确、安全地组织作业,做好全过程的监护。作业人员做到相互监护、照顾和提醒
6	人身触电	作业人员必须明确当日工作任务、现场安全措施、停电范围;现场的工具,长大物件必须与带电设备保持足够的安全距离并设专人监护;现场要使用专用电源,不得使用绝缘老化的电线,控制开关要完好,熔丝的规格应合适;低压交流电源应装有触电保安器;电源开关的操作把手需绝缘良好;接线端子的绝缘护罩齐备,导线的接头须采取绝缘包扎措施;与带电设备、间隔保持足够的安全距离;对控制回路端子,在紧固螺丝前作业人员确认无电压后方可开始工作
7	操动机构误动作,伤害作业人员	取下断路器的操作和合闸电源的熔断器;手动分合机构时,作业人员不得触及连板系统和各传动部件
8	机械伤害	(1)工作前,必须对机构进行泄压; (2)拆卸压油活塞需注意均匀施力,防止压油活塞尾部螺栓弹出伤人; (3)行程调整时,机构储能后,人员不得在传动回路或分慢分弹簧上工作; (4)起重作业需服从专人指挥,起吊前承重部件是否合格、牢固
9	高空坠落	(1)2m以上视为高空作业,需正确佩戴合格的安全带和安全帽; (2)梯子应搭设牢固,与地面夹角大于60°、小于70°,且上下时有人扶持; (3)登高作业前,需擦净鞋底油污; (4)工具传递应使用绳索,不得上下抛掷
10	设备损伤	(1)登高作业应使用工具包,工具使用时应绑扎可靠于手腕; (2)临近绝缘子作业需谨防金属工具损伤瓷件; (3)废旧脚垫被更换后立即剪断,并统一收纳清点丢弃
11	发生火灾	作业现场严禁吸烟和明火,必须用明火时应办理动火手续,并在现场备足消防器材;油料统一存放,避免暴晒,作业现场不得存放易燃易爆品

四、确定检修内容、时间和进度

根据现场查勘报告,编制标准化作业流程表,见表4-8。

表4-8　　　　　　　　　　　标准化作业流程表

工作任务	少油断路器检修	
工作日期	年　月　日至　月　日	工期　　天
工作安排	工　作　内　容	时间(学时)
主持人: 参与人:全体小组成员	(1)分组制订检修工作计划、作业方案	
	(2)讨论优化作业方案,编制最优化标准化作业卡	
	(3)准备检修工器具、材料,办理开工手续	
小组成员训练顺序:	(4)断路器灭弧室检修(或故障处理)	
	(5)操动机构检修	
	(6)机械特性调试	
主持人: 参与人:全体小组成员	(7)清理工作现场,验收、办理工作终结	
	(8)小组自评、小组互评,教师总评	
确认(签名)	工作负责人: 小组成员:	

五、确定安全、技术措施

1. 一般安全注意事项

（1）施工前，准备好所需仪器仪表、工器具、相关材料、相关图纸及相关技术资料。检查安全工器具是否齐备、合格，确定现场工器具摆放位置。

（2）按规定办理工作票，工作负责人同值班人员一起检查现场安全措施，履行工作许可手续。

（3）开工前，工作负责人组织全体施工人员列队宣读工作票，进行安全、技术交底。

（4）施工人员正确佩带安全帽，穿好工作服，高空作业正确使用安全带，施工过程中互相监督，保证安全施工。

（5）明确工作的作业内容、进度要求、作业标准及安全注意事项，严格按照标准卡进行工作。

（6）明确工作中的主要危险点及控制措施。

2. 技术措施

（1）拆除接线时，做好记录，按记录恢复接线。

（2）所有零部件及工器具必须摆放整齐，排列有序。

（3）检修中轻拿轻放，防止碰伤和损坏零部件，发现异常及时处理。

（4）灭弧元件在检修中不得接触面纱等易产生飞絮的材料。

（5）检修中，更换下的密封圈应立即剪断，统一收纳清点，不得重复利用。

（6）装配顺序与拆卸时相反，安装中测试各项尺寸数据，并进行记录。

（7）检修后按规定项目进行测试，各部件应符合相关质量要求。

（8）结合季节与气温调整油位。

六、工器具及材料准备

1. 工器具准备（见表 4-9 和表 4-10）

表 4-9　　　　　　　　　　　　　　　SN10-10 Ⅱ型少油断路器检修工具表

序号	名　称	规　格	单位	每组数量	备　注
1	梅花扳手	8～32	套	1	
2	呆扳手	8～24	套	1	
3	活动扳手	8	把	1	
4	内六角		套	1	
5	尖嘴钳	6	把	1	
6	十字螺丝刀	4～6	把	1	各2
7	一字螺丝刀	3、4、6	把	1	各2
8	小锤		把	1	1
9	木榔头	中	把	1	
10	套筒扳手	28 件	套	1	
11	微型套筒	12 件	副	1	
12	管子钳	16	把	1	
13	仪表螺丝刀	十字、一字	把	1	各1

续表

序号	名　称	规　格	单　位	每组数量	备　注
14	细锉		套	1	
15	专用工具		把	1	旋出压环
16	专用工具		把	1	拆卸触指
17	放油桶		个	3	
18	力矩扳手	0～150N·m	把	1	
19	万用表	—	只	1	数字型、合格
20	绝缘电阻表	500V	只	1	
21	夹柄起子	大	把	1	
22	圈尺	5m	把	1	
23	直尺	60cm	把	1	
24	检修油盘		个	3	
25	鸭嘴桶	10kg	个	1	
26	油标卡尺	150mm	把	1	
27	深度游标卡尺	450mm	把	1	

表 4-10　　　　　　　　　　　SW6-110 型少油断路器检修工具表

序号	名　称	规　格	单　位	每组数量	备　注
1	活动扳手	15	把	2	
2	活动扳手	12	把	2	
3	管子钳	10	把	1	
4	管子钳	20	把	1	
5	套筒扳手	10～32	副	1	
6	梅花扳手	22～24	把	2	各2
7	梅花扳手	17～19	把	2	各2
8	梅花扳手	12～14	把	2	1
9	木榔头	中号	把	1	
10	钢锯架	300mm	付	1	
11	锉刀	平锉	把	1	
12	锉刀	圆锉	把	1	
13	放油管	110kV	副	1	
14	钢直尺	1m	支	1	
15	钢直尺	0.6m	支	1	
16	油盆	自制	只	3	
17	机油枪	—	把	1	
18	吊带	4T/2m	根	2	
19	白棕绳	Φ10mm	m	10	

续表

序号	名　称	规　格	单　位	每组数量	备　注
20	弯嘴钳	200mm	把	1	
21	绝缘检修架	110kV 专用	副		
22	直梯	7挡	把		
23	专用工具		套	1	灭弧室拆卸
24	专用工具		套	1	行程调整
25	压力滤油机	125L/min	台	1	
26	小型滤油机		台	1	
27	油桶	200kg	只	1	
28	铁皮油桶	中号	只	1	
29	安全带		根	4	
30	三相电源接线盘	380V	只	1	

2. 仪器、仪表准备（见表 4-11 和表 4-12）

表 4-11　　　　　　　　SN10-10Ⅱ型少油断路器检修仪器、仪表准备表

序号	名　称	规　格	单　位	每组数量	备　注
1	绝缘电阻表	ZC25-3 500V	只	1	
2	绝缘电阻表	ZC11D-5 2500V	只	1	
3	万用表		只	1	
4	机械特性测试仪		台	1	

表 4-12　　　　　　　　SW6-110 型少油断路器检修仪器、仪表准备表

序号	名　称	规　格	单　位	每组数量	备　注
1	万用表	—	只	1	
2	绝缘电阻表	2500V	只	1	
3	绝缘电阻表	500V	只	1	
4	接触电阻测试仪	100A	台	1	
5	试验导线		20	m	
6	开关特性测试仪	GDK430A	台	1	
7	接触器测试仪	CT2000	台	1	

3. 消耗性材料及备件准备（见表 4-13 和表 4-14）

表 4-13　　　　　　　　SN10-10Ⅱ型少油断路器检修消耗性材料及备件准备表

序号	名　称	规　格	单　位	每组数量	备　注
1	小毛巾	—	块		
2	白布	—	m		

续表

序号	名　称	规　格	单　位	每组数量	备　注
3	变压器油		kg		
4	塑料布	—	m		
5	中性凡士林	1	包		
6	棉纱头		kg		
7	砂布	0	张		
8	SN10-10Ⅱ型密封圈	1	全套		
9	黄油	1kg/包	包		
10	油漆	醇酸漆	kg		黄、绿、红、黑各 0.5 kg
11	洗手液	—	瓶		
12	洗涤型汽油	70 号	L		
13	漆刷帚	1 号、2 号	把		
14	1032 绝缘清漆		kg		
15	润滑脂			少量	
16	底座放油阀密封圈		套/相		

表 4-14　　　　　SW6-110 型少油断路器检修消耗性材料及备件准备表

序号	名　称	规　格	单　位	每组数量	备　注
1	本体密封圈	SW6-110 型	套	1	
2	机构密封圈	CY3 系列	套	1	
3	灭弧片	8kA 742.169（I） 8kA 742.192	片	2	各 2
4	灭弧片	8kA 742.137（I） 8kA 742.159	片	2	各 2
5	灭弧片	8kA 742.172（I） 8kA 742.159	片	2	
6	度锌螺栓	M14、M19、M27	套		各 10
7	棉纱布	—	kg	15	
8	银砂纸	0 号	张	3	1
9	铁砂布	1 号	张	5	
10	无水乙醇	分析醇	kg	1	
11	汽油	90 号	kg	3	
12	钢锯条	300mm	把	3	
13	小毛巾		块	10	
14	导电脂	—	kg	0.3	
15	白纱带	—	圈	2	
16	铁丝	12 号	kg	1	

续表

序号	名　称	规　格	单　位	每组数量	备　注
17	铁丝	14 号	kg	1	
18	机油		kg	1	
19	漆刷	1.5 寸	把	4	
20	氮气	99.999%	瓶	2	
21	塑料薄膜	—	m	10	
22	红漆	0.75kg/桶	桶	2	
23	黄漆	0.5kg/桶	桶	1	
24	绿漆	0.5kg/桶	桶	1	
25	凡士林	中性	kg	0.5	
26	灰漆	0.5kg/桶	组	1	
27	油漆稀释剂	0.5kg/瓶	瓶	2	
28	松锈液	—	瓶	2	
29	黄干油	1kg	包	0.5	
30	绝缘胶布	KCJ-21 型	圈	1	
31	研磨膏	380 粒	盒	1	
32	记号笔	极细	支	1	
33	洗手液	—	瓶	2	
34	线手套	—	副	10	
35	绝缘带	—	圈	2	
36	滤纸	22.5×22.5	张	138	
37	液压油（航空）	10 号	kg	10	
38	白纱布		m²	1	

4.3 实施

一、布置安全措施，办理开工手续

（1）断开回路的断路器，检查断路器机械位置指示器位于分闸位置（检查断路器机构机械位置指示器、分闸弹簧、基座拐臂的位置），确认断路器处于分闸位置，并在断路器操动机构箱处挂"在此工作"标示牌，断路器就地操作把手已悬挂"禁止合闸，有人工作"标示牌。

（2）检查断路器操动机构控制、信号、合闸电源已切断（应拉开低压断路器或取下熔断器）。

（3）拉开检修间隔的断路器两侧隔离开关至分闸位置，确认两侧隔离开关在断开、拉开位置（或将手车退出至检修位置），检查确认隔离开关的分闸闭锁，并在隔离开关操作把手上悬挂"禁止合闸，有人工作"标示牌。

（4）确认检修间隔线路侧隔离开关已挂接地线（或接地开关已合上），母线侧隔离开关与断路器之间已装设一组接地线（或接地开关已合上）。

（5）确认检修间隔开关柜母线侧隔离开关动、静触头之间已挂绝缘隔板。

（6）确认检修间隔四周与相邻带电设备间装设围栏，并向内侧悬挂 "止步，高压危险"标示牌；围栏设置唯一出口，在出口处悬挂"从此进出"标示牌。

（7）列队宣读工作票，交代工作内容、安全措施和注意事项；工作时，检修人员与 10kV带电设备的安全距离必须不得小于 0.35m，与 110kV 带电设备保持安全距离 1.5m。

（8）准备好检修所需的工器具、材料、配件等，检查工器具应齐全、合格，摆放位置符合规定。

二、高压少油断路器的检查与处理

高压少油断路器的检修前例行检查表见表 4-15。

表 4-15　　　　　　　　　　　检 修 前 例 行 检 查 表

检查项目	检 查 要 求	检 查 标 准
外观	断路器各部件及基础构架； 绝缘表面； 导电连接部分金属表面	断路器本体、机构及基础构架无变形，无锈蚀； 绝缘表面无破损，无脏污，无放电痕迹； 导电连接部分金属表面无过热痕迹； 相色及标示清楚
位置	机械指示器； 辅助开关节点； 机构、传动轴位置； 分闸弹簧	机械指示器指示与实际一致； 机构四连杆机构位于死点位置； 分闸弹簧已储能
油位	油位正常	位于油标 1/4～3/4 刻度间
渗漏油	各部密封连接； 断路器各金属面； 断路器下方地面	各部密封连接无渗漏； 无闪浸； 无油滴痕迹
分合闸操作	电动	动作干脆，无异响，无喷油，位置信号变化准确
操动机构	死点闭锁可靠	动作正常，无异响、无卡涩
端子箱	各接线端子	无松动，松脱
其他	各连接及接地部位连接	螺丝紧固，连接可靠

三、高压少油断路器的检修

（一）SN10-10Ⅱ型少油断路器检修

SN10-10Ⅱ型少油断路器检修作业流程如图 4-38 所示，这里只作重点介绍。

1. 断路器的灭弧室检修

SN10-10Ⅱ型断路器灭弧室的检修，应首先将灭弧室分解，然后按其部件进行检修。灭弧室分解的顺序可分为上帽、静触座、灭弧室、绝缘筒、下接线座及导向装置、动触杆、基座、副筒等。

灭弧室的检修工艺及方法如下：

（1）拧下放油螺栓，将油箱内脏油全部放出；

（2）拆下上、下出线端子上的母线；

（3）用内六角扳手和活动扳手将上帽打开，如图 4-39 所示。并卸下上帽上的排气孔盖、油气分离器和回油阀，将全部零部件清洗干净，按相放好，并达到下列要求。

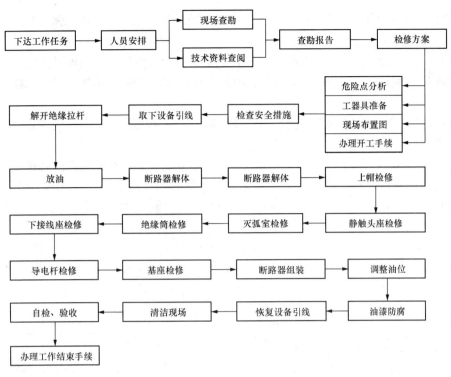

图 4-38　SN10-10Ⅱ型少油断路器检修作业流程

1）上帽侧壁上的排气孔要畅通，如有异物堵塞应清除。

2）逆止（回油）阀密封应良好，钢球完好转动灵活。若密封不良可用小锤轻敲钢球，使其有可靠的密封线。

3）按与拆卸相反顺序装好上帽。三相上盖上的排气孔方向如图 4-40 中 A、B、C 所示。两边相上盖的定向排气孔与中间定相排气孔的夹角为 45°。

（4）分别取出三相静触头，如图 4-41 所示，按相放好，用专用工具将触指 1 及弧触指 2 从触座上卸下，取出弹簧片 3，并检查、清洗，其质量要求如下：

1）触指和弧触指导电面烧损严重的应更换，轻微的用 0 号砂布修复。导电接触面应光滑平整，烧伤面积达 30%且深度大于 1mm 时，应更换。铜钨合金部分烧伤深度大于 2mm 时应更换。

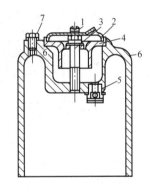

图 4-39　上帽装配

1—螺栓；2—排气孔盖；3—螺栓；
4—油气分离器；5—回油阀；
6—上帽；7—注油孔螺栓

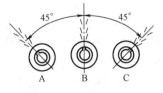

图 4-40　上盖定向排气孔图

2）检查触头架与触座的接触面，触座与触指的接触面如有烧伤痕迹，若轻微的用 0 号砂布修复，若严重的应更换。触头架与触座间接触应紧密、可靠。

3）检查触座的触指尾槽内积垢是否清除干净，隔栅是否完整。隔栅应无裂纹、缺齿现象，固定隔栅的圆柱销无脱落及退出现象。

4）检查弹簧片有无变形和损坏，弹簧片有烧伤或变形过大的应更换。弹簧片弯曲度不大于 0.2mm，否则应更换弹簧片。

5）检查逆止阀密封情况（用嘴吹一下），如密封不严，可按上帽回油阀处理方法处理。逆止阀内不应有铜熔粒及杂质，钢球动作灵活，挡钢球的圆柱销两端应铆好、修平，不得退出。

6）检查绝缘套筒的漆膜是否完整，有无剥落、起层、起泡现象，并清洗干净。若烧损严重的，应更换。

7）按与拆卸相反顺序，重新装好静触头。组装触指时，要注意必须将弧触指装于对准灭弧室横吹气道的方向。组装好后要检查并测量静触指的闭合圆直径，I、II及III型主筒静触指闭合圆直径为 $\phi18.5\sim\phi20$，III型副筒静触指闭合圆直径为 $\phi29\sim\phi30$。不满足要求的要检查处理。

（5）如图 4-42 所示，用专用工具拧下灭弧室顶部的上压环 9，取出绝缘环 1、灭弧片 2～5、挡弧片及绝缘衬垫 7。用合格的绝缘油清洗灭弧片 2～5 和调整垫片 6，检查灭弧片及绝缘件烧损情况。烧损轻微的用 0 号砂布轻轻擦拭弧痕，烧损严重的应更换。

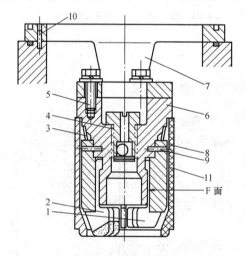

图 4-41　静触座装配

1—触指；2—弧触指；3—弹簧片；4—逆止阀；5—螺栓；
6—触座；7—触头架；8—隔栅；9—铆钉；
10—定位销；11—绝缘套筒

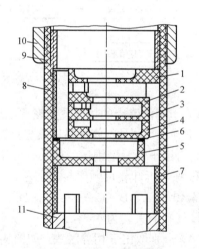

图 4-42　灭弧室装配

1—绝缘环；2～5—灭弧片；6—调整垫片；
7—绝缘衬垫；8—隔弧壁；9—上压环；
10—上接线座；11—下压环

灭弧片表面应光滑平整、无碳化颗粒、无裂纹及损坏。处理后的灭弧片，第一片长孔径不得超过 28mm（I 型）和 32mm（II、III型），其余灭弧片孔径不得超过 $\phi26mm$，绝缘体无烧损。

检查导电杆的动触头的烧损情况，其结构如图 4-43 所示，如触头部分烧损严重时，可用专用工具拧下动触头，处理或更换；烧损轻微的用 0 号砂布修复。动触头铜钨合金部分烧伤深度大于 2mm 时应更换，导电接触面烧伤深度大于 0.5mm 时应更换。

检查动触头与导电杆的连接是否松动，如有松动可用专用工具予以拧紧。拧紧时不要用力过猛，其连接应紧密牢固。导电杆弯曲度应小于 0.15mm。

（6）检查油箱中、下部其他零部件有无异常现象，如没有则不必要再拆卸，只需用清洁的变压器油冲洗干净，将绝缘筒上部放电弧轻微灼伤的部位刷洗干净。具体做法如下：

1）用专用工具检查连接绝缘筒与基座的四个螺栓是否松动，螺栓要均匀拧紧，绝缘筒内铝压圈应平整，受力均匀。基座装配结构如图 4-44 所示。

2）如图 4-45 所示，检查绝缘筒与下接线座装配的连接密封以及下接线座装配与接线基座的连接密封是否密封良好，无渗漏油现象；否则需处理或更换密封圈。

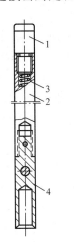

图 4-43　导电杆装配

1—动触头；2—导电杆；
3—弹簧；4—缓冲器

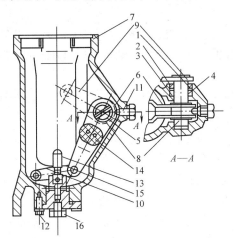

图 4-44　基座装配结构图

1—螺纹套；2—铜垫圈；3—骨架密封圈；
4—抱簧；5—弹性销；6—内拐臂；7—基座；
8—转轴；9—外摇臂；10—连板；11—特殊螺栓；
12—螺栓；13—油缓冲器活塞杆；14—制动块；
15—轴销；16—放油螺栓

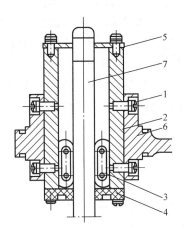

图 4-45　下接线座装配

1—螺栓；2—导电条；3—滚动触头；
4—下导向板；5—上导向板；
6—下接线座；7—导电杆

3）用螺丝刀检查下接线座装配导向板上的螺丝是否松动，导向板是否破损，有损者应修复。

4）取下基座外的绝缘拉杆，用手转动小拐臂，检查导电杆无阻滞现象。检查滚动触头与导电杆接触应良好。

5）用绝缘油清洗绝缘筒、下接线座装配和接线基座，拆下油缓冲器，首先要对缓冲器进行检查，还要将基座内的污油放掉并进行冲洗。

2. 断路器的操动机构检修

CD10 型操动机构的解体检修包括连板系统、分合闸电磁铁、辅助开关和合闸接触器的检修。

（1）连板系统的分解。

1）如图 4-46 所示，拆开端子排、分合闸指示牌及辅助开关连杆。

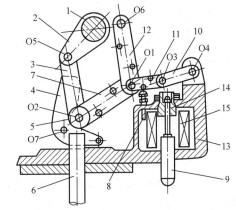

图 4-46　CD10 型操动机构在分闸状态时连板的位置

1—输出轴；2—拐臂；3、10—连板；7、11、12—双连板；
4—支架；5—滚轮；6—合闸铁芯顶杆；8—定位止钉；
9—分闸铁芯；13—轭铁；14—分闸静铁芯；15—分闸线圈；
O1、O2、O3、O4、O5、O6、O7—轴销

2）卸下轴销 O4、O5、O6，取出连板 3、10 及双连板 7、11、12，再抽出轴销 O1、O2、O3，使各连板分解。

3）松开输出轴 1 上的定位环，抽出输出轴。

4）抽出轴销 O7，卸下支架 4。

（2）连板系统的清洗和检查。

1）用汽油清洗各零件。

2）检查拆下的各轴销、连板、支架、滚轮、拐臂等有无弯曲、变形、磨损等。各零件应无变形损坏，焊缝无裂纹。双连板铆钉不应松动。轴销与轴孔配合间隙不应大于 1mm。各轴销窜动量不应大于 1mm。

（3）连板系统的装复。将各轴销、轴孔涂以润滑油后，按分解相反顺序装复。当连板系统装复到操动机构的基座上后，应从侧面观察，使各连板中心在分、合闸铁芯顶杆中心线的垂直平面内，并以此位置来调整输出轴处的垫片数量，使输出轴窜动量不致过大。调整好后将输出轴上定位环的止钉顶在窝内旋紧，然后再进行下列检查试验。

1）拨动支架，检查复归扭簧是否良好。支架在扭簧作用下应能自如复位。

2）将机构置于合闸位置后，检查滚轮在支架上的位置是否符合要求（滚轮轴扣入深度应在支架中心±4mm 范围内），支架两脚是否在同一平面上（支架两侧上端面应同时接触滚轮轴，其两脚应同时接触机座）。如两脚不平时，可锉磨支架和机座的接触面或加点焊调平。

3）在未与断路器连接的情况下，将输出轴转动几次，检查有无卡涩。转动后各部件应能靠扭簧的力量自由复位。分闸状态下主轴拐臂与垂线间夹角为 41°；合闸状态时水平连杆拐臂与垂线间的夹角为 60°。

4）拉动"死点"连板，模拟分闸状态，以检查各部件是否灵活，双连板与定位止钉和机座是否卡塞。如碰擦定位止钉，应检查双连板 7 是否装反；如碰擦机座，可将机座的棱角打掉一些。

5）检查定位止钉是否松动，端部和侧面有无打击变形现象。止钉如弯曲应校直，并要查出原因予以消除。

6）用样板调整分闸连板中间轴 O3 中心线低于"死点"的距离。O3 应低于 O1～O4 中心连线 0.5～1mm。

（4）合闸电磁铁的分解。

1）拆下中部左侧接线板上合闸线圈的引线端子。

2）拧下四只螺栓，卸下缓冲法兰、侧轭铁、上轭铁等，取出铁芯、弹簧、铜套、线圈等。

3）抽出操作手柄的轴，取下手柄。

（5）合闸电磁铁的清扫与检查。

1）检查上轭铁板上的隔磁铜片是否完好、紧固。固定隔磁铜片的平头螺栓应无松动，且不能高出铜片平面。

2）清扫检查合闸铁芯及顶杆。铁芯顶杆应不活动，止钉应无松动、退出。

3）用毛刷清扫上下轭铁、侧轭铁、铜套、线圈、弹簧等，铜套应无变形。检查线圈及引线绝缘情况，并测量其直流电阻。直流电阻应符合标准。

4）清扫缓冲法兰，检查下部橡胶缓冲垫及手力操作手柄是否完好，橡胶缓冲垫无损坏及严重老化现象，固定螺栓应无松脱，两螺帽间应加弹簧垫。将手力操作手柄转轴及滚轮清洗后涂润滑油。

（6）合闸电磁铁的装复。按分解相反顺序进行。装复后用手柄试操作几次，检查铁芯运动情况，检查机构合闸滚轮轴与支架间的过冲间隙是否符合要求。合闸铁芯行程约为 78mm，合闸铁芯顶杆长度为 141_{-1}mm，铁芯合闸终止时，滚轮轴与支架间的过冲间隙为 1～1.5mm。若过冲间隙不符合要求，可调整铁芯顶杆的长度。接引线前还应检测合闸线圈的绝缘电阻，用 1000V 绝缘电阻表测量，其绝缘电阻不应小于 1MΩ。

（7）分闸电磁铁的分解。

1）电磁铁芯如用止钉固定，则将分闸静铁芯 14 的止钉及下部托板卸下；如用圆螺母固定，则将止动堵圈及圆螺母卸下，然后取下分闸铁芯 9 及铜套。

2）拆下分闸线圈引线端子，取出分闸线圈 15。

（8）分闸电磁铁的清扫、检查。

1）检查线圈及引线绝缘情况，线圈及引线绝缘应无破损；并测量直流电阻，直流电阻符合标准。

2）检查铜套固定是否牢固、有无变形，动铁芯顶杆是否弯曲，动铁芯顶杆应与动铁芯上端面垂直。

3）动铁心顶杆长度应适宜，慢慢将动铁芯向上推检查能否可靠跳闸。动铁芯顶杆碰到连板后应能继续上升 8～10mm，分闸动铁芯行程为 31_{-1}mm，空行程为 25_{-1}mm。

4）当运行中分闸线圈受断路器位置监视回路电压的电磁作用，可能影响断路器正常动作时，应将分闸铁芯顶杆换为黄铜顶杆，避免电磁干扰。

（9）分闸电磁铁的装复。

按拆卸相反顺序进行，然后进行下列工作。

1）将止钉准确顶入静铁芯的止钉窝内，装好下托板。或紧固圆螺母，并将止动垫圈的突齿嵌入圆螺母槽内。

2）将动铁芯旋转各种不同角度并上下运动时应灵活，无卡涩现象。若系用止钉固定而分闸电磁铁下部无托板时，则应加装托板。

3）接引线前测量分闸线圈绝缘电阻，用 1000V 绝缘电阻表测量分闸线圈绝缘电阻，不应小于 1MΩ。

（10）辅助开关检修。

1）用毛刷清扫浮尘，打开辅助开关盖板检查动静触点的完好情况及切换可靠性，如有触点严重烧伤时应修理或更换。

2）检查轴销、连杆是否完好。连杆不应弯曲，输出轴上拐臂旋入输出轴深度不小于 5mm。合闸回路辅助开关触头合闸后断开距离大于 2mm。

（11）合闸接触器检修。

1）取下灭弧罩，用细锉刀将烧伤的触头锉平，用 0 号砂布打光，保证触头表面平整。

2）用毛刷清扫各部件，各部件应清洁、完整，无污垢、锈蚀现象。

3）调整触头开距和超行程。接触器的开距和超行程应符合要求。

4）装上灭弧罩后，检查动作情况。动触头应动作灵活，无卡涩现象。

3. 断路器主要部件的检修

（1）断路器框架的检修。

1) 如图 4-47 所示，拆下分闸弹簧、合闸缓冲弹簧，测量其自由长度应符合：分闸弹簧 （193±2.5）mm；合闸缓冲弹簧（90±3）mm。检查分闸弹簧、合闸缓冲弹簧有无严重锈蚀 和永久变形，如有应更换。

2) 检查支持绝缘子有无裂纹、破损，浇装处有无松动现象，有问题者应处理或更换。

3) 检查框架上各部件焊缝有无开焊现象，如有应补焊。

4) 检查分闸限位器有无变形，如果变形使滚子碰不到限位器时，应加垫重新调整。

（2）传动部分的检修。

1) 检查大轴上各拐臂焊接有无开焊现象，必要时应进行补焊。检查主轴与垂直连杆拐臂 的连接是否良好。用汽油清洗传动臂、拐臂上的油污并涂上润滑油。

2) 检查绝缘拉杆表面有无放电痕迹，漆膜是否脱落。如有放电痕迹则应更换，漆膜脱落， 可补 1032 绝缘清漆。

4. 断路器的装配

SN10-10 型断路器各部分检修、调整后，应按技术要求进行整体组装。

（1）将检修好的断路器按相安装在框架装配上，各相中心距为 250mm。三相灭弧室应垂 直并在一个平面上，拧紧四个固定螺栓。

（2）依次安装下接线座和绝缘筒，更换全部密封圈，用专用工具将绝缘筒内下压环上的 四只内六角螺栓均匀拧紧，绝缘筒与下压环间的弹簧需卡入槽内。

（3）如图 4-48 所示，依次装入灭弧室的绝缘衬圈 7，灭弧片 1～4、6，调整垫片 5。注 意最下面的绝缘衬圈安装方向，以保证横吹弧道与上接线座的接线端子方向相反。

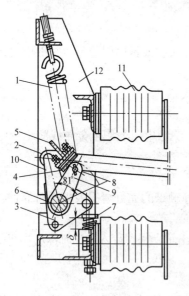

图 4-47 框架装配

1—分闸弹簧；2—绝缘拉杆；3—轴承；4—分闸限位器；
5—分闸限位器支架；6—主轴；7—合闸缓冲弹簧；
8—滚轮；9、10—拐臂；11—支柱绝缘子；12—框架

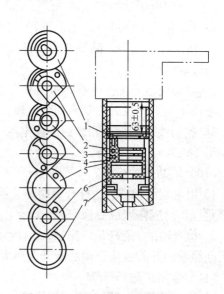

图 4-48 SN10-10 Ⅰ、Ⅱ型断路器灭 弧片装配顺序

1～4、6—灭弧片；5—调整垫片；7—绝缘衬圈

（4）拧紧铜压圈，使之将灭弧片压紧。检查灭弧片高度是否符合要求，可通过增减绝缘 衬垫的数量来调整。

（5）转动基座外拐臂，检查导电杆动作情况，导电杆动作情况应灵活，无卡涩现象。

（6）暂不要安装静触座及上帽，以便下一步测量 H 值和导电杆行程。

（7）断路器灭弧室注入合格的变压器油。

（8）将装配好的电磁操动机构或弹簧操动机构，通过连杆与灭弧室连接在一起。连杆的长短应使断路器的有关机械特性参数符合技术要求。

5. SN10-10 断路器调整与试验

（1）断路器的调整。

1）将断路器绝缘拉杆两端孔距离调至约 315mm，装上绝缘拉杆。用手动慢合闸，测量 H 值。Ⅰ型 H 值为（41±1.5）mm，Ⅱ型 H 值为（110±1.5）mm，可调整绝缘拉杆长度，使 H 值达到要求。三相分闸同期差不大于 2mm。

2）将断路器用手动慢分，用测量杆测量导电杆行程（Ⅰ型为 145^{+4}_{-3} mm，Ⅱ型为 155^{+4}_{-3} mm）。

3）检查合闸铁芯顶杆与滚轮间在分闸状态下的空程应为 5～10mm，不符合要求时可调整铁芯下部的缓冲胶垫。

4）检查合闸回路辅助开关的切换情况和合闸缓冲弹簧的缓冲板与套筒的间隙，该间隙合闸时为（4±2）mm，分闸时为（20±2）mm。辅助开关触点切换应正确。

5）将各相断路器注满合格绝缘油装回静触头座，测速相拆下逆止阀，然后进行电动分、合闸，复测导电杆行程和 H 值，不合格者应进行调整。行程和 H 值以电动分、合闸操作为准。

6）测量分、合速度（用电磁振荡器或示波器等测量）刚分速度为 $3^{+0.3}$ m/s；刚合速度不小于 4.0m/s（Ⅱ、Ⅲ型）及不小于 3.5m/s（Ⅰ型）。分、合闸速度不符合要求可调整分闸弹簧的预拉伸长度。测速后必须装复测速相逆止阀以及三相上帽。

7）全面检查各部轴销、开口销等是否开口，各部螺栓、螺母是否紧固。

8）检查开关柜的机械连锁装置是否正确，必要时进行调整。

（2）断路器的试验。

1）用 2500V 绝缘电阻表测量断路器绝缘电阻，新装交接或大修后，其阻值大于 1000MΩ，运行中大于 300MΩ。

2）断路器对地、断口和相间绝缘均应承受的交流工频耐压为 38kV/min。

3）用双臂电桥或直流电阻测试仪测量每相导电回路电阻，Ⅰ型不大于 55μΩ，Ⅱ型不大于 60μΩ。

4）断路器合闸时间：配 CD10 电磁操动机构应不大于 0.2s。

5）断路器分闸时间：SN10-12 Ⅰ、Ⅱ不大于 0.06s。

6）断路器最低分闸电压：65%额定操作电压时应能可靠分闸。

（二）SW6-110 型少油断路器检修

SW6-110 型少油断路器检修作业流程如图 4-49 所示，这里只作重点介绍。

1. 单极断路器的分解

使断路器处于分闸位置，断开操动机构的电源并取下保险。拧开液压操动机构的高压放油阀，使油压至零。拆除引线及软连接，同时将本体和灭弧室内的绝缘油放出。

拴好吊绳。吊绳的受力点应在中间机构箱上，起吊时应有防翻倒措施。在松开连接螺栓前应将吊绳慢慢地收紧，使吊绳受力（中间机构箱连同断口质量约 500kg）。拆下中间机构箱各手孔盖板，使绝缘拉杆与中间机构脱离。

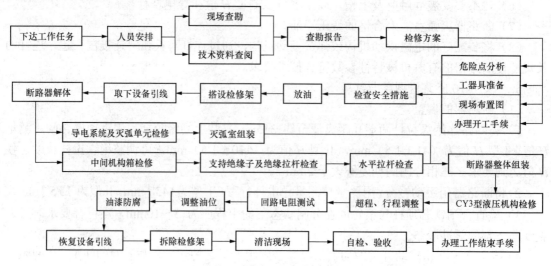

图 4-49　SW6-110 型少油断路器检修作业流程

拧下连接中间机构箱与支持绝缘子的螺栓，此时应注意扶好上法兰，防止滑下碰伤绝缘子。然后徐徐连同灭弧装置吊起中间机构箱，平稳地放置在木板或橡胶垫上。

打开底座手孔盖，抽出内拐臂与绝缘拉杆的连接轴，从支持绝缘子的上端抽出绝缘拉杆。注意抽出绝缘拉杆时，应防止绝缘拉杆端部碰损绝缘子的内壁。如果绝缘拉杆放在空气中时间较长，应用塑料布包好并吊置在干燥的室内，在潮湿地区还应采取防止受潮措施。

将上支持绝缘子用吊绳拴好，并慢慢收紧至受力，然后松开中间法兰上的连接螺栓，吊起上绝缘子，取下密封圈，同时扶好下支持绝缘子的上法兰。将上支持绝缘子平稳地放在铺有胶垫的平面上。用同样方法将下支持绝缘子吊放在铺有胶垫的平面上。然后抽出法兰的卡固弹簧，分别将绝缘子的上下法兰取出。

2. 中间机构箱及灭弧室单元的分解

卸下并联电容器。参照图 4-50，依次拆下铝帽盖 22，拧出通气管 25，拧开固定静触头的 4 个螺栓 M14 螺栓 34，取出上静触头 12。用专用工具旋下铜压圈 24，取下上衬筒 11，再用专用工具取出灭弧片 8、调节垫 7、下衬筒 6；用专用工具拧松铁压圈 17 上的 6 个 M12 并帽和螺栓，再用专用工具拧下铝法兰 18，取出铝压圈 15，取下铝帽 23，然后拧下玻璃钢筒 5；松开导电杆的锁紧螺母，拧出导电杆 3；卸下导电板 30；拧下 8 个 M12 螺栓 36，取下中间触头 27，松开铝法兰下侧的 4 个 M8 螺栓，取出毛毡垫 28。

将中间机构（见图 4-51）上端的两个滑动轴销 15 抽出，取出滚轮 16，抽出连接轴销 9 及中间机构箱两侧的轴销 13，从手孔处抽出中间机构。

3. 断路器的导电系统与灭弧室检修

（1）灭弧室检修。用合格的绝缘油清洗各绝缘件。检查灭弧片的烧损情况，轻微烧伤可将烧伤和碳化部分用 0 号纱布处理或用刮刀修整，用刮刀修整的灭弧片应涂以三聚氰胺清漆。检查灭弧片中心孔的直径是否合格。参见图 4-52（a），Ⅰ型参见图 4-52（b），当第一片中心孔直径扩大到 Φ36mm（Ⅰ型扩大到 Φ28mm），其他各片中心孔扩大到 Φ34mm（Ⅰ型扩大到

$\Phi26mm$）时应更换。

检查各绝缘件及大绝缘筒螺纹有无损坏，起层、裂纹、受潮等现象，如有受潮现象，应进行干燥处理。

对灭弧片和酚醛胶纸绝缘材料，干燥前应清洗干净，干燥温度为80～90℃，取出后应立即放入合格的绝缘油中，以防再次受潮。

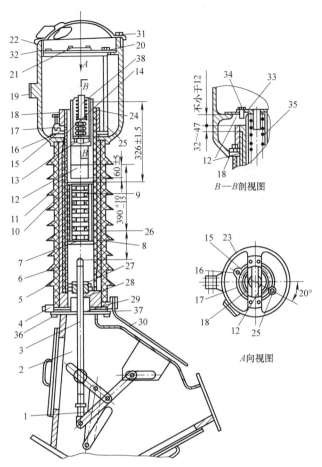

图 4-50　SW3、SW6 型灭弧室单元及中间
机构箱结构图

1—直线机构；2—中间机构箱；3—导电杆；4—放油阀；
5—玻璃钢筒；6—下衬筒；7、10—调节垫；8—灭弧片；
9—衬环；11—上衬筒；12—静触头；13—压油活塞；
14、37—密封垫；15—铝压圈；16—逆止阀；17—铁压圈；
18—铝法兰；19—接线板；20—上盖板；21—安全阀片；
22—铝帽盖；23—铝帽；24—铜压圈；25—通气管；26—绝缘子；
27—中间触头；28—毛毡垫；29—下铝法兰；30—导电板；
31—M10 螺栓；32—M12 螺母；33—导向件；34—M14 螺栓；
35—压油活塞弹簧；36—M12 螺栓；38—压油活塞

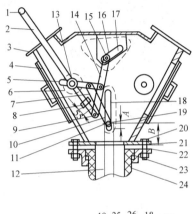

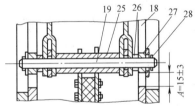

图 4-51　中间机构图

1—导电杆铜钨触头；2—导电杆；3—法兰；
4—手孔盖；5、7、10、14—连板；6—轴销孔；
8—导电杆背帽；9—连接轴销；11、29—垫圈；
12—绝缘拉杆；13—轴销；15—滑动轴销；
16—滚轮；17、18—滑道；19—连接轴；
20—法兰螺栓；21—密封垫；22—法兰；
23—卡固弹簧；24—支持绝缘子；
25、26—轴套；27—滚轮；28—开口销

干燥时，各绝缘件应做好防变形的措施，干燥后各绝缘件应做泄漏试验，绝缘电阻不小于 500MΩ。

（2）压油活塞分解检修。如图 4-53 所示，从静触头座上卸下导向件、压油活塞弹簧和压

油活塞并进行分解。对分解后的各零部件进行清洗和检查。

1）检查压油活塞管 7 外面的尼龙喷涂层应无脱落或烧伤痕迹，否则应更换。

2）检查活塞管端头是否有撞粗变形现象，若轻微变形可稍加修整。

3）检查压油活塞绝缘圈 6、活塞 5 等是否完好，如有损坏应更换。

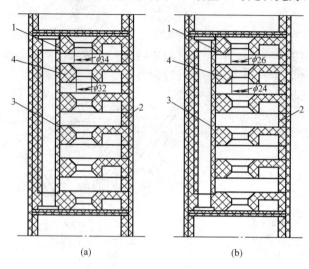

图 4-52　灭弧室结构图

（a）灭弧室结构图；（b）Ⅰ型灭弧室结构图

1、4—灭弧片；2—胶木垫；3—绝缘管

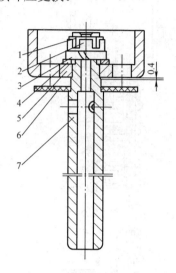

图 4-53　压油活塞结构图

1—锁片；2—M16 螺母；3—弹簧垫圈；4—垫圈；
5—活塞；6—压油活塞绝缘圈；7—压油活塞管

（3）静触头分解检修。按图 4-54 左旋方向拧下引弧环 1，用手向中心搬动触指 3，分别卸下触指 3、弹簧 4，再卸下 4 个 M6 螺栓 7，把铜套 2 从静触座 8 上取下。

检查引弧环的烧伤情况，如烧伤轻微，可用油石修整使用，引弧环孔径扩大超过 Φ34mm（Ⅰ型扩大超过 Φ26mm）时，应更换。

检查触指烧损程度，轻微者可用细锉修整，再用砂布砂光，触指烧伤面积不大于 50%，深度不大于 1.5mm，严重者应更换。检查静触座是否完好，与铝帽凸台接触面是否光洁，否则可用细锉修整，再用 0 号砂布打磨，同时涂上中性凡士林油。检查触指弹簧是否有变形，弹性是否良好，不合要求者应更换。

（4）压油活塞、静触头组装。除压油活塞外，其他静触头零件按拆卸相反顺序组装，在引弧环拧入后，用导电杆插入静触指内进行反复推拉及左右转动，来检查静触指的闭合圆，同时接触应良好，触指距离均匀，最后用钢冲在引弧环与铜套结合缝处冲凹坚固。

（5）导电杆检修。检查导电杆的烧伤及磨损情况，导电杆铜钨触头烧损 1/3 以上或黄铜座有明显沟痕时应更换。检查导电杆表面镀银层不应有大面积磨损，严重者应更换。

检查铜钨触头有无松动，若松动应进行处理。检查导电杆是否弯曲变形，若弯曲应校直，弯曲度不应大于 0.2mm。铜钨触头与导电杆结合处必须光滑无棱角。应注意铜钨触头下面的导电杆内装有压紧弹簧和调节垫，不要遗漏。

（6）中间触头检修。中间触头装配图如图 4-55 所示，松开中间触头座上的 M8 螺栓 3，取下上触头座 1，取下弹簧 2 和触指 6。

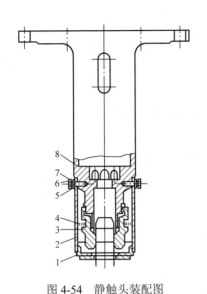

图 4-54　静触头装配图

1—引弧环；2—铜套；3—触指；4—弹簧；5—平垫；

6—弹簧片；7—M6 螺栓；8—静触座

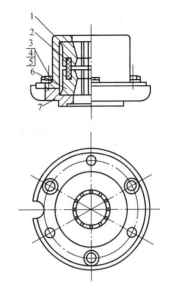

图 4-55　中间触头装配图

1—上触头座；2—弹簧；3、4、5—M8 螺栓；

6—触指；7—下触头座

用绝缘油清洗各零件，检查触指弹簧是否有变形和疲劳，如疲劳或变形应更换。检查触指及触头座接触面镀银层情况。

早期产品触指为短触指，间隙较大，易打翻，应更换为长触指。

组装按与分解相反的顺序进行，组装时注意上触头座 1 的 3 个 M8 螺栓 3 紧固后，螺栓端头不应露出下触头座 7 的接触面。

（7）上盖、铝帽、灭弧绝缘子及导电连接元件检修。清洗铝帽、上盖、上盖板及螺栓，检查是否有损坏现象，回油孔是否通畅。丝扣有无滑扣，$\Phi4.5mm$ 的孔是否畅通。检查铝帽内静触头的支持座（凸台）是否有烧伤和损坏，凸台接触面应用 0 号砂布处理光洁。

检查油位指示器的有机玻璃片有无裂纹、变质或损坏，拆卸有机玻璃片的方法最好用 $\Phi3mm$ 短铁棒（约 50mm 长），从油标孔往外轻轻地推打，如果此种办法拆不下时，应用打气筒对准一个油标孔打气，同时将另一个孔堵死即可拆除。检查油位指示器孔是否畅通。

检查安全阀片有无起层、开裂等情况，如有损坏应更换。检查通气管是否畅通（可以用加油试漏的办法检查）。检查逆止阀器和钢球动作是否正常。

检查排气口挡板的弹簧，排气口处的红漆用刮刀清理掉，并涂少量中性凡士林油，以防雨水进入，结构如图 4-56 所示。

检查铝帽和铝帽盖的公差配合，检查方法是：密封圈未装入前，应将铝帽盖扣在钒帽上，进行反复多次的转动，两部件结合处不应有高低不平和卡碰现

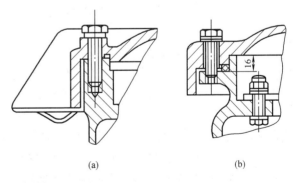

（a）　　　　　　　　（b）

图 4-56　铝帽盖防雨结构图

（a）新结构；（b）老结构改造

象，结合面应平整无损坏，否则应修整。

铝帽盖应完好无砂眼，如果发现油中有水，应对盖进行试漏，方法是：除掉外面油漆，涂上白粉，内浇煤油，放 30min 后，如有渗、漏油则说明有砂眼，应更换或者在内表面涂一层环氧树脂。

检查铁压圈、铜压圈、铝法兰是否有裂纹，检查下铝法兰油道是否畅通，放油阀是否渗油，铝法兰螺孔有无滑丝现象，如有损坏，应更换（1990 年 4 月后的产品，下铝法兰已改进，如果换新法兰，两个灭弧单元和导电板都应同时更换）。

检查密封油毡是否损坏，附在上面的游离碳及脏物应用绝缘油清洗干净。

检查导电板，用汽油清洗干净，其接触面应用 0 号砂布砂光，并涂少量中性凡士林油。用汽油清洗螺栓及软连接，接触面应砂光，涂少量中性凡士林油。软连接片如有断片，应齐根剪掉。防止软连接片断裂，可用铜线分段绑扎。

检查灭弧室绝缘子有无裂纹和损坏。

4. 断路器的操动机构检修

操动机构分解检修前，确认油泵电机电源状态，切断电源。打开高压放油阀，将压力释放到零；拧开低压放油阀，将液压油放尽；松开机构中各油管的接头螺帽，拆下高低压油管。

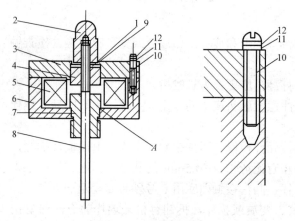

图 4-57　电磁铁结构图

1、11—垫圈；2—帽；3—上磁轭；4、7—铁芯；

5—线圈；6—下磁轭；8—阀杆；

9、12—弹簧垫圈；10—圆头螺栓

（1）分、合闸阀电磁铁分解检修。如图 4-57 所示，松开锁紧螺母，拧下圆头螺栓，取下上磁轭、阀杆及线圈。用白布擦净铁芯、阀杆及磁轭，检查阀杆与铁芯结合是否牢固、有无弯曲变形；检查线圈是否有断线及卡伤现象，线圈绝缘用 1000V 绝缘电阻表测量绝缘电阻不小于 5MΩ。按与分解相反顺序进行组装。组装后检查铁芯运动，应灵活，无卡涩。

（2）分闸阀分解检修。分闸阀的结构如图 4-58 所示。将分闸阀与油箱结合处的螺栓拧下，取下分闸阀。左旋方向拧下接头，抽出阀杆，取出复位弹簧；用 M3 专用螺栓拧入阀座的螺孔，抽出阀座，取出钢球、球托及复位弹簧。用洁净液压油清洗各零件；检查钢球与阀口密封情况，如不严应将阀口涂上研磨膏，用钢球进行研磨；检查阀杆与阀针结合是否牢固，阀针有无变化，如有变化应更换；检查复位弹簧、球托是否完好；检查接头、密封圈、垫圈是否完好。按分解顺序进行组装。更换全部密封圈，测量并调整阀杆行程：总行程为 4～5mm；钢球打开行程为 1～1.5mm。球托在组装时应与复位弹簧夹紧，防止球托在操作过程中被油流冲倒。

（3）合闸阀分解检修。如图 4-59 所示，松开并帽，拧出管接头，取下合闸阀，抽出一级阀杆；用 M3 专用螺栓拧入阀座的螺孔，抽出阀座，取出钢球、球托及弹簧；取出上阀体及二级阀活塞。用洁净液压油清洗各零件；检查一级阀杆是否弯曲变形；检查 ϕ17mm 钢球与阀口的密封情况，阀针装配无松动脱落现象；检查活塞上下运动灵活，无卡伤或磨损；检查钢球与一级阀座、阀口的密封是否严密。

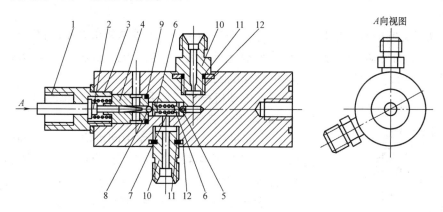

图 4-58　分闸阀结构图

1、10—接头；2—阀杆；3、7—复归弹簧；4—阀座；5、8—钢球；

6—球托；9—密封圈；11—密封圈；12—垫圈

按分解相反顺序进行组装。更换全部密封圈；测量并调整一、二级阀行程和钢球打开行程；一级阀钢球打开行程为 1.5mm，一级阀总行程为 3mm，二级阀打开行程为 2.5～2.8mm。

（4）高压放油阀分解检修。拧下放油阀杆及管接头。用洁净液压油清洗阀体各零件，阀杆应无弯曲、松动，端头应平整，无毛刺；检查放油是否正常；检查弹簧是否变形与锈蚀，钢球与阀口的密封是否严密。按分解相反顺序进行组装。更换全部密封圈，球托与弹簧应夹紧在一起。

（5）油泵及电动机分解检修。

1）油泵分解：拆下电动机的底座固定螺栓，连同油泵一起从机构箱中

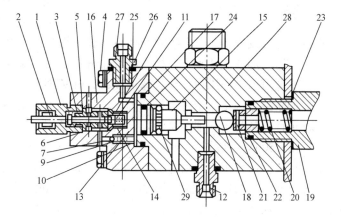

图 4-59　合闸阀结构图

1、27—接头；2—一级阀杆；3、9、11、20—弹簧；

4—M10 螺栓；5—阀座；7、8—ϕ5mm 钢球；

6、17、22、23、24、25—"O" 形密封圈；10—螺套；

12—通向保持阀高压油接头；13—装卸孔；14、21—球托；

15—活塞；16—上阀体；18—ϕ17mn 钢球；19—管接头；

26—垫圈；28—下阀体；29—防慢分装置

取出，再将电动机与油泵的连接螺栓松开，使电动机与油泵分离，分解油泵。拧下螺栓取下铝合金罩、压板、过滤网、阀套、阀座、柱塞等零部件。

用洁净液压油清洗各零件；检查柱塞间隙配合情况；检查高低逆止阀的密封情况是否良好；检查各个弹簧、弹簧座、尼龙垫等是否良好，有无变形；检查油封的密封情况。柱塞间隙为 0.01～0.0175mm；用嘴吹高压阀不泄气，用嘴吹低压阀不透气；弹簧无变形，球托与弹簧、钢球配合良好；油封渗油时应更换。

组装按分解相反顺序进行：组装前，柱塞及柱塞腔应注入适当液压油，并采取边加油边

转动偏心轮，边紧螺栓的组装方法，以排尽油泵内气体；组装后，铝合金罩与泵体结合处应有适当的间隙。

2）电动机分解检修：拆下电动机端盖，清扫轴承，检查滚珠轴承有无磨损，重新涂润滑油；检查电动机的转动情况,定子与转子间有无磨擦现象；检查电动机碳刷磨损情况，如整流子磨出深沟，应加工平整；测量电动机绝缘电阻。

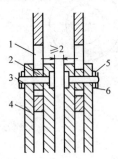

4-60　中间机构连接图

1—滑道；2—滚轮；3—滑动轴销；
4—连板；5—平垫；6—开口销

油泵及电动机检修好后,即可组装在一起。

5．断路器主要部件的检修

（1）中间机构箱的检修。将中间机构（见图 4-60）各轴销、连板分解，用合格绝缘油清洗并用绸布擦干。检查各连板有无变形、开焊、裂纹等现象。检查各轴销是否弯曲变形或磨损，磨损严重者应更换。检查上侧滑道焊缝有否开焊、假焊现象。若有开焊、假焊，应进行补焊。

按分解相反顺序进行组装。组装后，将中间机构整体装回中间机构箱内，并检查操作是否灵活，测量上滑道两轴销相对运动时的最小间隙应大于或等于 2mm，各开口销齐全并开口。

（2）支持绝缘子和绝缘拉杆的检修。擦净绝缘子内外表面，检查有无裂纹损坏，用合格的绝缘油清洗绝缘拉杆（提升杆），并用绸布擦干。法兰、卡固弹簧，应用汽油清洗并晾干。检查绝缘拉杆弯曲度及金属连接件螺栓是否紧固。测量绝缘拉杆的绝缘电阻值。绝缘拉杆全长弯曲度：126kV 不大于 2.5mm，252kV 不大于 5mm。

如断路器因结露或进水等原因，泄漏电流不合格时，应对绝缘拉杆进行干燥处理。干燥后，进行工频耐压和泄漏试验，合格后方可使用。

用 2500V 绝缘电阻表测量绝缘电阻值，不应低于 10000MΩ。绝缘拉杆的工频耐压值和泄漏电流值：110kV 工频耐压为 300kV、5min；40kV 直流泄漏电流为 8μA。220kV 绝缘拉杆均匀分两段，每段工频耐压为 300kV、5min；40kV 直流泄漏电流为 4μA。

检查法兰有无损坏，卡固弹簧有无变形和锈蚀；检查法兰与绝缘子的配合间隙，间隙过大的应互换或更换。

（3）传动主轴的分解检修。

1）分解。（见图 4-61、图 4-62）拆下连接外拐臂与水平拉杆的轴销。拆下合闸保持弹簧。拧下如图 4-62 所示外拐臂上的紧固螺栓 13，取下如图 4-61 所示外拐臂 10、Φ45 轴用弹性挡圈 7、外轴套 8，弹簧 6，抽出内拐臂 1、黄铜轴套 2，衬垫 4。用汽油清洗各零件，并用绸布擦干或吹干。

2）检查。检查内拐臂与主轴的焊接是否牢固，内拐臂有无裂纹，弹簧、黄铜垫圈是否有变形、损坏。检查外拐臂与花键的结合情况。主轴表面是否有碰伤或划伤，如有可用油石或 800 号水磨砂纸处理。

3）装复。更换全部密封圈，按分解相反顺序进行组装。组装主轴时，应先将内轴套、支撑环、密封圈套在主轴上，密封圈的凹槽向内拐臂侧，并涂一层中性凡上林油。将主轴由箱内向外推出，然后装上黄铜垫、弹簧、外轴套、Φ45 弹性挡圈、套、外拐臂。主轴装复后应用弹簧秤做主轴转动试验，在不连绝缘拉杆时主轴转动力不大于 80N。

组装后，外拐臂应转动灵活，密封良好。当内拐臂将缓冲器打到底时，外拐臂两轴孔距中心垂线距离为（67±2）mm。

（4）分闸缓冲器的分解检修。如图 4-63 所示，由底座箱内拆下缓冲器并进行分解，所拆零件用合格绝缘油清洗，并用绸布擦干。检查逆止阀钢球与阀口的密封情况，检查弹簧有无变形、锈蚀。检查活塞与套筒内壁有无损伤，间隙配合及活塞行程是否符合要求。

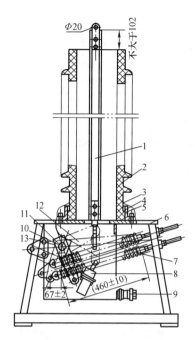

图 4-61　底座与支持绝缘子装配图

1—绝缘拉杆；2—绝缘子；3—防雨垫；4—法兰；

5—弹簧；6—底座；7—合闸保持弹簧；

8—油缓冲器；9—放油阀；10—外拐臂；

11—主轴；12—内拐臂；13—紧固螺栓

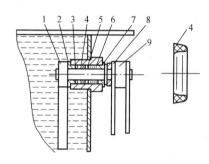

图 4-62　主轴装配图

1—内拐臂；2—铜轴套；3—压圈；4—衬垫；5—垫圈；

6—弹簧；7—Φ45 轴用弹性挡圈；8—外轴套；

9—外拐臂

装复按分解相反顺序进行。

（5）放油阀的分解检修。按图 4-64 分解。检查放油阀杆锥面与阀座密封面是否损坏，如有损坏，可用研磨膏进行研磨。检查底座放油阀的焊缝是否有渗油现象，若渗油应进行补焊。

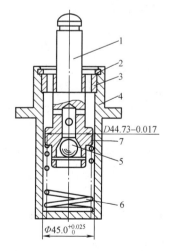

图 4-63　油缓冲器结构图

1—撞杆；2—弹性挡圈；3—盖；4—套筒；

5—钢球；6—弹簧；7—活塞

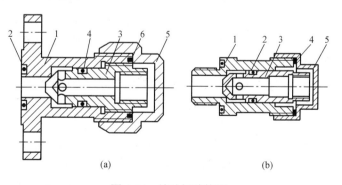

图 4-64　放油阀结构图

（a）灭弧室放油阀；（b）底座放油阀

1—阀座；2、4、6—O 型密封圈；3—阀杆；5—螺帽

217

用合格绝缘油清洗各零件后按分解相反顺序进行装复。组装时更换全部密封圈，密封应严密，无渗油现象。

（6）水平拉杆的检修。断路器在分闸位置时，取下工作缸与外拐臂的各连接轴销，将各连接头从拉杆上卸下。检查水平拉杆的螺纹是否有卡伤、损坏、锈蚀现象。检查各轴销是否弯曲变形，销孔是否变形磨损。轴销如有弯曲应更换，轴销、轴孔配合间隙应在 0.2～0.35mm 之间，超过标准时应更换。

各零件用汽油清洗干净后按以下步骤组装。

1）先使液压机构储能工作缸处于分闸位置或电磁机构处于分闸位置，断路器本体处于分闸位置（缓冲器打到底），然后依次连接各水平拉杆，达到质量要求。暂不拧紧拉杆锁紧螺帽，待调试结束后再拧紧。

2）在拉杆端头螺纹部分涂黄干油后，将其与连接头装在一起。

连接后，水平拉杆与工作缸活塞杆必须在同一中心线上，水平拉杆拧入接头的深度不小于 25mm。调整完后将螺帽拧紧。水平拉杆连接后，使各级断路器外拐臂上 $\Phi 20$ 销轴中心至主轴中心垂线的距离为（67±2）mm，此时油缓冲器应有 1mm 左右间隙。

（7）合闸保持弹簧及底座的检修。拆下合闸保持弹簧（见图 4-61），用汽油清洗干净，检查弹簧有无损坏、变形、开焊。弹簧装复后涂防锈漆。

SW6 型西开厂产品最大拉伸长度为 80mm，北开厂产品单簧全长 450mm，双簧以保持住为准。断路器合闸后，迅速将高压油放压至零，测量的超行程不小于 60mm，即说明保持弹簧性能可靠。

检查底座紧固螺栓是否牢固，接地线焊接处是否有断裂。接地线应刷漆防锈。

6. 断路器的装配

断路器组装按分解相反顺序进行，组装前应校正底座平面。

（1）绝缘拉杆与支持绝缘子的安装。

1）底座上平面的密封槽用汽油洗净并擦干，将 L 形密封圈涂上中性凡士林油后放入底座槽内。

2）吊起下支持绝缘子，同时将铁法兰套入绝缘子下端，用手扶正，穿好卡固弹簧（卡固弹簧应在组装前涂好黄油并应穿到底），将绝缘子吊放在底座上，对角均匀拧紧 16 个 M12 螺栓。将铁法兰套入下支持绝缘子的上端，穿好卡固弹簧。用同样方法将上支持绝缘子装复（对于 126kV 断路器只有一节绝缘子）。在上下绝缘子连接前，清擦端面，平整放置胶垫。

3）将绝缘拉杆放入支持绝缘子。此时应注意绝缘拉杆下端部不要碰撞绝缘子。装复内拐臂与绝缘拉杆的连接轴销，同时要测量绝缘拉杆上端 $\Phi 20$ 孔的下沿至支持绝缘子上端面的距离，约为 102mm（绝缘拉杆旋转一周，上升或下降 3.5mm）。

绝缘拉杆拧入底座接头的深度不应少于 30mm。轴销外侧的垫圈、销针齐全并开口。

（2）中间机构箱与灭弧单元的安装。

1）按中间机构箱和灭弧室单元分解的相反顺序组装好整个 V 形部件，系上绳索并缓缓收紧至绳索受力。

2）徐徐吊起已装好的中间机构与灭弧室单元，并擦净中间机构箱下连接面，将已洗净擦干的 L 形密封垫圈放在密封槽内，把中间机构箱与灭弧室单元吊放在上支持绝缘子上，对角均匀拧紧 8 个 M12 螺栓。

220kV 断路器调整偏斜角度为 10°～15°，三相偏斜方向应一致。帽盖的排气门装复时应躲开接线板。

3）连接绝缘拉杆与中间机构。将缓冲器压到底，调节绝缘拉杆拧紧深入，使 A 尺寸满足要求后穿入 20 连接轴销，A 尺寸为（15±3）mm。

4）封好底座手孔盖，拧紧放油阀，注入 30kg 左右合格绝缘油，使缓冲器浸没于油中。待行程、超行程调试合格后，锁紧导电杆锁片，再封上中间机构箱手孔盖。检查紧固螺栓、螺母、垫圈、开口销等应齐全，开口销应开口。

5）清理铝帽与软连接的接触面并涂上一层中性凡士林油。装护软连接，拧紧连接螺栓，并使软连接片有一定的松弛度。

7. 调整与试验

断路器大修完毕后，应进行机械特性测试。主要针对分合闸速度、动作行程、动作时间和同期性。同时需要检查机构的动作电压、油路密封、合闸保持和防慢分特性。

（1）调整前的准备和检查。

1）确保断路器在分闸状态，机构在分闸位置，检查分闸缓冲器是否已经打到底，在确认打到底后，连接三相水平拉杆，并最后与操动机构活塞杆连接，复核中间机构箱 A 尺寸是否在合格范围。

2）液压管路排气：接上电源，起动油泵电机建压到额定油压，打开高压放油阀，释放压力，再打压，再放压，如此循环 3～4 次，直至气体排完为止。

3）检查活塞杆行程及微动开关位置与压力值的对应关系：起动油泵电机，压力从零升至额定值，活塞杆总行程为（182±3）mm，在建压过程同时校验微动开头位置和相应的压力值应符合表 4-16 中的要求。

表 4-16　　　　　　　　　　微动开关位置与压力值的对应关系

项　目		对应微动开关	参考压力值（kg/cm²）	示意图
分闸闭锁		4CK	148	
合闸闭锁		3CK	163	
压力降低信号		5CK	100	
油泵起动		2CK	186	
油泵停止		1CK	192	
压力异常（表接点）	过高		390^{+20}	
	过低		100	

4）检查油泵电机打压时间：油泵电机打压从零开始升至额定压力所需的打压时间应不超

过 3min。

5）底座内注入适量的合格绝缘油，使缓冲器淹没在油中。

（2）慢分、慢合操作。

1）接好电源，临时短接中间继电器压力异常闭锁触点。

2）慢合操作：关闭高压放油阀，起动油泵电机打压，随即用手按合闸电磁铁，即实现慢合；测量工作缸行程，如达到 132mm，说明断路器已合到底。

3）慢分操作：释放储压筒压力，关闭高压放油阀，起动油泵电机打压，随即用手按分闸电磁铁，即实现慢分；测量工作缸行程，如达到 132mm，说明断路器已分到底。

4）慢分慢合操作过程应注意检查和观察运动部分有无机械卡滞现象，辅助开头切换是否正确可靠；计数器动作是否正确等。

5）慢分慢合操作后应及时拆除中间继电器短接线，切断电机电源。

（3）行程的测量与调整。断路器在合闸位置时，将行程测杆拧在导电杆端部 M6 螺孔内，将超行程测量管套在行程杆外面（它直接落在压油活塞上），如图 4-65 所示，分别测量行程杆和超程管露出上帽端面的长度为 C 和 D，再将断路器缓慢分闸到底，分别测量行程杆和超程管露出上帽端面的长度为 A 和 B，则尺寸（C−A）和（D−B）分别为断路器的总行程和超行程。

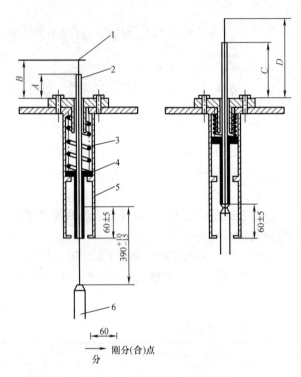

图 4-65　行程测量方法示意图

1—测量杆；2—测量管；3—弹簧；4—压油活塞；5—管；6—导电杆

1）总行程的调整。

① 总行程不合格，可调整提升杆连接螺母，即改变 A 尺寸来达到，但应注意超行程也跟着改变，因此，调整中应综合考虑；

② 调整时先调整机构箱的一柱，然后依次进行；

③ 调整后，三相 A 尺寸应基本上一致并在规定的合格范围；三相主轴外拐臂分、合闸角度也应基本一致，各接头螺纹连接深度不得小于 20～25mm。

2）超行程的调整。

① 总行程调整时一般要影响超行程；

② 总行程合格后，超行程的调整靠改变导电杆连接螺母来实现，导电杆拧出（拧进）一圈，超行程增大（缩小）约 2mm；

③ 行程调整合格后，调整部位应紧固，平垫圈、弹簧垫圈、开口销、锁紧螺母应齐全，开口销应销口；

④ 额定电压下快速操作，复核行程数据；

⑤ 断路器本体未注油前尽量控制操作次数。

（4）速度的测量与调整。

1）速度测量。速度测量有多种方法，为避免造成太大误差，速度测量方法应尽量和制造厂确定速度标准的测速方法一致。采用开关特性测试仪测量：

① 刚分（合）速度取刚分（合）点前后 10ms 时间内的平均值，单位为 m/s；

② 最大分（合）闸速度：对应分（合）闸速度曲线上最长波的波长厘米数即为最大分（合）闸速度，单位为 m/s。

2）速度的调整。

① 速度调整，通过改变高压油路中节流片孔径的大小来实现。节流片的外径为 $18_{-0.5}$mm，厚 1～1.5mm，内径约 7～9mm，材料为黄铜或钢。节流片的内孔径变小，速度变低；内孔径增大，速度增高；

② 如果分、合闸速度都高，应在工作缸合闸侧的管接头处加装适当内径小的节流片；

③ 如果合闸速度高，而分闸速度不高，则应在合闸二级阀下面高压管路接头中加装内径较小的节流片；

④ 如分阀速度高，而合闸速度不高，则应将合闸阀体侧面的两个 M10 孔中的一个用 M10×10 螺丝堵死，如果堵死的孔径过大，还应重新在堵丝上钻小孔；

⑤ 如果只是分闸速度偏低，说明二级阀活塞有卡滞现象；

⑥ 如果用节流片调整后速度仍偏低，说明机构传动系统有卡滞现象或管路里有大量气泡存在或机构中的油压过低、温度过低、则应分别检查予以处理；

⑦ 合闸二级阀钢球打开距离小也影响合闸速度，在遇到速度偏低，靠改变节流片孔径调整达不到要求时，还应检查二级阀钢球打开的距离是否满足 2.5～2.8mm。

⑧ 必须注意速度调整后，会影响断路器的合（分）闸动作时间，应统筹考虑。

（5）分、合闸电磁铁起动电压的调整。

1）动作电压的调整，借改变分、合闸电磁铁芯顶杆的长短来实现。缩短顶杆，动作电压下降（增加冲击力），反之升高。但过分地缩短顶杆，将会导致不能分合闸。

2）动作电压如果偏离标准值较大，采用上述调整方法达不到要求时，应检查阀杆是否有卡滞现象等，若有应加以消除。此外，也可校对一下分合闸线圈数据。

3）注意：在调整起动电压时，会影响分合闸时间，应综合考虑。

（6）分、合闸时间和同期性的测量与调整。

1）固有分闸时间的调整：可通过调节分闸阀顶杆的长短及节流片的孔径大小来实现。缩短顶杆，时间增大；加长顶杆，时间缩短。节流片孔径大，时间快；节流片孔径小，时间慢。

2）合闸时间的调整与分闸相同。

3）必须注意：改变节流片孔径的大小，除影响时间外，对速度影响很大，因此，调整节流片后，必须校对分合闸速度。分合闸阀顶杆过度的调长或调短，会影响动作时间，也会影响动作电压，必须综合考虑。

4）同期性的调整通过改变铁芯行程和缩小超行程误差来实现。

（7）异常压力下低电压操作试验和密封试验。

1）在异常高油压下：110kV 为 280 表压；220kV 为 250 表压。

① 在 80%额定操作电压下合闸 5 次；

② 在 60%额定操作电压下分闸 5 次。

2）在 380 表压的高油压下：停止 2min，机构各密封环节和管路应无渗漏痕迹，活塞杆位置应不变。试验时应注意，人为起动油泵打压要观察活塞杆运动，不要让其全部进入储压筒。

3）在额定油压下保压 8h 后，储压筒活塞杆下降不应超过 3mm。

（8）保持合闸和"防慢分"试验。

1）保持合闸试验：起动油泵打压至额定油压，将断路器合闸，然后打开高压放油阀，使油压释放至零，断路器应可靠保持在合闸位置，同时观察和记录工作缸活塞杆移动行程，此行程应不大于 2mm。

2）"防慢分"试验：防止机构在失压后重新打压发生慢分，检修后应进行"防慢分"试验以检查"防慢分"装置的可靠性。

试验方法：起动油泵打压至额定值，操作合闸阀，使断路器处于合闸位置，接着打开高压放油阀，将油压放至零，操作分闸阀一次，然后关闭高压放油阀，重新起动油泵打压，断路器应不慢分。

4.4 检查、考核与评价

一、工作检查

1. 小组自查

检修工作结束后，工作负责人带领小组成员进行自查，检查项目和要求见表 4-17。

表 4-17　小组自查项目及质量要求

序号	检查项目		质量要求
1	资料准备	工作票	正确、规范、完整
		现场查勘记录	
		检修方案	
		标准作业卡	
		调整数据记录	
2	检修过程	正确着装	穿棉质长袖工作服、戴安全帽、穿软底鞋
		工具、仪表、材料准备	工具、仪表、材料准备完备
		检查安全措施	（1）隔离开关闭锁可靠
			（2）接地线、标示牌装挂正确
			（3）断路器控制、信号、合闸熔断器已取下
		断路器分解检修	（1）拆卸方法和步骤正确
			（2）拆下的零部件逐项检查确认
			（3）在清洁干燥的场所有序摆放零部件
			（4）零部件不得碰伤掉地

续表

序号	检查项目		质量要求
2	检修过程	操动机构分解检修	（1）拆卸方法和步骤正确
			（2）拆下的零部件逐项检查确认
			（3）在清洁干燥的场所有序摆放零部件
			（4）零部件不得碰伤掉地
			（5）转动灵活、无卡涩
		断路器装配调整	（1）装配顺序与拆卸时相反
			（2）各紧固螺栓紧固
			（3）装配后开关储能及分合正常
		施工安全	不发生习惯性违章或危险动作，不在检修中损坏元器件
		工具使用	正确使用和爱护工器具，工具摆放规范
		文明施工	工作完后做到"工完、料尽、场地清"
3	检修记录		完善正确
4	遗留缺陷：		整改建议：

2. 小组交叉检查（见表 4-18）

表 4-18　　　　　　　　小组交叉检查内容及质量要求

序号	检查内容	质量要求
1	资料准备	资料完整、整理规范
2	检修记录	完善正确
3	检修过程	无安全事故、按照规程要求
4	工具使用	正确使用和爱护工器具，工作中工具无损坏
5	文明施工	工作完后做到"工完、料尽、场地清"

二、工作终结

（1）清理现场，办理工作终结。

1）将工器具进行清点、分类并归位。

2）清扫场地，恢复安全措施。

3）办理工作票终结。

（2）填写检修报告。

（3）整理资料。

三、考核

对学生掌握的相关专业知识的情况，由教师团队（参考学习指南）拟定试题，进行笔试或口试考核；对检修技能的考核，可参照考核评分细则进行。

四、评价

1. 学生自评与互评

（1）学生分组讨论，由工作负责人组织写出学习工作总结报告，并制作成 PPT。

（2）工作负责人代表小组进行工作汇报，各小组成员认真听取汇报，并做好记录。

（3）各小组成员对自己小组和其他小组在检修资料准备、检修方案制定、检修过程组织、职业素养等方面进行评价，并提出改进建议。参照学习综合评价表进行评价，并填写学生自评与互评记录表（参考学习情境一表 1-11）。

2. 教师评价

教师团队根据学习过程中存在普遍问题，结合理论和技能考核情况，以及学生小组自评与互评情况，对学生的相关知识学习、技能掌握、职业素养等方面进行评价，并提出改进要求。参照学习综合评价表进行评价，并填写教师评价记录表（参考学习情境一表 1-12）。

3. 学习综合评价

参考学习综合评价表，按照在工作过程的资讯、决策与计划、实施、检查各个环节及职业素养的养成对学习进行综合评价（参考学习情境一表 1-10）。

☞ **学习指南**

第 一 阶 段：专 业 知 识 学 习

在主讲老师的引导下学习，了解相关专业知识，并完成以下资讯内容。

一、关键知识

（1）高压断路器具有_____和_____两方面的作用。

（2）高压断路器具有_____、_____、_____、_____等功能。

（3）我国采用的额定电压等级有_____kV 等。额定电流有：_____A 等。（分别至少列出五个）

（4）通常规定，220kV 及以下设备，其最高工作电压为额定电压的_____倍；330kV 及以上的设备，其最高工作电压为额定电压的_____倍。

（5）断路器的额定热稳定电流的大小等于_____电流；额定动稳定电流的大小等于_____电流，并且等于_____电流的 2.55 倍。

（6）断路器的全分闸时间等于_____时间与_____时间之和。

（7）高压断路器按灭弧介质和灭弧原理的不同可分为_____断路器、_____断路器、_____断路器和_____断路器。

（8）真空断路器的真空度一般要求在_____～_____Pa 之间。

（9）真空间隙击穿产生的电弧，是在触头电极蒸发出来的_____中形成的。

（10）真空断路器的触头，既是关合时的_____元件，又是开断时的_____元件。

（11）目前采用的真空度检测方法有_____法、_____法、_____法、_____法、_____法和真空度测试仪测定等几种方法。

224

（12）真空断路器的检修主要任务是进行_____调整、_____调整、_____调整和_____调整。

（13）真空断路器在感性电路中开断电流，容易引起截流操作过电压，限制截流过电压的措施是_____。

（14）SF$_6$气体具有优异的绝缘性能和灭弧性能，在均匀电场中，其绝缘强度为空气的_____倍；灭弧能力为空气的_____倍；开断能力大约为空气的_____倍。

（15）压气式SF$_6$断路器按灭弧室结构可分为_____开距和_____开距；自能式SF$_6$断路器按灭弧原理可分为_____式、_____式和_____式。

（16）瓷柱式SF$_6$断路器，按其整体布置形式可分为_____形布置、_____形布置及_____形布置三种。

（17）SF$_6$断路器的附件是指SF$_6$断路器及其操动机构配置的具有一定特殊功能的附属部件，包括_____。

（18）按操作能源性质的不同，操动机构可分为以下几类：_____、_____、_____、_____和_____机构。其中，_____操动机构和_____操动机构属于直动机构；_____操动机构、_____操动机构和_____操动机构属储能机构。

（19）操动机构的主要任务是将其他形式的能量转换成_____能，使断路器准确地进行_____操作。

（20）操动机构要求具有_____、_____、_____、_____、_____和_____等功能。

（21）高压断路器的传动系统主要由操动机构中的_____元件、断路器中的_____机构和它们之间的_____机构三部分组成。

（22）连杆机构的常用类型有以下几种：_____机构、_____机构、_____机构、_____机构、_____机构、_____机构。

（23）常用缓冲装置有_____缓冲器、_____缓冲器、_____缓冲器和_____缓冲器四类。

（24）电磁操动机构主要由_____系统、_____系统、_____维持、_____装置和_____系统等几部分组成。

（25）弹簧机构主要由_____部分、_____部分和_____部分三部分组成。

（26）弹簧机构的合闸储能部分包括_____、_____装置、_____装置及_____装置。

（27）液压操动机构的主要构成元件有_____元件、_____元件、_____元件、_____元件、_____元件等五个部分。

（28）液压操动机构具有_____闭锁功能、_____闭锁功能和_____闭锁功能。

（29）压缩空气操动机构由_____阀、_____线圈、_____线圈、_____弹簧、缓冲器、_____保持掣子、脱扣器、压缩空气罐、凸轮等以及其他零部件组成。

（30）_____操动机构和_____操动机构是属于新型操动机构。

二、看图填空并回答

（1）请将高压断路器的五个基本结构部分，分别填入图 4-66 所示结构示意框图中，并说明各部分的作用。

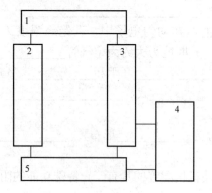

各部分作用：

1: ＿＿＿＿＿＿＿＿＿＿＿＿＿＿＿；

2: ＿＿＿＿＿＿＿＿＿＿＿＿＿＿＿；

3: ＿＿＿＿＿＿＿＿＿＿＿＿＿＿＿；

4: ＿＿＿＿＿＿＿＿＿＿＿＿＿＿＿；

5: ＿＿＿＿＿＿＿＿＿＿＿＿＿＿＿。

图 4-66　高压断路器基本结构框图

（2）真空灭弧室结构如图 4-67 所示，说出其各部分的名称，并说明元件 4、5 有何作用。

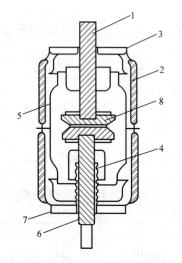

1: ＿＿＿＿＿＿＿；　2: ＿＿＿＿＿＿＿；

3: ＿＿＿＿＿＿＿；　4: ＿＿＿＿＿＿＿；

5: ＿＿＿＿＿＿＿；　6: ＿＿＿＿＿＿＿；

7: ＿＿＿＿＿＿＿。

作用：

4: ＿＿＿＿＿＿＿＿＿＿＿＿＿＿＿；

5: ＿＿＿＿＿＿＿＿＿＿＿＿＿＿＿。

图 4-67　真空灭弧室结构

（3）补全高压断路器的传动系统各组成部分的关系示意图（如图 4-68 所示）。

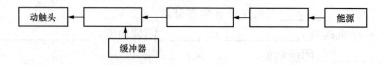

图 4-68　高压断路器传动系统各组成部分关系示意图

（4）SW6-220 型断路器的单极结构，如图 4-69 所示，说出其各部分的名称及型号含义。

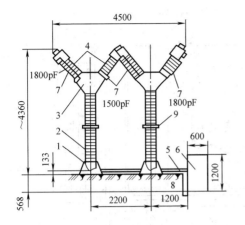
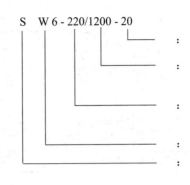

图 4-69　SW6-220 型断路器单极结构及其型号含义

1: ＿＿＿＿＿＿; 2: ＿＿＿＿＿＿; 3: ＿＿＿＿＿＿; 4: ＿＿＿＿＿＿;
5: ＿＿＿＿＿＿; 6: ＿＿＿＿＿＿; 7: ＿＿＿＿＿＿; 8: ＿＿＿＿＿＿;
9: ＿＿＿＿＿＿。

（5）瓷柱式 SF$_6$ 断路器如图 4-70 所示，说出其各部分的名称，并说明元件 2、5 有何作用。

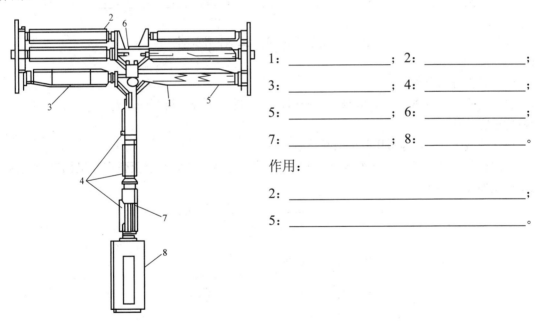

图 4-70　瓷柱式 SF$_6$ 断路器结构图

1: ＿＿＿＿＿＿; 2: ＿＿＿＿＿＿;
3: ＿＿＿＿＿＿; 4: ＿＿＿＿＿＿;
5: ＿＿＿＿＿＿; 6: ＿＿＿＿＿＿;
7: ＿＿＿＿＿＿; 8: ＿＿＿＿＿＿。
作用:
2: ＿＿＿＿＿＿;
5: ＿＿＿＿＿＿。

（6）请说出图 4-71 中所列编号元件的名称。

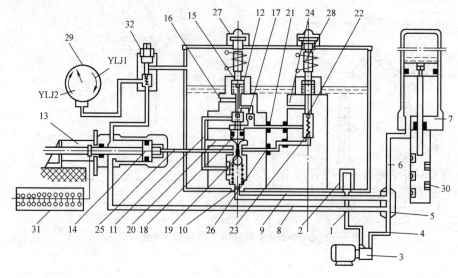

图 4-71 CY3 系列液压操动机构

3: _____ ; 7: _____ ; 13: _____ ;

27: _____ ; 28: _____ ; 29: _____ ;

30: _____ ; 31: _____ ; 32: _____ 。

第二阶段: 接 受 工 作 任 务

一、工作任务下达

（1）明确工作任务：根据检修周期和运行工况进行综合分析判断，对少油断路器灭弧室和机构进行检修。

可选任务一：SN10-10Ⅱ型少油断路器检修。

本次任务：对 110kV 光明变电站 10kV 913 培训Ⅰ线 913 断路器灭弧室和机构进行检修。现场接线如图 4-72 所示。

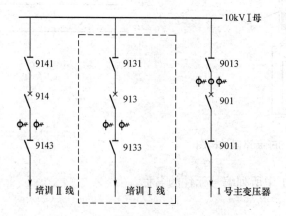

图 4-72 110kV 光明变电站电气主接线（10kV 部分）

可选任务二：SW6-110 型少油断路器检修。

本次任务：对指定的 SW6-110 型少油断路器故障进行诊断和处理。

任务简报：2009 年 7 月，××电业局 110kV 光明变电站 125 温光线线路进线段发生严重短路故障，断路器跳闸出口成功，重合闸不成功；恢复负荷时电动合闸拒动，运行人员就地手动合闸不成功，远方信号报压力闭锁合闸。现场接线如图 4-73 所示。

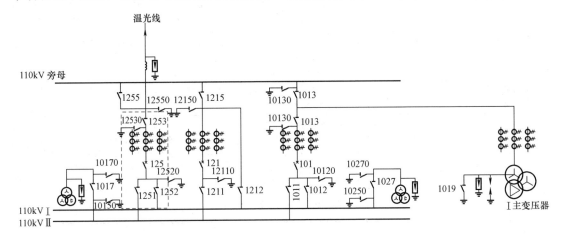

图 4-73 110kV 光明变电站电气主接线（110kV 部分）

光明变电站相关运行记录及检修记录见表 4-19。

表 4-19   相关的运行记录及检修记录资料

投运时间	1998.10.9
出厂编号	
相关运行记录	2003.5.2——125 温光线雷击，跳闸出口，重合闸不成功。 2005.10.11——打压频繁。 2007.7.11——打压频繁，油泵发热。 2009.7.7——125 温光线线路 AB 两相接地故障，跳闸出口，重合闸成功。复负荷时电动合闸拒动，就地手动合闸不成功，远方信号报压力闭锁合闸
相关检修记录	1998.10.12——大修已进行，无异常。 2000.10.26——小修完成，电气及油务指标合格。 2002.10.15——小修完成，电气及油务指标合格。 2003.10.14——大修已进行，机构储能回路接触器返回电压不合格，已更换。 2005.8.12——缺陷处理，打压频繁已处理。原因：油泵逆止阀密封不严。 2006.10——小修完成，电气及油务指标合格。 2007.7.12——缺陷处理，打压频繁已处理；原因：微动开关接点粘连

（2）观摩高压断路器检修示范操作。

二、学生小组人员分工及职责

1. SN10-10Ⅱ型断路器检修

根据设备数量（8 台断路器）进行分组，40 人分为 8 组，每组 5 人。每组确定一名工作负责人、一名工具和资料保管人，其余小组成员作为工作班成员。

2. SW6-110 型断路器检修

根据设备数量（4 台断路器）进行分组，40 人分为 4 组，每组 10 人。每组确定一名工作负责人、一名工具和资料保管人，增加一名起吊搬运负责人，其余小组成员作为工作班成员。

小组人员分工及职责情况参见表 4-20。

表 4-20　　　　　　　　　　学生小组人员分工及职责情况

学生角色	签　名	能 力 要 求
工作负责人		（1）熟悉工作内容、工作流程、安全措施、工作中的危险点； （2）组织小组成员对危险点进行分析，告知安全注意事项； （3）工作前检查安全措施是否正确完备； （4）督促、监护小组成员遵守安全规章制度和现场安全措施，正确使用劳动防护用品，及时纠正不安全行为； （5）组织完成小组总结报告
工具和资料 保管人		（1）负责现场工器具与设备材料的领取、保管、整理与归还； （2）负责小组资料整理保管
工作班成员		（1）收集整理相关学习资料； （2）明确工作内容、工作流程、安全措施、工作中的危险点； （3）遵守安全规章制度、技术规程和劳动纪律，正确使用安全用具和劳动防护用品； （4）听从工作负责人安排，完成检修工作任务； （5）配合完成小组总结报告
起吊搬运 负责人		负责规定范围内的起吊运输作业指挥

三、资料准备

各小组分别收集表 4-21 所列相关资料。

表 4-21　　　　　　　　　　资 料 准 备

序号	项　目	收 集 资 料 名 称	收集人	保管人
1	高压断路器及相关开关电器设备文字资料	（1）		
		（2）		
		（3）		
		……		
2	高压断路器及相关开关电器设备图片资料	（1）		
		（2）		
		（3）		
		……		
3	高压断路器检修资料	（1）		
		（2）		
		（3）		
		……		
4	第一种工作票			
5	其他			

第 三 阶 段： 前 期 准 备 工 作

一、现场查勘

现场查勘内容见表 4-22。

表 4-22	现 场 查 勘 表	

工作任务：×××少油断路器检修及调整	小组：第 组
现场查勘时间： 年 月 日	查勘负责人（签名）：

参加查勘人员（签名）：

现场查勘主要内容：
(1) 确认待检修断路器的安装地点；
(2) 安全距离是否满足"安规"要求；
(3) 通道是否畅通；
(4) 待检修断路器的连接方式、技术参数、运行情况及缺陷情况；
(5) 确认本小组检修工位；
(6) 绘制设备、工器具和材料定置草图

现场查勘记录：

现场查勘报告：

编制（签名）：

二、危险点分析与控制

明确危险点，完成控制措施，见表 4-23。

表 4-23 危险点分析与控制措施

序号		内　　容
1	危险点	作业现场情况的核查不全面、不准确
	控制措施	
2	危险点	作业任务不清楚
	控制措施	
3	危险点	作业组的工作负责人和工作班组成员选派不当
	控制措施	
4	危险点	安全用具、工器具不足或不合规范
	控制措施	

续表

序号		内　容
5	危险点	监护不到位
	控制措施	
6	危险点	人身触电
	控制措施	
7	危险点	操动机构误动作，伤害作业人员
	控制措施	
8	危险点	发生火灾
	控制措施	
9	危险点	机械伤害
	控制措施	
10	危险点	高空坠落
	控制措施	
11	危险点	设备损伤
	控制措施	

确认（签名）：

三、明确标准化作业流程

1. SN10-10 II 型少油断路器检修（见表 4-24）

表 4-24　　　　　　　　　　第　组　标准化作业流程表

工作任务	SN10-10 II 型少油断路器检修	
工作日期	年　月　日至　月　日	工期　　天
工作安排	工　作　内　容	时间（学时）
主持人： 参与人：全体小组成员	（1）分组制订检修工作计划、作业方案	2
	（2）讨论优化作业方案，编制最优化标准化作业卡	1
	（3）准备检修工器具、材料，办理开工手续	2
小组成员训练顺序：	（4）SN10-10 II 型断路器灭弧室检修	10
	（5）CD10 系列操动机构检修	6
	（6）机械特性调试	6
主持人： 参与人：全体小组成员	（7）清理工作现场，验收、办理工作终结	1
	（8）小组自评、小组互评，教师总评	3
确认（签名）	工作负责人： 小组成员：	

2. SW6-110型少油断路器检修（见表4-25）

表4-25 第 组 标准化作业流程表

工作任务	SW6-110型少油断路器检修	
工作日期	年 月 日至 月 日	工期 天
工作安排	工 作 内 容	时间（学时）
主持人： 参与人：全体小组成员	（1）分组制订检修工作计划、作业方案	2
	（2）讨论优化作业方案，编制最优化标准化作业卡	1
	（3）准备检修工器具、材料，办理开工手续	2
小组成员训练顺序	（4）SW6-110型断路器单相大修	12
	（5）CY3系列机构检修及故障处理	6
	（6）注油、恢复接线	4
主持人： 参与人：全体小组成员	（7）清理工作现场，验收、办理工作终结	1
	（8）小组自评、小组互评，教师总评	3
确认（签名）	工作负责人： 小组成员：	

四、工器具及材料准备

1. 工器具准备（见表4-26和表4-27）

表4-26 SN10-10Ⅱ型少油断路器检修工具准备表

序号	名 称	规 格	单 位	每组数量	确认（√）	责任人
1	梅花扳手	8～32	套	1		
2	呆扳手	8～24	套	1		
3	活动扳手	8号	把	1		
4	内六角		套	1		
5	尖嘴钳	6号	把			
6	十字螺丝刀	4～6号	把	1		
7	一字螺丝刀	3、4、6号	把	1		
8	小锤		把	1		
9	木榔头	中	把	1		
10	套筒扳手	28件	套	1		
11	微型套筒	12件	副	1		
12	管子钳	16号	把	1		
13	仪表螺丝刀	十字、一字	把	1		
14	细锉		套	1		

续表

序号	名　称	规　格	单　位	每组数量	确认（√）	责任人
15	压环专用工具		把	1		
16	触指专用工具		把	1		
17	放油桶		个	3		
18	力矩扳手	0～150N·m	把	1		
19	万用表	—	只	1		
20	绝缘电阻表	500V	只	1		
21	夹柄起子	大	把	1		
22	圈尺	5m	把	1		
23	直尺	60cm	把	1		
24	检修油盘		个	3		
25	鸭嘴桶	10kg	个	1		
26	油标卡尺	150mm	把	1		
27	深度游标卡尺	450mm	把	1		

表 4-27　　　　　　　　　　SW6-110 型少油断路器检修工具准备表

序号	名　称	规　格	单　位	每组数量	确认（√）	责任人
1	活络扳手	15	把	2		
2	活络扳手	12	把	2		
3	管子钳	10	把	1		
4	管子钳	20	把	1		
5	套筒扳手	10～32	副	1		
6	梅花扳手	22～24	把	2		
7	梅花扳手	17～19	把	2		
8	梅花扳手	12～14	把	2		
9	木榔头	中号	把	1		
10	钢锯架	300mm	副	1		
11	锉刀	平锉	把	1		
12	锉刀	圆锉	把	1		
13	放油管	110kV	副	1		
14	钢直尺	1m	支	1		
15	钢直尺	0.6m	支	1		
16	油盆	自制	只	3		
17	机油枪	—	把	1		
18	吊带	4T/2m	根	2		
19	白棕绳	ϕ10mm	m	10		

续表

序号	名　称	规　格	单　位	每组数量	确认（√）	责任人
20	弯嘴钳	200mm	把	1		
21	绝缘检修架	110kV 专用	付			
22	直梯	7 挡	把			
23	灭弧室拆卸专用工具		套	1		
24	行程调整专用工具		套	1		
25	压力滤油机	125L/min	台	1		
26	小型滤油机		台	1		
27	油桶	200kg	只			
28	铁皮油桶	中号	只	1		
29	安全带		根	4		
30	三相电源接线盘	380V	只	1		

2. 仪器、仪表准备（见表 4-28 和表 4-29）

表 4-28　　　　　　　SN10-10Ⅱ型少油断路器检修仪器、仪表准备表

序号	名　称	规　格	单　位	每组数量	确认（√）	责任人
1	绝缘电阻表	ZC25-3 500V	只	1		
2	绝缘电阻表	ZC11D-5 2500V	只	1		
3	万用表		只	1		
4	机械特性测试仪		台	1		

表 4-29　　　　　　　SW6-110 型少油断路器检修仪器、仪表准备表

序号	名　称	规　格	单　位	每组数量	确认（√）	责任人
1	万用表	—	只	1		
2	绝缘电阻表	2500V	只	1		
3	绝缘电阻表	500V	只	1		
4	接触电阻测试仪	100A	台	1		
5	试验导线		20	m		
6	开关特性测试仪	GDK430A	台	1		
7	接触器测试仪	CT2000	台	1		

3. 消耗性材料及备件准备（见表 4-30 和表 4-31）

表 4-30　　　　　　　SN10-10Ⅱ型少油断路器检修消耗性材料及备件准备表

序号	名　称	规　格	单　位	每组数量	确认（√）	责任人
1	小毛巾	—	块	10		
2	白布	—	m	3		
3	变压器油		kg	24		

续表

序号	名　称	规　格	单　位	每组数量	确认（√）	责任人
4	塑料布	—	m	3		
5	中性凡士林		包	3		
6	棉纱头	—	kg	2		
7	砂布	0	张	6		
8	SN10-10II 密封圈	1	全套	3		
9	黄油	1 kg/包	包	1		
10	黄、绿、红、黑相色漆		kg	各 0.5		
11	洗手液	—	瓶	1		
12	洗涤型汽油	70 号	L	5		
13	漆刷帚	1 号	把	4		
14	1032 绝缘清漆		kg	1		
15	润滑脂			少量		
16	底座放油阀密封圈		套/相	3		

表 4-31　　　　　　　　SW6-110 型少油断路器检修消耗性材料及备件准备表

序号	名　称	规　格	单　位	每组数量	确认（√）	责任人
1	本体密封圈	SW6-110	套	1		
2	机构密封圈	CY3	套	1		
3	灭弧片	8kA 742.169 （I）8kA 742.192	片	2		
4	灭弧片	8kA 742.137 （I）8kA 742.159	片	2		
5	灭弧片	8kA 742.172 （I）8kA 742.159	片	2		
6	镀锌螺栓	M14、M19、M27	套	各 10		
7	棉纱布	—	kg	15		
8	银砂纸	0 号	张	3		
9	铁砂布	1 号	张	5		
10	无水乙醇	分析醇	kg	1		
11	汽油	90 号	kg	3		
12	钢锯条	300mm	支	3		
13	小毛巾	—	块	10		
14	导电脂	—	kg	0.3		
15	白纱带		圈	2		
16	铁丝	12 号	kg	1		
17	铁丝	14 号	kg	1		
18	机油		kg	1		
19	漆刷	1.5 寸	把	4		

续表

序号	名　称	规　格	单　位	每组数量	确认（√）	责任人
20	氮气	99.999%	瓶	2		
21	塑料薄膜	—	m	10		
22	红漆	0.75kg/桶	桶	2		
23	黄漆	0.5kg/桶	桶	1		
24	绿漆	0.5kg/桶	桶	1		
25	凡士林	中性	kg	0.5		
26	灰漆	0.5kg/桶	组	1		
27	油漆稀释剂	0.5kg/瓶	瓶	2		
28	松锈液	—	瓶	2		
29	黄干油	1kg	包	0.5		
30	绝缘胶布	KCJ-21	圈	1		
31	研磨膏	380 粒	盒	1		
32	记号笔	极细	支	1		
33	洗手液	—	瓶	2		
34	线手套	—	副	10		
35	绝缘带	—	圈	2		
36	滤纸	22.5×22.5	张	138		
37	液压油（航空）	10 号	kg	10		
38	白纱布	—	m²	1		

4. 现场布置

可参考图 4-74 和图 4-75 所示布置图，根据现场实际，绘制设备器材定置摆放布置图。

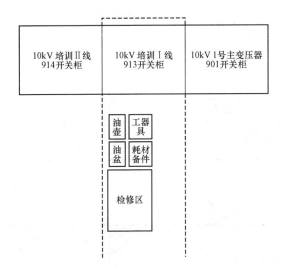

图 4-74　SN10-10Ⅱ型少油断路器检修设备
器材定置摆放布置图

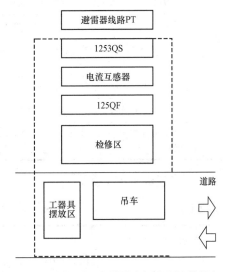

图 4-75　SW6-110 型少油断路器检修设备
器材定置摆放布置图

第四阶段：工作任务实施

一、布置安全措施，办理开工手续

1. SN10-10Ⅱ型断路器检修

停电的范围：913 培训Ⅰ线间隔及线路（见图 4-72 中虚线）。

（1）设备停电，操作见表 4-32。

表 4-32　　　　　　　　　　　　设 备 停 电 操 作

序号	工 作 内 容	执行人（签名）
1	断开 913 断路器	
2	检查 913 断路器机构机械位置指示器、分闸弹簧、基座拐臂的位置，确认断路器已在分位	
3	拉开 9133 隔离开关	
4	拉开 9131 隔离开关	
5	检查并确认 9131、9133 隔离开关的分闸闭锁	

（2）布置安全技术措施，见表 4-33。

表 4-33　　　　　　　　　　　　布 置 安 全 技 术 措 施

序号	工 作 内 容	执行人（签名）
1	在 9131 隔离开关与 913 断路器之间装设一组接地线	
2	在 913 培训Ⅰ线线路侧之间装设一组接地线	
3	在 913 断路器就地操作把手悬挂"禁止合闸，有人工作"标示牌	
4	在 9131、9133 隔离开关操作把手悬挂"禁止合闸，有人工作"标示牌	
5	在 913 开关柜门处悬挂"在此工作"标示牌	
6	在 913 开关柜与相邻带电设备间装设围栏，向内侧悬挂适量"止步，高压危险"标示牌；围栏设置唯一出口，在出口处悬挂"从此进出"标示牌	
7	在 914 开关柜和 901 开关柜的正面和背面悬挂"止步，高压危险"标示牌	
8	断开 913 断路器操动机构控制、信号、合闸电源，应拉开低压断路器或取下熔断器	

（3）开工手续见表 4-34。

表 4-34　　　　　　　　　　　　办 理 开 工 手 续

序号	工 作 内 容	执行人（签名）
1	列队宣读工作票，交代工作内容、安全措施和注意事项	
2	检查工器具应齐全、合格，摆放位置符合规定	
3	工作时，检修人员与 10kV 带电设备的安全距离必须不得小于 0.35m	

2. SW6-110 型断路器检修

停电的范围：110kV 光明变电站 125 温光线线路间隔（见图 4-73 中虚线）。

（1）设备停电操作见表 4-35。

表 4-35 设备停电操作

序号	工 作 内 容	执行人（签名）
1	断开温光线 125 断路器	
2	检查 125 断路器操动机构机械位置指示器、分闸弹簧、基座拐臂的位置，确认断路器已在分位	
3	检查 1252 隔离开关已在分位	
4	拉开 1253 隔离开关	
5	拉开 1251 隔离开关	
6	检查并确认 1251、1253 隔离开关的分闸闭锁	

（2）布置安全技术措施见表 4-36。

表 4-36 布置安全技术措施

序号	工 作 内 容	执行人（签名）
1	合上 12520、12530 接地开关	
2	在 125 断路器操作把手上悬挂"禁止合闸，有人工作"标示牌	
3	在 1251、1252、1253 隔离开关操作把手上悬挂"禁止合闸，有人工作"标示牌	
4	在 12520、12530 隔离开关操作把手上悬挂"禁止分闸"标示牌	
5	在温光线 125 断路器机构箱处悬挂"在此工作"标示牌	
6	在温光线 125 断路器与相邻带电设备间装设围栏，向内侧悬挂适量"止步，高压危险"标示牌；围栏设置唯一出口，在出口处悬挂"从此进出"标示牌	
7	在 125 断路器开关端子箱、机构箱断开液压机构控制电源开关，拉开 125 断路器储能电源开关	
8	在温光线 125 断路器开关保护屏及测控屏挂"在此工作"标示牌，并在相邻运行设备上挂"运行设备"红布帘	

（3）开工手续见表 4-37。

表 4-37 办理开工手续

序号	工 作 内 容	执行人（签名）
1	列队宣读工作票，交代工作内容、安全措施和注意事项	
2	检查工器具应齐全、合格，摆放位置符合规定	
3	工作时，检修人员与 110kV 带电设备的安全距离必须不得小于 1.5m	

二、检修前例行检查

1. SN10-10 型断路器检修前例行检查（见表 4-38）

表 4-38　　　　　　　　　　SN10-10 型断路器检修前例行检查

序号	检查项目	检 查 要 求	检查记录	执行人（签名）
1	外观检查	断路器本体、机构及基础构架无变形，无锈蚀；绝缘表面无破损，无脏污，无放电痕迹；导电连接部分金属表面无过热痕迹；相色及标示清楚		
2	断路器位置检查	机械指示器指示与实际一致；指示灯、信号与实际一致；机构四连杆机构位于死点位置；分闸弹簧已储能		
3	油位	位于油标 1/4～3/4 刻度间		
4	油残漏	各部密封连接无渗漏；无闪浸；无油滴痕迹		
5	电动分合闸	动作干脆，无异响，无喷油，位置信号变化准确		
6	操动机构	动作正常，无异响、无卡涩，死点闭锁可靠		
7	端子排	各接线端子无松动，松脱		
8	其他	各连接及接地部位螺丝紧固，连接可靠		

2. SW6-110 型断路器检修前例行检查（见表 4-39）

表 4-39　　　　　　　　　　SW6-110 型断路器检修前例行检查

序号	检查项目	检 查 要 求	检查记录	执行人（签名）
1	外观	断路器本体、机构及基础构架无变形，无锈蚀；绝缘表面无破损，无脏污，无放电痕迹；导电连接部分金属表面无过热痕迹；相色及标示清楚		
2	位置	机械指示器指示与实际一致；传动轴伸出为合闸；保持弹簧储能为合闸		
3	油位	位于油标 1/2～3/4 刻度		
4	压力	位于 220～227kg/cm^2；位于 1CK 与 2CK 之间		
5	渗漏油	各部密封连接无渗漏；无闪浸；无油滴；无油滴痕迹		
6	分合闸操作	动作干脆，无异响，无喷油，位置信号变化准确		
7	操动机构	表压满足 22.7MPa；动作正常，无异响		
8	端子箱	无松动，松脱		
9	声响和振动	无频繁打压，无异响，压力建立未超过 3min		
10	其他	螺丝紧固，连接可靠		

三、检修流程及工艺要求

（一）SN10-10 型断路器检修

1. SN10-10 型断路器检修流程及质量要求（作业卡）（见表 4-40）

表 4-40　　　　　　　　　　　**SN10-10 型断路器检修流程及质量要求**

序号	检 修 内 容	质 量 要 求	检修记录	执行人	确认人
1. 断路器分解	（1）拧下底部放油螺栓，将油放出； （2）拆掉上下接线端子引线； （3）用内六角扳手拧下上帽装配与上接线间的四只内六角螺栓，取下帽装配，拧下静触座装配的 M8 固定螺栓，取下静触座装配及绝缘套筒； （4）卸下上接线座，用专用工具旋下上压环，取出灭弧室上边的绝缘环及绝缘衬垫； （5）用专用工具拧下压环上的四只内六角螺栓，取出绝缘筒装配及下接线座装配； （6）拆开绝缘拉杆与基座外拐臂的连接，提起导电杆，并卸下与基座内部连接板连接的 $\phi 10mm \times 55mm$ 连接销，抽出导电杆装配	（1）不得渗漏； （2）拆下的零部件应放在清洁干燥场所，并按相顺序放置，以防丢失； （3）绝缘部件不得碰伤			
2. 上帽装配检修	（1）拧下 M8×12 半圆头螺栓，取下排气孔盖，拧下 M12 螺栓，取下油气分离器，拧下回油阀； （2）清洗、检查各部件；回油阀如密封不严，可用小锤轻敲一下，使其有可靠的密封线； （3）按拆卸相反顺序装复	（1）上帽无砂眼； （2）各排气孔道畅通； （3）回油阀动作灵活，钢球密封可靠			
3. 静触座装配检修	1. 分解 （1）用专用工具将触指及弧触指从触座上卸下，并取出弹簧片； （2）卸下逆止阀； （3）拧下三只螺栓，使触座与触头架分离。 2. 清洗、检查 （1）用合格绝缘油清洗各零件； （2）检查触指及弧触指导电接触面。如有轻微烧伤用细锉及 0 号砂布修整，烧伤严重时更换； （3）检查触头架与触座的接触面有无烧伤痕迹，若轻微烧伤用 0 号砂布打磨处理，触指腰部的修整量不允许大于 0.5mm； （4）检查触座的触指尾槽内积垢是否清除干净，隔栅是否完整； （5）检查弹簧片有无变形和损坏； （6）用嘴吹一下，检验逆止阀密封情况，如密封不严，可按上帽回油阀处理方法处理； （7）检查绝缘套筒的漆膜是否完整，有无剥落、起层、起泡现象。 3. 装复 （1）按分解相反顺序。组装触座及触指时，注意检查弧触指与横吹弧道及定位销间的相对位置，使之符合要求； （2）测量静触指闭合圆直径，应合乎要求	（1）导电接触面应光滑平整，烧伤面积达 30%且深度大于 1mm 时，应更换。铜钨合金部分烧伤深度大于 2mm 时应更换； （2）触头架与触座间接触应紧密，触座与触指接触面不应有烧伤痕迹； （3）触座的隔栅应无裂纹、缺齿现象。固定隔栅的圆柱销无脱落及退出现象； （4）弹簧片弯曲度不超过 0.2mm，与触指、触座及隔栅接触不应有烧伤； （5）逆止阀内不应有铜溶粒及杂质，钢球动作应灵活，挡钢球的圆柱两端应铆好、修平，不得凸出； （6）内壁不应有严重炭化、烧伤及起层现象，否则应更换； （7）弧触指必须安装在隔栅有特殊标志处，如隔栅上无特殊标志，则必须将弧触指装于对准横吹弧道的方向； （8）静触指闭合圆直径为 ϕ (18.5~20) mm			

序号	检 修 内 容	质 量 要 求	检修记录	执行人	确认人
4. 灭弧室装配检修	（1）用合格绝缘油清洗灭弧片1、2、3、4、5； （2）调整垫片、绝缘衬圈、隔弧壁； （3）检查灭弧片及绝缘件的烧伤情况，如烧伤轻微时，可用0号砂布轻轻擦拭弧痕，烧伤严重时应更换	（1）灭弧片表面光滑平整，无炭化颗粒，无裂纹及损伤； （2）处理后的灭弧片，第一片长孔不得超过28mm，其余灭弧片孔径不得超过ϕ26mm； （3）绝缘件无烧伤损坏			
5. 绝缘筒装配检修	1. 分解 （1）取出绝缘筒内下压环及连接用弹簧； （2）拧下四只螺栓，卸下油位指示计的玻璃罩。 2. 清洗、检查 （1）检查上接线座内外壁，并用布擦拭干净； （2）清擦油位指示计玻璃及油位指示计座的上下孔； （3）检查接线端子及手车柜隔离插头的接触面有无凹凸不平及过热现象，接触面修整后，涂以中性凡士林油； （4）用布擦拭绝缘筒内外壁，检查外观状况，如漆膜损坏，应重涂1032绝缘清漆； （5）检查下压环与绝缘筒连接用弹簧有无变形。 3. 装复 检查清擦后，将油位指示计装复	（1）上接线座不应有砂眼、裂纹及渗油等现象； （2）油位指示计座上下孔应畅通； （3）接触面应平整，手车柜隔离插头触指镀银层应完好，弹簧无变形和损坏； （4）绝缘筒表面漆膜光滑、无掉漆，内壁无放电痕迹，半圆槽无损伤变形； （5）下压环应完整无损，弹簧应无压扁变形			
6. 下接线座装配检修	1. 分解 拧下四只螺栓，卸下导向装置及滚动触头装配。 2. 清洗、检查 （1）检查导向装置的导电条与接线座的接触是否紧密，两侧导电面是否有烧伤痕迹，如有痕迹须查明原因，加以处理和修整； （2）检查滚动触头装配的滚轮动作情况，轴杆两端铆固情况及弹簧、连板、垫圈是否完整； （3）清洗并检查上下导向绝缘板有无开裂和损坏，损坏者将其从导电条上拆下，予以更换； （4）清洗、检查下接线座及手车柜隔离插头导电接触面情况，接触如不良应修复，修复后涂中性凡士林油。 3. 装复 按相反顺序装复	（1）导电条与滚动触头表面应无烧伤，与接线座的接触应严密； （2）滚动触头的滚轮转动应灵活，转轴不应弯曲，两端应铆固，各零件齐全，弹簧特性符合要求； （3）上下导向绝缘板应无破损裂纹，导向口应光滑			

序号	检 修 内 容	质 量 要 求	检修记录	执行人	确认人
7. 导电杆装配检修	1. 分解 　一般动触头可不拆卸,但应检查动触头与导电杆的连接是否松动。如烧损严重需拆下处理时,可用专用工具把动触头拧下。若拆卸困难,须卸下导电杆装配后在虎钳上进行拆卸,以防止基座各连板受力弯曲变形。 　2. 检查 　(1)在动触头卸下时,应检查导电杆的螺纹及内部弹簧是否变形; 　(2)检查导电杆与缓冲器的铆接是否牢固,缓冲器下端口有无严重撞击痕迹。如有严重撞击痕迹;应查出原因予以消除; 　(3)检查导电杆的弯曲度,不合格时应校直。 　3. 装复 　按相反顺序装复	(1) 动触头铜钨合金部分烧伤深度大于 2mm 时应更换,紫铜部分不应有烧伤; 　(2) 动触头与导电杆的连接应紧密牢固; 　(3) 导电杆装配各结合处应光滑无凸台; 　(4) 连接螺纹不应有乱扣现象; 　(5) 弹簧应无断裂及严重锈蚀; 　(6) 铆接牢固,铆钉两端应修平; 　(7) 缓冲器下断口部不应有严重撞击痕迹; 　(8) 导电杆的弯曲度应小于 0.15mm			
8. 基座装配检修	1. 分解 　(1) 拧下正面突起部位的特殊螺栓,用专用工具打下转轴上的弹性销,旋出转轴,取出基座的内拐臂、连板、拆开轴销,使内拐臂及连板分离; 　(2)用专用工具拧开转轴密封的螺纹套,取出铜垫圈及骨架密封圈; 　(3) 拧下三只螺栓,卸下油缓冲器活塞杆。 　2. 清洗、检查 　(1) 清洗检查各部轴销、开口销是否齐全完整,内拐臂、连板是否有变形,铆钉是否牢固,橡胶制动块是否完整; 　(2) 清洗转轴及外摇臂,检查各部焊口情况; 　(3)更换骨架密封圈时应将内唇翻过来仔细检查有无破损; 　(4) 清洗、检查油缓冲活塞杆及下部的圆盘; 　(5)用合格绝缘油清洗基座内部及轴孔,进行内外部检查,轴孔内如有毛刺应磨光。 　3. 装复 　按分解相反顺序装复。在装转轴时,要先在骨架密封圈外表面涂以少量钙基润滑脂,然后均匀用力将骨架密封圈压入孔内,再将螺纹套、垫圈套在转轴上,再把转轴对准内拐臂的轴套孔慢慢旋入,并用专用工具将螺纹套适当拧紧,最后将转轴及拐臂旋至分闸位置,使两者的 $\Phi 8$ 孔对齐,打入弹性销	(1) 连板、内拐臂应无变形损坏; 　(2) 橡胶制动块不应有裂纹、损坏,铆钉应牢固; 　(3) 转轴与外摇臂上的轴销不平行度≤0.3mm; 　(4) 转轴表面不应有机械伤痕; 　(5) 各部焊口应牢固; 　(6) 骨架密封圈不应损坏,密封面应无毛刺、麻纹、气孔、缺损等; 　(7) 骨架密封圈上的抱簧应完整无损,接头对接良好; 　(8) 活塞杆端部应无严重撞击现象; 　(9) 活塞杆与圆盘间的铆接应牢固,但活塞杆应仍能活动; 　(10) 基座无砂眼、裂纹等。轴孔内应光滑无毛刺; 　(11) 骨架密封圈的唇应向内,弹性销带倒角的一端应向内,弹性销的两端要与拐臂轴套平齐; 　(12) 外摇臂与内拐臂间的相对位置正确,转轴装复后转动应灵活			

续表

序号	检 修 内 容	质 量 要 求	检修记录	执行人	确认人
9. 断路器组装	（1）更换全部密封圈； （2）将导电杆装配与基座内的连板组装在一起； （3）清擦下接线座上下密封圈，放正密封圈，然后将接线座放在基座上口找正； （4）将弹簧放入绝缘内壁半圆槽内，再放入下压环，并使其内圆弧台均匀压在弹簧上。然后将绝缘筒放在下接线座找正，用专用工具将下压环上的四只内六角螺栓对角均匀拧紧，以保证导电杆上下运动灵活； （5）依次装入绝缘衬套、灭弧片、调整垫片，并注意最下面的绝缘衬圈安装方向，以保证横吹弧道与上接线座的接线端子方向相反，装完灭弧片后，可继续装绝缘垫及绝缘环； （6）用专用工具装上上压环，压紧弧室，测量 M 尺寸。如不合格，可调整第四、五灭弧片间的绝缘垫片厚度； （7）转动基座外拐臂，检查导电杆动作情况	（1）密封圈不应有损坏、麻纹等。密封面应平整，无堆漆； （2）上下接线端子中心与基座上装卸弹性销孔的中心必须在一条直线上； （3）绝缘筒与下压环的连接弹簧需卡入绝缘筒内壁半圆形凹槽内，下压环不许偏斜； （4）密封圈不许压偏，紧固后的缝隙均不许超过 0.1mm； （5）第一横吹弧道与上接线端子夹角180°； （6）M 尺寸标准：（135±0.5）mm； （7）导电杆动作应灵活，无卡涩现象			

2. CD10Ⅱ型检修工艺、工序标准卡（见表4-41）

表 4-41　　　　　　　　　　CD10Ⅱ型检修工艺、工序标准卡

序号	检 修 内 容	质 量 要 求	检修记录	执行人	确认人
1	电磁机构大修前检查				
操动机构	（1）铸铁件无裂纹、缺损； （2）辅助开关连杆无弯曲、缺件； （3）端子排完整并有终端附件				
分合闸操作	（1）手动操作合、分机构，应灵活、无卡涩现象； （2）辅助开关切换正常				
2	机构解体组装				
连板系统分解	（1）拆开端子排、合分指示牌、辅助开关连杆及辅助开关架； （2）卸下连板轴销，取出连板； （3）抽出托架轴销，卸下托架				
清洗零部件、检查	（1）用汽油清洗零部件； （2）检查轴销、连板、支架、滚轮、摆臂、扭簧等无扭曲、变形、磨损，双连板铆钉无松动； （3）检查弹簧是否锈蚀、完好	（1）各零件无变形损坏，焊缝无裂纹； （2）轴销与轴孔间间隙不大于0.3mm			

续表

序号	检 修 内 容	质 量 要 求	检修记录	执行人	确认人
连板系统装复	（1）将各轴销、轴孔涂上润滑油； （2）按分解相反顺序装复； （3）拨动托架，检查复位扭簧是否良好，复位自如； （4）机构置于合位，检查滚轮轴扣入深度在托架中心±4mm 内，托架两端面同时接触滚轮轴； （5）拉动"死点"连板，检查部件灵活性，双连板是否卡定位螺杆和机座； （6）调整分闸处两连板"死点"在两连板一直线下 0.5～1mm	（1）各轴销窜动量不大于 1mm； （2）支架在扭簧作用下能复归自如； （3）转动后各连板部件在扭簧作用下能复归自如； （4）定位螺杆无变形，且背帽锁紧			
3	合闸系统解体				
解体合闸系统	（1）拆下接线板上合闸线圈端线； （2）松开四只 Φ12 螺母，卸下上下轭铁，取出缓冲法兰及缓冲弹簧、铁芯、铜套、线圈； （3）抽出轴销，卸下操作手柄				
清洗检查测量	（1）检查合闸线圈外包绝缘引出线头绝缘情况； （2）清洗合闸弹簧、铁芯、铜套、轴销，检查铜套无变形，压簧有弹性； （3）用毛刷清扫上下轭铁、侧轭铁、上缓冲法兰、下橡皮缓冲垫； （4）橡胶缓冲垫应无损坏、老化，固定螺栓无松动； （5）检查上轭铁板上的隔磁板是否完整紧固； （6）测量合闸铁芯顶杆长度 141₋₁mm	（1）测量线圈直阻（1.82±0.15）Ω，1000V 摇表测量绝缘电阻大于 1MΩ； （2）合闸铁芯行程约为 78mm			
装复	（1）按分解相反顺序装复； （2）铜套正确安装在上下轭铁槽内； （3）铁芯运动过程无卡涩、摩擦； （4）铁芯合闸终止时，滚轮轴与托架端面间隙 1～1.5mm； （5）安装时合闸线圈上下垫绝缘纸垫	上轭铁板上的隔磁铜片面应朝下			
4	分闸系统解体				
分解分闸系统	（1）松下分闸顶杆套止钉螺丝及铁芯下托板； （2）抽出分闸铁芯及铁芯套； （3）取出分闸线圈				
清洗检查测量	（1）清洗动铁芯及铁芯套，检查动铁芯顶杆无弯曲，铜套无变形，动作灵活无卡涩现象； （2）线圈外观检查，测直阻（88±4.4）Ω，测绝缘电阻大于 1MΩ	（1）测量线圈直阻（88±4.4）Ω； （2）1000V 摇表测量绝缘电阻大于 1MΩ			

续表

序号	检 修 内 容	质 量 要 求	检修记录	执行人	确认人
装复	（1）按拆卸相反顺序进行； （2）将顶丝准确顶入止钉窝内； （3）将动铁芯旋转不同位置均无卡涩现象； （4）动铁芯顶杆碰到连板后应能继续上升 8～10mm； （5）测量动铁芯总行程 34$_{-1}$mm； （6）装托板	动铁芯顶杆和动铁芯上端面垂直			
5. 辅助开关检查	（1）触点无烧损现象，动静触点表面平整、接触良好； （2）连杆无弯曲； （3）各部件清洁、完整、无污垢、无锈蚀； （4）转轴铆件无松动				
6. 全部恢复	（1）辅助开关架，连杆全部恢复； （2）手动合、分机构动作自如无卡涩				
7. 合分试验	（1）开关低电压动作试验：（30%～65%）U_N； （2）电动合、分正常				
8. 工作终结	（1）清理现场； （2）竣工报告； （3）办理终结手续				

3. SN10-10 型断路器故障分析及处理（见表 4-42）

表 4-42 　　　　　　　　　　SN10-10 型断路器故障分析及处理

故 障 现 象	可 能 原 因	处 理 办 法
摇臂转轴渗油		
非引弧触指烧伤		
静触指脱落		
基座底部缓冲器圆盘渗油		
拒合		
拒分		
误动		

（二）SW6-110 型断路器检修

1. SW6-110 型断路器本体及机构检修流程及质量要求（作业卡）（见表 4-43）

表 4-43 　　　　　　　　SW6-110 型断路器本体及机构检修流程及质量要求

序号	检 修 内 容	质 量 要 求	检修记录	执行人	确认人
1	机构泄压	（1）拧开高压放油阀，释放机构压力； （2）断路器在分闸位置； （3）释压前断开操作电源			

序号	检 修 内 容	质 量 要 求	检修记录	执行人	确认人
2	搭脚手架	（1）专人指挥、专人监护； （2）长管应放倒，两人平抬； （3）注意与周围带电设备的安全距离，夹头、管子搭前应检查完好			
3	断路器放油拆引线				
3.1	拆除三相断路器引线	（1）接头拆开后，导线必须用铅丝绑扎牢固； （2）防止高空坠落			
3.2	打开底座放油阀及灭弧室放油阀，放出绝缘油并观察有无积水	放出的绝缘油放入专用废油桶			
4	断路器解体	（1）工器具及拆下后的另配件应放置平稳，防止坠落伤人； （2）各部件应分相存放，防止搞错			
4.1	拆除并联电容器	做上相位标记，放置在平稳、可靠处，防止意外损坏			
4.2	卸下铝帽盖和上盖板，并拧出通气管				
4.3	用套筒扳手拧开静触头的螺栓，取出静触头装配				
4.4	利用专用工具旋下铜压圈、上衬筒，再用专用工具取出灭弧室装配				
4.5	用专用工具松开铁压圈，此时应扶好铝帽及绝缘子，然后用专用工具拧出铝压圈，取下铝帽				
4.6	取出断口绝缘子，最后将玻璃钢筒拧下				
4.7	卸下导电板，拧出铝法兰下面的螺栓，将铝法兰从中间机构箱上取出，用套筒扳手将中间触头从铝法兰上取出				
4.8	打开底座方盒盖板，检查绝缘拉杆与内拐臂连接的轴销是否良好				
4.9	中间机构箱拆离				
4.9.1	在中间机构箱上栓好吊绳，并将吊绳轻轻收紧，使吊绳受力	吊绳绑在两个灭弧装置的铝帽下部			
4.9.2	拆开中间机构箱手孔盖板，拆开口销、滚子、轴套，抽出提升杆与直线机械的连接轴，使提升杆与中间机构脱离				
4.9.3	拆开中间机构箱与上绝缘子连接的8个螺栓，扶好法兰，慢慢吊下中间机构箱，平稳放在木板上，抽出上法兰卡箍弹簧，取出法兰	（1）防止法兰掉下碰伤支柱绝缘子； （2）防止倾倒			

续表

序号	检 修 内 容	质 量 要 求	检修记录	执行人	确认人
4.10	打开底座手孔盖，抽出内拐臂与提升杆的连接轴，从上绝缘子的上端抽出提升杆	（1）提升杆应放在清洁干燥处； （2）抽出提升杆时应注意防止提升杆的端子碰损绝缘子内壁			
4.11	将绝缘子用吊绳绑好，并慢慢收紧至受力，然后松动下法兰，吊起绝缘子，将绝缘子吊放在平稳处	防止绝缘子损坏			
5	断路器各部件的检修	无漏检项目，做到修必修好			
5.1	灭弧单元分解检修				
5.1.1	灭弧片检修： （1）用合格的绝缘油清洗灭弧片，调整垫片、绝缘衬圈，检查灭弧片的烧损情况，轻微烧伤，可将烧伤和碳化部分用 0 号砂布处理或用刮刀修整； （2）检查灭弧片中心孔的直径是否合格，不合格者应更换	（1）灭弧片烧伤严重者应更换； （2）第一片中心孔直径扩大到 $\Phi36mm$，其他各片中心孔扩大到 $\Phi34mm$ 时更换			
5.1.2	检查各绝缘件及大绝缘筒螺纹有无损坏，起层、裂纹受潮等现象。必要时做泄漏试验	大绝缘筒施加 40kV 直流电压，泄漏电流不超过 5μA			
5.2	压油活塞分解检修				
5.2.1	拧下两个固定螺丝，取下导向件压油活塞弹簧，活塞装配，拧下压油活塞尾部螺栓	防止压油活塞尾部螺栓弹出伤人			
5.2.2	撬开锁片，拧下螺母、垫圈、抽出管，取出压油活塞绝缘圈和活塞				
5.2.3	对拆下的各零部件进行清洗，然后分别检查压油活塞管外面的尼龙喷涂层是否完好	活塞管端头无撞粗变形现象，活塞等完好，如有损坏应更换			
5.3	静触头检修				
5.3.1	拧松止钉旋下引弧环，用手向中心孔搬动触指分别取下触指、弹簧，再把轴套从静触头座上取下，然后检查引弧环的烧伤情况，如烧伤轻微，可用油石修整，如孔径超出规定应更换	引弧环孔径扩大不超过 $\Phi34mm$			
5.3.2	检查触指烧损程度，轻微者可用细锉修整，再用砂布砂洗，严重者应更换	触指烧伤面积不大于 50%，深度不大于 1.5mm			
5.3.3	检查静触座是否完好，与铝帽凸台接触面是否光洁，否则可用细锉修整，再用 0 号砂布打磨				
5.3.4	检查触指弹簧与压油活塞弹簧是否有变形，弹性是否良好，不合格者应更换	弹簧无锈蚀、变形			
5.3.5	组装：组装时除压油活塞螺丝外，其余零件按拆卸时相反顺序组装，最后用钢冲在引弧环与铜套结合缝处冲凹紧固	装好引弧环后，将导电杆插入，顺时针转动导电杆后，拉出导电杆，触指不应扭向一侧			

续表

序号	检 修 内 容	质 量 要 求	检修记录	执行人	确认人
5.4	导电杆检修				
5.4.1	松开导电杆的锁紧螺母，拧出导电杆，检查导电杆及铜钨头的烧损情况，烧损超过标准应更换	铜钨合金头烧损达 1/3 以上或黄铜座有明显沟痕时更换			
5.4.2	检查导电杆接触表面是否良好，镀银层有无脱落、起层，不合格的应更换	接触面良好，镀银层不脱落起层			
5.4.3	检查导电杆是否有弯曲变形，与铜钨触头结合处是否有撞粗现象	导电杆不直度不大于 0.3mm，与铜钨触头结合处必须光滑无棱角，而且两者外径相等			
5.4.4	组装按拆下时的相反顺序进行	导电杆螺纹外露尺寸不小于 51mm			
5.5	中间触头的检修				
5.5.1	松开中间触头座上的螺丝，取下上触头座，取下弹簧和触指				
5.5.2	清洗各零件，检查触指及触头座接触面镀银层情况	触指接触应光滑平整，弹簧无变形			
5.5.3	检查触指弹簧是否有变形和疲劳，如疲劳或变形应更换				
5.5.4	检查上下触头座的接触面是否平整，如有毛刺应用 0 号砂布打磨（下触头座与下铝法兰）	接触面应平整光洁			
5.5.5	组装按拆下时的相反顺序进行	（1）上触头座的螺栓端头不应露出下触头座的接触面； （2）上触头座的螺栓不要拧得太紧，防止滑牙			
5.6	上盖、铝帽、灭弧瓷套及导电元件的检修				
5.6.1	清洗铝帽、上盖及上盖板，检查是否有损坏现象，回油孔是否畅通	丝扣无滑牙，$\phi45\text{mm}$ 的通气孔畅通			
5.6.2	检查铝帽内静触头的支持座（凸台）是否有烧伤和损坏，凸台接触面应用 0 号砂布处理光洁				
5.6.3	检查油位指示器的有机玻璃片有无裂纹、变质或损坏，油位指示孔是否畅通	玻璃片完整、清晰			
5.6.4	检查安全阀片有无起层、开裂等情况，如有破损应更换	阀片完整			
5.6.5	检查通气管是否畅通（可以用油试漏的办法检查）				
5.6.6	检查逆止阀和钢球动作是否正常	弹簧不变形，逆止钢球表面光滑动作灵活			
5.6.7	检查铝帽盖应完好无砂眼，如果发现油中有水，应对帽盖进行试漏	帽盖无渗漏现象			

249

续表

序号	检 修 内 容	质 量 要 求	检修记录	执行人	确认人
5.6.8	检查铁压圈、铜压圈、铝法兰是否有裂纹，检查铝法兰油道是否畅通，放油阀是否渗油，铝法兰螺孔有无滑丝现象，如有损坏应更换	下铝法兰油道不堵塞			
5.6.9	检查密封油毡是否损坏。附在上面的游离碳及脏物应用绝缘油洗净	毛毡完整无松散现象，禁止用其他油类清洗毡垫			
5.6.10	检查导电板，其接触面应用 0 号砂布砂光，并涂电力脂	导电板无发热受损痕迹，接触可靠			
5.6.11	检查灭弧室瓷套有无裂纹和损坏	瓷套完整			
5.7	中间机构箱的检修				
5.7.1	检查各连板、轴销是否弯曲变形，轴孔和轴销间隙配合是否过大	连板、轴销无弯曲变形，各轴孔、轴销的配合间隙不大于 0.35mm			
5.7.2	检查滑道焊缝是否有开裂现象。以下步骤必要时进行： （1）将中间机构上的两个滑动轴销抽下，取出滚轮； （2）拆开侧盖板，将导电杆拧出，将箱体两侧的轴销抽出，由侧面孔取出中间机构； （3）组装按与分解相反的顺序进行，组装后应检查中间机构是否有卡滞现象，上滑道两轴销在相对运动时，间隙是否符合要求	（1）如有开裂应补焊； （2）组装后，各开口销齐全并开口，上滑道两轴在相对运动时的最小间隙不小于 2mm			
5.8	支持绝缘子及绝缘拉杆的检修				
5.8.1	检查支持绝缘子是否有损坏，内外表面是否有裂纹、碰伤，结合面是否平整	绝缘子无损坏，结合平整			
5.8.2	检查卡箍弹簧是否有变形和锈蚀，弹簧用汽油清洗擦干后，拉长涂入黄油	弹簧无变形，无锈蚀			
5.8.3	检查绝缘拉杆是否弯曲、变形或开裂，两端与金具结合是否牢固	确认绝缘电阻不低于 1000MΩ，泄漏电流不大于 5μA			
5.9	并联电容器的检查，外观清扫、检查，若密封处有轻微渗漏油，可适当紧固螺栓进行处理。渗漏严重的应予以更换	电容器的绝缘子端盖完好，无渗漏油痕迹			
6	断路器组装				
6.1	灭弧单元的组装				
6.1.1	更换全部密封圈				
6.1.2	在下铝法兰上装好毛毡垫及中间触头，将密封圈放好，把下铝法兰放在中间机构箱上，并将 8 个螺栓均匀拧紧	（1）要对角均匀拧，直至紧； （2）防止杂物落入支柱内			
6.1.3	将玻璃钢筒清洗干净后，套在下法兰上并拧紧				

续表

序号	检 修 内 容	质 量 要 求	检修记录	执行人	确认人
6.1.4	放好密封圈，将灭弧室绝缘子套在玻璃钢筒外侧，扶正绝缘子放上密封圈。将铝帽放在绝缘子上，并要保证铝帽接线端子与灭弧室放油阀的方向一致	装绝缘子前将手上的油擦干，要防止绝缘子打滑			
6.1.5	扶好铝帽，放进铝压圈（此时将通气管拧在铝压圈上，并把盖板临时盖上定位后将通气管和盖板拆下）装上铁压圈，然后将铝法兰拧在玻璃钢筒上端，拧紧后测量铝法兰上端面至铝帽凸台的距离。再均匀拧紧铁压圈上的 6 个螺栓，然后安装下衬筒，灭弧室装配及上衬筒，并压紧铜压圈，测量引弧距	（1）铝法兰上端面至铝帽凸台的距离，应不小于 12mm； （2）玻璃钢筒上端面至铝法兰上端距离为 32～47mm。铜压圈压紧后第一片灭弧片上端面距铝帽凸台上端面距离为（326±1.5）mm； （3）在拧铁压圈时，绝缘子下面密封圈往上撬时就不要再拧			
6.1.6	在铝帽凸台上放回锌片，装上静触头（压油活塞堵头不要装）。用行程测量杆拧在导电杆螺孔内，拉动导电杆，校正静触头中心，均匀拧紧静触头的固定螺丝	动、静触头在同一中心线			
6.2	整体组装				
6.2.1	更换全部密封圈				
6.2.2	将 L 形密封圈放入底座槽内。吊起支持绝缘子将铁法兰套入绝缘子下端，用手扶正，穿好卡箍弹簧，而后连同绝缘子一起，吊放在底座上，并对角均匀拧紧螺栓	要涂油并穿到底			
6.2.3	将提升杆放入绝缘子并拧入主拐臂夹叉内，再将铁法兰放入下绝缘子上端，穿好涂油的卡箍弹簧	绝缘拉杆组装后，上端 ϕ20mm 孔的下沿距支持绝缘子上沿约 102mm			
6.2.4	吊起已组装就绪的中间机构箱及灭弧单元，将 L 形密封圈放在密封槽内，把中间机构箱吊放在绝缘子上，对角均匀拧紧螺栓				
6.2.5	连接绝缘拉杆与直线机构，将缓冲器压到底，调节绝缘拉杆拧入深度，使 A 尺寸满足要求后，穿入轴销	绝缘拉杆拧入接头的深度不小于 30mm。A 尺寸不超过（14±2）mm			
6.2.6	封好底座手孔盖板。从中间机构箱侧孔注入约 30kg 绝缘油				
7	断路器本体技术参数调整	调试操作时注意统一协调、指挥；操作前应大声呼唱			
7.1	盖上基座方盒盖板，在三相基座内注入适量合格的绝缘油				
7.2	将断路器慢合，同时观察运动部分有无机械卡滞现象	关闭高压放油阀，起动油泵电机打压，随即用手按合闸电磁铁，断路器即实现慢合，合闸过程中无机械卡滞现象			

续表

序号	检 修 内 容	质 量 要 求	检修记录	执行人	确认人
7.3	将行程测量杆旋入导电杆端部的螺孔内	拧行程杆时工作人员应该躲开行程杆运动方向			
7.4	释放储压筒压力,关闭高压放油阀,起动油泵电机打压,随即用手按分闸电磁铁,即实现慢分,测量工作缸行程	CY3 工作缸行程为(132±1)mm,如达到132mm,说明断路器已分到底			
7.5	在额定油压下合上断路器,将超行程测量管套在行程杆外面,分别测量行程杆和超行程管露出触座端面的长度 A 和 B,再将断路器快速分闸到底。分别测量行程杆和超行程管露出触座端面的长度 C 和 D,则尺寸 A－C 和 B－D 就分别为总行程和超行程	总行程为 390^{+10}_{-15} mm;超行程(60±5)mm			
7.6	总行程和超行程的调整:总行程不合格,可调整 A 尺寸,但应注意超行程也跟着改变;超行程可通过调整导电拧入深度来实现,调整超行程不影响总行程	(1)导电杆连接的调节杆螺纹外露尺寸小于 51mm; (2)调整后三相 A 尺寸应基本一致,并在规定的合格范围内,同时调整部位应紧固,平垫圈、弹簧垫圈、开口销、锁紧螺母应齐全,开口销应开口; (3)行程变大(减小),超行程也增大(或减小); (4)A 尺寸增大(或减小),超行程也增大(或减小); (5)提升杆拧出一圈,A 尺寸增大 3mm,超行程加大约 5.4mm			
7.7	检查三相主轴外拐臂分、合闸角度及各接头螺扣连接深度	(1)三相主轴外拐臂分、合闸角度应基本一致; (2)接头螺扣连接外露尺寸应不大于 20mm			
7.8	调整工作全部结束后,在各断口注入合格的绝缘油至油位上限,每相留出离机构最远的一个断口做速度,其余均可装上帽盖	装帽盖前应把压油活塞堵头螺栓旋上			
8	操动机构分解检修	确认油泵电机电源状态,切断电源			
8.1	修前准备:释放压力,放油,拆下油路连通管	断开电源,打开高压放油阀,将压力释放到零;拧开低压放油阀,将液压油放尽;松开机构中各油管的接头螺帽,拆下高低压油管			
8.2	分、合闸阀电磁铁分解检修				
8.2.1	分解:松开锁紧螺母,拧下圆头螺栓,取下上磁轭、阀杆及线圈				
8.2.2	用白布擦净铁芯、阀杆及磁轭,检查阀杆与铁芯结合是否牢固、有无弯曲变形;检查线圈是否有断线及卡伤现象,线圈绝缘是否良好	阀杆与铁芯结合牢固,无弯曲变形;用 1000V 绝缘电阻表测量绝缘电阻不小于 5MΩ			

续表

序号	检　修　内　容	质　量　要　求	检修记录	执行人	确认人
8.2.3	组装：按与分解相反顺序进行。组装后检查铁芯运动是否灵活	铁芯运动灵活，无卡涩			
8.3	分闸阀分解检修				
8.3.1	将分闸阀与油箱结合处的螺栓拧下，取下分闸阀				
8.3.2	分解：左旋方向拧下接头，抽出阀杆，取出复位弹簧；用M3专用螺栓拧入阀座的螺孔，抽出阀座，取出钢球、球托及复位弹簧				
8.3.3	用洁净液压油清洗各零件；检查钢球与阀口密封情况，如不严应将阀口涂上研磨膏，用钢球进行研磨；检查阀杆与阀针结合是否牢固，阀针有无变化，如有变化应更换；检查复位弹簧、球托是否完好；检查接头、密封圈、垫圈是否完好	阀口密封严密			
8.3.4	组装：按分解顺序进行。更换全部密封圈，测量并调整阀杆行程	阀杆总行程为4～5mm；钢球打开行程为1～1.5mm			
8.3.5	球托在组装时应与复位弹簧夹紧，防止球托在操作过程中被油流冲倒	弹簧与球托紧密结合在一起			
8.4	合闸阀分解检修				
8.4.1	分解：松开并帽，拧出管接头，取下合闸阀，抽出一级阀杆；用M3专用螺栓拧入阀座的螺孔，抽出阀座，取出钢球、球托及弹簧；取出上阀体及二级阀活塞				
8.4.2	用洁净液压油清洗各零件；检查一级阀杆是否弯曲变形；检查ϕ17mm钢球与阀口的密封情况；检查活塞有无卡伤或磨损；检查钢球与一级阀座、阀口的密封情况	一级阀杆无弯曲变形，阀针装配无松动脱落现象，运动灵活；活塞上下运动灵活，阀口密封严密			
8.4.3	组装：按分解相反顺序进行。更换全部密封圈；测量并调整一、二级阀行程和钢球打开行程	一级阀钢球打开行程为1.5mm，一级阀总行程为3mm，二级阀打开行程为2.5～2.8mm			
8.5	高压放油阀分解检修				
8.5.1	分解：拧下放油阀杆及管接头				
8.5.2	用洁净液压油清洗阀体各零件；检查放油现象；检查弹簧是否变形与锈蚀，钢球与阀口的密封是否严密	阀杆无弯曲及松动，端头平整无毛刺；弹簧若变形、锈蚀应更换，阀口密封严密			
8.5.3	组装：按分解相反顺序进行。更换全部密封圈，球托与弹簧应夹紧在一起				
8.6	油泵分解检修				

续表

序号	检 修 内 容	质 量 要 求	检修记录	执行人	确认人
8.6.1	油泵分解：拆下电动机的底座固定螺栓，连同油泵一起从机构箱中取出，再将电动机与油泵的连接螺栓松开，使电动机与油泵分离，分解油泵。拧下螺栓取下铝合金罩、连接片、过滤网、阀套、阀座、柱塞等零部件				
8.6.2	用洁净液压油清洗各零件；检查柱塞间隙配合情况；检查高低逆止阀的密封情况是否良好；检查各个弹簧、弹簧座、尼龙垫等是否良好、变形；检查油封的密封情况	柱塞间隙为 0.01～0.0175mm；用嘴吹高压阀不泄气，嘴吹低压阀不透气；弹簧无变形，球托与弹簧、钢球配合良好；油封渗油时应更换			
8.6.3	组装按分解相反顺序进行：组装前，柱塞及柱塞腔应注入适当液压油，并采取边加油边转动偏心轮，边紧螺栓的组装方法，以排尽油泵内气体；组装后，铝合金罩与泵体结合处应有适当的间隙				
8.7	机构箱注油				
8.7.1	用液压油将油箱内外表面清洗干净，清除滤油器的脏物	油箱、滤油器清洁			
8.7.2	检查油箱有无渗漏，然后注入合格的 10 号航空液压油。注油时用小型滤油机过滤	油箱有无渗漏，油位在油标合格范围内			
8.8	微动开关、辅助开关、接触器、加热器、电触点压力表及二次线端子排的检查和校验				
8.8.1	微动开关：检查各个微动开关动作是否灵活，滚子与活塞杆接触是否可靠，位置是否恰当；校验微动开关位置与压力值是否对应	微动开关触点接触良好，动作灵活；当活塞杆压着滚子后，留有 1～2mm 剩余间隙			
8.8.2	辅助开关：检查其切换动作是否灵活正确，检查触点是否烧伤，是否良好	触点随开关分合闸位置切换正确，灵活接触良好			
8.8.3	接触器：检查其触点是否有烧损，动作是否灵活	触点动作灵活，触点弹片的弹性良好			
8.8.4	压力表电触点压力值校验				
8.8.5	加热器：检查其是否良好，试验自动控制装置动作是否准确可靠，用 500V 绝缘电阻表测量绝缘电阻	加热器在 0℃投入，10℃切除			
8.8.6	检查二次线端子排接触面是否烧毛，端子是否紧固，绝缘是否良好	绝缘电阻大于 1MΩ			
8.9	机构密封检查及清扫	机构内无进水痕迹，密封良好，内部清扫，机构除锈油漆			

续表

序号	检 修 内 容	质 量 要 求	检修记录	执行人	确认人
9	断路器整体测试与调整	合闸时间不大于0.35s			
		分闸时间不大于0.08s			
		额定油压下,(刚)合闸速度2.9～4.4m/s			
		额定油压下,(刚)分闸速度7.5～9.0m/s			
		额定油压下,最大分闸速度8.5～11m/s			
		同相合闸同期≤5ms			
		同相分闸同期≤3ms			
		相间合闸同期≤10ms			
		相间分闸同期≤5ms			
9.1	速度调整	(1)速度调整通过改变高压油路中节流片的大小来实现。节流片内径变小,速度变低;内径变大,速度增大; (2)二级阀活塞有卡滞或机构管路中有大量气泡等情况也会影响速度,应根据现场调整情况分别考虑; (3)速度调整同时也影响时间,两者应统筹考虑			
9.2	分、合闸时间和同期性调整	(1)分、合闸时间可通过调节分、合闸阀顶杆的长短及节流片孔径的大小来实现。调整分、合电磁铁芯顶杆的长短也能改变分、合时间; (2)调整分、合电磁铁芯顶杆时,动作电压也会受到影响,应综合考虑; (3)改变节流片孔径大小同时也影响速度,故速度应重新校对			
10	扫尾工作				
10.1	试验确认	所有试验项目均合格			
10.2	断路器油位调整	油位根据当时温度调整,温度较高时,油位可于油标中间位置偏高一些;温度较低时,油位可于油标中间位置或偏低一点			
10.3	均压电容器回装	吊装过程中防止碰撞			
10.4	断路器一次搭接恢复	(1)接线板用砂布打磨后,涂上导电脂; (2)各搭接接触良好、可靠			
10.5	本体及机构除锈、清扫、油漆				
11	组织有关人员对检修设备进行全面的自验收				
11.1	对所有检修项目进行自验收	自验收要全面、仔细、认真进行,做到无漏项,修必修好			

续表

序号	检修内容	质量要求	检修记录	执行人	确认人
11.2	检查现场安全措施	临时保安线已拆除，现场安全措施与工作所载相符			
11.3	检查设备（断路器、操作电源）状态	恢复至工作许可时状态			
12	拆除脚手架及场地清理	（1）在所有检修工作验收合格后，进行拆除脚手架和场地清理工作。拆除脚手架时，须有专职指挥；（2）拆除脚手架时注意与相邻带电设备的安全距离保持在 1.5m 及以上			

2. SW6-110 型断路器故障分析及处理（见表 4-44）

表 4-44　　　　　　　　　SW6-110 型断路器故障分析及处理

故障现象	可能原因	处理办法
中间机构连板弯曲		
支持绝缘子、灭弧绝缘子断裂		
断路器本体进水		
机构建不起压力		
合闸不成功		
分闸不成功		
合闸后即分		
油泵建压时间长（超过 3min）		
油泵起动频繁		
机构压力异常升高		
机构压力异常降低		

第五阶段：工 作 结 束

一、小组自查

检修工作结束后，工作负责人带领小组成员进行自查，检查项目和要求见表 4-45。

表 4-45　　　　　　　　　小组自查的检查项目及要求

序号	检查项目		质量要求	确认打"√"
1	资料准备	工作票	正确、规范、完整	
		现场查勘记录		
		检修方案		
		标准作业卡		
		调整数据记录		

续表

序号	检 查 项 目		质 量 要 求	确认打"√"
2	检修过程	正确着装	穿长袖工作服、戴安全帽、穿胶鞋	
		工器具选用	一次性准备完断路器检修的工器具	
		检查安全措施	（1）隔离开关闭锁可靠	
			（2）接地线、标示牌装挂正确	
			（3）断路器控制、信号、合闸熔断器已取下	
		断路器分解检修	（1）拆卸方法和步骤正确	
			（2）拆下的零部件逐项检查确认	
			（3）在清洁干燥的场所有序摆放零部件	
			（4）零部件不得碰伤掉地	
		操作机构分解检修	（1）拆卸方法和步骤正确	
			（2）拆下的零部件逐项检查确认	
			（3）在清洁干燥的场所有序摆放零部件	
			（4）零部件不得碰伤掉地	
			（5）转动灵活、无卡涩	
		断路器装配调整	（1）装配顺序与拆卸时相反	
			（2）各紧固螺栓紧固	
			（3）装配后开关储能及分合正常	
		施工安全	遵守安全规程，不发生习惯性违章或危险动作，不在检修中造成新的故障	
		工具使用	正确使用和爱护工器具，工作中工具摆放规范	
		文明施工	工作完后做到"工完、料尽、场地清"	
3	检修记录		完善正确	
4	遗留缺陷：		整改建议：	

二、小组交叉检查

小组交叉检查内容及要求见表4-46。

表4-46　　　　　　　　　　　小组交叉检查内容及要求

检查对象	检查内容	质 量 要 求	检 查 结 果
第一组	资料准备	资料完整、整理规范	
	检修记录	完善正确	
	检修过程	无安全事故、按照规程要求	
	工具使用	正确使用和爱护工器具，工作中工具无损坏	
	文明施工	工作完后做到"工完、料尽、场地清"	
第N组	资料准备	资料完整、整理规范	
	检修记录	完善正确	
	检修过程	无安全事故、按照规程要求	
	工具使用	正确使用和爱护工器具，工作中工具无损坏	
	文明施工	工作完后做到"工完、料尽、场地清"	

三、办理工作终结

清理现场、办理工作终结见表 4-47。

表 4-47　　　　　　　　　　　　办理工作终结手续

序号	工 作 内 容	执 行 人
1	拆除安全措施，恢复设备原来状态	
2	工器具的整理、分类、归还	
3	场地的清扫	

四、填写检修报告

检修报告模板如下：

高压断路器检修报告（模板）

检 修 小 组		第　组	编 制 日 期	
工作负责人			编写人	
小组成员				
指导教师			企业专家	

一、工作任务

（包括工作对象、工作内容、工作时间……）

设备型号			
设备生产厂家		出厂编号	
出厂日期		安装位置	

二、人员及分工

（包括工作负责人、工具资料保管、工作班成员……）

三、初步分析

（包括现场查勘情况、故障现象成因初步分析）

四、安全保证

（针对查勘发现的危险因素，提出预防危险的对策和消除危险点的措施）

五、检修使用的工器具、材料、备件记录

序号	名　称	规　格	单　位	每组数量	总数量
1					
2					
3					
N					

六、检修流程及质量要求

（记录实施的检修流程）

七、检修记录

1. SN10-10II 型少油断路器配 CD10II 型电操机构机械特性测试及调整

续表

序号	项　目	单位	额定值	实测值
1	静触指导电面烧伤面积	%	<30%	
2	静触指导电面烧伤深度	mm	<1	
3	铜钨合金端头烧伤深度	mm	<2	
4	静触指弹片弯曲度	mm	0.2	
5	保证燃弧距离的 M 尺寸	mm	110±1.5	
6	第一片灭弧片长孔径	mm	≤28	
7	其余灭弧片孔径	mm	≤26	
8	导电杆行程	mm	155^{+4}_{-3}	
9	三相同期差	mm	<2	
10	刚分速度	m/s	$≥3^{+0.3}$	
11	刚合速度	m/s	≥3.5	
12	合闸线圈电阻	Ω	1.82±0.15	
13	分闸线圈电阻	Ω	88±4.4	
14	合闸过冲行程滚轮与安架之间的距离	mm	1.5～2	
15	分闸连杆死点下凹	mm	0.5～1	
16	合闸时间	s	≤0.20	
17	分闸时间	s	≤0.06	
18	导电杆合闸位置（距触头架上端）	mm	120±1.5	
19	导电杆全行程	mm	155±3	
20	三相合闸不同期	ms	≤2	
21	灭弧室上端面位置（距上出线端）	mm	135±0.5	
22	每相回路电阻	μΩ	≤60	
23	最低合闸动作电压	V	>60%U_N	
24	最低分闸动作电压	V	30%～65%U_N	

2. SW6-110 型少油断路器配 CY3 型液压机构机械特性测试及调整

序号	项　目	单位	标准值	实测值		
				A	B	C
1	导电杆总行程	mm	390^{+10}_{-15}			
2	超行程	mm	60±5			
3	超行程各断口差	mm	2			
4	分闸时 A 尺寸	mm	14±2			
5	工作缸行程	mm	132±1			
6	分闸时缓冲器的位置	mm	分闸时活塞打到底			
7	铝帽内铜套上端面距铝帽凸台上端面的距离	mm	≥12			
8	玻璃钢筒上端面距铝（铜）法兰上端面的距离	mm	32～47			

续表

序号	项　　目		单位	标准值	实测值		
					A	B	C
9	灭弧座上端面距铝帽凸台上端面的距离		mm	326±1.5			
10	回路电阻		μΩ	≤400			
11	CY3 型机构油压力额定值		MPa	22.7			
12	CY3 型机构预充压力额定值		MPa	14.2			
13	固有分闸时间		s	≤0.04			
14	合闸时间		s	≤0.2			
15	同相各断口分闸同期差		ms	≤3			
16	三相分闸同期差		ms	≤5			
17	同相各断口合闸同期差		ms	≤5			
18	三相合闸同期差		ms	≤10			
19	刚分速度	无油	m/s	$5.5^{+1}_{-0.5}$			
		有油		$5.4^{+1}_{-0.5}$			
20	最大分闸速度	无油		$8.2^{+1}_{-0.5}$			
		有油		$8^{+1}_{-0.5}$			
21	合闸速度	无油		$3.5^{+1}_{-0.5}$			
		有油		$3.4^{+1}_{-0.5}$			
22	分闸线圈动作电压		%	30～65			
23	合闸线圈起动电压		%	30～65			
23	均压电容器		pF	1800			
24	分闸阀杆总行程		mm	4～5			
25	分闸阀杆打开行程		mm	1～1.5			
26	合闸一级阀杆总行程		mm	4～5			
27	合闸一级阀打开行程		mm	1～1.5			
28	合闸二级阀打开行程		mm	2.5～2.8			

八、检修中发现的问题

检修内容	存 在 的 问 题	处理方法及效果
检修前检查		
断路器解体		
断路器各部件的检修		
断路器组装		
断路器整试与调整		
操动机构分解检修		
操动机构组装		

九、收获与体会

五、整理资料

资料整理见表 4-48。

表 4-48　　　　　　　　　　　　资　料　整　理

序号	名　称	数量	编　制	审　核	完成情况	整理保管
1	现场查勘记录					
2	检修方案					
3	标准作业卡					
4	工作票					
5	检修记录					
6	检修总结报告					

第六阶段：评价与考核

一、考核

1. 理论考核

教师团队拟定理论试题对学生进行考核。

2. 技能考核

电气设备检修技能考核任务书之一如下：

电气设备检修技能考核任务书之一
一、任务名称 SN10-10Ⅱ型少油断路器检修及调整。
二、适用范围 电气设备检修课程学员。
三、具体任务 完成对指定 SN10-10Ⅱ型少油断路器灭弧室进行检修及调整。
四、工作规范及要求 （1）开工前出具已审定合格的标准化作业卡。 （2）工具、仪表、材料齐全、合格，检修技术资料齐全。 （3）开工前做好现场安全措施，交待安全注意事项及对危险点的控制。 （4）工作过程、严格按照任务书规定的范围进行作业。 （5）要求操作程序正确、动作规范。若在操作过程中出现严重违规，立即终止任务，考核成绩记为 0 分。
五、时间要求 本模块操作时间为 60min，时间到立即终止任务。

针对以上考核任务，SN10-10Ⅱ型少油断路器检修考核评分细则见表4-49。

表4-49　　　　　　　　**SN10-10Ⅱ型少油断路器检修考核评分细则**

班级：		组长姓名：		小组成员：				
成绩：				考评日期：				
企业考评员：				学院考评员：				
技能操作项目		SN10-10Ⅱ型少油断路器灭弧室检修						
适用专业		发电厂及电力系统			考核时限		60min	
需要说明的问题和要求		(1) 要求着装正确（工作服、工作鞋、安全帽、劳保手套）						
		(2) 按工作需要选择工具、仪表及材料，工作中配备一名辅助工						
		(3) 安全措施已经完备，允许工作开始前，应履行工作许可确认手续						
		(4) 按SN10-10Ⅱ型少油断路器检修导则作业，检查、拆装、清洗灭弧室、静触头及油气分离器						
		(5) 考核时间到立即停止操作，未完成项目不得分						
		(6) 工作终结后，做到"工完、料尽、场地清"						
工具、材料、设备、场地		(1) 配备安装好的SN10-10Ⅱ型少油断路器一组，将A相进行分解。按检修工艺配备工器具、备品、备件、专用工具、消耗性材料若干						
		(2) 校内实训基地						
序号	项目名称	质量要求	满分	扣分标准		扣分原因	扣分	得分
1	着装	正确佩戴安全帽，着工作服，穿软底鞋	10	(1) 未按规程要求着装一处扣5分； (2) 着装不规范一处扣2分				
2	工作准备	工具、仪表、材料准备完备	10	(1) 未正确使用工具一次扣2分； (2) 工作中出现准备不充分，再次拿工具、仪表或材料一次扣2分				
3	安全措施	(1) 隔离开关闭锁可靠； (2) 接地线、标示牌装挂正确； (3) 断路器控制、信号、合闸熔断器已取下	15	(1) 未检查隔离开关闭锁扣5分； (2) 未检查接地线装设扣15分； (3) 未检查接地线连接点一处扣5分； (4) 标示牌装挂错误一处扣5分； (5) 熔断器未取下一处扣5分				
4	分解	(1) 放油； (2) 拆除上接线端子引线； (3) 拆除上帽； (4) 拆除静触座； (5) 取出灭弧室	10	(1) 未正确使用工器具每次扣2分； (2) 未按顺序分解一处扣2分				
5	清洗	(1) 拆卸静触座； (2) 用绝缘油清洗静触头； (3) 用绝缘油清洗灭弧室	5	(1) 不会拆卸静触座扣2分； (2) 未用绝缘油清洗静触头扣2分； (3) 未用绝缘油清洗灭弧室扣3分				
6	检查	(1) 拆装、检查上帽油气分离器； (2) 拆装、检查油气分离器的回油阀； (3) 拆装、检查动、静触头烧伤情况； (4) 拆装、检查静触头逆止阀密封情况； (5) 拆装、检查灭弧片烧伤情况	20	(1) 未检查上帽油气分离器，扣3分； (2) 未检查油气分离器的回油阀密封，扣3分； (3) 未检查动、静触头烧伤情况，扣3分； (4) 未检查静触头逆止阀密封情况，扣6分； (5) 未检查灭弧片烧伤情况，一处扣2分				

续表

序号	项目名称	质 量 要 求	满分	扣 分 标 准	扣分原因	扣分	得分
7	装配	按检修导则规范地进行装配	10	（1）灭弧室方向装配错误扣5分； （2）静触头装配错误扣5分			
8	注油	用合格的变压器油加至油标合格位置	5	（1）未紧固放油阀螺栓扣3分； （2）油位不正确扣2分			
9	文明施工	工作完后做到"工完、料尽、场地清"	5	（1）工作中遗漏工具或材料一次扣1分； （2）开关柜内及地面有油迹扣2分； （3）未清理场地扣2分			
10	施工安全	不发生习惯性违章或危险动作，检修中不损坏元器件	10	每次扣5分			
11	总分		100				

电气设备检修技能考核任务书之二如下：

电气设备检修技能考核任务书之二

一、任务名称
CD10Ⅱ型电磁机构检修。
二、适用范围
电气设备检修课程学员。
三、具体任务
完成对指定CD10Ⅱ型电磁机构进行检修及调整。
四、工作规范及要求
（1 要开工前出具已审定合格的标准化作业卡。
（2）工具、仪表、材料齐全、合格，检修技术资料齐全。
（3）开工前做好现场安全措施，交待安全注意事项及对危险点的控制。
（4）工作过程、严格按照任务书规定的范围进行作业。
（5）要求操作程序正确、动作规范。若在操作过程中出现严重违规，立即终止任务，考核成绩记为0分。
五、时间要求
本模块操作时间为60min，时间到立即终止任务。

针对以上考核任务，CD10Ⅱ型电磁机构检修考核评分细则见表4-50。

表4-50　　　　**CD10Ⅱ型电磁机构检修考核评分细则**

班级：	组长姓名：		小组成员：	
成绩：		考评日期：		
企业考评员：		学院考评员：		
技能操作项目	CD10Ⅱ型电磁机构检修			
适用专业	发电厂及电力系统		考核时限	60min
需要说明的问题和要求	（1）按工作需要选择工具、仪表及材料			
	（2）要求着装正确（工作服、工作鞋、安全帽、劳保手套）			
	（3）允许工作开始前，应履行工作许可确认手续，工作中配备一名辅助工，在规定时间内完成操动机构解体检修工作，安全操作			
	（4）必须按程序进行操作，出现错误则扣除相应做项目分值			
	（5）考核时间到立即停止操作，未完成项目不得分			
	（6）工作终结后，做到"工完、料尽、场地清"			

续表

工具、材料、设备、场地		(1) 配备安装好的 CD10Ⅱ型电磁机构一组。按检修工艺配备工器具、备品、备件、专用工具、消耗性材料若干						
		(2) 校内实训基地						
序号	项目名称	质 量 要 求	满分	扣 分 标 准	扣分原因	扣分	得分	
1		检修前准备						
1.1	着装	按规程规定着装	3	未正确着装扣 3 分				
1.2	安全措施检查	符合"安规"要求	3	(1) 不检查接地线装设，扣 2 分； (2) 标示牌挂错，扣 2 分； (3) 不取下合闸保险，控制保险扣 3 分				
1.3	工具材料准备	工具材料仪表配备应合理、齐全	2	工作中出现准备不充分再次拿工具、仪表者每次扣 1 分，多选三件及以上工具、仪表扣 0.5 分，扣完为止				
2		电磁机构大修前检查						
2.1	操动机构	(1) 铸铁件无裂纹、缺损； (2) 辅助开关连杆无弯曲、缺件； (3) 端子排完整并有终端附件	2	(1) 不检查，扣 1 分； (2) 不检查连杆、端子排各扣 0.5 分				
2.2	分合闸操作	(1) 手动操作合、分机构，应灵活无卡塞现象； (2) 辅助开关切换正常	2	(1) 不观察灵活性扣 0.5 分； (2) 不观察辅助开关切换情况扣 0.5 分				
3		机构解体组装						
3.1	连板系统分解	(1) 拆开端子排，合分指示牌，辅助开关连杆及辅助开关架； (2) 卸下连板轴销，取出连板； (3) 抽出托架轴销，卸下托架	6	(1) 分解顺序零乱，扣 3 分； (2) 零部件不按规定摆放，扣 3 分				
3.2	清洗零部件、检查	(1) 用汽油清洗零部件； (2) 检查轴销、连板、支架、滚轮、摆臂、扭簧等无扭曲、变形、磨损，双连板铆钉无松动； (3) 检查弹簧是否锈蚀、完好	8	(1) 不清洗零部件，扣 2 分； (2) 未检查部件，每件扣 0.5 分； (3) 不检查弹簧是否锈蚀、完好，扣 1 分				
3.3	连板系统装复	(1) 将各轴销、轴孔涂上润滑油； (2) 按分解相反顺序装复，各轴销窜动量不大于 1mm； (3) 拨动托架，检查复位扭簧是否良好、复位自如； (4) 机构置于合位，检查滚轮轴扣入深度在托架中心±4mm 内，托架两端面同时接触滚轮轴； (5) 拉动"死点"连板，检查部件灵活性，双连板是否卡定位螺杆和机座； (6) 调整分闸处两连板"死点"在两连板一直线下 0.5～1mm	18	(1) 不抹润滑油每处扣 0.5 分； (2) 装配错误 1 处，扣 2 分；窜动超标 1 处，扣 0.2 分； (3) 装配后复位有卡涩、不灵活，扣 2 分； (4) 不符合要求，扣 5 分； (5) 死点处双连板装反，扣 5 分； (6) 不调整"死点"螺杆，扣 10 分； (7) 不锁定"死点"螺杆，扣 10 分				

序号	项目名称	质 量 要 求	满分	扣 分 标 准	扣分原因	扣分	得分
4		合闸系统解体					
4.1	解体合闸系统	（1）拆下接线板上合闸线圈端线； （2）松开四只Φ12螺母，卸下上下轭铁，取出缓冲法兰及缓冲弹簧、铁芯、铜套、线圈； （3）抽出轴销，卸下操作手柄	2	（1）未拆下接线板上合闸线圈端线，扣2分； （2）卸下部件乱放置扣2分			
4.2	清洗检查测量	（1）检查合闸线圈外包绝缘引出线头绝缘情况，测量线圈直阻（1.82±0.15）Ω，测量绝缘电阻大于1MΩ； （2）清洗合闸弹簧、铁芯、铜套、轴销，检查铜套无变形，压簧有弹性； （3）用毛刷清扫上下轭铁、侧轭铁、上缓冲法兰、下橡皮缓冲垫； （4）橡胶缓冲垫应无损坏、老化，固定螺栓无松动； （5）检查上轭铁板上的隔磁板是否完整紧固； （6）测量合闸铁芯顶杆长度141_-1mm	12	（1）不检查绝缘情况扣2分； （2）装配前不测直阻、不测量绝缘电阻各扣1分； （3）不清洗部件，扣1分，不清扫部件，扣1分； （4）不检查下橡皮缓冲部件，扣1分； （5）不检查隔磁板，扣1分； （6）不测量顶杆长度扣2分，不会调整扣2分； （7）不紧固防松止钉螺丝，扣2分			
4.3	装复	（1）按分解相反顺序装复； （2）铜套正确安装在上下轭铁槽内； （3）铁芯运动过程无卡涩、摩擦； （4）铁芯合闸终止时，滚轮轴与托架端面间隙1～1.5mm； （5）安装时合闸线圈上下垫绝缘纸垫	9	（1）铜套安装不到位，扣1分； （2）隔磁板装反，扣5分； （3）合闸终止时，超行程不合格，扣2分； （4）不垫纸垫扣1分； （5）装配时测量动铁芯总行程34_-1mm不规范，扣2分			
5		分闸系统解体					
5.1	分解分闸系统	（1）松下分闸顶杆套止钉螺丝及铁芯下托板； （2）抽出分闸铁芯及铁芯套； （3）取出分闸线圈	1	卸下部件乱放置扣1分			
5.2	清洗检查测量	（1）清洗动铁芯及铁芯套，检查动铁芯顶杆无弯曲，铜套无变形，动作灵活无卡涩现象； （2）线圈外观检查，测直阻88±4.4Ω,测绝缘电阻大于1MΩ	4	（1）不清除油脂扣0.5分，不检查部件扣0.5分，不检查卡涩现象扣1分； （2）不测直阻扣0.5分，不测绝缘电阻扣0.5分； （3）在动铁芯上抹润滑剂扣4分			

序号	项目名称	质 量 要 求	满分	扣 分 标 准	扣分原因	扣分	得分
5.3	装复	（1）按拆卸相反顺序进行； （2）将顶丝准确顶入止钉窝内； （3）将动铁芯旋转不同位置均无卡涩现象； （4）动铁芯顶杆碰到连板后应能继续上升 8～10mm； （5）测量动铁芯总行程 34_{-1}mm； （6）装托板	3	（1）顶丝未进入静铁芯的止钉窝，扣 0.5 分； （2）动铁芯旋转有卡涩，扣 1 分； （3）安装铁芯时强行打入，扣 3 分； （4）动铁芯顶杆碰到连板后不能继续上升，扣 3 分； （5）不测总行程扣 1 分			
6	辅助开关检查	（1）触点无烧损现象，动静触点接触良好； （2）转轴铆件无松动	2	（1）不检查触点扣 1 分； （2）转轴铆件松动扣 1 分			
7	全部恢复	（1）辅助开关架，连杆全部恢复； （2）手动合、分机构动作自如无卡涩	10	（1）辅助开关装错，扣 1 分； （2）未打开各开口销、螺丝缺件，扣 1 分； （3）端子排线接错，扣 2 分； （4）机构不能自返回，扣 2 分； （5）不紧固各部位螺栓，扣 2 分			
8	合、分闸试验	（1）断路器低电压动作试验：（30%～65%）U_N； （2）电动合、分正常	10	（1）不做试验扣 2 分； （2）合闸跳跃或合不上开关，扣 4 分			
9	工作终结	（1）清理现场； （2）竣工报告； （3）办理终结手续	3	（1）不清理现场扣 1 分； （2）无大修报告扣 1 分； （3）不办理终结手续扣 1 分			
10	总分		100				

电气设备检修技能考核任务书之三如下：

电气设备检修技能考核任务书之三

一、任务名称

SW6-110 型少油断路器灭弧室检修。

二、适用范围

电气设备检修课程学员。

三、具体任务

按照检修工艺导则要求，检查、清洗灭弧室，并检查动、静触头及油气分离器，正确完成对 SW6-110 型少油断路器灭弧室的检修。

四、工作规范及要求

（1）开工前出具已审定合格的标准化作业卡。

（2）工具、仪表、材料齐全、合格，检修技术资料齐全。

（3）开工前做好现场安全措施，交待安全注意事项及对危险点的控制。

（4）工作过程、严格按照任务书规定的范围进行作业。

（5）要求操作程序正确、动作规范。若在操作过程中出现严重违规，立即终止任务，考核成绩记为 0 分。

五、时间要求

本模块操作时间为 45min，时间到立即终止任务。

针对以上考核任务，SW6-110 型少油断路器灭弧室检修考核评分细则见表 4-51。

表 4-51　　　　　　　SW6-110 型少油断路器灭弧室检修考核评分细则

班级：	组长姓名：	小组成员：

成绩：	考评日期：

企业考评员：	学院考评员：

技能操作项目	SW6-110 型少油断路器灭弧室检修		

适用专业	发电厂及电力系统	考核时限	45min

需要说明的问题和要求	（1）按工作需要选择工具、仪表及材料
	（2）要求着装正确（工作服、工作鞋、安全帽、劳保手套）
	（3）安全措施已经完备，允许工作开始前，应履行工作许可确认手续
	（4）工作中配备一名辅助工作，在规定时间内按 SW6-110 型少油断路器检修导则作业，检查、拆装灭弧室，安全操作
	（5）考核时间到立即停止操作，未完成项目不得
	（6）工作终结后，做到"工完、料尽、场地清"

工具、材料、设备、场地	（1）配备安装好的 SW6-110 型少油断路器一组，将 A 相进行分解。按检修工艺配备工器具、备品、备件、专用工具、消耗性材料若干
	（2）校内实训基地

序号	项目名称	质量要求	满分	扣　分　标　准	扣分原因	扣分	得分
1	断路器断口分解		12				
1.1	修前检查	确认断路器处于分闸位置	1	未确认断路器处于分闸位置扣 5 分			
1.2	拆除铝帽盖、取下上盖板、拧出排气管	不损伤螺纹	1	（1）未按对角线方式拆除螺丝扣 1 分； （2）零部件摆放位置、顺序乱，扣 1 分			
1.3	拆卸取出静轴头、在外装配	（1）用套筒扳手拧下静轴头的 4 颗 M14 连接螺丝； （2）不得先拆卸压油活塞固定螺丝； （3）不得损伤触指	2	（1）零部件有损伤扣 1 分； （2）不会使用工具（套筒扳手）拧下静轴头的 4 颗 M14 连接螺丝扣 1 分； （3）拆卸顺序颠倒扣 1 分； （4）零部件摆放位置、顺序乱，扣 1 分			
1.4	（1）拆卸取出铜压圈； （2）取出铁压圈以及铝压圈； （3）取下铝帽； （4）拆除绝缘子	（1）不损伤零部件； （2）优先拆除铁压圈的固定螺丝； （3）拆除时必须扶紧铝帽与绝缘子； （4）绝缘子不得碰伤	4	（1）不会用专用工具旋下铜压圈扣 1 分； （2）不会取出铁压圈扣 1 分； （3）不会取下铝压圈扣 1 分； （4）未扶紧铝帽与绝缘子扣 2 分； （5）损坏绝缘子扣 2 分； （6）绝缘子放置不合格扣 2 分； （7）零部件摆放位置、顺序乱，扣 1 分			
1.5	依次取出上衬筒、灭弧片、调节垫、下衬筒	不损伤零部件	2	（1）零部件有损伤扣 1 分； （2）零部件摆放位置、顺序乱，无规律扣 1 分			

国家示范性高职院校精品教材 **电气设备检修**

续表

序号	项目名称	质 量 要 求	满分	扣 分 标 准	扣分原因	扣分	得分
1.6	松开紧锁螺丝取出导电杆、导电板	不损伤零部件	1	(1) 零部件有损伤扣 1 分; (2) 零部件摆放位置、顺序乱,无规律扣 1 分			
1.7	卸下下法兰、拆除中间触头及其他配件	(1) 拆卸顺序正确; (2) 不损伤零部件	1	(1) 零部件有损伤扣 1 分; (2) 零部件摆放位置、顺序乱,无规律扣 1 分			
2	分解检修压油活塞		8				
2.1	拆除导向件、取出弹簧、绝缘圈和塞杆	(1) 不损伤零部件; (2) 拆下的零部件应放在清洁干燥场所	4	(1) 零部件有损伤扣 1 分; (2) 拆下的零部件存放位置不符合质量要求扣 1 分			
2.2	清洗、检查各部件	(1) 压油活塞杆外部尼龙涂层应完好; (2) 压油活塞杆端头无严重撞粗变形; (3) 弹簧弹性良好,绝缘圈应完好	4	(1) 每少检查一项扣 1 分; (2) 不说明压油活塞杆端头变形处理方法扣 1 分			
3	分解检修静触头		20				
3.1	拆除保护环、取出触指、弹簧与铜套	(1) 不损伤零部件; (2) 拆卸顺序正确	2	(1) 零部件有损伤扣 1 分; (2) 零部件摆放位置、顺序乱,无规律扣 1 分			
3.2	检查保护环烧伤情况	(1) 轻微烧伤用油石修正(口述); (2) 中心孔径不大于 34mm	5	(1) 轻微烧伤不知用油石修正扣 2 分; (2) 未检查保护环烧伤扣 3 分			
3.3	检查触指烧伤情况	烧伤面积不大于 50% 且深度不大于 1.5mm,有轻微烧伤可先用细锉修整再用砂布砂光;严重者应更换	8	不检查触指烧伤扣 2 分,不说明处理方法扣 2 分			
3.4	检查静触头座	与铝帽接触面是否光洁,可用细锉修正再用 0 号砂布修整同时涂凡士林	5	(1) 不检查不得分; (2) 不说明处理方法扣 1 分			
4	灭弧室检修		20				
4.1	清洗灭弧室零件	用合格油清洗灭弧片、调整垫片、绝缘衬筒等部件	5	(1) 不清洗不得分; (2) 少清洗的部件,每少一件扣 1 分			
4.2	检查灭弧室零件	(1) 灭弧片表面无烧伤及损坏; (2) 灭弧片中心孔径应合格,第一片应小于 36mm,其余片应小于 34mm; (3) 各绝缘件、大绝缘筒无烧伤、损坏、受潮现象; (4) 测试绝缘件绝缘电阻应大于 500MΩ	15	(1) 不检查灭弧片表面质量情况扣 1 分; (2) 表面轻微烧伤时不用 0 号砂布轻轻擦拭扣 1 分; (3) 烧伤严重不说明更换扣 1 分; (4) 灭弧片孔径未测量扣 1 分; (5) 绝缘件和绝缘筒烧伤严重不说明更换及轻微烧伤不处理扣 1 分; (6) 少检查处理一处灭弧片或绝缘部件扣 1 分; (7) 不测试绝缘件绝缘电阻扣 1 分			

续表

序号	项目名称	质 量 要 求	满分	扣 分 标 准	扣分原因	扣分	得分
5	导电杆检修	(1)铜钨合金部分烧伤小于1/3且黄铜座无明显沟痕; (2)铜钨合金部分直径小于31mm; (3)导电杆与钨头结合处应光滑且外径相等,不直度应小于0.3mm; (4)导电杆无变形,钨头结合处无撞粗变形; (5)导电杆表面镀银层无脱落	5	每少检查一项扣1分			
6	中间触头、下铝法兰的装配检修		10				
6.1	拧下螺栓,卸下中间触指及弹簧、油封毡垫	不损伤零部件	2	(1)不会卸下导向装置及中间触头不得分; (2)损伤零部件不得分			
6.2	(1)清洗各部件; (2)检查触指弹簧; (3)检查触指及触头座的镀银层	(1)触指弹簧无疲劳变形; (2)触指及触头座的镀银层应完好	3	(1)不清洗扣1分; (2)每少检查一项扣1分			
6.3	(1)有绝缘清洗油封毡垫; (2)检查油封毡垫	(1)油封毡垫表面无游离碳及脏物; (2)油封毡垫应完好	2	(1)不清洗扣1分; (2)不检查扣1分			
6.4	检查下法兰	(1)螺纹无滑丝; (2)油道通畅; (3)放油阀无渗油	3	(1)不检查螺纹扣1分; (2)不检查油道扣1分; (3)不检查放油阀扣1分			
7	上盖、铝帽、灭弧绝缘子及导电连接元件的检修		10				
7.1	清洗检查铝帽、铝帽盖上盖板及螺丝等部件	(1)丝口不应滑丝; (2)应无部件损坏	1	不清洗检查不得分			
7.2	检查铝帽盖	(1)铝帽盖应完整无砂眼,如油中有水应对铝帽盖试漏; (2)铝帽盖无变形,与铝帽配合良好; (3)检查排气口挡板弹簧	2	(1)不检查不得分; (2)不说明试漏方法扣1分			
7.3	检查铝帽	(1)静触头支持座应光洁且无烧伤、损坏; (2)油标指示正常,有机玻璃片完好	2	(1)每少检查一项扣1分; (2)未使用0号砂布处理光洁扣1分			
7.4	(1)检查通气管; (2)检查安全阀片; (3)检查逆止阀; (4)检查铁压圈、铝压圈、铜法兰	(1)通气管应通畅(加油试漏); (2)安全阀片应完整,无起层、开裂; (3)逆止阀钢珠活动灵活,密封良好; (4)铁压圈、铝压圈、铜法兰完整无裂纹	2	每少检查一项扣1分			

续表

序号	项目名称	质量要求	满分	扣分标准	扣分原因	扣分	得分
7.5	清洗检查导电板	接触面应用 0 号砂布砂光，并涂少量凡士林	1	不打磨不得分			
7.6	清洁检查绝缘子	绝缘子应清洁完整，无损坏裂纹	2	不清洁检查不得分			
8	断路器的组装		12				
8.1	检查、更换密封圈	密封圈不应有损坏、麻纹等，密封面应平整、无堆漆	1	不检查或不说明应更换扣1分			
8.2	安装玻璃钢绝缘筒、绝缘子	（1）绝缘子不允许偏斜；（2）密封圈不允许压偏	3	（1）绝缘子偏斜扣1分；（2）密封圈压偏扣2分；（3）绝缘子损坏扣2分			
8.3	按拆卸的相反顺序组装灭弧室	（1）依次装入绝缘筒、灭弧片，玻璃钢筒安装后，上端面至铝法兰端面距离为（41±3）mm；（2）不合格，应调整绝缘垫片的厚度	3	（1）不会组装灭弧片、绝缘衬圈、不调整垫片扣2分；（2）装错一片扣1分；（3）不按检修工艺组装扣1分；（4）尺寸不合格，不进行调整扣2分			
8.4	安装铝压圈、铁压圈、排气管、逆止阀	（1）铁压圈螺丝紧固；（2）排气管、逆止阀方向正确	2	（1）排气管、逆止阀方向错误不得分；（2）螺丝未紧固不得分			
8.5	安装静触头、铜法兰、铝帽	（1）静触头与凸台间的缓冲垫片应安装；（2）调节玻璃钢绝缘筒上端面至铜法兰上端面距离（41±3）mm；（3）调节铜套上端面至凸台上端面距离不小于12mm	2	错误任一项不得分			
8.6	安装铝帽盖	排气孔朝向本侧接线板右侧30°（面本侧对接线板）	1	安装方向错误不得分			
9	工作结束	清理工作现场	3	现场清理不干净扣2分			
10	合计		100				

电气设备检修技能考核任务书之四如下：

电气设备检修技能考核任务书之四
一、任务名称 CY3 型液压操动机构分合闸阀检修。 二、适用范围 电气设备检修课程学员。 三、具体任务 按照检修工艺导则要求，正确完成对 CY3 液压操作机构分、合闸阀进行分解、检修工作。 四、工作规范及要求 （1）开工前出具已审定合格的标准化作业卡。 （2）工具、仪表、材料齐全、合格，检修技术资料齐全。 （3）开工前做好现场安全措施，交待安全注意事项及对危险点的控制。 （4）工作过程，严格按照任务书规定的范围进行作业。 （5）要求操作程序正确、动作规范。若在操作过程中出现严重违规，立即终止任务，考核成绩记为 0 分。 五、时间要求 本模块操作时间为 45min，时间到立即终止任务。

针对以上考核任务，CY3 型液压操作机构检修考核评分细则见表 4-52。

表 4-52　　　　　　　　　　**CY3 型液压操作机构检修考核评分细则**

班级：	组长姓名：		小组成员：				
成绩：			考评日期：				
企业考评员：			学院考评员：				
技能操作项目			CY3 型液压操作机构检修				
适用专业			发电厂及电力系统	考核时限		60min	
需要说明的问题和要求		（1）按工作需要选择工具、仪表及材料					
		（2）要求着装正确（工作服、工作鞋、安全帽、劳保手套）					
		（3）安全措施已经完备，允许工作开始前，应履行工作许可确认手续					
		（4）工作中配备一名辅助工，按照检修工艺导则要求，正确完成对 CY3 型液压机构分、合闸阀进行分解、检修，必须按程序进行操作，出现错误则扣除应做项目分值					
		（5）考核时间到立即停止操作，未完成项目不得分					
		（6）工作终结后，做到"工完、料尽、场地清"					
工具、材料、设备、场地		（1）配备安装好的 CY3 型液压机构一组。按检修工艺配备工器具、备品、备件、专用工具、消耗性材料若干					
		（2）校内实训基地					
序号	项目名称	质　量　要　求	满分	扣　分　标　准	扣分原因	扣分	得分
1		检修前准备	15				
1.1	着装	按规程规定着装	3	未正确着装扣 3 分			
1.2	安全措施检查	符合"安规"要求	3	（1）不检查接地线装设，扣 2 分； （2）标示牌挂错，扣 2 分； （3）不取下合闸保险、控制保险扣 3 分			
1.3	工具材料准备	工具材料仪表配备应合理、齐全	2	工作中出现准备不充分再次拿工具、仪表者每次扣 1 分；多选三件及以上工具、仪表扣 0.5 分，扣完为止			
1.4	释放油压（口述）	（1）断路器处于分闸位置； （2）断开油泵电机电源，取下熔断器； （3）打开高压释放阀将液压油的油压释放为零（以储压筒活塞杆降到底为准）； （4）拆下油箱底部放油螺丝，将液压油放净	7	（1）未检查断路器位置扣 5 分； （2）未断开电源扣 2 分； （3）未释放油压扣 5 分； （4）液压油未放净扣 2 分			
2		分闸阀分解和组装					
2.1	分闸阀分解	（1）以左旋方向拧下接头，抽出阀杆，取出复归弹簧； （2）用 M3 专用螺栓拧入阀座的螺孔内，抽出阀座； （3）取出钢球、球托、复归弹簧及钢球	10	未按要求操作一处扣 2 分			

国家示范性高职院校精品教材　电气设备检修

续表

序号	项目名称	质 量 要 求	满分	扣 分 标 准	扣分原因	扣分	得分
2.2	清洗检查	（1）用液压油清洗各零件； （2）检查钢球与阀口密封情况，当发现阀口密封不严时，应将阀口涂上研磨膏，用钢球进行研磨，或者把钢球放在阀口上垫好黄铜棒，用榔头重新打密封线； （3）检查阀杆与阀针结合是否牢固，阀针有无变形不直，如有应更换； （4）检查复归弹簧和球托是否完好； （5）检查接头、密封圈、垫圈是否完好	10	（1）未清洗零件一处扣1分； （2）未正确处理阀口失效密封扣2分； （3）未检查阀杆与阀针扣2分； （4）未检查复归弹簧和球托扣2分； （5）未检查接头、密封圈、垫圈扣2分			
2.3	分闸阀组装与测量	（1）组装按分解相反顺序进行； （2）组装时应更换全部密封圈； （3）测量并调整阀杆行程：总行程 4～5mm。球阀打开行程 1～1.5mm。阀杆在任何位置运动应灵活不卡滞。 （4）测量线圈电阻（120±15）Ω，绝缘电阻≥5MΩ	20	（1）密封圈选择/装配不正确各扣2分； （2）阀体装配不正确，一处扣5分； （3）未正确测量扣5分			
3		合闸阀分解和组装					
3.1	合闸阀分解	（1）松开并帽，拧出管接头，取出弹簧、球托、17mm 钢球或锥阀，"O"形密封圈，取下合闸阀； （2）拧下接头，抽出一级阀杆、弹簧； （3）把 M3 专用螺栓拧入阀座的螺孔内，将座抽出，取出钢球、球托、弹簧； （4）拧出 6 个 M10 螺栓，取出上阀体； （5）拧出螺套，取出弹簧，钢球和球托； （6）取出"O"形密封圈，用 1 个 M8 的螺栓拧入活塞的装配孔内，抽出二级阀活塞，此时应注意"防慢分"的钢球弹出	10	（1）分解顺序错误一处扣 4 分； （2）未正确拆卸阀座扣4分； （3）未正确拆卸二级阀活塞扣 4 分			
3.2	清洗检查	（1）用 10 号航空液压油清洗各零件；（口述） （2）检查一级阀杆是否弯曲、变形，阀针装配无松动脱落现象，运动灵活，否则应更换； （3）检查 17mm 钢球或锥阀与阀口的密封情况； （4）检查活塞是否卡伤和磨损，活塞与阀口密封是否严密，活塞杆端部是否打粗，活塞上下的运动是否灵活，若是应更换； （5）检查钢球与一级阀座、阀口的密封情况，若密封不好应处理或更换； （6）检查弹簧有无变形和锈蚀，如有应更换	10	（1）未清洗零件一处扣1分；（口述） （2）未检查一级阀杆扣2分； （3）未检查钢球与阀口密封扣2分； （4）未检查活塞扣2分； （5）未检查检查钢球与一级阀座、阀口密封扣2分； （6）未检查弹簧扣2分			

续表

序号	项目名称	质 量 要 求	满分	扣 分 标 准	扣分原因	扣分	得分
3.3	合闸阀组装与测量	（1）组装按分解相反顺序进行； （2）在组装"防慢分"的活塞时，应先将"防慢分"弹簧和7.96mm的钢球装入活塞内，并用手按住钢球一齐装入阀体内； （3）更换全部密封圈，密封圈高出槽口0.2～0.5mm； （4）测量并调整一、二级阀行程和钢球打开行程：一级阀总行程4～5mm；钢球打开行程1～1.5mm；二级阀钢球打开行程2.5～2.8 mm。阀杆在任何位置运动应灵活不卡滞； （5）测量线圈电阻（120±15）Ω、绝缘电阻≥5MΩ	20	（1）密封圈选择/装配不正确各扣2分； （2）阀体装配不正确，一处扣2分； （3）测量方法错误扣3分； （4）使用仪表错误扣2分			
4	文明施工	工作完后做到"工完、料尽、场地清"	5	（1）工作中掉工具或材料每次扣2分； （2）未清理场地扣2分			
5	合计		100				

二、学生自评与互评

学生根据评价细则对自己小组和其他小组进行评价，并填写表4-53。

表4-53　　　　　　　　　　学生评价记录表

项目	评价对象	主 要 问 题 记 录	整 改 建 议	评价人
检修资料	第1组			
	第2组			
	第3组			
	第4组			
检修方案	第1组			
	第2组			
	第3组			
	第4组			
检修过程	第1组			
	第2组			
	第3组			
	第4组			
职业素养	第1组			
	第2组			
	第3组			
	第4组			

三、教师评价

教师团队根据评价细则对学生小组进行评价，并填写表 4-54。

表 4-54 　　　　　　　　　　　　教 师 评 价 记 录 表

项　目	发 现 问 题	检修小组	责任人	整 改 要 求
检修资料				
检修方案		第 1 组		
检修过程				
职业素养				
检修资料				
检修方案		第 2 组		
检修过程				
职业素养				
检修资料				
检修方案		第 3 组		
检修过程				
职业素养				
检修资料				
检修方案		第 4 组		
检修过程				
职业素养				

学习情境五　高压隔离开关检修

任务描述

　　按照标准化作业流程的要求，通过分析高压隔离开关的典型故障，实施对 GN19-10（或 GW6-110）高压隔离开关及操作机构进行的检查、分解、检修、组装和调整的工作任务，掌握不同种类高压开关电器在基本结构、工作原理及用途等方面的区别；掌握专用检修工具的使用方法，掌握高压开关电器的拆卸、组装、调整操作技能。

学习目标

　　（1）掌握隔离开关的作用、结构及类型；
　　（2）掌握隔离开关的常见故障及处理方法；
　　（3）具备登高、除锈的基本技能；
　　（4）掌握隔离开关检修的工艺流程、要求和质量标准；
　　（5）规范标准化作业实施行动力。

学习内容

　　（1）隔离开关的作用、基本结构及类型；
　　（2）隔离开关的操动机构；
　　（3）隔离开关的检修与维护。

5.1　资讯

一、隔离开关概述

　　高压隔离开关是目前我国电力系统中用量最大、使用范围最广的高压开关设备。它在分闸状态有明显的间隙，并具有可靠的绝缘，在合闸状态能可靠地通过正常工作电流和短路电流。由于隔离开关没有专门的灭弧装置，所以不能用来开断负荷电流和短路电流，通常与断路器配合使用。

　　1．隔离开关的作用

　　（1）隔离电源。在电气设备检修时，用断路器开断电流以后，再用隔离开关将需要检修的电气设备与带电的电网隔离，形成明显可见的断开点，以保证检修人员和设备的安全。此时，隔离开关开断的是一个没有电流的电路。

　　（2）倒换线路或母线。利用等电位间没有电流通过的原理，用隔离开关将电气设备或线路从一组母线切换到另一组母线上。此时，隔离开关开断的是一个只有很小的不平衡电流的电路。

　　（3）关合与开断小电流电路。可以用隔离开关关合和开断正常工作的电压互感器、避雷器电路；关合和开断母线和直接与母线相连接的电容电流；关合和开断电容电流不超过 5A

的空载电力线路；关合和开断励磁电流不超过 2A 的空载变压器等。

12kV 的隔离开关，容许关合和开断 5km 以下的空载架空线路；40.5kV 的隔离开关，容许关合和开断 10km 以下空载架空线路和 1000kVA 以下的空载变压器；126kV 的隔离开关，容许关合和开断 320kVA 以下的空载变压器。

2. 隔离开关的基本结构

隔离开关主要由以下几个部分组成。

（1）导电部分：主要起传导电路中的电流，关合和开断电路的作用，包括触头、闸刀、接线座。

（2）绝缘部分：主要起绝缘作用，实现带电部分和接地部分的绝缘，包括支持绝缘子和操作绝缘子。

（3）传动机构：它的作用是接受操动机构的力矩，并通过拐臂、连杆、轴齿或是操作绝缘子，将运动传动给触头，以完成隔离开关的分、合闸动作。

（4）操动机构：与断路器操动机构一样，通过手动、电动、气动、液压向隔离开关的动作提供能源。

（5）支持底座：该部分的作用是起支持和固定作用，其将导电部分、绝缘子、传动机构、操动机构等固定为一体，并使其固定在基础上。

3. 隔离开关的技术参数

（1）额定电压（kV）：指隔离开关长期运行时承受的工作电压。

（2）最高工作电压（kV）：由于电网电压的波动，隔离开关所能承受的超过额定电压的电压。它不仅决定了隔离开关的绝缘要求，而且在相当程度上决定了隔离开关的外部尺寸。

（3）额定电流（A）：指隔离开关可以长期通过的工作电流，即长期通过该电流，隔离开关各部分的发热不超过允许值。

（4）热稳定电流（kA）：指隔离开关在某一规定的时间内，允许通过的最大电流。它表明了隔离开关承受短路电流热稳定的能力。

（5）极限通过电流峰值（kA）：指隔离开关所能承受的瞬时冲击短路电流。该值与隔离开关各部分的机械强度有关。

4. 隔离开关的种类及型号

隔离开关种类很多，可根据装设地点、电压等级、极数和构造进行分类，主要有以下几种分类方式。

（1）按装设地点可分为户内式和户外式；

（2）按极数可分为单极和三极；

（3）按绝缘支柱数目可分为单柱式、双柱式和三柱式；

（4）按隔离开关的动作方式可分为闸刀式、旋转式、插入式；

（5）按有无接地开关可分为带接地开关和不带接地开关；

（6）按所配操动机构可分为手动式、电动式、气动式、液压式；

（7）按用途可分为一般用、快分用和变压器中性点接地用。

高压隔离开关的型号主要由以下六个单元组成：

$$\boxed{1}\ \boxed{2}\ \boxed{3} - \boxed{4}\ \boxed{5}\ /\ \boxed{6}$$

1：产品名称，G—隔离开关；

2：安装地点，N—户内型，W—户外型；

3：设计序号；

4：额定电压（kV）；

5：补充特性，C—瓷套管出线，D—带接地开关；K—快分型，G—改进型，T—统一设计；

6：额定电流（A）；

例如：GN19-10/630，表示户内隔离开关，设计序号 19，额定电压 10kV，额定电流 630A。

5. 隔离开关的操动机构

（1）手动操动机构。采用手动操动机构时，必须在隔离开关安装地点就地操作。手动操动机构结构简单、价格低廉、维护工作量少，而且在合闸操作后能及时检查触头的接触情况，因此被广泛应用。手动机构主要由基座、操作手柄、定位装置和辅助开关组成，可配用 DSW3 型或 DSW1-Ⅱ型户外电磁锁装置，实现隔离开关、接地开关与断路器三者之间的电气联锁，防止误操作。

手动操动机构有杠杆式和蜗轮式两种，前者一般适用于额定电流小于 3000A 的隔离开关，后者一般适用于额定电流大于 3000A 的隔离开关。

1）杠杆式手动操动机构。CS6 型手动杠杆式操动机构主要用于户内式高压隔离开关，其结构示意图如图 5-1 所示。图中实线表示隔离开关的合闸位置，虚线表示隔离开关的分闸位置，箭头表示隔离开关进行分、合闸操作时手柄的转动方向。

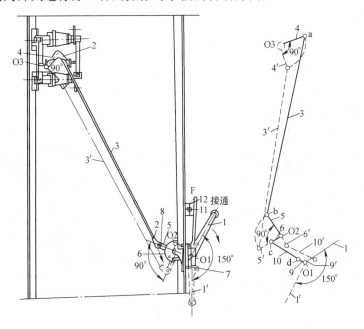

图 5-1　CS6 型手动杠杆式操动机构结构示意图

1—手柄；2—接头；3—牵引杆；4—拐臂；

6—扇形杆；7—底座；5、8、9、10—连杆；11、12—公共小轴轻杆

隔离开关在合闸位置时，连杆 9、10 的绞接轴 d 处于死点位置以下，因此，可防止短路电流通过隔离开关时，隔离开关因电动力作用而自行分闸。分闸操作时，拔出 O1 轴处的销子，使手柄 1 顺时针向下旋转 150°，则连杆 9 随之顺时针向上旋转 150°，通过连杆 10 带动

扇形杆 6 逆时针向下旋转 90°，牵引杆 3 被拉向下，并带动拐臂 4 顺时针向下旋转 90°，使隔离开关分闸，O1 轴处的销子自动弹入锁定。合闸操作顺序相反。

辅助触点盒 F 内有若干对触点，其公共小轴经杆 11、12 与手柄 1 联动。这些触点用于信号、联锁等二次回路。

2）蜗轮式。CS9 型手动蜗轮式操动机构安装图如图 5-2 所示。图中连杆 6 与窄板 7 绞接，窄板 7 与牵引杆 5 硬性连接。操作时摇动摇把 1，经蜗杆 3 带动蜗轮 4 转动，通过连杆系统使隔离开关分、合闸。顺时针摇动摇把 1，使蜗轮 4 转过 180°，隔离开关即完全合闸；逆时针摇动摇把 1，使蜗轮 4 反转过 180°，隔离开关即完全分闸。

（2）CJ6 型电动操动机构。电动操动机构主要由电动机、齿轮、蜗轮、蜗杆、减速装置、定位装置、辅助开关和控制、保护电器等组成，装于密封金属箱内，可以在现场控制或远方遥控。

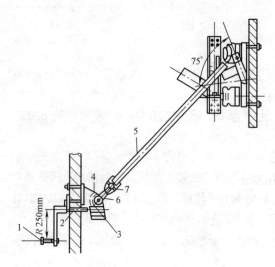

图 5-2　CS9 型手动蜗轮式操动机构安装图

1—摇把；2—轴；3—蜗杆；4—蜗轮；
5—牵引杆；6—连杆；7—窄板

CJ6 型电动操动机构可用于 GW4 型隔离开关的操作，其结构如图 5-3 所示，由电动机、机械减速传动系统、电气控制系统及箱壳组成。

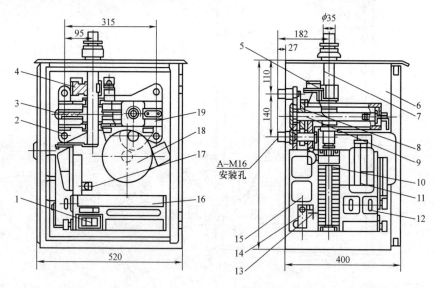

图 5-3　CJ6、CJ6-I 型电动操动机构示意图

1—按钮；2—框架；3—蜗轮；4—定位件；5—行程开关；6—箱；7—主轴；8—齿轮；
9—蜗杆；10—辅助开关；11—刀开关；12—组合开关；13—加热器；14—热继电器；
15—接触器；16—接线端子；17—照明灯座；18—电动机；19—手动闭锁开关

电动机为三相交流异步电动机；机械减速传动系统包括齿轮、蜗杆、蜗轮及输出转轴。输出转轴用钢管连接，使隔离开关主开关或接地开关分、合闸；蜗杆端部为方轴，供手动摇柄进行手动操作。

电气控制部分包括电源转换开关、控制按钮（分、合、停各一个）、交流接触器、行程开关、热继电器及辅助开关等。

箱壳由钢板制成，起支撑及保护作用，在正面及侧面各有一门。

电气控制系统控制电动机，电动机经两对齿轮传递给蜗杆—蜗轮，带动输出主轴。减速系统为三级减速，第一、二级为齿轮减速，第三级为蜗杆蜗轮减速。齿轮减速使用规格不同的齿轮可组成两种传动比，因此使总的传动比也有两种：第一种使电动机构分闸或合闸一次的动作时间为7.5s，第二种使电动机构分闸或合闸一次的动作时间为3s。

操作操动机构时，先将电源转换开关接通电源，分闸时，按下分闸按钮（或远方控制），将分闸用交流接触器的控制线圈接通，分闸接触器触头闭合，使三相交流电接通，电动机向分闸方向旋转，通过二级齿轮变速，再经蜗杆、蜗轮减速后将力矩传送给机构主轴，使主轴旋转180°。当主轴至分闸终点位置时，装在主轴上的定位件使微动开关动作，切断分闸接触器的控制线圈电流，触头分开，随之电动机三相电源也被切断。装在盖板上的橡皮缓冲定位装置，使机构主轴转动角度准确限制为180°。

合闸时，按下合闸按钮，合闸接触器触头闭合，主轴按分闸相反方向旋转使隔离开关合闸，其程序原理与分闸相同。

除分、合闸按钮外，还设有停止按钮以满足异常情况下使用，当发生异常情况，可立即按"停"，使机构停止转动。

机构主轴下装有六动合、六动断或八动合、八动断的辅助开关，供电器联锁及信号指示之用。为了避免当电动机过载、机械卡死或发生其他意外情况而烧坏电动机，箱内控制板上装有热继电器，电流整定使电动机短路过载时20～25s动作。

二、认识高压隔离开关

1. GN19-10系列户内式隔离开关

（1）结构特点。GN19-10系列插入式户内高压隔离开关，其结构及外形如图5-4所示，采用三相共底座结构，主要由静触头、底座、支柱绝缘子、拉杆绝缘子、动触头组成。

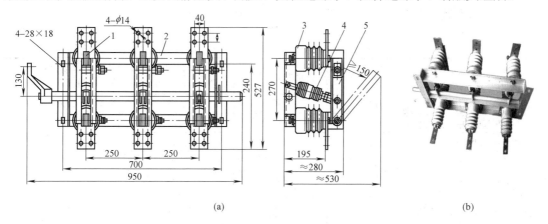

图5-4 GN19-10系列户内高压隔离开关结构及外形图

（a）结构图；（b）外形图

1—静触头；2—底座；3—支柱绝缘子；

4—拉杆绝缘子；5—动触头

隔离开关的导电部分由动触头和静触头组成，每相导电部分通过两个支柱绝缘子固定在基座上，三相平行安装。每相动触头为两片槽型铜片，它不仅增大了动触头的散热面积，对降低温度有利，而且提高了动触头的机械强度，使隔离开关的动稳定性提高。隔离开关动静触头的接触压力是靠两端接触弹簧维持的。

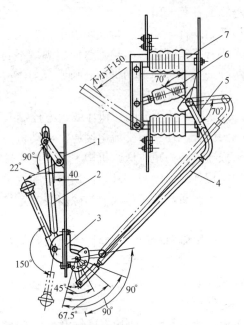

图 5-5　GN19-10 系列隔离开关与操动机构连接

1—辅助开关；2—连动臂；3—操动机构；4—连杆；
5—拐臂；6—拉杆绝缘子；7—隔离开关

每相动触头中间均连有拉杆绝缘子，拉杆绝缘子与安装在底座上的转轴相连，转轴两端伸出基座，通过拐臂与连杆和 CS6-1（T）型操动机构相连，如图 5-5 所示，转动转轴，拉杆绝缘子操动动触头完成分、合闸。操动机构通过连动杆带动辅助开关一起连动。

GN19-10/1000 型及 GN19-10/1250 型在动静触头接触处装有两件磁锁连接片，当很大的短路电流通过时，磁锁压板相互间产生的吸引电磁力增加了动静触头的接触压力，从而增大了触头的动热稳定性。400、630A 隔离开关极限通过电流较小，刀片距离较近，因此结构上没加磁锁板。

底架装配由底架主轴、限位板（停挡）组成，限位板主要用来保证导电触刀分、合时等到所要求的终点位置。

（2）动作原理。分闸时由操作拐臂带动转轴旋转，使操作绝缘子向上顶着闸刀，使闸刀和静触头分开，闸刀绕触座旋转，静触头也在闸刀的带动下向上移动至分闸位置。

合闸时由操作拐臂带动转轴旋转，使操作绝缘子拉着闸刀向下转动，在和静触头相遇后带动静触头旋转，一起转至合闸位置。

（3）技术参数见表 5-1。

表 5-1　　　　　　　　　　　技 术 参 数

开 关 型 号	额定电压（kV）	额定电流（A）	动稳定电流 （峰值）（kA）	4s 热稳定电流 （有效值）（kA）
GN19-12/400-12.5	12	400	31.5	12.5
GN19-12/600-20	12	630	50	20
GN19-12/1000-31.5	12	1000	80	31.5
GN19-12/1250-40	12	1250	100	40
GN19-12C1/400-12.5	12	400	31.5	12.5
GN19-12C1/600-20	12	630	50	20
GN19-12C1/1000-31.5	12	1000	80	31.5
GN19-12C1/1250-40	12	1250	100	40
GN19-12C2/400-12.5	12	400	31.5	12.5
GN19-12C2/600-20	12	630	50	20

续表

开 关 型 号	额定电压（kV）	额定电流（A）	动稳定电流（峰值）（kA）	4秒热稳定电流（有效值）（kA）
GN19-12C2/1000-31.5	12	1000	80	31.5
GN19-12C2/1250-40	12	1250	100	40
GN19-12C3/400-12.5	12	400	31.5	12.5
GN19-12C3/600-20	12	630	50	20
GN19-12C3/1000-31.5	12	1000	80	31.5
GN19-12C3/1250-40	12	1250	100	40

注　GN19-12 型为平装型，GN19-12C 为穿墙型（带套管）。其中，C1—转动在套管侧；C2—开断在套管侧；C3—两侧均为套管。

2. GW4-110（D）型户外式隔离开关

（1）结构特点。GW4-110（D）型隔离开关为双柱单断口水平旋转式结构，由底座、绝缘支柱、导电部分和操动机构组成。GW4-110（D）型隔离开关的外形如图 5-6 所示，其结构如图 5-7（a）、（b）所示。

1）底座。如图 5-7（b）所示，底座为一根槽钢，两端各安装有轴承座，轴承座内有一对推力滚动轴承，保证轴承座上的转动板转动灵活。底座一边焊有主刀机构拐臂，底座一段或两端焊有接地开关支座，装有接地开关。接地方式有不接地、单接地、双接地三种形式。

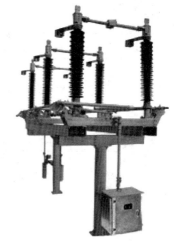

图 5-6　GW4-110（D）型隔离开关外形图

2）支柱绝缘子。采用双柱式结构，每极有两个实芯棒式绝缘支柱，支柱上端安装、固定导电部分，下端分别固定装在底座两端的轴承座转动板上，用交叉连杆连接，可以水平转动。按适用条件分为普通型和防污型两种。

3）导电系统。导电闸刀分成两段，分别固定在两个绝缘支柱的顶端。主刀由一对线接触触头组成，合闸时，两触头接触并成一条直线，圆形触头嵌入两排触指内，触头接触的地方在两个绝缘支柱的正中位置，分闸时两触头同时往同一侧水平旋转运动。指形触头上装有防护罩，用以防雨、雪及灰尘。为使引出线不随支柱的转动而扭曲，在闸刀与出线接线端子之间装有挠性连接的导体。不同载流量的隔离开关，在导电杆截面及表面处理上有所区别，但结构形式完全相同。

4）接地开关（地刀）。根据需要还可配装接地开关。接地开关装于底座传动轴上，静触头装于主导电系统导电杆上，接地开关与隔离开关之间在第一相接地开关转轴上设有扇形板，与紧固于瓷柱法兰上的弧形板组成机械联锁，保证主开关与接地开关的相互闭锁。

5）操动机构。GW4 型隔离开关可以配用的操动机构有 CS14-C、CS17-G、CS0-G 型手动机构和 CJ2、CJ6、CJ5 型电动操动机构。三相联动操作，电动操作可实现远方控制。

（2）动作原理。隔离开关通常形式为单极式，作为三极式使用时，利用水平连杆联动。

主刀开关操作由操动机构带动底座中部的主传动轴旋转 $180^{\circ+2}_0$ 通过水平连杆带动一侧的支柱绝缘子旋转 $90^{\circ+1}_0$，并通过同期连杆使另一侧支柱绝缘子反向旋转 $90^{\circ+1}_0$，于是两隔离开关便向一侧分开或闭合。

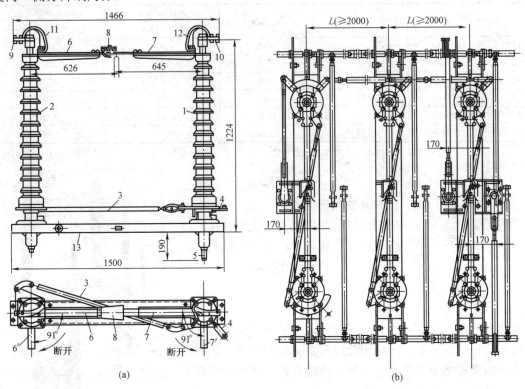

图 5-7　GW4-110（D）型双柱式隔离开关结构

（a）单极结构；（b）底座结构

1、2—绝缘支柱；3—连杆；4—操动机构的牵引杆；5—绝缘支柱的轴；6、7—闸刀；
8—触头；9、10—接线端子；11、12—挠性连接的导体；13—底座

接地开关操作：操动机构分合时，借助接地开关机构传动轴及接地开关水平连杆使接地开关转动轴旋转一角度，达到分合目的。由于接地开关转轴上有扇形板与紧固于瓷柱法兰上的弧形板组成连锁，故能确保动作按照主分—地合—地分—主合的顺序。

操作时，操动机构的交叉连杆带动两个绝缘支柱向相反方向转动 90°角度，闸刀便断开或闭合。

GW4 系列隔离开关结构简单紧凑，尺寸小，质量轻，广泛用于 10～110kV 配电装置中。由于闸刀在水平面内转动，因而对相间距离要求大。

（3）技术参数，见表 5-2。

表 5-2　　　　　　　　　　　　　技 术 参 数 表

开关型号	额定电压（kV）	最高工作电压（kV）	额定电流（A）	额定峰值耐受电流（kA）	4秒额定短时耐受电流（kA）	单相质量（kg）
GW4-126W 型	126	126	630	50	20	630
			1250	80	31.5	
			1600	80	31.5	
			2000	100	40	

续表

开关型号	额定电压 （kV）	最高工作电压 （kV）	额定电流 （A）	额定峰值耐受 电流（kA）	4 秒额定短时耐 受电流（kA）	单相质量 （kg）
GW4-126DW 型	126	126	630	50	20	750
			1250	80	31.5	
			1600	80	31.5	
			2000	100	40	

三、隔离开关的运行维护知识

1. 隔离开关的检查和维护

隔离开关在交接验收时须检查：操动机构、传动装置、辅助切换开关及闭锁装置应安装牢固，动作灵活可靠，位置指示正确；三相不同期值应符合产品的技术规定；相间距离及分闸时触头打开角度和距离应符合产品的技术规定；触头应接触紧密良好；油漆应完整，相色标志正确，接地良好。

隔离开关在运行中须检查：绝缘子完整，无裂纹、无放电现象；操作连杆及机械各部分无损伤、不锈蚀，各机件紧固，位置正确，无歪斜、松动、脱落等不正常现象；闭锁装置良好，隔离开关的电磁闭锁或机械闭锁的销子、辅助触点的位置应正确；刀片和刀嘴的消弧角应无烧伤、过热、变形、锈蚀、倾斜，触头接触应良好，接头和触头不应有过热现象，其温度不应超过 70℃；刀片和刀嘴应无脏污、烧伤痕迹，弹簧片、弹簧及铜辫子应无断股、折断现象；接地开关接地应良好，特别是易损坏的可挠部分应无异常。

2. 隔离开关操作要求

（1）当回路中未装断路器时，允许使用隔离开关进行下列操作。

1）拉、合电压互感器和避雷器。

2）拉、合母线和直接连接在母线上设备的电容电流。

3）拉、合变压器中性点的接地线，但当中性点接有消弧线圈时，只有在系统没有接地故障时才可进行。

4）与断路器并联的旁路隔离开关，当断路器在合闸位置时，可拉合断路器的旁路电流。

5）拉、合励磁电流不超过 2A 的空载变压器和电容电流不超过 5A 的无负荷线路，但当电压为 20kV 及以上时，应使用屋外垂直分合式的三联隔离开关。

6）用屋外三联隔离开关可拉合电压 10kV 及以下、电流 15A 以下的负荷电流。

7）拉、合电压 10kV 及以下，电流 70A 以下的环路均衡电流。

（2）隔离开关没有灭弧装置，当开断的电流超过允许值或拉合环路压差过大时，操作中产生的电弧超过本身"自然灭弧能力"，往往引起短路。因此，禁止用隔离开关进行下列操作。

1）当断路器在合入时，用隔离开关接通或断开负荷电路。

2）系统发生一相接地时，用隔离开关断开故障点的接地电流。

3）拉合规程允许操作范围外的变压器环路或系统环路。

4）用隔离开关将带负荷的电抗器短接或解除短接，或用装有电抗器的分段断路器代替母联断路器倒母线。

5）在双母线中，当母联断路器断开分母线运行时，用母线隔离开关将电压不相等的两母线系统并列或解列，即用母线隔离开关合拉母线系统的环路。

（3）操作隔离开关时应注意的事项。

1）拉合隔离开关时，断路器必须在断开位置，并经核对编号无误后，方可操作。

2）远方操作的隔离开关，不得在带电压下就地手动操作，以免失去电气闭锁，或因分相操作引起非对称开断，影响继电保护的正常运行。

3）就地手动操作的隔离开关：①合闸，应迅速果断，但在合闸终了不得有冲击，即使合入接地或短路回路也不得再拉开；②拉闸，应慢而谨慎。特别是动、静触头分离时，如发现弧光，应迅速合入，停止操作，查明原因。但切断空载变压器、空载线路、空载母线，或拉系统环路，应快而果断，促使电弧迅速熄灭。

4）分相隔离开关，拉闸先拉中相，后拉边相；合闸操作相反。

5）隔离开关经拉合后，应到现场检查其实际位置，以免传动机构或控制回路(指远方操作的）有故障，出现拒合或拒拉。同时检查触头的位置应正确：合闸后，工作触头应接触良好；拉闸后，断口张开的角度或拉开的距离应符合要求。

（4）其他注意事项。

1）隔离开关操动机构的定位销，操作后一定要销牢，防止滑脱引起带负荷切合电路或带地线合闸。

2）已装电气闭锁装置的隔离开关，禁止随意解锁进行操作。

3）检修后的隔离开关，应保持在断开位置，以免送电时接通检修回路的地线或接地开关，引起人为三相短路。

四、隔离开关的检修知识

1. 隔离开关检修的分类及周期

通常根据交流高压隔离开关设备的状况、运行时间等因素来决定是否应该对设备进行检修。

（1）小修：对设备不解体进行的检查与修理。一般应结合设备的预防性试验进行小修，周期一般不应超过3年。

（2）大修：对设备的关键零部件进行全面解体的检查、修理或更换，使之重新恢复到技术标准要求的正常功能。对于未实施状态检修、且未经过完善化改造、不符合国家有关技术规定的隔离开关设备，应该对其进行完善化大修。对于未实施状态检修、但经过完善化改造、符合国家有关技术规定的隔离开关设备，推荐每8～10年对其进行一次大修。

（3）临时性检修：针对设备在运行中突发的故障或缺陷而进行的检查与修理。

（4）对于实施状态检修的高压隔离开关设备，应根据对设备全面的状态评估结果来决定对隔离开关设备进行相应规模的检修工作。

2. 隔离开关的检修项目

隔离开关的小修项目包括：

（1）清除隔离开关绝缘表面的污垢，检查有无机械损伤，更换损伤严重的部件；

（2）清除传动和操动机构裸露部分的灰尘和污垢，对主要活动环节加润滑油；

（3）检查接线端、接地端的连接情况，拧紧松动的螺栓，检查触头有无烧伤；

（4）进行3～5次分、合闸试验，观察其动作是否灵活、准确；机械联锁、电气联锁、辅助开关的触点应无卡滞或传动不到位的现象；

（5）清除个别部件的缺陷，清理触头的接触面、涂凡士林油等。

隔离开关大修项目包括以下几项。

（1）导电系统的检修包括主触头的检修、触头弹簧的检修、导电臂的检修、接线座的检修。触头部分要用汽油或煤油清洗掉油垢；用砂布清擦掉接触表面的氧化膜，用锉刀修整烧斑；检查所有的弹簧、螺丝、垫圈、开口销、屏蔽罩、软连接、轴承等应完整无缺陷；修整或更换损坏的元件，最后分别加凡士林或润滑油装好。

（2）传动机构与操动机构检修。清扫掉外露部分的灰尘与油垢；其拉杆、拐臂轴、蜗轮、传动轴等部分应无机械变形或损伤，动作应灵活，销钉应齐全、牢固；各活动部分的轴承、蜗轮等处要用汽油或煤油清洗掉油泥后加钙基脂或注入适量的润滑油；动作部分对带电部分的绝缘距离应符合要求；限位器、制动装置应安装牢固，动作准确。

（3）检查并旋紧支持底座或构架的固定螺丝；接地端应紧固，接地线应完整无损。

（4）根据厂家说明书或有关工艺标准的要求，调整闸刀的张开角度或开距；调整合闸的同期性、接触压力、备用行程等。

（5）机械联锁与电磁联锁装置应正确可靠，有缺陷时应处理调试好。

（6）清除辅助开关上的灰尘与油泥，检查并调整其小拐臂、传动杆、小弹簧及触片的压力、打磨接触点，活动关节处点润滑油，以使其正确动作，接触良好。

（7）按规定进行绝缘子（或绝缘拉杆）的绝缘试验；对工作电流接近于额定电流的隔离开关或因过热而更换的新触头、导电系统拆动较大的隔离开关，还应进行接触电阻试验；对电动或气动隔离开关操作部分的二次回路各元件以及电磁锁、辅助开关的绝缘，用 500V 或 1000V 绝缘电阻表测量其绝缘电阻，应不小于 1MΩ；并进行 1000V 的交流电耐压试验。

（8）对隔离开关的支持底座（构架）、传动机构、操动机构的金属外露部分除锈刷漆；对导电系统的法兰盘、屏蔽罩等部分根据需要涂相色漆等。

5.2　决策与计划

一、隔离开关的常见故障分析及处理方法

1．绝缘子断裂故障

绝缘子断裂与绝缘子厂产品质量有关，也与隔离开关整体质量有关。

除了支持绝缘子外，旋转绝缘子断裂故障也时有发生，旋转绝缘子操作时主要受扭力作用，绝缘子断裂事故至今仍不能有效地予以防止。

一般建议在小修或大修检查时，应适当增加空载机械操作次数，以提高绝缘子缺陷在停电操作中暴露的概率。

2．机构故障

机构故障问题往往表现为拒动或分合闸不到位，往往在倒闸操作时发生。很多情况下故障不会扩大，现场可以进行临时检修和处理，但是会耽误停送电时间。

隔离开关在出厂时或安装后刚投产时，合分闸操作正常，但在一二年后，一些隔离开关由于出现机构卡涩问题会引起各种故障。

操作失灵首先是机械传动问题，早期的机构箱容易进水、凝露和受潮，转动轴承防水性能差，又无法添加润滑油，长期不操作导致机构卡涩，轴承锈死，强行操作往往使部件损坏变形。另外，传动结构设计不合理，操作阻力大也会造成操作失灵；隔离开关导电杆合闸限位与电动机配合不当，操作中则易造成涡轮开裂；还有由于接地开关锈蚀，使轴销断裂而无

法操作，或者辅助开关切换不到位或接点接触不良，导致电动操作失灵。

此外，由于隔离开关机构箱进水以及轴承部位进水现象很普遍，金属零部件的锈蚀问题也十分严重，包括外壳、连杆、轴销、弹簧等，甚至有隔离开关的中间机构箱上的防雨罩锈蚀到不能碰。操动机构箱外壳也会严重锈蚀，加之润滑措施不当，导致机械传动失灵，造成导电接触系统接触不良。改进措施通常为机构箱改用不锈钢材料，对触头系统采用干润滑工艺，对转动部位做到全密封防水，以实现免维护。

3．导电回路发热

（1）隔离开关发热的原因。

1）运行年数长，设备趋于老化，静触指压紧弹簧特性变坏，也可能是静触指单边接触，触头夹紧弹簧松弛变形，夹力不够导致部分触指与动触头不接触，使触指与动触头接触面减少，动静触头存在污垢，还有的是长期的运行后材料易氧化锈蚀，接触电阻过大增加，触指上有明显的烧伤坑点而造成。

2）合闸不到位或剪刀式钳夹结构夹紧不良。合闸角度存在偏差，致使接触面不够，连接螺栓紧固不够或过度致使螺栓断裂。

3）迎峰度夏负荷较大时发热频繁。

4）常年处于稳定大负荷状态。

（2）隔离开关发热的处理。

1）进行温度监测，根据发热温度及发展速度决定是否需要向调度申请改变运行方式或减少负荷。

2）改变运行的方式。

3）检修：隔离开关检修一般更换静触头弹簧夹和烧伤触指，清除动静触头氧化层，清洗动静触头，涂导电胶，紧固螺栓，彻底的办法是更换静触头。

二、现场查勘

现场查勘的主要内容有以下几项。

（1）确认待检修隔离开关的安装地点，查勘工作现场周围（带电运行）设备与工作区域安全距离是否满足"安规"要求，工作人员工作位置与周围（带电）设备的安全距离是否满足要求。

（2）查勘工具、设备进入工作区域的通道是否畅通，绘制现场检修设备、工器具和材料定置草图。

（3）了解待检修隔离开关的结构特点、连接方式，收集技术参数、运行情况及缺陷情况。

（4）正确填写现场查勘表。（参考学习指南）

三、危险点分析与控制

危险点分析与控制措施见表5-3。

表 5-3　　　　　　　　　　　危险点分析及控制措施

序号	危险点	控 制 措 施
1	作业现场情况的核查不全面、不准确	布置作业前，必须核对图纸，勘察现场，彻底查明可能向作业地点反送电的所有电源，并应断开其断路器、隔离开关。对施工作业现场，应查明作业中的不安全因素，制定可靠的安全防范措施
2	作业任务不清楚	对施工作业现场，应按有关规定编制施工安全技术组织措施计划，并需组织全体作业人员结合现场实际认真学习，做好事故预想

续表

序号	危险点	控　制　措　施
3	作业组的工作负责人和工作班组成员选派不当	选派的工作负责人应有较强的责任心和安全意识，并熟练地掌握所承担的检修项目和质量标准。选派的工作班成员需能在工作负责人指导下安全、保质地完成所承担的工作任务
4	安全用具、工器具不足或不合规范	检查着装和所需使用安全用具是否合格齐备
5	监护不到位	工作负责人正确、安全地组织作业，做好全过程的监护。作业人员做到相互监护、照顾和提醒
6	人身触电	作业人员必须明确当日工作任务、现场安全措施、停电范围；现场的工具，长大物件必须与带电设备保持足够的安全距离并设专人监护；现场要使用专用电源，不得使用绝缘老化的电线，控制开关要完好，熔丝的规格应合适；低压交流电源应装有触电保安器；电源开关的操作把手需绝缘良好；接线端子的绝缘护罩齐备，导线的接头须采取绝缘包扎措施；与带电设备、间隔保持足够的安全距离；对控制回路端子，在紧固螺丝前作业人员确认无电压后方可开始工作
7	操动机构误动作，伤害作业人员	取下断路器的操作和合闸电源的熔断器；手动分合机构时，作业人员不得触及连板系统和各传动部件
8	发生火灾	作业现场严禁吸烟和明火，必须用明火时应办理动火手续，并在现场备足消防器材；作业现场不得存放易燃易爆品

四、确定检修内容、时间和进度

根据现场查勘报告，编制标准化作业流程表（见表 5-4）。

表 5-4　　　　　　　　　　　标准化作业流程表

工作任务	高压隔离开关检修	
工作日期	年　月　日至　月　日	工期　　天
工作安排	工　作　内　容	时间（学时）
主持： 参与：	（1）分组制订检修工作计划、作业方案	
	（2）讨论优化作业方案，编制最优化标准化作业卡	
	（3）准备检修工器具、材料，办理开工手续	
训练顺序：	（4）隔离开关故障分析判断	
	（5）隔离开关解体检修	
	（6）隔离开关调整测试	
主持： 参与：	（7）清理工作现场，验收、办理工作终结	
	（8）小组自评、小组互评，教师总评	
确认（签名）	工作负责人： 小组成员：	

五、确定安全、技术措施

1. 一般安全注意事项

（1）施工前，检查施工用安全工器具是否齐备、合格。

（2）按规定办理工作票，工作负责人同值班人员一起检查现场安全措施，履行工作许可手续。

（3）开工前，工作负责人组织全体施工人员列队宣读工作票，进行安全、技术交底。施工人员正确佩戴安全帽，穿好工作服，高空作业正确使用安全带；施工过程中相互监督，保证安全施工。

（4）在施工过程中，对临时用工设置专人监护，负责临时用工施工安全。

（5）严格按照标准卡进行工作。

2. 技术措施

（1）拆除接线时，做好记录，按记录恢复接线。

（2）所有零部件及工器具必须摆放整齐，排列有序。

（3）检修中轻拿轻放，防止碰伤和损坏零部件，发现异常及时处理。

（4）开口销应检查是否疲劳，发现异常应更换。

（5）检查刀片是否光滑时，不能戴手套。

（6）临近绝缘子作业需谨防金属工具损伤瓷件。传动绝缘子螺杆并帽必须拧紧。

（7）登高作业应使用工具包，工具使用时应可靠绑扎于手腕。

（8）用虎钳台固定导电臂，需包裹棉纱且不得用力过大，以防损伤导电臂表面或挤压臂身变形。

（9）装配顺序与拆卸时相反，安装中测试各项尺寸数据，并作记录。

（10）检修后按规定项目进行测试，各部件应符合相关质量要求。

六、工器具及材料准备

1. 工器具准备（见表 5-5 和表 5-6）

表 5-5　　　　　　GN19-10 型隔离开关检修工具表

序号	名　称	规　格	单位	每组数量	备　注
1	呆扳手	12～14	把	1	
2	呆扳手	14～17	把	1	
3	呆扳手	17～19	把	1	
4	尖嘴钳	6	把	2	
5	木榔头	中	把	1	
6	微型套筒	12 件	副	1	
7	细锉		套	1	
8	直尺	60cm	把	1	
9	塞尺	0.02～1mm	套	1	
10	手动操作加力杆		把	1	
11	检修油盘		个	1	

表 5-6　　　　　　GW4-110 型隔离开关检修工具表

序号	名　称	规　格	单位	每组数量	备　注
1	梅花扳手	12～14	把	2	
2	梅花扳手	17～19	把	4	
3	梅花扳手	22～24	把	4	

续表

序号	名　称	规　格	单位	每组数量	备　注
4	呆扳手	17~19	把	2	
5	活动扳手	12、15	把	各1	
6	锉刀	半圆	把	5	
7	平口改刀	200mm	把	2	
8	钢直尺		把	1	
9	塞尺	0.1~1mm	把	1	
10	机油壶		个	1	
11	黄油枪		把	1	
12	卷尺	5m	把	1	
13	线垂	2m	个	1	
14	铁榔头		把	1	
15	专用开关检修架		把	1	
16	虎钳工作台		张	1	
17	F9辅助开关		个	1	

2. 仪器、仪表准备（见表5-7和表5-8）

表5-7　　　　　　　　GN19-10型隔离开关检修仪器、仪表准备表

序号	名　称	规　格	单位	每组数量	备　注
1	绝缘电阻表	ZC11D-5500V	只	1	
2	回路电阻测试仪		台	1	

表5-8　　　　　　　　GW4-110型隔离开关检修仪器、仪表准备表

序号	名　称	规　格	单位	每组数量	备　注
1	万用表	—	只	1	
2	绝缘电阻表	1000V	只	1	
3	接触电阻测试仪	100A	台	1	
4	试验导线		20	m	

3. 消耗性材料及备件准备（见表5-9和表5-10）

表5-9　　　　　　　　GN19-10型隔离开关检修消耗性材料及备件准备表

序号	名　称	规　格	单位	每组数量	备　注
1	白布	—	m		
2	塑料布	—	m		
3	中性凡士林	1	瓶		
4	棉纱头	—	kg		

续表

序号	名　称	规　格	单位	每组数量	备　注
5	砂布	00 号	张		
6	机油		壶	1	
7	油漆	醇酸漆	kg	各 0.5	黄、绿、红、灰
8	洗手液	—	瓶		
9	无水酒精		mL	500	
10	开口销		个	10	
11	平弹垫圈		个	各 10	
12	漆刷带	1 号、2 号	把		

表 5-10　　　　　　　　GW4-110 型隔离开关检修消耗性材料及备件准备表

序号	名　称	规　格	单位	每组数量	备　注
1	触指、压簧备件		套	1	
2	镀锌螺栓	M12、M16、M20	套	各 6	
3	凡士林	中性	kg	1	
4	砂布	00 号	张	6	
5	机油				
6	导电膏		瓶	3	
7	相序漆	调和漆	kg	5	黄、绿、红、灰

5.3　实施

一、布置安全措施，办理开工手续

（1）断开回路的断路器，检查断路器机械位置指示器位于分闸位置（检查断路器机构机械位置指示器、分闸弹簧、基座拐臂的位置），确认断路器处于分闸位置，断路器就地操作把手已悬挂"禁止合闸，有人工作"标示牌。

（2）检查断路器操动机构控制、信号、合闸电源已切断（应拉开低压断路器或取下熔断器）。

（3）拉开检修间隔的断路器两侧隔离开关至分闸位置，确认两侧隔离开关在断开、拉开位置（或将手车退出至检修位置），检查确认隔离开关的分闸闭锁，在隔离开关操作把手上悬挂"禁止合闸，有人工作"标示牌，并在隔离开关操动机构箱处挂"在此工作"标示牌。

（4）确认检修间隔线路侧隔离开关已挂接地线（或接地开关已合上），母线侧隔离开关与断路器之间已装设一组接地线（或接地开关已合上）。

（5）确认检修间隔开关柜母线侧隔离开关动、静触头之间已挂绝缘隔板。

（6）确认检修间隔四周与相邻带电设备间装设围栏，并向内侧悬挂"止步，高压危险"标示牌；围栏设置唯一出口，在出口处悬挂"从此进出"标示牌。

（7）列队宣读工作票，交代工作内容、安全措施和注意事项；工作时，检修人员与 10kV 带电设备的安全距离不得小于 0.35m，与 110kV 带电设备保持安全距离 1.5m 以上。

（8）准备好检修所需的工器具、材料、配件等，检查工器具应齐全、合格，摆放位置符合规定。

二、隔离开关检修的流程

1. GN19-10 型隔离开关检修作业流程

GN19-10 型隔离开关检修作业流程如图 5-8 所示。

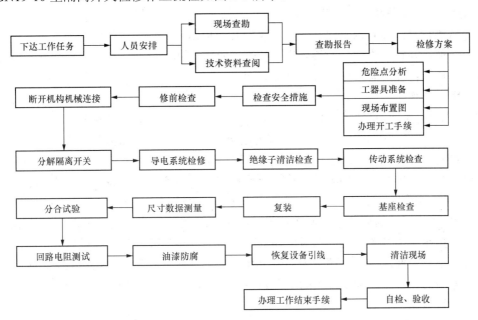

图 5-8　GN19-10 型隔离开关检修作业流程图

2. GW4-110 型隔离开关检修作业流程

GW4-110 型隔离开关检修作业流程如图 5-9 所示。

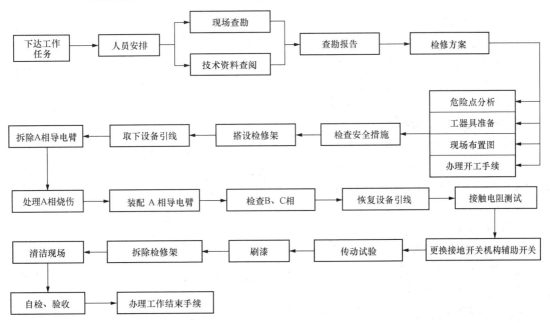

图 5-9　GW4-110 型隔离开关检修作业流程图

三、隔离开关的检修

隔离开关安装高度一般为 2.5～6m（隔离开关转轴至地间距离），操动机构的安装位置，手柄支点至地面距离为 1～1.3m。

（一）GN19-10 型隔离开关检修

1. GN19-10 型隔离开关检修前检查

（1）目测检查。检查内容包括绝缘子表面有无损伤；检查导电部位有无过热痕迹并测量回路电阻，便于在检修中做针对性处理；检查基座底架锈蚀情况、基座接地情况；检查设备垫圈开口销情况；在所有机械摩擦部分涂有润滑。

（2）手动操作。

1）将隔离开关进行 3～5 次操动，应无卡滞或其他妨碍其动作的不正常现象。

2）操动机构手柄向上时，隔离开关应为闭合位置，手柄向下时应为打不开位置，在分合位置时，机构定位销应可靠地锁住手柄，以免误操作。CS6-1（T）型手动机构从合闸到分闸位置，隔离开关主轴上停挡的开始和终止位置相应地碰在底架的角钢面上（此时主轴转动角度为 84°），可利用调节机构中扇形板的不同连接孔，来达到上述目的。

3）辅助开关指示隔离开关分闸的信号应在隔离开关的触头通过其全部行程的 75% 以后方可给出，指示隔离开关合闸的信号应在隔离开关的触头与静触头接触以后方可给出。在辅助开关动作不符合要求时，可调节连动臂上孔的位置，使辅助开关的触头准确闭合，即操动机构达到分闸的位置时，辅助开关的动合触头应在闭合位置。

（3）测量数据。

1）隔离开关分闸后同一极断口的最短距离不得小于 150mm。

2）确定隔离开关的安装位置时，应注意开关在分、合闸时，其带电部分对地的绝缘距离应不小于 125mm。

2. GN19-10 型隔离开关的解体

（1）修前检测。

1）目测绝缘瓷柱有无明显损伤，无零部件缺损。

2）目测导电部分无明显烧伤、变色。

3）基座底架无明显变形、锈蚀。

4）基座接地情况。

5）设备垫圈开口销情况。

6）三相同期测量，小于 5mm。

7）相间距测量，大于 250mm。

8）单极开距测量，大于 150mm。

9）手动慢分合 3 次，无卡涩，分合闸均可到位。

（2）断开传动轴机械连接。

1）断开主轴与机构的连接。

2）开口销无疲劳、变形。

3）连接螺纹无破损。

（3）分解隔离开关。

依顺序拆除分解，拆下的零部件按由远到近的顺序摆放；拆卸过程中避免工器具零件掉落，防止金属器具碰伤瓷件。零部件拆除顺序一般为：①拉杆绝缘子；②动触头弹簧；③动触头转动支点；④动触头侧接线板；⑤动触头侧绝缘子；⑥静触头侧接线板；⑦静触头侧绝缘子。

3. GN19-10 型隔离开关导电部分的检修

（1）采用酒精或丙酮清洗导电回路各部件，包含动静触头、刀片及两侧接线板。

（2）检查动触头弹簧。弹簧长度符合厂家要求，无退火变形，无锈蚀；螺杆螺纹无锈蚀、销套无变形。

（3）检查导电回路各部件表面划伤和烧伤，重点检查动静触头接触面和两侧接线板与引流线（夹）接触面应平整光滑，无氧化。

检查方法：取下手套用手指划过部件表面，应光滑无毛刺感。如有轻微毛刺感应采用 00 号砂纸或细挫打磨；如划伤或烧伤面积达到接触面 10%，应更换。

（4）检查导电回路各部件表面的平直度。

检查方法：用钢直尺紧贴触头导电接触面、刀片内表面、两侧接线板接触面。检查应无明显缝隙弯曲，否则应打磨平整。

（5）在动静触头的接触面涂抹凡士林，均匀地涂抹，不宜过多，以手指按压明显映出指纹即可。

（6）检查固定螺丝及其他零部件。圆柱销无变形、无破损、无裂纹；开口销无疲劳、无断裂；固定螺丝螺纹无滑丝、无锈蚀；平弹垫无缺损。

4. GN19-10 型隔离开关主要部件的检修

（1）绝缘子检查。

1）用面纱或白布清洁所有瓷件并检查表面；表面应无灰尘、污垢。釉质无脱落、表面无损伤。

2）检查各绝缘子金属件无锈蚀，无裂纹。

3）检查传动绝缘子两端金属连杆是否有松动，螺纹无滑丝。

4）采用 2500V 绝缘电阻表测量各绝缘子间绝缘电阻，测得阻值不应小于 2000MΩ。

5）纸垫完好，无缺失、损坏。

（2）传动系统检查。

1）检查主轴外观：主轴无裂纹、无破损、无锈蚀，如有锈蚀应打磨后补漆；拐臂无松动，拔销无变形。

2）转动主轴：主轴转动灵活，无卡滞。

3）检查分合闸位置限位器，无变形。

（3）基座检查。

1）基座外观检查：基座无裂纹、无变形、无锈蚀；如有锈蚀应打磨后补漆。

2）接地回路检查：接地螺栓及标示完好，接地回路电阻不大于 3Ω。

5. GN19-10 型隔离开关的装配与调整

（1）复装及调整要求。按拆卸相反顺序装配，传动绝缘子并帽可暂时不用扳手拧紧，开口销可暂时只开一边。

检修后的隔离开关应达到绝缘良好、操作灵活、分闸顺利、合闸接触可靠四点基本要求；同时在操作中，各部件不能发生变形、失调、振动等异常情况；接线端、接地端连接牢固。

为此应对隔离开关进行以下调整。

1）调整触头间的相对位置、备用行程、闸刀的张开角度和开距等符合技术要求。

2）调整闸刀的分、合闸限位止钉，满足防止分、合闸操作时越位的要求。

3）调整隔离开关三相分、合闸同期性、接触压力等符合技术要求。

4）进行 3～5 次分、合闸试验，观察其动作是否灵活、准确，机械联锁、电气联锁、辅助开关的触点应无卡滞或传动不到位的现象。

隔离开关的机械调整先在手动状态下进行，再以电动或气动操作进行校核。当隔离开关和电动机机构动作正常，二次回路触点正确切换，联锁可靠，电气试验合格时方可投入正带运行。

（2）技术数据测量及调整。

1）用钢直尺测量相间距，相间距应大于 250mm。

动静触头两侧相间距离最好均等，不宜相差过大。如相差较大，会导致硬引流线相间距离不够，安装困难。可采用松开触头支持绝缘子下端固定螺栓，轻微水平调整绝缘子位置解决。

2）用钢直尺测量单极开距，最短单极开距应大于 150mm。如不满足，需先检查分闸限位器位置，同时可适当增加传动绝缘子金属杆外露螺纹长度。

3）检查合闸位置与合闸深度；合闸位置应保证触头接触面可靠接触 90%面积，同时以 0.02mm 塞尺检查，不能插入动静触头两侧接触面。如不满足，则需检查弹簧是否已变形（参照厂家要求和其他相弹簧的长度）；垫圈是否漏装；触头接触面是否打磨过度。

4）用钢直尺检查合闸过冲行程，隔离开关合闸到位后，刀片下端面距离接线板上表面的最大距离应大于 15mm，此时合闸限位器应保留 1mm 左右的间隙。如不满足可通过伸缩传动绝缘子连杆长度实现调节。

5）主开关三相连接与联动调整。以靠近机构的一相作为标准，目测检查并调整三相同期，通常要求三相同期小于 5mm。

① 在分别调整好各相隔离开关后，进行操动机构所在相的传动绝缘子连接，确保分、合闸限位器在分、合位时都能保证不超过死点。调整完毕后，将圆柱销的开口销打开。

② 将机构所在相的单相手动操作向合闸方向慢速动作至刚好接触静触头的位置，再依次向远离机构的方向装复连接。

③ 将其余两相手动操作至合闸刚好接触静触头的位置，调整并分别连上传动瓷瓶，松开并帽螺母直接转动绝缘子金属杆，使三相开关位置一致。调节同期连杆使三相动触头在合闸过程中接触静触头第一时间的位置（同期性）即三相合闸同期性满足 10kV≤5mm，110kV≤10mm，220kV≤20mm。

6）完成调整后，对所有紧固件进行紧固。

7）开口销开口角度大于 60°，固定螺栓及并帽紧固。

（二）GW4-110 型隔离开关检修

1. 隔离开关触头发热的分析

以 GW4-110 型隔离开关为例，如图 5-10 所示。其回路组成为：线夹→触指臂活动接线座接线板→铜带软连接→触指导电臂→触指臂触头座→触指→柱形触头→触头导电臂→触头臂活动接线座铜带软连接→触头臂活动接线座接线板→线夹。

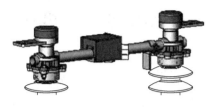

图 5-10　导电回路

触头发热的原因分析如下：

（1）设计结构原因。夹紧弹簧为内置式，触指末端接触点自清洁能力差。夹紧弹簧分流退火失去弹性，导致隔离开关触头夹紧力不够。触头导电电路等效图，如图 5-11 所示：

GW4 型隔离开关左右触头接触通过电流时，其导电回路为一个电桥电路，如图 5-11 所示。流过夹紧弹簧的电流 ΔI 的大小，与 $R_1 \sim R_4$ 这 4 个接触点的接触好坏密切相关。实际运行中是由于这 4 个点的接触电阻不满足电桥平衡条件，才使得弹簧 R_5 有电流流过，导致弹簧退火变形，弹性减弱。这样更使得 $R_1 \sim R_4$ 接触点进一步变坏，接触部分表面氧化更为严重。如此恶性循环，最终使触头接触部分发热越来越严重。负荷越大的隔离开关，其触头接触部位出现问题的情况越多。

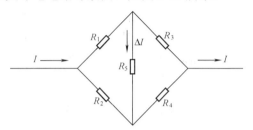

图 5-11　触头导电电路等效图

$R_1 \sim R_4$—触头四个接触部位的接触电阻；

R_5—触指弹簧的电阻

（2）左、右主导电管触头松动，接触电阻增大，导致隔离开关触头发热。GW4 型隔离开关主导电部分由触头与导电管组装而成，接触面为压接接触，若接头紧固螺栓松动，则接触面压力减少。接触电阻增大，接头温度升高，进而造成接触电阻变得更大。温度变得更高，流过较大电流的导体所受电动力较大，更易造成接头紧固螺栓的松动，导致接触不良而发热。

（3）涂抹导电物质不当造成隔离开关接触电阻增大发热。早期在检修安装中经常使用中性凡士林，在正常运行温度 70℃ 就已经液化，使隔离开关接触部位间产生间隙，灰尘和水分随之进入间隙中，增加了接触电阻，引起接头发热。而近年来使用的电力复合脂，当涂抹过厚时，经过运行操作，将在触指表面产生堆积，由此引起对触头放电，导致触头烧损发热。

（4）触头触指镀银层较薄，材质不过关，动静触头磨损，导致接触电阻增大，触头发热。

（5）触指座定位件锈蚀，造成接触电阻增大而发热。

2. GW4-110 型隔离开关检修前检查

（1）绝缘子有无破损和裂纹，瓷柱法兰浇注良好，铸铁法兰无裂纹。

（2）检查导电部位有无过热痕迹并测量回路电阻，便于在检修中做针对性处理。

（3）手动慢慢拉合隔离开关，检查接线座是否转动灵活，各转动部位是否卡涩，操作机构各部件有无变形。在手动操作正常后可作电动分、合闸操作，观察其动作情况。

（4）合闸位置要求：合闸终止接触良好，两导电臂与触头呈一条直线。

（5）分闸位置要求：两侧导电杆有足够的电气绝缘距离，应尽量平行，误差不超过±10°；"分—合"过程中，同期性符合要求，调整完毕后，将连杆定位螺钉并帽螺母紧固。

（6）接地开关要求：三相接地开关合闸位置一致、无反弹、操作轻便、过程平稳；分闸时位置一致，电气最小安全净距满足 110kV 为 0.9m 的要求，弹簧受力均匀，分闸到位时应放置分闸限位片。

（7）联锁装置要求。

1）隔离开关在合位时，操作接地开关，应合不上接地开关，电磁锁应打不开。接地开关窜动提升后与主开关的最小距离应满足电气最小安全净距要求（110kV 为 0.9m）。接地开关与隔离开关的机械闭锁相互作用。

2）接地开关在合闸时，操作隔离开关，应合不上，断口间应满足电气最小安全净距要求。

3. 隔离开关导电部分的检修

拉簧式主触头分解结构如图 5-12 所示，主触头及导电臂的分解检修步骤如下：

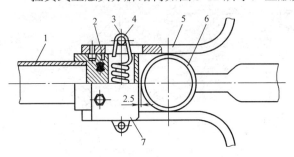

图 5-12　拉簧式主触头分解结构

1—导电臂；2—触指座；3—弹簧；4—弹簧销；
5—触指；6—圆柱形触头；7—槽形卡板

（1）旋下防雨罩上的固定止钉，移开防雨罩。拧下槽形卡板 7 上的 4 颗 M8 螺钉，将槽形隔板向后拉出，则弹簧 3、弹簧销 4 和触指 5 即可拆下。

（2）检查弹簧，应弹性良好、无锈蚀；如有锈蚀变形的，必须更换。

（3）用清洁剂和铜丝刷洗触指和触头接触面（也可放入 25%～28% 的氨水中浸泡后擦净）。修整触指和圆柱形触头部位，使触指无污垢，接触面平整光滑，镀银层完好。接触面有轻微烧伤时应修整，当烧伤面积达到接触面积 10%，深度达到 0.5mm 时应更换。触指应排列整齐，拉紧力一致；触指圆销应进入触指的凹陷处。

（4）拆下导电臂上的接地开关静触头，检查触头内导电接触面以及导电臂与接触接地开关静触头的两个连接导电面是否平整光滑，如有轻微烧伤应用 0 号砂纸打磨修整。

（5）对其他非镀银层接触面的轻微烧伤，可以用钳工细齿扁锉修平整。

（6）检查铜制导电杆有无弯曲变形，将导电杆调整至出线座上安装孔中心位置并紧固。

（7）为防止弹簧分流，造成发热退火，发生局部发热，应在弹簧销外加套玻璃丝腊管或在弹簧钩上加绝缘套。

（8）组装触指座时，一对一对装上触指，将触指、弹簧、弹簧销配对，用两手将一对触指圆柱销卡入触指座圆槽后，再略微胀开一些，用槽形隔板卡住，待几对触指上完后，将槽形隔板推向触指根部，上紧 4 颗 M8 螺钉即可。

软连接式出线座的装配如图 5-13 所示，其检修步骤如下：

（1）在导电杆 1 上作复刻记号后，拧下 4 只 M10×45 螺栓 2，取下导电杆 1 检查上、下夹板 4、5 有无裂纹，有无过热及烧伤现象。有裂纹应予更换，烧损应修整。

（2）拧下 6 只 M6 锥端紧定螺钉 8，取下顶罩 7 和轴承套 6。

（3）取下导电轴 9 下部的开口销 15 和黄铜垫圈 14，拧下条状挡板 13 两端的两只螺栓，将导电轴 9、软连接 12 及下夹板 5 取出。

（4）取出垫圈 11，取下软连接（导电带），检查导电带有无过热、变色及断裂。清洗接触表面后，涂一层中性凡士林；导电带铜片应无断裂、过热、变色，丧失弹性现象。如两端有断裂则将断带撕去，但须注意最低允许层数。

（5）按拆除相反顺序装复。注意保证导电接触良好，弹簧片紧平，转动灵活，合闸位置时导电杆与出线座、导线在一条直线上；分闸位置时导电杆与出线座、导线呈90°。

注意：

1）导电带的转动上劲方向与主开关的分闸方向相反。

2）上夹板时应均匀用力，以防止紧断夹板。

3）拧紧螺钉 8 时，要手持导电杆和出线座模拟刀口开合方向转动，使顶罩 7 的止档与导电带的松紧一致。

4. 隔离开关操作机构的检修

（1）CS14-G 手动操动机构如图 5-14 所示，检修步骤如下：

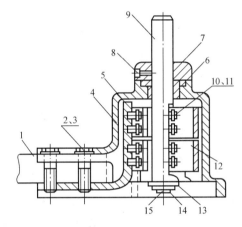

图 5-13　软连接式出线座分解装配

1—导电臂；2—M10×45 螺栓；3—垫圈；4—上夹板；
5—下夹板；6—轴承套；7—顶罩；8—锥端紧定螺栓 M6×6；
9—导电轴；10—导电带固定螺栓；11—垫圈；12—软连接；
13—条状挡板；14—黄铜垫圈；15—开口销

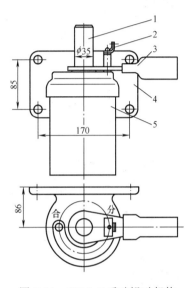

图 5-14　CS14-G 手动操动机构

1—转轴；2—位置锁板及销钉；3—手柄；
4—基座；5—罩

1）确认机构电源已可靠断开，松开机构主轴与垂直连杆的联系，即取下万向节轴销。

2）摇动手柄检修转轴是否灵活，闭锁板是否能在分、合位可靠锁定，检查基座连接是否完好。

3）拆除辅助开关外罩及辅助开关，检查罩内有无进水、锈蚀。如有，则应检查外罩有无破损，同时更换外罩密封垫及控制电缆口防火堵料；用毛刷清扫触点上的灰尘和蛛网，并用万用表逐一检查辅助开关的动、静点是否动作良好。

4）摇动手柄将触点置于未接触状态，检查触点表面是否有锈蚀或存在电弧烧伤痕迹；如只是个别触指存在故障应考虑更换分解触点，较多触点故障或现场条件允许时也可对辅助开关整体更换。

5）推动、静触点，检查弹性是否正常。

注意：触点未接触时，静触点与动触点胶木圆盘应有 0.2～2mm 间隙，并切换灵活。

6）锁板用于当连杆受到意外（合理的）外力冲击时，确保隔离开关位置能可靠锁定。因此对锁板的主要检查内容包括弹簧锈蚀，轴销磨损或弯曲。如发现弹簧锈蚀、轴销弯曲或磨损严重导致无法在分、合位置可靠闭锁，应更换。

7）拆下手动机构与垂直连杆上的圆锥销，取下主轴，检查主轴与轴套间间隙，并进行清洗修整，主轴与轴套间的距离应≤0.4mm。如铜套有锈污或机构主轴上镀锌层腐蚀，用金砂纸打磨光滑，涂润滑脂装复。

8）将主开关总连杆传动主轴接头（见图5-14）用线垂四方向校正，使其中心与机构主轴同心，安装垂直连杆。

9）装复后转轴转动应灵活轻便，行程满足 180°并能准确锁定，辅助开关动作可靠，外壳安装紧密，无进水可能。

（2）CJ6 型电动机构的分解检修。CJ6 型电动机构如图 5-15 所示，检修步骤如下：

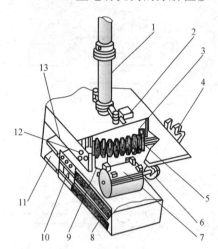

图 5-15　CJ6 型电动操动机构结构

1—输出主轴；2—行程开关；3—蜗轮；4、6—齿轮；
5—蜗杆；7—电动机；8—接线座；9—辅助开关；
10—按钮；11—交流接触器；12—分合闸指示；
13—转换开关及热继电器

1）检查机构箱内全部电源（电机电源、控制电源）是否已断开，用毛刷清除灰尘，拆下交流接触器至电动机的接线（JLD-1、JLD-2、JLD-3）及控制回路总路 CK1、CK2 的二次线头。

注意：所拆二次线保留号牌，如没有号牌应做好标记，以便恢复。

2）松开机构输出轴连接头上的止动螺钉，敲出两只圆锥销，取下连接头。松开轴上密封圈压板的 4 个螺钉，依次取下连接片、封垫和护罩。

3）拧下机构箱内两个固定辅助开关的螺母及螺杆，将辅助开关悬放至机构箱外（辅助开关的接线可不拆除）、打开 F4-121/L 型辅助开关的侧盖，按照手动机构的检修方法逐个检查触点的接触情况并更换个别不良触点。现场解体更换困难时，可直接更换合格的辅助开关。

4）拧下机构控制面板两端的固定螺栓，将控制板拆放至箱底，并在箱内控制电缆头的前后各放一根 100mm×100mm×300mm 的木条。拆下固定电动机的 4 颗螺钉，将电动机放在木条上，拆除电动机电源盒内的接线后，将电机取出机构箱检查。用手转动电机轴，应轻便灵活，如有卡涩和摩擦，应松开轴上齿轮止钉，取下齿轮和平键，打开电机端盖检查清洗齿轮、轴承和风叶；加润滑后装复；装复后电机轴不应有串动，平键不应有松动。电动机的绝缘电阻应大于 1MΩ，否则应先恢复绝缘。

5）拧下减速箱齿轮护罩螺钉，拆下塑料护罩后，将液压千斤顶放在机构箱内的木条上，升起液压顶杆托住减速箱的重心处，用套筒扳手拧下固定减速箱的 4 颗 M16 螺钉后，平稳地降下液压顶杆，抬出机构箱并使用固定螺孔的一侧平放在地面进行分解检修。

注意：当主轴将要离开机构箱顶部的轴孔时，要扶稳减速箱防止倾倒。

减速箱的检修：拧出输出轴限位块的沉头螺钉，取下限位块和平键；拧下减速箱上的 4 颗螺钉，用紫铜棒轻叩主轴与辅助开关连接的端部，使上盖与两只定位钉脱离箱体后取出主轴、蜗轮及平键；将减速箱平放到垫块上，拧下齿轮组后端盖的两只 M8 螺钉，取下下端盖并用铜棒、手锤将齿轮组的轴向后端盖方向敲出；取下大小两个齿轮和附件；拧下蜗杆前、后两个端盖螺钉，取下端盖、推力轴承外套和蜗杆；清洗各部件，检查蜗轮、蜗杆有无变形，齿轮有无断齿；检查轴承转动情况，如卡涩严重无法修复应更换；清洁油杯并注满润滑脂后按相反顺序进行装复。

6）在将减速箱抬进机构箱之前，应打开行程开关的盖，检查触点接触是否良好，切换时触点弹性是否正常，用万用表检查触点切换与定位件的配合。电机固定前应调整与减速箱底座间的垫片厚度，使齿轮啮和良好无过松过紧及半边咬合现象。限位块被限制时行程开关触点应切换并在切换后仍有 4mm 左右的剩余行程。

7）检查接触器触点有无烧伤和粘连，切换动作是否正确可靠无卡涩，返回是否有力。对接触器应作动作电压试验，要求最小动作电压不大于工作电压的 70%。

8）检查热继电器及控制按钮有无卡涩及接触不良。

9）用万用表检查电源控制开关分合情况，检查端子排及所有接线连接是否牢固，对照二次接线图检查接线有无错误，检查电缆引入处是否已封堵，箱体应无锈蚀、破损，防水密封性能可靠；箱门关闭可靠；输出轴与箱体间防水良好，无进水、漏水入箱的可能。

10）机构全部装复后应检查输出轴转动角度是否被可靠限制在 180°；辅助开关的切换是否正确。二次线头应无锈蚀、撕裂，连接牢固。分合闸进行到 4/5 时辅助开关应切换。

11）装复电动机构后，检查垂直连杆万向节头轴销是否完好，转动是否灵活，无误后装复垂直连杆，不要固定杆身两端的连接以便调整。

5．隔离开关的装配与调整

（1）单相安装与调整。

1）将单极瓷柱上端的导电杆与出线座按要求连接好。

2）将选配好的单极瓷柱按起吊方式拴好，将瓷柱连同导电杆用起吊工具（吊车或扒杆）吊起，固定在水平基座上。各瓷柱与水平底座垂直，接地开关转轴同心，螺钉紧固。

3）找正调整。

① 用卷尺确定异相间基座的相间距是否符合厂家规定。如两侧不一致，则需松开基座与底架间的固定螺栓，再用铁榔头或撬棍校正。

注意：110kV 相间距的调整应按厂家标准进行。无厂家规定时按国标调整为 2000mm。在实际操作中，对于不带接地开关的相间距要求较为宽松，允许偏差±10mm，但要保证相间基座两端相间距相同；对于带有接地开关的隔离开关，由于有接地开关水平连接，所以对相间距要求较高，应尽量符合规定值。

② 用水平尺确定基座及转动板水平（十字交叉法）；如有变动，应加平垫找平及使用榔头或撬棍校正。

4）使三相接地开关转轴中心从侧面目测呈一条直线后，拧紧安装螺钉。

5）使左右导电杆在合闸位置，连接并调整同期连杆，确保主触头在合闸时圆柱形触头与两排触指同时接触。

6）检查中间触头接触对称，上下差不大于 5mm（应在选配瓷柱时配好，也可以通过在瓷柱两端增减垫片来达到，但每处加垫厚度不宜大于 3mm）。

7）合闸到终点，将两触头间的中间间隙调到 2～5mm 或是使圆柱触头的接触面合闸标记在触指的允许范围之内（可通过松开导电杆夹座，调整导电杆长度来实现），如图 5-16 所示。

注意：中间间隙在不接两侧引线和连接两侧引线时都应检查满足要求。如制造厂另有规

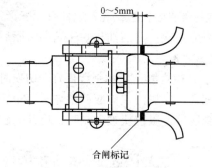

图 5-16　合闸位置示意

定，必须按厂家规定执行。

8）将隔离开关处于合闸位置，用 0.05mm 塞尺检查触头接触情况，对于线接触，应塞不进去；对于面接触，其插入深度不应超过 4～6mm，否则应对接触面进行锉修或整形，使之接触良好。

9）合闸位置时触头弹簧各圈之间的间隙应不大于 0.5mm 且均匀。

单相调整最终要求：带机构主开关"分—合"位置转动 90°，分别在合闸终点调整定位螺钉与挡板的间隙为 1～3mm。不带机构的主开关，手动操作要求能合过、分过，并且当主动侧分至 90°时，从动侧也应到达 90°。合闸后触头的导电接触满足要求。间隙调整正确后，将定位螺钉紧固。

（2）主开关三相连接与联动调整。

1）在分别调整好各相隔离开关后，进行操动机构所在相的主拉杆连接，确保主拉杆与机构垂直连杆的连接拐臂在分、合位时都能保证不超过死点。调整完毕后，将拐臂的定位螺钉紧固。

2）松开手动操动机构与垂直连杆的连接螺栓，将机构所在相的单相手动操作置合闸位置，按拆除的相反顺序装复连接主拉杆，调整主拉杆，使操动机构的定位与主开关开合一致后，恢复操动机构的连接。

3）将其余两相手动操作至合闸位置，分别连上水平拉杆，调整时可松开并帽螺母直接转动水平拉杆（当两端分别为反正螺纹），使三相开关位置一致。调节同期连杆使三相圆柱触头在合闸过程中进入触指触头第一时间的位置（同期性），即三相合闸同期性满足 110kV≤10mm，220kV≤20mm。

各拉杆在调节中起的作用见表 5-11。

表 5-11　　　　　　　　　　　各拉杆在调节中所起的作用

拉杆名称	作　用	拉杆名称	作　用
主刀总拉杆	改变三相分合闸位置	同期连杆	改变单相同期差
主刀水平连杆	改变单相分合闸位置		

三相联动调整最终要求：合闸终止接触良好，两导电臂与触头呈一条直线；分闸终止两导电杆有足够的电气绝缘距离，应尽量平行，误差不超过±10°；"分—合"过程中，同期性符合要求，调整完毕后，将连杆定位螺钉并帽螺母紧固。

（3）操动机构的连接与调整。

1）操动机构复装到位后将垂直连杆隔离开关传动主轴连接，用手操动机构检查传动总拐臂是否与机构输出轴同心，有无卡住现象，再使隔离开关和机构都处于合闸终点位置，用电焊在万向节接头处焊几点，用手柄操作，如发现机构与隔离开关动作位置不一致应用铁榔头敲松刚才的焊接点，调整后再重新焊接，反复此步骤待机构与主开关动作一致、位置正确后，将接头焊死并打入圆锥销固定。

2）手动机构安装调整后应试操作 3～5 次，转轴转动应灵活轻便，机构与主开关位置同步且满足行程 180°并能准确锁定，辅助开关动作可靠。

3）电动操动机构安装示意，如图 5-17 所示。电动机构安装调整完毕后，应先用手摇柄试操作 3～5 次，转轴应转动轻便无卡涩吃力感，切换开关能正常动作。检查无误后，取下手摇柄接通电机电源和控制电源，通电试操作 10 次以上，检查机构输出轴行程满足 180°，隔离开关与机构动作是否同步，主开关分合闸到位后电机停止位置是否准确。检查内部闭锁功能是否准确可靠。

注意：电动机构的运行前调整必须先将隔离开关置于分合闸中间位置，以防止电机反转损坏隔离开关。

（4）接地开关调整。

1）将接地开关三相间的水平连杆装好，拧紧螺钉并调整操作拉杆、扭力弹簧及固定环，将扭力弹簧调整到接地开关分闸时处于水平位置后紧固螺栓。

2）调整接地开关静触头并紧固螺栓，确保合闸时能平稳、正确地插入静触头并且接触良好。

3）手动分—合操作，调整接地开关水平拉杆，使三相接地开关的合闸同期尽量一致，仿照主开关调整使操作机构的定位与接地开关一致，调整好后，所有的定位应紧固牢靠。

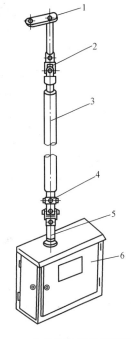

图 5-17　电动操动机构安装示意图

1—隔离开关转动主轴（或接地开关传动轴）；2—万向接头；3—连接钢管（水煤气管）；4—圆锥销 10×70；5—机构主轴；6—电动机构

接地开关调整的最终要求：三相接地开关合闸位置一致、无反弹，操作轻便、过程平稳；分闸时位置一致，电气最小安全净距满足 110kV 为 0.9m 的要求，弹簧受力均匀，分闸到位时应放置在分闸限位片。

（5）安装调整后的检查。

1）检查所有传动、转动部分是否润滑。

2）检查所有轴销螺栓是否紧固可靠。

3）检查所有开口销是否打开，并帽是否已扣紧。

4）分、合闸位置锁定可靠，机械的和电气的闭锁正确可靠。

5）调整限位板、机械联锁板之间的间隙（1～3mm），确定位置后用电焊焊死。

6）手动进行"合—分"操作 3～5 次；配合电动机操动机构在电动机额定电压下"合—分"操作 10 次以上，同时检查远方遥控和闭锁是否正确。操作应平稳，接触良好。分、合闸位置正确，各种内部闭锁正常可靠。

（6）测量绝缘电阻。设备交接及大修时，每隔 1～3 年（根据当地气候条件和设备状况），应使用 2500V 绝缘电阻表测量绝缘电阻，并满足表 5-12 中的规定。

表 5-12　　　　　　　　　　　设 备 绝 缘 电 阻 值

被测器件	额定电压（kV）	阻值（MΩ）
有机材料传动杆	5～15	>1000
	20～220	>2500
胶合元件		>300

注　对各胶合元件分层耐压时，可不测绝缘电阻。

301

（7）交流耐压试验。大修时对 35kV 及以下电压等级的隔离开关应进行交流耐压试验，其目的是为了检查隔离开关支柱绝缘子的绝缘水平，交流耐压试验电压如表 5-13 所示。

表 5-13　　　　　　　　　　　　　交流耐压试验电压值

额定电压（kV）	3	6	10	35	60	110	220
试验电压（kV）	24	32	42	95	155	250	470

对于 220kV 的隔离开关，因试验电压太高，现场不具备试验条件，可不做交流耐压试验。

（8）测量电动操动机构线圈的最低动作电压。操动机构的最低动作电压应在额定操作电压的 30%～80%范围内。

（9）检查隔离开关动作情况。在额定电压 85%、100%及 110%下，分、合各两次，应动作良好，无卡涩现象。主开关与接地开关应闭锁良好，手动操动两次，应动作正常。此外还要进行其他项目试验，见表 5-14。

表 5-14　　　　　　　　　　　　　其 他 试 验 项 目

试验项目	使 用 仪 器	标　准	备　　注
导电回路电阻	DC 100A 回路电阻测试仪	≤130μΩ	具备运行条件下进行
辅助回路绝缘电阻	1000V 绝缘电阻表	>2MΩ	
辅助回路交流耐压		250kV	
CJ6 型机构电动机绝缘	1000V 绝缘电阻表	>1MΩ	
分、合闸时间		3～5s	

（10）二次绝缘试验对隔离开关操作、控制、信号、闭锁等二次回路和器件用 1000V 绝缘电阻表测量，绝缘电阻不小于 2MΩ。

（11）导电回路测量直流电阻推荐采用 100A 直流降压法测量，隔离开关主开关和接地开关的回路电阻满足相关要求。应在两侧接线端承受正常引线拉力条件下进行为好。

6. 检修质量检查

（1）将隔离开关置于分合闸中间位置，主触头同期距离小于 10mm。

（2）将隔离开关置于合闸位置，主触头和圆柱形触头与两排触指同时接触。主触头两侧导电臂成一条直线。

（3）检查中间触头接触对称，上下差不大于 5mm（瓷柱加垫片数不超过 3 片，总厚度不大于 3mm）。

（4）合闸到终点，两触头间的中间间隙为 2～5mm（圆柱触头的接触面合闸标记在触指的允许范围之内）。

注意：中间间隙在不接两侧引线和连接两侧引线时都应检查满足要求。如制造厂另有规定，必须按厂家规定执行。

（5）用 0.05mm 塞尺检查触头接触，应塞不进去。

（6）触头弹簧各圈之间的间隙应不大于 0.5mm 且均匀。

（7）在两侧接线端承受正常引线拉力条件下采用 100A 直流降压法测量导电回路电阻，三相回路电阻值≤130μΩ。

（8）手动或电动进行合分 3～5 次。操作应平稳，位置正确，接触可靠；同时检查远控和各种信号、闭锁是否正确。

（9）根据安装和采用的闭锁方式（机械和电气闭锁），检查隔离开关、接地开关两者间的相互闭锁有效、可靠。

7. 结尾工作

（1）恢复引线（注意引线松紧、长短适当，操作时无明显摆动；主触头在合闸位置间隙仍能满足要求）。

（2）对支架、基座、连杆等铁部件进行除锈防腐处理。

（3）按照现用台账核对检修设备铭牌编号，更新相关检修记录。

（4）刷漆。

1）主隔离开关：根据实际运行需要在每极出线座标出相色；水平连杆身、垂直连杆身刷灰色。

2）接地开关：导电杆身、垂直连杆身刷黑漆。待黑漆干后在垂直连杆下端贴 6 根 3cm 宽白色胶纸带，两根纸带间距 3cm。

3）注意事项：①刷漆时三相均匀、一致；②操作时如油漆滴在瓷柱上，应用棉纱擦净；③对接地开关导电杆刷漆时，带电接触面相邻 5cm 范围内不刷漆。

（5）在操作机械（箱）上醒目标出主开关、接地开关以及合、分操作指示（可单独做设备运行双重名称标示牌）。对双接地的两个开关应分作不同的标示。

（6）拆除检修架，整理清扫工作现场。

（7）检修人员撤离工作现场，办理工作票终结手续。

（8）填写检修报告。

5.4　检查、考核与评价

一、工作检查

1. 小组自查

检修工作结束后，工作负责人带领小组成员进行自查，检查项目和要求见表 5-15。

表 5-15　　　　　　　　　　　　　小组自查检查项目及要求

序号	检查项目		质量要求
1	资料准备	工作票	正确、规范、完整
		现场查勘记录	
		检修方案	
		标准作业卡	
		调整数据记录	
2	检修过程	正确着装	穿棉质长袖工作服、戴安全帽、穿软底鞋
		工具、仪表、材料准备	工具、仪表、材料准备完备
		检查安全措施	（1）隔离开关闭锁可靠
			（2）接地线、标示牌装挂正确
			（3）断路器控制、信号、合闸熔断器已取下

续表

序号	检查项目		质量要求
2	检修过程	隔离开关检修	（1）拆卸方法和步骤正确
			（2）拆下的零部件逐项检查确认
			（3）在清洁干燥的场所有序摆放零部件
			（4）零部件不得碰伤掉地
		操动机构分解检修	（1）拆卸方法和步骤正确
			（2）拆下的零部件逐项检查确认
			（3）在清洁干燥的场所有序摆放零部件
			（4）零部件不得碰伤掉地
			（5）转动灵活无卡涩
		隔离开关装配调整	（1）装配顺序与拆卸时相反
			（2）各紧固螺栓紧固
			（3）装配后开关储能及分合正常
		施工安全	不发生习惯性违章或危险动作，不在检修中损坏元器件
		工具使用	正确使用和爱护工器具，工具摆放规范
		文明施工	工作完后做到"工完、料尽、场地清"
3	检修记录		完善正确
4	遗留缺陷：		整改建议：

2. 小组交叉检查（见表 5-16）

表 5-16　　　　　　　　　　　小组交叉检查内容及要求

序号	检查内容	质量要求
1	资料准备	资料完整、整理规范
2	检修记录	完善正确
3	检修过程	无安全事故、按照规程要求
4	工具使用	正确使用和爱护工器具，工作中工具无损坏
5	文明施工	工作完后做到"工完、料尽、场地清"

二、工作终结

（1）清理现场，办理工作终结。

1）将工器具进行清点、分类并归位。

2）清扫场地，恢复安全措施。

3）办理工作票终结。

（2）填写检修报告。

（3）整理资料。

三、考核

对学生掌握的相关专业知识的情况，由教师团队（参考学习指南）拟定试题，进行笔试或口试考核；对检修技能的考核，可参照考核评分细则进行。

四、评价

1. 学生自评与互评

（1）学生分组讨论，由工作负责人组织写出学习工作总结报告，并制作成 PPT。

（2）工作负责人代表小组进行工作汇报，各小组成员认真听取汇报，并做好记录。

（3）各小组成员对自己小组和其他小组在检修资料准备、检修方案制定、检修过程组织、职业素养等方面进行评价，并提出改进建议。参照学习综合评价表进行评价，并填写学生自评与互评记录表（参考学习情境一表 1-11）。

2. 教师评价

教师团队根据学习过程中存在普遍问题，结合理论和技能考核情况，以及学生小组自评与互评情况，对学生的相关知识学习、技能掌握、职业素养等方面进行评价，并提出改进要求。参照学习综合评价表进行评价，并填写教师评价记录表（参考学习情境一表 1-12）。

3. 学习综合评价

参考学习综合评价表，按照在工作过程的资讯、决策与计划、实施、检查各个环节及职业素养的养成对学习进行综合评价（参考学习情境一表 1-10）。

学习指南

第一阶段：专 业 知 识

在主讲老师的引导下学习，了解相关专业知识，并完成以下资讯内容。

一、关键知识

（1）隔离开关的作用是_____、_____和_____。

（2）可以用隔离开关关合和开断电容电流不超过_____A 的空载电力线路；关合和开断励磁电流不超过_____A 的空载变压器。

（3）隔离开关没有专门的_____装置，不能用来开断_____电流和短路电流。

（4）隔离开关将需要检修的电气设备与_____隔离，形成明显可见的_____，以保证检修人员和设备的_____。

（5）户内式隔离开关的主要结构类型有_____式和_____式；户外隔离开关按支柱绝缘子数目可分为_____式、_____式和_____式。

（6）隔离开关手动操动机构应在_____就地操作，手动操动机构有_____式和_____式两种。

（7）GW4-110 型双柱隔离开关动作方式为_____式；GW11-252 型双柱隔离开关动作方式为_____式。

（8）CJ6 型电动操动机构由_____、_____系统、_____系统及箱壳组成。

（9）操作隔离开关前应注意检查_____位置，严防_____操作隔离开关。

（10）隔离开关与接地开关之间设有机械联锁，以保证隔离开关在合闸时，接地开关不能_____；接地开关在合闸位置时，隔离开关不能_____。

（11）GW4-110 型双柱隔离开关操作时，操动机构的_____带动两个绝缘支柱向相_____方向转动_____（角度），闸刀便断开或闭合。

二、看图填空

（1）GN19-10 型隔离开关的单极结构，如图 5-18 所示，说出其各部分的名称及型号含义。

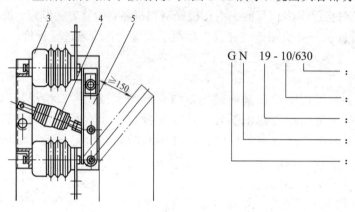

图 5-18　GN19-10 型隔离开关结构及型号含义

3：_____　；4：_____　；5：_____。

（2）GW4-110 型隔离开关的单极结构，如图 5-19 所示，说出其各部分的名称及型号含义。

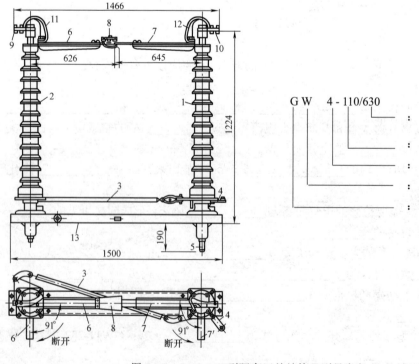

图 5-19　GW4-110 型隔离开关结构及型号含义

1: _____；2: _____；3: _____；4: _____；

5: _____；6: _____；7: _____；8: _____；

9: _____；10: _____；11: _____；12: _____；

13: _____。

第二阶段：接受工作任务

一、工作任务下达

（1）明确工作任务：根据检修周期和运行工况进行综合分析判断，对指定的隔离开关进行解体检修。

可选任务一：GN19-10 型隔离开关检修。

本次任务：对 110kV 光明变电站 10kV 913 培训Ⅰ线 9133 号隔离开关解体检修，现场接线如图 5-20 所示。

可选任务二：GW4-110 型隔离开关检修。

本次任务：对指定的 GW4-110 型隔离开关进行故障判断和处理。

任务简报：2008 年 7 月，××电业局在 110kV 光明变电站温光线 125 间隔进行年度预检时发现 1253 隔离开关 A 相主触头示温蜡片熔化；红外测温检查 A 相主触头运行温度 110℃，A 相回路电阻测量结果为 400μΩ。现场接线如图 5-21 所示。

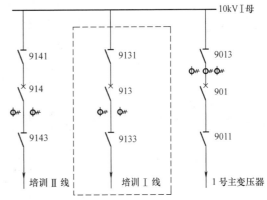

图 5-20　110kV 光明变电站电气主接线（10kV 部分）

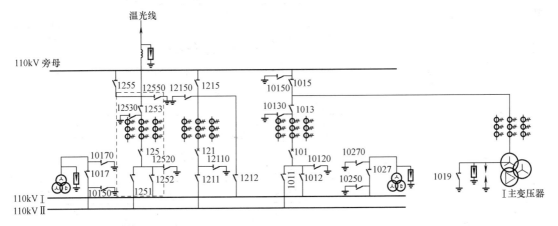

图 5-21　110kV 光明变电站电气主接线（110kV 部分）

（2）观摩隔离开关检修示范操作。

二、学生小组人员分工及职责

1. GN19-10 型隔离开关检修

根据设备数量（8 台隔离开关）进行分组，40 人分为 8 组，每组 5 人。每组确定一名工作负责人、一名工具和资料保管人，其余小组成员作为工作班成员。

2．GW4-110 型隔离开关检修

根据设备数量（4 台隔离开关）进行分组，40 人分为 4 组，每组 10 人。每组确定一名工作负责人、一名工具和资料保管人，其余小组成员作为工作班成员。

小组成员分工及职责情况见表 5-17。

表 5-17　　　　　　　　　　　　小学生小组成员分工及职责情况

学生角色	签　　名	能　力　要　求
工作负责人		（1）熟悉工作内容、工作流程、安全措施、工作中的危险点； （2）组织小组成员对危险点进行分析，告知安全注意事项； （3）工作前检查安全措施是否正确完备； （4）督促、监护小组成员遵守安全规章制度和现场安全措施，正确使用劳动防护用品，及时纠正不安全行为； （5）组织完成小组总结报告
工具和资料保管人		（1）负责现场工器具与设备材料的领取、保管、整理与归还； （2）负责小组资料整理保管
工作班成员		（1）收集整理相关学习资料； （2）明确工作内容、工作流程、安全措施、工作中的危险点； （3）遵守安全规章制度、技术规程和劳动纪律，正确使用安全用具和劳动防护用品； （4）听从工作负责人安排，完成检修工作任务； （5）配合完成小组总结报告

三、资料准备

各小组分别收集表 5-18 所列相关资料。

表 5-18　　　　　　　　　　　　资　料　准　备

序号	项　　目	收集资料名称	收集人	保管人
1	隔离开关及相关开关电器设备文字资料	（1）		
		（2）		
		（3）		
		……		
2	隔离开关及相关开关电器设备图片资料	（1）		
		（2）		
		（3）		
		……		
3	隔离开关检修资料	（1）		
		（2）		
		（3）		
		……		
4	第一种工作票			
5	其他			

第三阶段：前期准备工作

一、现场查勘（见表 5-19）

表 5-19　　　　　　　　　　　现 场 查 勘 表

工作任务：隔离开关解体检修	小组：第　组
现场查勘时间：　　　年　月　日	查勘负责人（签名）：
参加查勘人员（签名）：	

现场查勘主要内容：
(1) 确认待检修隔离开关的安装地点；
(2) 安全距离是否满足"安规"要求；
(3) 通道是否畅通；
(4) 待检修隔离开关的技术参数、运行情况及缺陷情况；
(5) 确认本小组检修工位；
(6) 绘制设备、工器具和材料定置草图

现场查勘记录：

现场查勘报告：

编制（签名）：

二、危险点分析与控制

明确危险点，完成控制措施，见表 5-20。

表 5-20　　　　　　　　　　　危险点分析及控制措施

序号		内　　容
1	危险点	作业现场情况的核查不全面、不准确
	控制措施	
2	危险点	作业任务不清楚
	控制措施	
3	危险点	作业组的工作负责人和工作班组成员选派不当
	控制措施	
4	危险点	安全用具、工器具不足或不合规范
	控制措施	
5	危险点	监护不到位
	控制措施	

序号		内 容
6	危险点	人身触电
	控制措施	
7	危险点	操动机构误动作，伤害作业人员
	控制措施	
8	危险点	发生火灾
	控制措施	

确认（签名）：

三、明确标准化作业流程

1. GN19-10 型隔离开关检修（见表 5-21）

表 5-21 　　　　　　　　　　第 组 标准化作业流程表

工作任务	110kV 光明变电站 10kV 913 培训Ⅰ线 9133 隔离开关解体检修	
工作日期	年 月 日至 月 日	工期 天
工作安排	工 作 内 容	时间（学时）
主持人： 参与人：全体小组成员	（1）分组制订检修工作计划、作业方案	2
	（2）讨论优化作业方案，编制最优化标准化作业卡	1
	（3）准备检修工器具、材料，办理开工手续	2
小组成员训练顺序：	（4）隔离开关故障分析判断	6
	（5）GN19-10 型隔离开关解体检修	12
	（6）GN19-10 型隔离开关调整测试	4
主持人： 参与人：全体小组成员	（7）清理工作现场，验收，办理工作终结	1
	（8）小组自评、小组互评，教师总评	3
确认（签名）	工作负责人： 小组成员：	

2. GW4-110 型隔离开关检修（见表 5-22）

表 5-22 　　　　　　　　　　第 组 标准化作业流程表

工作任务	110kV 光明变电站 110kV 125 温光线 1253 隔离开关触头过热处理	
工作日期	年 月 日至 月 日	工期 天
工作安排	工作内容	时间（学时）
主持人： 参与人：全体小组成员	（1）分组制订检修工作计划、作业方案	2
	（2）讨论优化作业方案，编制最优化标准化作业卡	1
	（3）准备检修工器具、材料，办理开工手续	2
小组成员训练顺序：	（4）GW4-110 型隔离开关故障判断	6
	（5）GW4-110 型隔离开关故障处理	10
	（6）GW4-110 型隔离开关调整测试	6

续表

工作任务	110kV 光明变电站 110kV 125 温光线 1253 隔离开关触头过热处理		
工作日期	年　月　日至　月　日		工期　天
工作安排	工作内容		时间（学时）
主持人： 参与人：全体小组成员	（7）清理工作现场，验收、办理工作终结		1
	（8）小组自评、小组互评，教师总评		3
确认（签名）	工作负责人： 小组成员：		

四、工器具及材料准备

1. 工器具准备（见表 5-23 和表 5-24）

表 5-23　　　　　　　　　　GN19-10 型隔离开关检修工具准备表

序号	名　称	规格	单位	每组数量	确认（√）	责任人
1	呆扳手	12～14	把	1		
2	呆扳手	14～17	把	1		
3	呆扳手	17～19	把	1		
4	尖嘴钳	6	把	2		
5	木榔头	中	把	1		
6	微型套筒	12 件	副	1		
7	细锉		套	1		
8	直尺	60cm	把	1		
9	塞尺	0.02～1mm	套	1		
10	手动操作加力杆		把	1		
11	检修油盘		个	1		

表 5-24　　　　　　　　　　GW4-110 型隔离开关检修工具准备表

序号	名　称	规格	单位	每组数量	确认（√）	责任人
1	梅花扳手	12～14	把	2		
2	梅花扳手	17～19	把	4		
3	梅花扳手	22～24	把	4		
4	呆扳手	17～19	把	2		
5	活动扳手	12、15	把	各 1		
6	锉刀	半圆	把	5		
7	平口改刀	200mm	把	2		
8	钢直尺		把	1		
9	塞尺	0.1～1mm	把	1		
10	机油壶		个	1		

序号	名　　称	规格	单位	每组数量	确认（√）	责任人
11	黄油枪		把	1		
12	卷尺	5m	把	1		
13	线垂	2m	个	1		
14	铁榔头		把	1		
15	专用开关检修架		把	1		
16	虎钳工作台		张	1		
17	F9辅助开关		个	1		

2. 仪器、仪表准备（见表5-25和表5-26）

表5-25　　　　　　GN19-10型隔离开关检修仪器、仪表准备表

序号	名　　称	规　　格	单位	每组数量	确认（√）	责任人
1	绝缘电阻表	ZC11D-5 500V	只	1		
2	回路电阻测试仪		台	1		

表5-26　　　　　　GW4-110型隔离开关检修仪器、仪表准备表

序号	名　　称	规格	单位	每组数量	确认（√）	责任人
1	万用表	—	只	1		
2	绝缘电阻表	1000V	只	1		
3	接触电阻测试仪	100A	台	1		
4	试验导线		m	20		

3. 消耗性材料及备件准备（见表5-27和表5-28）

表5-27　　　　　　GN19-10型隔离开关检修消耗性材料及备件准备表

序号	名　　称	规格	单位	每组数量	确认（√）	责任人
1	白布	—	m	1		
2	塑料布	—	m	2		
3	中性凡士林		瓶	1		
4	棉纱头	—	kg	1		
5	砂布	00号	张	3		
6	机油		壶	1		
7	油漆	醇酸漆	kg	各0.5		
8	洗手液	—	瓶	1		
9	无水酒精		mL	500		
10	开口销		个	10		
11	平弹垫圈		个	各10		
12	漆刷带	1号、2号	把	3		

表 5-28　　　　　　　GW4-110 型隔离开关检修消耗性材料及备件准备表

序号	名　称	规格	单位	每组数量	确认（√）	责任人
1	触指、压簧备件		套	1		
2	镀锌螺栓	M12、M16、M20	套	各6		
3	凡士林	中性	kg	1		
4	砂布	00 号	张	6		
5	机油					
6	导电膏	瓶	瓶	3		
7	相序漆	调和漆	kg	5		

4. 现场布置

可参考如图 5-22 和图 5-23 所示布置图，根据现场实际，绘制设备器材定置摆放布置图。

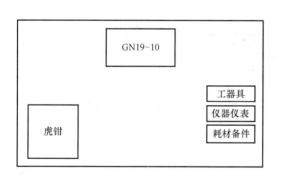

图 5-22　GN19-10 型隔离开关检修设备器材定置摆放布置图

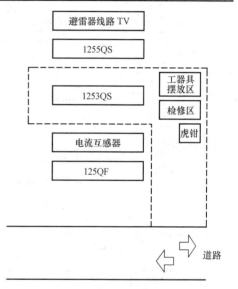

图 5-23　GW4-110 型隔离开关检修设备器材定置摆放布置图

第四阶段：工 作 任 务 实 施

一、布置安全措施，办理开工手续

1. GN19-10 型隔离开关检修

停电的范围：913 培训 I 线间隔及线路（见图 5-20 中虚线）。

（1）设备停电操作见表 5-29。

表 5-29　　　　　　　　　　设 备 停 电 操 作

序号	工 作 内 容	执行人（签名）
1	断开 913 断路器	
2	检查 913 断路器机构机械位置指示器、分闸弹簧、基座拐臂的位置，确认断路器已在分位	

续表

序号	工 作 内 容	执行人（签名）
3	拉开 9133 隔离开关	
4	拉开 9131 隔离开关	
5	检查并确认 9131、9133 隔离开关的分闸闭锁	

（2）布置安全技术措施，见表 5-30。

表 5-30　　　　　　　　布 置 安 全 技 术 措 施

序号	工 作 内 容	执行人（签名）
1	在 9131 隔离开关与 913 断路器之间装设一组接地线	
2	在 913 培训 I 线线路侧之间装设一组接地线	
3	在 913 断路器就地操作把手悬挂"禁止合闸，有人工作"标示牌	
4	在 9131 隔离开关操作把手悬挂"禁止合闸，有人工作"标示牌	
5	在 913 开关柜门处悬挂"在此工作"标示牌	
6	在 913 开关柜与相邻带电设备间装设围栏，向内侧悬挂适量"止步，高压危险"标示牌；围栏设置唯一出口，在出口处悬挂"从此进出"标示牌	
7	在 914 开关柜和 901 开关柜的正面和背面悬挂"止步，高压危险"标示牌	
8	断开 913 断路器操动机构控制、信号、合闸电源，应拉开低压断路器或取下熔断器	

（3）开工手续办理见表 5-31。

表 5-31　　　　　　　　办 理 开 工 手 续

序号	工 作 内 容	执行人（签名）
1	列队宣读工作票，交待工作内容、安全措施和注意事项	
2	检查工器具应齐全、合格，摆放位置符合规定	
3	工作时，检修人员与 10kV 带电设备的安全距离必须不得小于 0.35m	

2.　GW4-110 型隔离开关检修

停电的范围：110kV 光明变电站 125 温光线线路间隔（见图 5-21 中虚线）。

（1）设备停电操作见表 5-32。

表 5-32　　　　　　　　设 备 停 电 操 作

序号	工 作 内 容	执行人（签名）
1	断开温光线 125 断路器	
2	检查 125 断路器机构机械位置指示器、分闸弹簧、基座拐臂的位置，确认断路器已在分位	
3	检查 1252、1255 隔离开关已在分位	
4	拉开 1253 隔离开关	
5	拉开 1251 隔离开关	
6	检查并确认 1251、1253、1255 隔离开关的分闸闭锁	

（2）布置安全技术措施见表 5-33。

表 5-33 布 置 安 全 技 术 措 施

序号	工 作 内 容	执行人（签名）
1	合上 12520、12550 接地开关	
2	在 125 温光线线路侧装设一组三相接地线	
3	在 125 断路器操作把手上悬挂"禁止合闸，有人工作"标示牌	
4	在 1251、1252、1255 隔离开关操作把手上悬挂"禁止合闸，有人工作"标示牌	
5	在 12520、12550 隔离开关操作把手上悬挂"禁止分闸"标示牌	
6	在温光线 1253 隔离开关机构箱处悬挂"在此工作"标示牌	
7	在温光线 1253 隔离开关与相邻带电设备间装设围栏，向内侧悬挂适量"止步，高压危险"标示牌；围栏设置唯一出口，在出口处悬挂"从此进出"标示牌	
8	在 125 断路器端子箱、机构箱断开液压机构控制电源开关，拉开 125 断路器储能电源开关	
9	在 125 间隔端子箱、机构箱断开 1253 隔离开关机构控制电源刀闸，拉开 1253 隔离开关电机电源开关	
10	在温光线 125 断路器保护屏及测控屏挂"在此工作"标示牌，并在相邻运行设备上挂"运行设备"红布帘	

（3）开工手续见表 5-34。

表 5-34 办 理 开 工 手 续

序号	工 作 内 容	执行人（签名）
1	列队宣读工作票，交待工作内容、安全措施和注意事项	
2	检查工器具应齐全、合格，摆放位置符合规定	
3	工作时，检修人员与 110kV 带电设备的安全距离必须不得小于 1.5m	

二、检修前例行检查

1. GN19-10 型隔离开关检修前例行检查（见表 5-35）

表 5-35 GN19-10 型隔离开关检修前例行检查

序号	检查项目	检 查 要 求	检查记录	执行人（签名）
1	外观检查	（1）绝缘子表面有无损伤； （2）基座底架锈蚀情况； （3）基座接地情况； （4）设备垫圈开口销情况； （5）所有机械摩擦部分涂有润滑		
2	手动分合闸 3～5 次	无卡滞或其他防碍其动作的不正常现象		

续表

序号	检查项目	检 查 要 求	检查记录	执行人 （签名）
3	分合闸位置	操动机构手柄向上时，隔离开关应为闭合位置；手柄向下时应为打不开位置；在分合位置时，机构定位销应可靠地锁住手柄，以免误操作		
4	辅助开关	切换准确，辅助开关指示分闸的信号在隔离开关的触刀通过其全部行程的 75% 以后切换		
5	测量数据	（1）分闸后同一极断口的最短距离不得小于 150mm； （2）带电部分对地的绝缘距离不小于 125mm； （3）隔离开关相间距离满足 250mm； （4）接地回路电阻不得超过 3Ω； （5）导电回路电阻不得超过 40μΩ		

2. GW4-110 型隔离开关检修前例行检查（见表 5-36）

表 5-36　　　　　　　　　　GW4-110 型隔离开关检修前例行检查

序号	检查项目	检 查 要 求	检查记录	执行人 （签名）
1	绝缘子	无破损和裂纹		
2	瓷柱法兰	胶铸良好，铸铁法兰无裂纹		
3	导电部件	无变色、无过热		
4	手动慢拉合	（1）接线座转动灵活； （2）转动部位无卡涩； （3）操动机构无变形； （4）同期正确		
5	电动分合	（1）先将隔离开关手动至半分合位； （2）动作正确； （3）无卡滞		
6	合闸位置检查	合闸终止接触良好，两导电臂与触头呈一条直线		
7	分闸位置检查	两侧导电杆有足够的电气绝缘距离，应尽量平行，误差不超过 ±10°		
8	接地开关检查	（1）三相接地开关合闸位置一致、无反弹，操作轻便、过程平稳； （2）分闸时位置一致，电气最小安全净距满足 110kV 为 0.9m 要求，弹簧受力均匀，分闸到位时应放置在分闸限位片		
9	联锁装置检查	（1）隔离开关在合位时，操作接地开关，应合不上；电磁锁应打不开； （2）接地开关窜动提升后与主开关的最小距离应满足电气最小安全净距要求（110kV 为 0.9m）。 （3）接地开关与隔离开关的机械闭锁相互作用：接地开关在合闸时，操作隔离开关，应合不上，断口间应满足电气最小安全净距		

3. 隔离开关发热的判断

判断隔离开关是否发热的主要方法有以下几种。

（1）观察示温蜡片。示温蜡片是最早应用于电气设备接头测温的产品，当示温蜡片被贴处表面温度高于额定熔化温度时，示温蜡片会自动融化脱落，表示此处已经过热。GW4 型隔离开关通常将其贴于触头座侧面。

（2）红外热成像观测温度。根据故障报告：温光线 125 号间隔进行年度预检时发现 1253 号隔离开关 A 相主触头示温蜡片熔化；红外测温检查 A 相主触头运行温度 110℃，A 相回路电阻测量结果为 400μΩ。

由此可知，A 相主触头示温蜡片熔化，运行温度 110℃，回路电阻 400μΩ，均为触头过热故障的表现，采取检修对策如下：

1）停电作业。

2）取下 A 相触头：更换烧伤触指、示温蜡片；重新装配、测量；接触电阻应小于 140μΩ。

3）详细检查 B、C 相导电回路有无过热。接触电阻应小于 140μΩ。

判断流程如图 5-24 所示。

三、检修流程及工艺要求

（一）GN19-10 型隔离开关检修

1. GN19-10 型隔离开关检修流程及质量要求（作业卡）（见表 5-37）

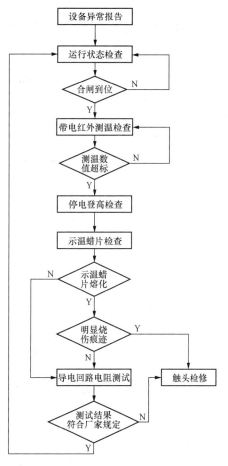

图 5-24　隔离开关发热判断流程

表 5-37　　　　　　　　　　GN19-10 型隔离开关检修流程及质量要求

序号	检 修 内 容	质 量 要 求	检修记录	执行人	确认人
1. 修前检测	（1）绝缘瓷柱有无损伤； （2）基座底架锈蚀情况； （3）基座接地情况； （4）设备垫圈开口销情况； （5）三相同期测量； （6）相间距测量； （7）单极开距测量是否大于 150mm； （8）手动慢分合 3 次	（1）设备外观完好，无零部件缺损； （2）绝缘瓷柱表面无明显破损； （3）导电部分无明显烧伤； （4）基座无明显变形； （5）三相同期小于 5mm； （6）相间距大于 250mm； （7）单极开距大于 150mm； （8）无卡涩，分合闸均可到位			
2. 解体	断开主轴与机构的连接	（1）开口销无疲劳变形； （2）连接螺纹无破损			
3. 分解隔离开关	依顺序拆除分解： （1）拉杆绝缘子； （2）动触头弹簧； （3）动触头转动支点； （4）动触头侧接线板； （5）动触头侧绝缘子； （6）静触头侧接线板； （7）静触头侧绝缘子	（1）拆下的零部件按由远到近的顺序摆放； （2）拆卸过程中避免工器具零件掉落			

续表

序号	检修内容	质量要求	检修记录	执行人	确认人
4. 检修导电回路部件	清洗导电回路各部件	采用酒精或丙酮清洗动静触头、刀片及两侧接线板			
	检查动触头弹簧	(1) 弹簧无退火变形,无锈蚀; (2) 螺杆无锈蚀、销套无变形			
	检查导电回路各部件表面划伤和烧伤,重点检查动静触头接触面和两侧接线板与引流线(夹)接触面	接触面应平整光滑,无氧化,检查方法:取下手套用手指划过部件表面,应光滑无毛刺感。如有轻微毛刺应采用00号砂纸或细锉打磨,如划伤或烧伤面积达到接触面10%,应更换			
	在动静触头的接触面涂抹凡士林	均匀地涂抹,不宜过多,以手指按压明显映出指纹即可			
	检查固定螺丝及其他零部件	(1) 圆柱销无变形、无破损、无裂纹; (2) 开口销无疲劳、无断裂; (3) 固定螺丝螺纹无滑丝、无锈蚀; (4) 平弹垫无缺损			
5. 绝缘瓷瓶检查	(1) 用面纱或白布清洁所有瓷件并检查表面; (2) 检查各绝缘子金属件是否锈蚀; (3) 检查传动绝缘子两端金属连杆是否有松动; (4) 测量各绝缘子绝缘电阻	(1) 表面无灰尘、污垢,釉质无脱落、表面无损伤; (2) 金属件无锈蚀,无裂纹; (3) 传动绝缘子两端金属连杆无松动,螺纹无滑丝; (4) 采用2500V绝缘电阻表测量各瓷间绝缘电阻,测得阻值不应小于2000MΩ; (5) 纸垫完好,无缺失、损坏			
6. 传动系统检查	(1) 检查主轴外观; (2) 转动主轴; (3) 检查分合闸位置限位器	(1) 主轴无裂纹、无破损、无锈蚀;如有锈蚀应打磨后补漆,拐臂无松动,拔销无变形; (2) 主轴转动灵活、无卡滞; (3) 限位器无变形			
7. 基座检查	(1) 基座外观检查; (2) 接地回路检查	(1) 基座无裂纹、无变形、无锈蚀;如有锈蚀应打磨后补漆; (2) 接地螺栓及标示好,接地回路电阻不大于3Ω			
8. 装复	按拆卸相反顺序装配	(1) 传动绝缘子并帽可暂时不用扳手拧紧; (2) 开口销可暂时只开一边			
9. 尺寸数据测量	(1) 用钢直尺测量相间距; (2) 用钢直尺测量单极开距; (3) 检查合闸位置与合闸深度; (4) 用钢直尺检查合闸过冲行程; (5) 以靠近机构相作为标准,目测检查并调整三相同期; (6) 完成调整后,对所有紧固件进行紧固	(1) 相间距大于250mm;动静触头两侧相间距离最好均等,不宜相差过大,可用调整触头支持绝缘子; (2) 最短单极开距大于150mm; (3) 合闸位置应保证触头接触面可靠接触90%面积,同时以0.02mm塞尺检查,不能插入动静触头两侧接触面; (4) 过冲行程大于15mm; (5) 三相同期小于5mm; (6) 开口销开口角度大于60°,固定螺栓及并帽紧固			
10. 分合操作	(1) 在主轴与基座固定轴套处涂抹机油; (2) 手动快速分合3次	(1) 无卡滞,分合闸位置正常; (2) 三相同期正常			

序号	检 修 内 容	质 量 要 求	检修记录	执行人	确认人
11. 测量回路电阻	用 AC 100A 输出的回路电阻测试仪测试接线板间的回路电阻	新出厂产品应不大于 $40\mu\Omega$			
12. 刷漆	（1）带电部位 50mm 范围内不得刷漆； （2）主开关传动部分为灰色	（1）刷漆时，漆桶应可靠固定； （2）核对相序，避免颜色错误			
13. 清洁现场		设备工器具无遗留			

2. 故障分析及处理（见表 5-38）

表 5-38　　　　　　　　故 障 分 析 及 处 理

故 障 现 象	可 能 原 因	处 理 办 法
绝缘子断裂故障		
机构拒动		
机构误动		
导电回路发热		

（二）GW4-110 型隔离开关检修

1. GW4-110 型隔离开关检修流程及质量要求（作业卡）（见表 5-39）

表 5-39　　　　　　　GW4-110 型隔离开关检修流程及质量要求

序号	检修内容	质量要求	检修记录	执行人	确认人
1	搭设隔离开关专用检修架	（1）装设中，登高作业应使用合格的安全带和安全帽； （2）梯子应搭设牢固，与地面夹角在 60°～70°之间，上下有人扶持； （3）登高作业前，擦净鞋底油污； （4）隔离开关检修架安装牢固、保险装置闭锁可靠； （5）隔离开关检修架安装位置应便于施工转位； （6）作业人员及工具保证对带电设备 1.5m 安全距离			
2	取下隔离开关两侧引流线	（1）断开隔离开关接线板与引流线夹的连接螺栓； （2）登高作业使用合格的安全带； （3)拆卸引流线时，应注意保护接线板导电面不受损伤； （4）用绳子将两端引流线固定在本相支柱绝缘子上			
3	拆下 A 相触头臂、触指臂	（1）手动操作隔离开关至半分合位置； （2）取下 A 相触头臂、触指臂； （3）拆卸中应注意扶持导电臂，防止其跌落损伤			
4	处理 A 相烧伤触指臂	（1）将导电管用棉纱包住夹在虎钳上，按检修工艺要求分解各部件； （2）更换烧伤触指； （3）更换触指臂内拉簧； （4）更换内拉簧勾头绝缘套； （5）紧固各部位连接紧固螺栓； （6）按相反顺序复装，调整螺栓，保证触指压力足够； （7）导电接触面均匀涂抹一层中性凡士林			

国家示范性高职院校精品教材　电气设备检修

序号	检修内容	质量要求	检修记录	执行人	确认人
5	处理A相烧伤触头臂	（1）将导电管用棉纱包住夹在虎钳上，按检修工艺要求分解各部件； （2）导电接触面应无损伤； （3）检查并用砂纸打磨烧伤导电接触面； （4）紧固各部位连接紧固螺栓； （5）导电接触面均匀涂抹一层中性凡士林			
6	回装A相触头臂、触指臂	（1）回装A相触头臂、触指臂，保证开口方向正确； （2）各连接部位应连接紧固； （3）高空作业人员应正确使用安全带，工器具应采用防坠措施			
7	检查B、C相烧伤	（1）触指导电面无烧伤痕迹； （2）触头导电接触面光滑，烧伤深度≤1mm； （3）触指内拉簧无退火变形； （4）各连接部位应连接紧固			
8	机构调整	（1）触头与触指接触深度应在刻度线上； （2）触头与触指高差≤5mm； （3）合闸位置成直线，分闸位置允许误差1； （4）三相同期≤10mm			
9	恢复两端引线	（1）用细砂纸打磨导电接触面，并涂抹导电膏； （2）连接螺栓防水面向上且受力均匀牢固； （3）登高作业应使用合格的安全带			
10	接触电阻试验	（1）试验电流AC100A，单相接触电阻值≤140μΩ； （2）禁止交叉作业			
11	更换接地开关机构辅助开关	（1）防止人员低压触电，断开机构操作电源和电机电源； （2）隔离开关置分位，拆除机构防尘罩； （3）用万用表检测动合动断端子号，做好标记； （4）拆除二次引线；线头需用绝缘胶带包好； （5）拆卸辅助开关悬挂固定螺栓，取下辅助开关； （6）更换辅助开关，安装前确认接点切换可靠； （7）按照原有位置装复辅助开关，恢复二次引线；连接应可靠无误； （8）就地分合试验，用万用表检测校验位置和闭锁信号			
12	电动传动试验	（1）检查紧固螺栓、连杆并帽、开口销应完好紧固； （2）手动慢分合三次，应无卡滞； （3）隔离开关置半合位，电动操作分合三次，机构、信号和触头应正确到位； （4）隔离开关置分位，接地开关分合三次机构、信号和触头应正确到位； （5）隔离开关置合位，接地开关闭锁试验、电气和机械闭锁应良好			
13	刷漆	（1）带电部位50mm范围内不得刷漆； （2）刷漆时，漆桶应可靠固定； （3）核对相序，避免颜色错误； （4）接地开关部件应涂黑色，主开关传动部分为灰色			
14	拆除检修架	（1）登高作业应使用合格的安全带和安全帽； （2）梯子应搭设牢固，与地面夹角在60°～70°之间，且上下有人扶持			
15	清洁现场	设备工器具无遗留			

2. 故障分析及处理（见表 5-40）

表 5-40　　　　　　　　　　　故 障 分 析 及 处 理

故 障 现 象	可 能 原 因	处 理 办 法
绝缘子断裂故障		
机构拒动		
机构误动		
导电回路发热		

第五阶段：工 作 结 束

一、小组自查

检修工作结束后，工作负责人带领小组成员进行自查，检查项目和要求见表 5-41。

表 5-41　　　　　　　　　　　小组自查检查项目及要求

序号	检 查 项 目		质 量 要 求	确认打"√"
1	资料准备	工作票	正确、规范、完整	
		现场查勘记录		
		检修方案		
		标准作业卡		
		调整数据记录		
2	检修过程	正确着装	穿长袖工作服、戴安全帽、穿胶鞋	
		工器具选用	一次性准备完断路器检修的工器具	
		检查安全措施	（1）隔离开关闭锁可靠	
			（2）接地线、标示牌装挂正确	
			（3）断路器控制、信号、合闸熔断器已取下	
		隔离开关分解检修	（1）拆卸方法和步骤正确	
			（2）拆下的零部件逐项检查确认	
			（3）在清洁干燥的场所有序摆放零部件	
			（4）零部件不得碰伤掉地	
		操作机构分解检修	（1）拆卸方法和步骤正确	
			（2）拆下的零部件逐项检查确认	
			（3）在清洁干燥的场所有序摆放零部件	
			（4）零部件不得碰伤掉地	
			（5）转动灵活无卡涩	
		隔离开关装配调整	（1）装配顺序与拆卸时相反	
			（2）各紧固螺栓紧固	
			（3）装配后开关储能及分合正常	

续表

序号	检查项目		质量要求	确认打"√"
2	检修过程	施工安全	遵守安全规程,不发生习惯性违章或危险动作,不在检修中造成新的故障	
		工具使用	正确使用和爱护工器具,工作中工具摆放规范	
		文明施工	工作完后做到"工完、料尽、场地清"	
3	检修记录		完善正确	
4	遗留缺陷:		整改建议:	

二、小组交叉检查（见表 5-42）

表 5-42　　　　　　　　小组交叉检查内容及要求

检查对象	检查内容	质量要求	检查结果
第1组	资料准备	资料完整、整理规范	
	检修记录	完善正确	
	检修过程	无安全事故、按照规程要求	
	工具使用	正确使用和爱护工器具,工作中工具无损坏	
	文明施工	工作完后做到"工完、料尽、场地清"	
第N组	资料准备	资料完整、整理规范	
	检修记录	完善正确	
	检修过程	无安全事故、按照规程要求	
	工具使用	正确使用和爱护工器具,工作中工具无损坏	
	文明施工	工作完后做到"工完、料尽、场地清"	

三、清理现场、办理工作终结（见表 5-43）

表 5-43　　　　　　　　办理工作终结

序号	工作内容	执行人
1	拆除安全措施,恢复设备原来状态	
2	工器具的整理、分类、归还	
3	场地的清扫	

四、填写检修报告

检修报告模板如下。

高压隔离开关检修报告（模板）

检修小组	第 组		编制日期	
工作负责人			编写人	
小组成员				
指导教师			企业专家	

一、工作任务
（包括工作对象、工作内容、工作时间……）

设备型号			
设备生产厂家		出厂编号	
出厂日期		安装位置	

二、人员及分工
（包括工作负责人、工具资料保管、工作班成员……）

三、初步分析
（包括现场查勘情况、故障现象成因初步分析）

四、安全保证
（针对查勘发现的危险因素，提出预防危险的对策和消除危险点的措施）

五、检修使用的工器具、材料、备件记录

序号	名称	规格	单位	每组数量	总数量
1					
2					
3					
N					

六、检修流程及质量要求
（记录实施的检修流程）

七、检修记录

1. GN19-10 型隔离开关检修及调整

序号	项目	单位	额定值	实测值
1	隔离开关主开关合入时触头接触面积	%	>90	
2	隔离开关主开关合入时过冲行程	mm	>15	
3	触头开距	mm	>150	
4	相间距	mm	>250	
5	三相同期	mm	≤5	
6	测量主开关的回路电阻	μΩ	≤40（符合制造厂技术条件要求）	
7	检查机械联锁			
8	手动操作主开关和接地开关合、分各3次		动作顺畅，无卡涩	

2. GW4-110 型隔离开关检修及调整

项目	序号	子项目	质量要求	检查情况		
				A	B	C
检查	1	绝缘绝缘子、螺栓及转动部分	完好、紧固、灵活			
	2	接地开关与主开关机械联锁动作	保证主开关合闸时，接地开关不能合闸；接地开关合闸时，主开关不能合闸，闭锁可靠			

续表

项目	序号	子 项 目	质 量 要 求	检查情况		
				A	B	C
测量	3	手动操作3次应达到	操作平稳接触良好操作力矩较小			
	4	电动机构额定电压下操作2~3次	动作平稳正常			
	1	中间触头接触对称上、下差	≤5mm			
	2	合闸到终点后，触头的中心线应与主开关中间触指上的刻度线相重合	允许向内偏离<5 mm			
	3	主开关闸分、合闸位置转动	90°±1°			
	4	合闸定位螺钉与挡板间隙	1~3mm			
	5	分闸定位螺钉与挡板间隙	1~3mm			
	6	主开关与接地开关机械闭锁间隙	3~8mm			
	7	三相合闸不同期不大于	10mm			
	8	回路接触电阻（μΩ）	<130μΩ			

检修及调试结论	
备　注	回路接触电阻以实际设备的厂家出厂参数为准

八、检修中发现的问题

检 修 内 容	存在的问题	处理方法及效果
1. 修前检查		
2. 断开传动轴机械连接		
3. 分解隔离开关		
4. 检修导电回路部件		
5. 绝缘绝缘子检查		
6. 传动系统检查		
7. 基座检查		
8. 复装		
9. 尺寸数据测量		
10. 分合操作		
11. 测量回路电阻		
12. 刷漆		
13. 清洁现场		
14. 工作终结		

九、收获与体会

五、整理资料（见表5-44）

表5-44 资料整理

序号	名称	数量	编制	审核	完成情况	整理保管
1	现场查勘记录					
2	检修方案					
3	标准作业卡					
4	工作票					
5	检修记录					
6	检修总结报告					

第六阶段：评价与考核

一、考核

1. 理论考核

教师团队拟定理论试题对学生进行考核。

2. 技能考核

电气设备检修技能考核任务书之一如下：

电气设备检修技能考核任务书之一

一、任务名称
GN19-10型隔离开关分解组装。

二、适用范围
电气设备检修课程学员。

三、具体任务
根据检修工艺要求，正确完成对GN19-10型隔离开关的分解组装工作。

四、工作规范及要求
（1）开工前出具已审定合格的标准化作业卡。
（2）工具、仪表、材料齐全、合格，检修技术资料齐全。
（3）开工前做好现场安全措施，交待安全注意事项及对危险点的控制。
（4）工作过程、严格按照任务书规定的范围进行作业。
（5）要求操作程序正确、动作规范。若在操作过程中出现严重违规，立即终止任务，考核成绩记为0分。

五、时间要求
本模块操作时间为40min，时间到立即终止任务。

针对以上考核任务，GN19-10型隔离开关检修考核评分细则见表5-45。

表5-45 **GN19-10型隔离开关检修考核评分细则**

班级：	组长姓名：	小组成员：
成绩：		考评日期：
企业考评员：		学院考评员：
技能操作项目		GN19-10型隔离开关分解组装

国家示范性高职院校精品教材 **电气设备检修**

续表

适用专业		发电厂及电力系统		考核时限		40min		
需要说明的问题和要求		(1) 按工作需要选择工具、仪表及材料						
		(2) 要求着装正确（工作服、工作鞋、安全帽、劳保手套）						
		(3) 安全措施已经完备，允许工作开始前，应履行工作许可确认手						
需要说明的问题和要求		(4) 工作中配备一名辅助工，按 GN19-10 型隔离开关分解组装检修导则作业，检查、清洗动、静触头及支柱瓷瓶必须按程序进行操作，出现错误则扣除应做项目分值						
		(5) 考核时间到立即停止操作，未完成项目不得分						
		(6) 工作终结后，做到"工完、料尽、场地清"						
工具、材料、设备、场地		(1) 配备安装好的 GN19-10 型隔离开关一组，将 A 相进行分解。按检修工艺配备工器具、备品、备件、专用工具、消耗性材料若干						
		(2) 校内实训基地						

序号	项目名称	质量要求	满分	扣分标准	扣分原因	扣分	得分
1	着装	正确佩戴安全帽，着工作服，穿软底鞋	10	未按规程要求着装每处扣5分，着装不规范每处扣2分			
2	工作准备	工器具、材料准备完备	10	工作中出现准备不充分再次拿工器具或材料者每次扣2分			
3	安全措施	(1) 隔离开关闭锁可靠；(2) 接地线、标示牌装挂正确；(3)断路器控制、信号、熔断器已取下	15	(1) 未检查隔离开关闭锁扣5分；(2) 未检查接地线装设扣15分；(3)未检查接地线各连接点一处扣5分；(4) 标示牌装挂错误一处扣1分；(5) 未取下熔断器一处扣2分			
4	分解	(1) 动触头弹簧；(2) 拉杆绝缘子；(3) 动触头转动支点；(4) 静触头	10	(1) 未正确使用工器具每次扣2分；(2) 分解顺序错误一处扣5分			
5	清洗	用乙醇或丙酮清洗动、静触头	5	未用乙醇或丙酮清洗动、静触头扣5分			
6	检查	(1) 弹簧无锈蚀、无变形；(2) 接触面平整、无氧化；(3) 接触面良好并涂抹凡士林	15	(1) 未检查弹簧扣5分；(2) 未检查接触面平整、氧化一处扣5分；(3) 未涂抹凡士林扣3分			
7	装配	按检修工艺要求进行装配	20	(1)装配顺序出现错项或漏项一处扣5分；(2) 未检查调整压力弹簧尺寸扣8分；(3) 未对转动部分涂抹润滑脂一处扣5分；(4) 未检查紧固连接螺栓一处扣2分			
8	文明施工	工作完后做到"工完、料尽、场地清"	5	(1) 工作中掉工具或材料一次扣2分；(2) 工器具乱丢乱放扣2分；(3) 不清理场地扣2分			
9	施工安全	不发生习惯性违章或危险动作，不在检修中损坏元器件	10	(1) 损坏元器件扣10分；(2) 发生习惯性违章或危险动作一处扣5分			
10	合计		100				

电气设备检修技能考核任务书之二如下：

电气设备检修技能考核任务书之二
一、任务名称 GW4-110 型隔离开关触头过热处理。 二、适用范围 电气设备检修课程学员。 三、具体任务 按照检修工艺导则要求，正确分析、处理 GW4-126 隔离开关触头过热故障。 四、工作规范及要求 （1）开工前出具已审定合格的标准化作业卡。 （2）工具、仪表、材料齐全、合格，检修技术资料齐全。 （3）开工前做好现场安全措施，交待安全注意事项及对危险点的控制。 （4）工作过程、严格按照任务书规定的范围进行作业。 （5）要求操作程序正确、动作规范。若在操作过程中出现严重违规，立即终止任务，考核成绩记为 0 分。 五、时间要求 本模块操作时间为 40min，时间到立即终止任务。

针对以上考核任务，电气设备检修技能考核评分细则见表 5-46。

表 5-46   **GW4-110 型隔离开关检修考核评分细则**

班级：		组长姓名：		小组成员：				
成绩：				考评日期：				
企业考评员：				学院考评员：				
技能操作项目		GW4-110 型隔离开关触头过热处理						
适用专业		发电厂及电力系统		考核时限		40min		
需要说明的问题 和要求		（1）按工作需要选择工具、仪表及材料						
		（2）要求着装正确（工作服、工作鞋、安全帽、劳保手套）						
		（3）安全措施已经完备，允许工作开始前，应履行工作许可确认手续						
		（4）工作中配备一名辅助工，按 GW4 隔离开关触头过热检修导则作业，检查、清洗、处理或更换有缺陷的触头、触指、弹簧、触头臂、触指臂，必须按程序进行操作						
		（5）考核时间到立即停止操作，未完成项目不得分						
		（6）工作终结后，做到"工完、料尽、场地清"						
工具、材料、设 备、场地		（1）配备安装好的 GW4-110 型隔离开关一组，将 A 相进行分解。按检修工艺配备工器具、备品、备件、专用工具、消耗性材料若干						
		（2）校内实训基地						
序 号	项目 名称	质 量 要 求	满分	扣 分 标 准		扣分 原因	扣 分	得 分
1	着装	正确佩戴安全帽，着工作服，穿软底鞋	5	未按规程要求着装一处扣 2 分，着装不规范一处扣 2 分				
2	工作准备	工具、仪表、材料准备完备	5	工作中出现准备不充分再次拿工具、仪表或材料者每次扣 1 分				
3	安全措施及 注意事项	（1）梯子放置角度应在 60°～70°之间，由专人扶持或将梯子与器身等固定物牢固地捆绑在一起；		（1）梯子放置不正确或不稳固者扣 5 分； （2）未清理鞋底油污、未穿软底鞋者扣 5 分；				

续表

序号	项目名称	质 量 要 求	满分	扣 分 标 准	扣分原因	扣分	得分
3	安全措施及注意事项	（2）上下梯子和设备时须清理鞋底油污，并穿软底鞋； （3）正确使用隔离开关检修架，登高作业人员安全带应系在隔离开关检修架上； （4）在拆卸工作中，应注意避免碰伤支柱绝缘子； （5）上下传递物件不准抛掷	10	（3）未正确使用隔离开关检修架和安全带者扣5分； （4）在拆卸工作中碰伤支柱绝缘子者扣10分； （5）上下传递物件抛掷者扣6分			
4	拆卸触头臂、触指臂	（1）将隔离开关两侧接线板引流线拆除，并用绳子将两端引流线固定在本相支柱绝缘子上； （2）将触头臂、触指臂拆下； （3）将导电管用棉纱包住夹在虎钳上，按检修工艺要求分解各部件	10	（1）不将触头臂、触指臂取下扣10分； （2）未用绳子固定引流线扣2分，拆卸过程中有工具坠落一次扣1分； （3）损伤导电管扣5分； （4）不会分解扣5分			
5	检修触指臂右触头	（1）无裂纹； （2）触指座应完好无损伤，触指镀银面清洁光亮，无变形，无烧伤现象； （3）触指导电接触面光滑其烧伤深度不大于1mm； （4）在含量为25%～28%的氨水中浸泡15min，用尼龙刷子刷去硫化银层再清水洗后涂中性凡士林； （5）弹簧无锈蚀变形，弹簧匝间无间隙	15	（1）有严重烧损，未发现者扣5分； （2）发现严重烧损，不更换者扣2分； （3）导电接触面有轻微烧伤，不会对镀银层导电接触面用00号砂布修整及烧伤处不会处理一处扣1分； （4）不知在含量为25%～28%的氨水中浸泡15min，不会用尼龙刷子刷去硫化银层或清水洗后不涂中性凡士林扣3分； （5）弹簧锈蚀变形不更换一处扣2分； （6）导电管接触部分不用0号砂布清洁氧化层扣5分			
6	组装触指臂右触头	（1）各零部件完好，螺栓经防锈处理，同侧触指安装在同一平面，导电接触面无损伤； （2）触指压力足够，各连接部位连接紧固	10	（1）不会组装扣10分； （2）不处理锈蚀的紧固件一处扣1分； （3）同侧触指不安装在同一平面扣2分； （4）不处理或不更换有损伤的导电接触面一处扣1分； （5）不检查触指接触压力扣1分； （6）各连接部件不紧固扣2分			
7	检查接线座	（1）检查滚动触头（引流线）转动灵活，无卡滞； （2）正确组装，连接紧固	5	（1）未检查开口销、弹簧，一处扣1分； （2）不检查滚动触头或引流线扣2分； （3）清洗后不涂凡士林扣1分			
8	检修触头臂左触头	（1）导电接触面无烧损、过热或变形； （2）触头导电接触面光滑其烧伤深度≤1mm，各部件连接牢固	15	（1）对非镀银层接触面，如有轻微烧损不会用钳工细齿锉修理一处扣1分； （2）导电接触面有轻微烧伤，不会对镀银层导电接触面用0号砂布修整一处扣1分； （3）不检查各部件连接情况扣一处1分； （4）如烧伤深度超过规定不更换扣2分； （5）不检查清洗不涂凡士林扣1分			
9	组装触头臂左触头	（1）组装步骤正确，不损伤零部件； （2）各连接部位连接紧固	10	（1）不会组装扣10分； （2）不处理锈蚀的紧固件一处扣2分； （3）各连接部件不紧固一处扣2分			

续表

序号	项目名称	质量要求	满分	扣分标准	扣分原因	扣分	得分
10	检查接线座	(1)检查滚动触头（引流线）转动灵活，无卡滞； (2)正确组装，连接紧固	5	(1)未检查开口销，弹簧一处扣1分； (2)未检查滚动触头或引流线扣2分； (3)清洗后不涂凡士林扣1分			
11	安装、调试	(1)将触头臂、触指臂正确安装并调试合格； (2)检查、调整触头与触指接触深度应在刻度线上； (3)检查、调整触头与触指高差≤5mm； (4)恢复两端引流线	10	(1)安装过程中有工具坠落一次扣1分； (2)未检查触头与触指接触深度扣2分； (3)不会调整触头与触指接触深度扣2分； (4)未检查触头与触指接触高差扣2分； (5)不会调整触头与触指高差扣2分； (6)未恢复两端引流线扣2分			
12	合计		100				

二、学生自评与互评

学生根据评价细则对自己小组和其他小组进行评价，并填写表5-47。

表5-47　　　　　学生评价记录表

项目	评价对象	主要问题记录	整改建议	评价人
检修资料	第1组			
	第2组			
	第3组			
	第4组			
检修方案	第1组			
	第2组			
	第3组			
	第4组			
检修过程	第1组			
	第2组			
	第3组			
	第4组			
职业素养	第1组			
	第2组			
	第3组			
	第4组			

三、教师评价

教师团队根据评价细则对学生小组进行评价，并填写表5-48。

表 5-48   **教 师 评 价 记 录 表**

项　目	发　现　问　题	检修小组	责任人	整　改　要　求
检修资料				
检修方案		第1组		
检修过程				
职业素养				
检修资料				
检修方案		第2组		
检修过程				
职业素养				
检修资料				
检修方案		第3组		
检修过程				
职业素养				
检修资料				
检修方案		第4组		
检修过程				
职业素养				

学习情境六　高压开关柜检修

任务描述

按照标准化作业流程，通过实施高压开关柜检修工作任务，学习高压开关柜及 GIS 的基本知识；建立配电装置的概念，了解配电装置的作用、种类和技术要求；巩固相关电气一次设备的基本知识，进一步理解各设备在配电装置中的作用和相互关系；初步掌握综合分析判断故障的方法。

学习目标

（1）掌握高压开关柜的结构及类型；

（2）掌握 GIS 的结构特点；

（3）掌握高压开关柜的常见故障及处理方法；

（4）掌握高压开关柜检修的工艺流程、要求和质量标准；

（5）掌握高压开关柜的整体调试方法和质量要求；

（6）规范标准化作业实施行动力。

学习内容

（1）配电装置的特点、种类及结构类型；

（2）SF_6 组合电器的特点、种类及结构；

（3）高压开关柜、GIS 的常见故障及处理方法；

（4）高压开关柜的检修。

6.1　资讯

一、配电装置概述

1. 配电装置的概念

根据电气主接线的接线方式，由开关设备、母线装置、保护和测量电器、必要的辅助设备等构成，按照一定技术要求建造而成的特殊电工建筑物，称为配电装置。

配电装置的作用是正常运行时进行电能的传输和再分配，故障情况下迅速切除故障部分恢复运行。对电力系统运行方式的改变以及对线路、设备的操作都在其中进行。因此，配电装置是发电厂和变电站用来接受和分配电能的重要组成部分。

配电装置的型式，除与电气主接线及电气设备有密切关系外，还与周围环境、地形、地貌以及施工、检修条件、运行经验和习惯有关。随着电力技术的不断发展，配电装置的布置情况也在不断更新。

配电装置的类型很多，大致可分为以下几类。

（1）按电气设备安装地点分类，可分为屋内配电装置和屋外配电装置。

（2）按组装方式分类，可分为装配式配电装置和成套式配电装置。

（3）按电压等级分类，可分为低压配电装置（1kV 以下）、高压配电装置（1～220kV）、超高压配电装置（330～750kV）、特高压配电装置（1000kV 和直流±800kV）。

2．配电装置的技术要求

配电装置的设计和建造，应认真贯彻国家的技术经济政策和有关规程的要求，同时应满足以下几个基本要求。

（1）安全。设备布置合理清晰，采取必要的保护措施，如设置遮拦和安全出口、防爆隔墙、设备外壳底座等保护接地。

（2）可靠。设备选择合理、故障率低、影响范围小，满足对设备和人身的安全距离。

（3）方便。设备布置便于集中操作，便于检修、巡视。

（4）经济。在保证技术要求的前提下，合理布置、节省用地、节省材料、减少投资。

（5）发展。预留备用间隔、备用容量，便于扩建和安装。

3．配电装置的有关术语

（1）安全净距。为了满足配电装置运行和检修的需要，各带电设备应相隔一定的距离，这距离称为安全净距。配电装置各部分之间，为确保人身和设备的安全所必需的最小电气距离，称为安全净距。

我国《高压配电装置设计技术规程》规定了屋内、屋外配电装置各有关部分之间的最小安全净距，这些距离可分为 A、B、C、D、E 五类，如图 6-1、图 6-2 和表 6-1、表 6-2 所示。在各种间隔距离中，最基本的是带电部分对接地部分之间和不同相的带电部分之间的空间最小安全净距，即所谓 A_1 和 A_2 值。在这一距离下，无论是在正常最高工作电压还是在出现内、外过电压时，都不致使空气间隙击穿。

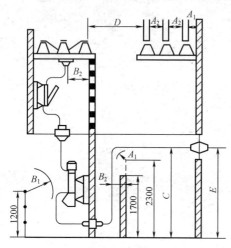

图 6-1　屋内配电装置安全净距示意图

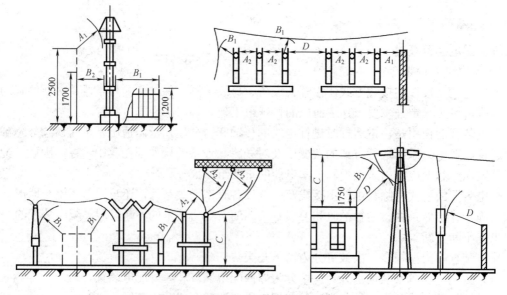

图 6-2　屋外配电装置安全净距示意图

安全净距取决于电极的形状、过电压的水平、防雷保护、绝缘等级等因素，A 值可根据电气设备标准试验电压和相应电压与最小放电距离试验曲线确定。

一般来说影响 A 值的因素，220kV 以下电压等级的配电装置，大气过电压起主要作用；330kV 及以上电压等级的配电装置，内部过电压起主要作用。采用残压较低的避雷器时，A_1 和 A_2 值可减小。

在设计配电装置确定带电导体之间和导体对接地构架的距离时，还要考虑减少相间短路的可能性及减少电动力。例如软绞线在短路电动力、风摆、温度等因素作用下，使相间及对地距离的减小；隔离开关开断允许电流时，不致发生相间和接地故障；减小大电流导体附近的铁磁物质的发热。对 110kV 及以上电压等级的配电装置，还要考虑减少电晕损失、带电检修等因素，故工程上采用的安全净距，通常大于表 6-1、表 6-2 中的数值。

表 6-1　　　　　　　　　　　　屋内配电装置的安全净距　　　　　　　　　　　单位：mm

符号	适用范围	额定电压（kV）									
		3	6	10	15	20	35	60	110J	110	220J
A_1	（1）带电部分至接地部分之间；（2）网状和板状遮拦向上延伸线距地 2.3m，与遮拦上方带电部分之间	75	100	125	150	180	300	550	850	950	1800
A_2	（1）不同相的带电部分之间；（2）断路器和隔离开关的断口两侧带电部分之间	75	100	125	150	180	300	550	900	1000	2000
B_1	（1）栅状遮拦至带电部分之间；（2）交叉的不同时停电检修的无遮拦带电部分之间	825	850	875	900	930	1050	1300	1600	1700	2550
B_2	网状遮拦至带电部分之间	175	200	225	250	280	400	650	950	1050	1900
C	无遮拦裸导线至地面之间	2500	2500	2500	2500	2500	2600	2850	3150	3250	4100
D	平行的不同时停电检修的无遮拦裸导线之间	1875	1900	1925	1950	1980	2100	2350	2650	2750	3600
E	通向屋外的出线套管至屋外通道的路面	4000	4000	4000	4000	4000	4000	4500	5000	5000	5500

注　J 系指中性点直接接地系统。

表 6-2　　　　　　　　　　　　屋外配电装置的安全净距　　　　　　　　　　　单位：mm

符号	适用范围	额定电压（kV）								
		3～10	15～20	35	60	110J	110	220J	330J	500J
A_1	（1）带电部分至接地部分之间；（2）网状和板状遮拦向上延伸线距地 2.5m，与遮拦上方带电部分之间	200	300	400	650	900	1000	1800	2500	3800

续表

符号	适用范围	额定电压（kV）								
		3～10	15～20	35	60	110J	110	220J	330J	500J
A_2	（1）不同相的带电部分之间； （2）断路器和隔离开关的断口两侧带电部分之间	200	300	400	650	1000	1100	2000	2800	4300
B_1	（1）栅状遮拦至带电部分之间； （2）交叉的不同时停电检修的无遮拦带电部分之间； （3）设备运输时，其外廓至无遮拦带电部分之间； （4）带电作业时的带电部分至接地部分之间	950	1050	1150	1400	1650	1750	2550	3250	4550
B_2	网状遮拦至带电部分之间	300	400	500	750	1000	1100	1900	2600	3900
C	（1）无遮拦裸导线至地面之间； （2）无遮拦裸导线至建筑物、构筑物顶部之间	2700	2800	2900	3100	3400	3500	4300	5000	7500
D	（1）平行的不同时停电检修的无遮拦裸导线之间； （2）带电部分与建筑物、构筑物的边沿部分之间	2200	2300	2400	2600	2900	3000	3800	4500	5800

注　J系指中性点直接接地系统。

（2）间隔。间隔是配电装置中最小的组成部分，其大体上对应主接线图中的接线单元，以主设备为主，加上所谓附属设备一整套电气设备称为间隔。

在发电厂或变电站内，间隔是指一个完整的电气连接，包括断路器、隔离开关、TA、TV、端子箱等，根据不同设备的连接所发挥的功能不同又有很大的差别，比如有主变间隔、母线设备间隔、母联间隔、出线间隔等。

例如出线以断路器为主设备，所有相关隔离开关，包括接地开关、TA、端子箱等，均为一个电气间隔。母线则以母线为一个电气间隔。对主变来说，以本体为一个电气间隔，至于各侧断路器各为一个电气间隔。GIS 由于特殊性，电气间隔不容易划分，但是基本上也是按以上规则划分的。至于开关柜等以柜盘形式存在的，则以一个柜盘为电气间隔。

（3）层。层是指设备布置位置的层次。配电装置有单层、两层、三层布置。

（4）列。一个间隔断路器的排列次序即为列。配电装置有单列式布置、双列式布置、三列式布置。双列式布置是指该配电装置纵向布置有两组断路器及附属设备。

（5）通道。为便于设备的操作、检修和搬运，配电装置在布置时设置了维护通道、操作通道、防爆通道。凡用来维护和搬运各种电器的通道，称为维护通道；如通道内设有断路器（或隔离开关）的操动机构、就地控制屏等，称为操作通道；仅和防爆小室相通的通道，称为防爆通道。

4. 配电装置的图

为了表示整个配电装置的结构、电气设备的布置以及安装情况，一般采用三种图进行说明，即平面图、断面图、配置图。

（1）平面图。按照配电装置的比例进行绘制，并标出尺寸；图中标出房屋轮廓、配电装置间隔的位置与数量、各种通道与出口、电缆沟等。平面图上的间隔不标出其中所装设备。

（2）断面图。按照配电装置的比例进行绘制，用以校验其各部分的安全净距（成套配电装置内部除外）；图中表示配电装置典型间隔的剖面，表明间隔中各设备具体的布置以及相互之间的联系。

（3）配置图。配置图是一种示意图，可不按照比例进行绘制，主要用于了解整个配电装置中设备的布置、数量、内容；对应平面图的实际情况，图中标出各间隔的序号与名称、设备在各间隔内布置的轮廓、进出线的方式与方向、通道名称等。

5. 配电装置的种类及特点

（1）屋内配电装置。屋内配电装置是将电气设备和载流导体安装在屋内，避开大气污染和恶劣气候的影响。其特点是：允许安全净距小而且可以分层布置，因此占地面积较小；维修、巡视和操作在室内进行，不受气候的影响；外界污秽的空气对电气设备影响较小，可减少维护的工作量；房屋建筑的投资较大。

大、中型发电厂和变电站中，35kV 及以下电压等级的配电装置多采用屋内配电装置。但110kV 及 220kV 装置有特殊要求（如变电站深入城市中心）和处于严重污秽地区（如海边和化工区）时，经过技术经济比较，也可以采用屋内配电装置。

屋内配电装置的结构形式，与电气主接线、电压等级和采用的电气设备型式等有密切的关系，按照配电装置布置形式的不同，一般可分为单层式、二层式和三层式。

1）单层式。一般用于出线不带电抗器的配电装置，所有的电气设备布置在单层房屋内。单层式占地面积较大，通常可采用成套开关柜，主要用于单母线接线、中小容量的发电厂和变电站。

2）二层式。一般用于出线有电抗器的情况，将所有电气设备按照轻重分别布置，较重的设备如断路器、限流电抗器、电压互感器等布置在一层，较轻的设备如母线和母线隔离开关布置在二层。其结构简单，具有占地较少、运行与检修较方便、综合造价较低等特点。

3）三层式。将所有电气设备依其轻重分别布置在三层中，具有安全、可靠性高、占地面积小等特点，但其结构复杂、施工时间长、造价高，检修和运行很不方便。因此，目前我国很少采用三层式屋内配电装置。

屋内配电装置的安装形式一般有两种。

1）装配式。将各种电气设备在现场组装构成配电装置称为装配式配电装置。目前，需要安装重型设备（如大型开关、电抗器等）的屋内配电装置大都采用装配式。

2）成套式。由制造厂预先将各种电气设备按照要求装配在封闭或半封闭的金属柜中，安装时按照主接线要求组合起来构成整个配电装置，这就称为成套式配电装置。其特点是：装配质量好、运行可靠性高；易于实现系列化、标准化；不受外界环境影响，基建时间短。成套式配电装置按元件固定的特点，可分为固定式和手车式；按电压等级不同，可分为高压开关柜和低压开关柜。

（2）屋外配电装置。屋外配电装置是将电气设备安装在露天场地基础、支架或构架上。其特点是：土建工作量和费用较小，建设周期短；扩建比较方便；相邻设备之间距离较大，便于带电作业；占地面积大；受外界环境影响，设备运行条件较差，需加强绝缘；不良气候对设备维修和操作有影响。

根据电气设备和母线布置的高度，屋外配电装置可分为低型、中型、半高型和高型等。

1）低型配电装置。电气设备直接放在地面基础上，母线布置的高度也比较低，为了保证安全距离，设备周围设有围栏。低型布置占地面积大，目前很少采用。

2）中型配电装置。所有电器都安装在同一水平面内，并装在一定高度（2～2.5mm）的基础上，使带电部分对地保持必要的高度，以便工作人员能在地面安全地活动。中型配电装置母线所在的水平面稍高于电器所在的水平面。

中型配电装置按照隔离开关的布置方式可分为普通中型和分相中型，是我国屋外配电装置普遍采用的一种方式。

这种布置比较清晰，不易误操作，运行可靠，施工维护方便，所用钢材较少，造价低；其最大的缺点是占地面积较大。

3）半高型和高型配电装置。母线和电器分别装在几个不同高度的水平面上，并重叠布置。如果仅将母线与断路器、电流互感器等重叠布置，则称为半高型配电装置。凡是将一组母线与另一组母线重叠布置的，称为高型配电装置。

高型布置的缺点是钢材消耗大，操作和检修不方便。半高型布置的缺点也类似。但高型布置的最大优点是占地少，一般约为中型的一半，因此半高型和高型布置已广泛采用。有时还根据地形条件采用不同地面高程的阶梯型布置，以进一步减少占地和节省开挖工程量。

（3）成套配电装置。成套配电装置是制造厂成套供应的设备，由制造厂预先按主接线的要求，将每一回电路的电气设备（如断路器、隔离开关、互感器等）装配在封闭或半封闭的金属柜中，构成各单元电路分柜，此单元电路分柜称为成套配电装置。安装时，按主接线方式，将各单元分柜（又称间隔）组合起来，就构成整个配电装置。

成套配电装置具有以下特点。

1）具有金属外壳（柜体）的保护，电气设备和载流导体不易积灰，便于维护，特别处在污秽地区更为突出。

2）易于实现系列化、标准化，具有装配质量好、速度快，运行可靠性高的特点。由于进行定型设计与生产，所以其结构紧凑、布置合理、体积小、占地面积少，降低了造价。

3）成套配电装置的基建时间短，其电器的安装、线路的敷设与变配电室的施工可分开进行。

成套配电装置可以按以下方式进行分类。

1）按柜体结构特点，可分为开启式和封闭式。开启式的电压母线外露，柜内各元件之间也不隔开，结构简单，造价低；封闭式开关柜的母线、电缆头、断路器和测量仪表均被相互隔开，运行较安全，可防止事故的扩大，适用于工作条件差、要求高的用电环境。

2）按元件固定的特点，可分为固定式和手车式。固定式的全部电气设备均固定于柜内；而手车式开关柜的断路器及其操动机构（有时还包括电流互感器、仪表等）都装在可以从柜内拉出的小车上，便于检修和更换。断路器在柜内经插入式触头与固定在柜内的电路连接，并取代了隔离开关。

3）按其电压等级又可分为高压开关柜和低压开关柜。

（4）六氟化硫（SF$_6$）组合电器。六氟化硫组合电器又称为气体绝缘全封闭组合电器（Gas-Insulator Switchgear），简称 GIS。如图 6-3 所示，它将断路器、隔离开关、母线、接地开关、互感器、出线套管或电缆终端头等分别装在各自密封间中，集中组成一个整体外壳，充以（3.039～5.065）×10^{5}Pa（3～5 大气压）的六氟化硫气体作为绝缘介质。

GIS 主要使用在以下场合。

1）占地面积较小的地区，如市区变电站；

2）高海拔地区或高烈度地震区；

3）外界环境较恶劣的地区。

GIS 的主要优点有以下几点。

1）可靠性高。由于带电部分全部封闭在 SF_6 气体中，不会受到外界环境的影响。

2）安全性高。由于 SF_6 气体具有很高的绝缘强度，并为惰性气体，不会产生火灾；带电部分全部封闭在接地的金属壳体内，实现了屏蔽作用，也不存在触电的危险。

图 6-3 六氟化硫组合电器

3）占地面积小。由于采用具有很高的绝缘强度的 SF_6 气体作为绝缘和灭弧介质，使得各电气设备之间、设备对地之间的最小安全净距减小，从而大大缩小了占地面积。

4）安装、维护方便。组合电器可在制造厂家装配和试验合格后，再以间隔的形式运到现场进行安装，工期大大缩短。

5）其检修周期长，维护方便，维护工作量小。

GIS 的主要缺点有以下几点。

1）密封性能要求高。装置内 SF_6 气体压力的大小和水分的多少会直接影响整个装置运行的性能和人员的安全性，因此，GIS 对加工的精度有严格的要求。

2）金属耗费量大，价格较昂贵。

3）故障后危害较大。首先，故障发生后造成的损坏程度较大，有可能使整个系统遭受破坏。其次，检修时有毒气体（SF_6 气体与水发生化学反应后产生）会对检修人员造成伤害。

GIS 的分类方式有以下两种。

1）按结构形式分。根据充气外壳的结构形状，GIS 可分为圆筒形和柜形两大类。第一大类依据主回路配置方式还可分为单相一壳型（即分相型）、部分三相一壳型（又称主母线三相共筒型）、全三相一壳型和复合三相一壳型四种；第二大类又称 C-GIS，俗称充气柜，依据柜体结构和元件间是否隔离可分为箱型和铠装型两种。

2）按绝缘介质分。按绝缘介质不同可分为全 SF_6 气体绝缘型（F-GIS）和部分 SF_6 气体绝缘型（H-GIS）两类。

二、低压成套配电装置

低压成套配电装置是电压为 1000V 及以下电网中用来接受和分配电能的成套配电设备，可分为配电屏（盘、柜）和配电箱两类。低压配电屏，又称配电柜或开关柜，是将低压电路中的开关电器、测量仪表、保护装置和辅助设备等，按照一定的接线方案安装在金属柜内，用来接受和分配电能的成套配电设备。

低压成套配电装置按控制层次可分为配电总盘、分盘和动力、照明配电箱。总盘上装有总控制开关和总保护器；分盘上装有分路开关和分路保护器；动力、照明配电箱内装有所控制动力或照明设备的控制保护电器。总盘和分盘一般装在低压配电室内；动力、照明配电箱通常装设在动力或照明用户内。

（1）PGL 型交流低压配电屏，为开启式双面维护的低压配电装置，如图 6-4（a）所示。其

国家示范性高职院校精品教材 电气设备检修

型号的意义为：P—低压开启式；G—元件固定安装、固定接线；L—动力用。按用途可分为电源进线、受电、备用电源架空受电或电缆受电、联络馈电、刀熔开关馈电、熔断器馈电、断路器馈电和照明等八种。

（2）GGD型固定式低压配电柜，属单面操作、双面维护的低压配电装置，如图6-4（b）所示。其型号的含义为：G—交流低压配电柜；G—电器元件固定安装、固定接线；D—电力用柜。GGD型低压配电柜具有分断能力高、动热稳定性好、电气方案灵活、组合方便、防护等级高等特点，按其分断能力的大小可分为Ⅰ、Ⅱ、Ⅲ型。最大分断能力分别为15、30、50kA。主电路设计方案有126种，可以满足各方面的需要。

（3）GCS型低压抽屉式开关柜，为密封式结构，正面操作、双面维护的低压配电装置，如图6-4（c）所示。其型号含义是：G—封闭式开关柜；C—抽出式；S—森源电气系统。它密封性能好，可靠性高，占地面积小，具有分断、接通能力高，动热稳定性好，电气方案灵活，组合方便，系列性、实用性强，结构新颖，防护等级高等特点，它将逐步取代固定式低压配电屏。

（4）MNS型低压抽出式开关柜，为用标准模件组装的组合装配式结构，如图6-4（d）所示。其型号含义为：M—标准模件；N—低压；S—开关配电设备。MNS型开关柜可分为动力配电中心柜（PC）和电动机控制中心柜（MCC）两种类型。动力配电中心柜采用ME、F、M、AH等系列断路器；电动机控制中心柜由大小抽屉组装而成，各回路主开关采用高分断塑壳断路器或旋转式带熔断器的负荷开关。

图6-4 典型低压成套配电装置

（a）PGL型交流低压配电屏；（b）GGD型固点式低压配电柜；（c）GCS低压抽屉式开关柜；
（d）MNS低压抽出式开关柜

三、高压成套配电装置

高压开关柜又称为成套开关或成套配电装置，是以断路器为主的电气设备，通常是生产厂家根据电气一次主接线图的要求，将控制电器、保护电器和测量电器等有关的高低压电器以及母线、载流导体、绝缘子等装配在封闭的或敞开的柜体内，作为供电系统中接受和分配电能的装置。开关柜由柜体和断路器两大部分组成，具有架空进出线、电缆进出线以及母线联络等功能。

1. 高压开关柜的特点

（1）开关柜有一次、二次方案，包括电能汇集、分配、计量和保护功能电气线路，一个开关柜有一个确定的主回路方案和辅助回路方案，即一次回路和二次回路方案，当一个开关柜的主方案不能实现时可以用几个单元方案来组合实现。

（2）开关柜具有一定的操作程序及机械或电气联锁机构。没有开关柜"五防"功能或"五防"功能不全是造成电力事故的主要原因。

高压开关柜的"五防"功能：防止误分、误合断路器；防止带负荷分、合隔离开关或带负荷推入、拉出金属封闭式开关柜的手车隔离插头；防止带电挂接地线或合接地开关；防止带接地线或接地开关合闸；防止误入带电间隔，以保证可靠的运行和操作人员的安全。

（3）开关柜具有接地的金属外壳，其外壳有支撑和防护作用，相应的要具有足够的机械强度和刚度，以保证装置的稳固性，当柜内产生故障时，不会出现变形、折断等外部效应，同时也可以防止人体接近带电部分或触及运动部件，防止外界因素对内部设施的影响，同时防止设备受到意外冲击。

（4）另外，开关柜还具有抑制内部故障的功能，若开关柜内部电弧短路引发内部故障，一旦发生则要求把电弧故障限制在隔室以内。

2. 高压开关柜的种类

开关柜按照安装地点可分为户内式和户外式，按照柜体结构可分为金属封闭铠装式开关柜、金属封闭间隔式开关柜、金属封闭箱式开关柜和敞开式开关柜四类。

（1）户外式及户内式。从高压开关柜的安置来分，可分为户外式和户内式两种，10kV及以下多采用户内式。根据一次线路方案的不同，可分为进出线开关柜、联络油开关柜、母线分段柜等。10kV进出线开关柜内多安装少油断路器或真空断路器，断路器所配的操动机构多为弹簧操动机构或电磁操动机构，也有配手动操动机构或永磁操动机构的。不同的开关柜在结构上有较大差别，这将影响到传感器的选择和安装。

（2）固定式及移开式。通用型高压开关柜内的主要电气设备是高压断路器，根据断路器的安装方式分为固定式和移开式两种。

固定式是柜内所有电器元件包括高压断路器和负荷开关等均安装在开关柜的固定架构上，采用母线和线路的隔离开关作为断路器检修的隔离措施，结构简单、造价较低，没有隔离触头，不容易出现接触不良引起的温度过高以及对地击穿的事故；但开关柜中的各功能区相通而且是敞开的，容易造成故障的扩大，还存在柜体高度和宽度偏大造成的检修断路器困难以及检修时间长的缺点。

移开式是指柜内主要的电器元件如高压断路器安装在开关柜内可抽出的小车上以便维修，也称手车式。手车柜可分为铠装型和间隔型两种，铠装型手车的位置可分为落地式和中置式两种。

金属铠装移开式开关柜为全封闭结构，高压断路器安装于可移动手车上，断路器两侧使用一次插头与固定的母线侧、线路侧静插头构成导电回路；检修时采用插头式的触头隔离，断路器手车可移出柜外检修。同类型断路器手车具有通用性，可使用备用断路器手车代替检修的断路器手车，以减少停电时间。手车式高压开关柜的各个功能区是采用金属封闭或者采用绝缘板的方式封闭，这种柜型的各功能小室相互隔开，正常操作性能和防误操作功能比较完善和合理，检修方便，可以大大提高供电可靠性，而且可以靠墙或背靠背安装，节省空间。

3. 高压开关柜的型号

高压开关柜的型号有两个系列的表示方法。其中一种为：

1	2	3	4	F

1：G 表示高压开关柜；

2：F 表示封闭型；

3：代表型式，C—手车式，G—固定式；

4：代表额定电压（kV）或设计序号；

5：F 表示防误型。

还有一种表示方法如下：

1	2	3	4

1：表示高压开关柜，J—间隔型，K—铠装型；

2：代表类别，Y—移开式，G—固定式；

3：N 表示户内式；

4：代表额定电压，kV。

例如，KGN-10 型号的含义为：金属封闭铠装户内 10kV 的固定式开关柜；GFC—10 型号的含义为：手车式封闭型的 10kV 高压开关柜。

四、认识高压开关柜

1. XGN2-10 型固定式开关柜

XGN2-10 型固定式开关柜为金属封闭箱式结构，如图 6-5 所示。屏体由钢板和角铁焊成。由断路器室、母线室、电缆室和仪表室等部分构成。断路器室在柜体的下部。断路器由拉杆与操作机构连接。断路器下引接与电流互感器相连，电流互感器和隔离开关连接。断路器室

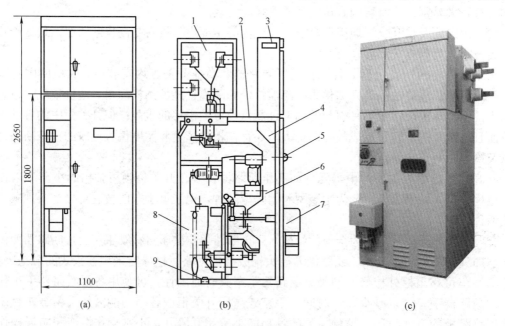

图 6-5　XGN2-10 型高压开关柜

（a）外形尺寸图；（b）结构示意图；（c）实物图

1—母线室；2—压力释放通道；3—仪表室；4—组合开关；5—手动操作及联锁机构；6—主开关室；

7—电磁弹簧结构；8—电缆室；9—接地母线

有压力释放通道，以便电弧燃烧产生的气体压力得以安全释放。母线室在柜体后上部，为减小柜体高度，母线呈"品"字形排列。电缆室在柜体下部的后方，电缆固定在支架上。仪表室在柜体前上部，便于运行人员观察。断路器操动机构装在面板左边位置，其上方为隔离开关的操作及联锁机构。

2. KYN28A-12 型中置式开关柜

KYN28A-12 即原 GZS1-10 型中置式开关柜是在真空、SF_6 断路器小型化后设计出的产品，可实现单面维护。其使用性能有所提高，近几年来国内外推出的新柜型以中置式居多。

KYN28A-12 型手车式开关柜整体是由柜体和中置式可抽出部分（即手车）两大部分组成。如图 6-6 所示，开关柜由母线室、断路器手车室、电缆室和继电器仪表室组成。手车室及手车是开头柜的主体部分，采用中置式形式，小车体积小，检修维护方便。手车在柜体内有断开位置、试验位置和工作位置三个状态。开关设备内装有安全可靠的联锁装置，完全满足五防的要求。母线室封闭在开关室后上部，不易落入灰尘和引起短路，出现电弧时，能有效将事故限制在隔室内而不向其他柜蔓延。由于开关设备采用中置式，电缆室空间较大。电流互感器、接地开关装在隔室后壁上，避雷器装设在隔室后下部。继电器仪表室内装设有继电保护元件、仪表、带电检查指示器，以及特殊要求的二次设备。

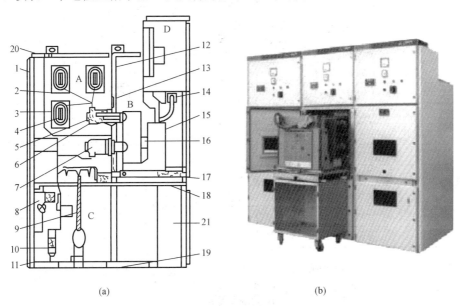

(a)　　　　　　　　　　　　　(b)

图 6-6　KYN28A-12 型中置式高压开关柜

(a) 结构图；(b) 实物图

A—母线室；B—手车式断路器；C—电缆室；D—继电器仪表室

1—外壳；2—分支小母线；3—母线套管；4—主母线；5—静触头装置；6—静触头盒；7—电流互感器；
8—接地开关；9—电缆；10—避雷器；11—接地主母线；12—装卸式隔板；13—隔板；14—次插头；15—断路器手车；
16—加热装置；17—可抽出式水平隔板；18—接地开关操动机构；19—板底；20—泄压装置；21—控制小线槽

3. 设备主要技术参数

（1）XGN2-10Z 型开关柜。

1）XGN2-10Z 型开关柜技术参数，见表 6-3。

表 6-3　　　　　　　　　　　XGN2-10Z 型开关柜技术参数

序号	项　目	单　位	数　据	备　注
1	额定电压	kV	10	
2	额定电流	A	1250	
3	额定短路开断电流	kA	31.5	
4	额定热稳电流（4s）	kA	80	
5	额定动稳定电流（峰值）	kA	80	
6	操作方式		直流电磁	
7	防护等级		IP2X	

2）ZN28-10 型真空断路器及 CD10-Ⅱ型操动机构技术参数（XGN2-10Z 开关柜），见表 6-4。

表 6-4　　　　　　ZN28-10 型真空断路器及 CD10-Ⅱ型操动机构技术参数

序号	项　目	单　位	数　据	备　注
1	额定电压	kV	10	
2	额定电流	A	1250	
3	额定开断电流	A	31.5	
4	额定频率	Hz	50	
5	额定短路开断电流	kA	31.5	
6	额定热稳电流（4s）	kA	31.5	
7	额定动稳定电流（峰值）	kA	80	
8	额定短路开断电流开断次数	次	50	
9	机械寿命	次	10000	
10	分、线圈工作电压	V	−220	
11	分、合闸线圈工作电流	A	2.5/120	
12	合闸时间	S	≯0.2	
13	分闸时间	S	≯0.06	

3）线路侧隔离开关及接地开关技术参数（XGN2-10Z 型开关柜），见表 6-5 和表 6-6。

表 6-5　　　　　　　　　　　GN22-10 型隔离开关技术参数

序号	项　目		单　位	数　据	备　注
1	额定工作电压		kV	10	
2	额定电流		A	630	
3	额定频率		Hz	50	
4	额定热稳电流(2s)		kA	20	
5	额定动稳定电流(峰值)		kA	50	
6	额定绝缘水平	1min 50Hz 耐压（有效值）	kV	42	
		额定雷电冲击耐压（全波）	kV	75	

表 6-6 接 地 开 关 技 术 参 数

序号	项 目		单 位	数 据	备 注
1	额定工作电压		kV	10	
2	极限通过电流		kA	80	
3	额定热稳电流(4s)		kA	31.5	
4	额定绝缘水平	1min 50Hz 耐压（有效值）	kV	42	
		冲击耐压（1.5/40us）	kV	75（全波）/90（截波）	

（2）KYN28A-12 型开关柜。

1）开关柜主要技术参数，见表 6-7。

表 6-7 开关柜主要技术参数

额定电压 （kV）		3.6　7.2　12					
额定电流 （A）		630　1250　1600　2000　2500　3150					
额定频率 （Hz）		50					
额定短时耐受电流 （kA）		16　20　25　31.5　40　50					
额定工频耐受电压（kV）	相间、相对地	42/min					
	断口间	48/min					
额定雷电冲击耐受电压（kV）	相间、相对地	75					
	断口间	85					
额定短路持续时间 （s）		4					
防护等级		IP4X					

2）真空断路器技术参数见表 6-8。

表 6-8 真空断路器技术参数

项 目		单 位	ZN21 型		ZN28 型		VD4 型	
标称电压		kV	12					
额定频率		Hz	50（60）					
绝缘水平	1min 工频耐压	kV	42					
	雷电冲击电压（全波）	kV	75					
额定电流等级		A	630 1000 1250 1600	1250 1600 2000	630 1000 1250 1600	1250 1600 2000 2500	630 1250 1600 2000 2500	1250 1600 2000 2500 3150
额定短路开断电流		kA	25	31.5	25	31.5	25	31.5
额定峰值耐受电流（峰值）		kA	63	80	63	80	63	80

续表

项 目	单位	ZN21 型		ZN28 型		VD4 型	
4s 短时耐受电流（有效值）	kA	25	31.5	25	31.5	25	31.5
额定短路电流开断次数	次	50	30	30		100	
机械寿命	次	10000		10000		2000	
合闸时间	s	≤0.06		≤0.15		≤0.07	
分闸时间	s	≤0.06		≤0.065		≤0.045	
额定分合闸操作电压/电流	V/A	AC220/1 AC110/2 DC220/0.77 DC110/1.55		AC220/1.33 AC110/2 DC220/1.63 DC110/2.34		AC220/ AC110/ DC220/ DC110/	
储能电机额定输出功率/储能时间	W/s	80/11		120/12		140/15	
1250A/31.5kA 开合电容组试验		单个电容器组开合 1000A,背靠背 400A		单个电容器组 开合 400A			
灭弧室类型		瓷泡		瓷泡		瓷泡	
主触臂触头类型		梅花型		梅花型		梅花型	
断路器绝缘防护类型		全绝缘		灭弧室敞开式		全绝缘	

五、高压开关柜的故障检测知识

高压开关柜由于质量问题、外力及机器老化的原因，很难保持永久的安全使用状态，必须加强对高压开关柜的检测，及时发现和检出异常所在，避免事故的发生。

1. 机械特性的检测

监测的内容有：合、分闸线圈回路，合、分闸线圈电流、电压，断路器动触头行程，断路器触头速度，合闸弹簧状态，断路器动作过程中的机械振动，断路器操作次数统计等。

目前，断路器机械状态监测主要有行程和速度的监测，操作过程中振动信号的监测等。

断路器操作时的机械振动信号监测是根据每个振动信号出现时间的变化、峰值的变化，结合分、合闸线圈电流波形来判断断路器的机械状态。机械性能稳定的断路器，其分、合闸振动波形的各峰值大小和各峰值间的时间差是相对稳定的。振动信号是否发生变化的判别依据是对新断路器或大修后的断路器进行多次分、合闸试验测试，记录稳定的振动波形，作为该断路器的特征波形"指纹"，将以后测到的振动波形，与"指纹"比较，以判别断路器机械特性是否正常。

行程—时间特性监测是指通过光电传感器，将连续变化的位移量变成一系列电脉冲信号，记录该脉冲的个数，就可以实现动触头全行程参数的测量；同时，记录每一个电脉冲产生的时刻值，就可计算出动触头运动过程中的最大速度和平均速度。因此测得断路器主轴连动杆的分合闸特性，即可反映动触头的特性。监测储能电机负荷电流和起动次数可反映负载（液压操动机构）的工作状况，也可判断电机是否正常，同时反映液压操动机构密封状况。

有关统计资料表明，开关柜机械故障发生的比例最高。这是因为与机械操作相关联的元件非常多，包括合、分闸回路串联有很多环节。而且开关的操作是没有规律的，有时候很长时间也不操作一次，有时候却要连续动作。另外，还受一年四季环境变化的影响。所以机械故障特别是拒动故障是发生概率最高的。

要保证断路器设备的操动机构性的可靠性，需经过考验验证。例如真空断路器制造厂在产品出厂前，往往要在标准规定的高低操作电压下进行机械操作数百次，如果有故障，就在出厂前进行处理。其次，开关柜内所有部件，特别是动作的部件包括各处的紧固螺钉、弹簧和拉杆，强度要足够，结构要可靠，要经得住长期运行的考验。

要保证电气回路良好的连通性，合、分闸线圈、辅助开关等元件的性能都要有保证。因为是串联回路，回路中的各个断路器、熔断器以及各个连接处要始终处于完好状态，直流操作电源也要始终处于正常状态。如果直流回路绝缘不良，发生一点接地或多点接地，就可能使断路器发生误动，如果直流回路导通不好或电源不正常，就会发生拒动事故。

2. 绝缘水平的检测

原则上讲，电压等级越高，对绝缘水平的选取越为关注。对于中压等级，往往希望通过增加不多的费用，将绝缘水平取得略为偏高一点，使得运行更安全。

国家相关标准推荐了四种冲击耐受电压试验方法，对于非自恢复绝缘为主的设备可采用3次法，非自恢复绝缘和自恢复绝缘组成的复合绝缘的设备可使用3/9次法，而复合绝缘的设备则一般采用15次法。目前高压开关柜的雷电冲击耐压试验多采用15次法，实际上在中压等级设备达到要求的外绝缘的最小空气尺寸，例如 10kV 等级设备的外绝缘净空气间隙为125mm 的情况下，冲击耐受电压裕度较大，用3/9次法也可达到试验的目的。

在实际检测中，还需考虑到同样绝缘水平的产品，不同地方的运行情况相差很大。影响电气设备在运行中绝缘性能是否可靠的因素除了设备本身的绝缘水平外，还有过电压保护措施、环境条件、运行状况和设备随使用时间的老化等等，必须综合考虑这些因素的作用。

3. 导电回路检测

在运行设备中所发生的导电回路故障或事故表明，一旦存在导电回路接触不良，问题会随着时间的推移而不断加剧。隔离插头上往往装有紧固弹簧，受热后弹性变差，使接触电阻进一步加大，直至事故发生。

按规程规定，用大电流直流压降法测量回路电阻，就是防止导电回路事故的一种方法。由于回路电阻测量的使用电流受到限制，即使测量结果合格，但在运行中仍然发生载流事故的已有好多次。实践表明这并不是一种十分可靠的办法，不应完全依赖它。

在设备投运初期，加强监视是十分必要的，在高峰负荷以及夏季环境温度较高时，监视设备的运行状态尤其重要。例如可采用红外测温等方法来监视设备的发热情况，及时发现潜伏的不正常发热现象。

随着传感器技术、信号处理技术、计算机技术、人工智能技术的发展，使得对开关柜的运行状态进行在线监测，及时发现故障隐患并对累计性故障做出预测成为可能。它对于保证开关柜的正常运行，减少维修次数，提高电力系统的运行可靠性具有重要意义。

六、高压开关柜的检修流程概述

1. 固定式高压开关柜小修作业流程

固定式高压开关柜小修作业流程如图 6-7 所示。

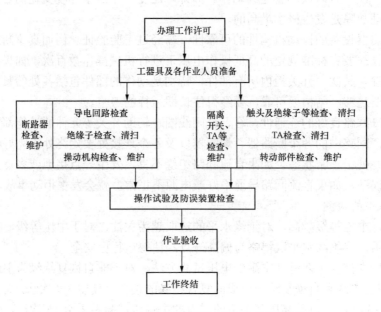

图 6-7　固定式高压开关柜小修作业流程图

2. 手车式开关柜小修作业流程

手车式开关柜小修作业流程如图 6-8 所示。

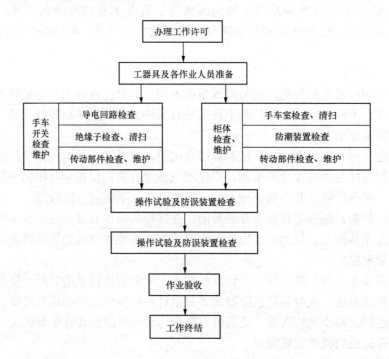

图 6-8　手车式开关柜小修作业流程图

6.2　决策与计划

一、高压开关柜常见故障分析及处理方法

1.　固定式开关柜故障分析

高压开关柜故障多发生在绝缘、导电和机械方面。

（1）拒动、误动故障。这种故障是高压开关柜最主要的故障，其原因可分为两类。一类是因操动机构及传动系统的机械故障造成，具体表现为机构卡涩，部件变形、位移或损坏，分合闸铁芯松动、卡涩，轴销松断，脱扣失灵等。另一类是因电气控制和辅助回路造成，表现为二次接线接触不良，端子松动，接线错误，分合闸线圈因机构卡涩或转换开关不良而烧损，辅助开关切换不灵，以及操作电源、合闸接触器、微动开关等故障。

（2）开断与关合故障。这类故障是由断路器本体造成的，对少油断路器而言，主要表现为喷油短路、灭弧室烧损、开断能力不足、关合时爆炸等。对于真空断路器而言，表现为灭弧室及波纹管漏气、真空度降低、切电容器组重燃、陶瓷管破裂等。

（3）绝缘故障。在绝缘方面的故障主要表现为外绝缘对地闪络击穿，内绝缘对地闪络击穿，相间绝缘闪络击穿，雷电过电压闪络击穿，绝缘子套管、电容套管闪络、污闪、击穿、爆炸，提升杆闪络，TA闪络、击穿、爆炸，绝缘子断裂等。

（4）载流故障。7.2～12kV电压等级发生的载流故障主要原因是开关柜隔离插头接触不良导致触头烧融。

（5）外力及其他故障。外力及其他故障包括异物撞击、自然灾害、小动物短路等不可知的其他外力及意外故障的发生。

2.　手车开关柜故障分析及处理（见表6-9）

表6-9　　　　　　　　　　　　手车开关柜故障分析及处理

故障现象	故障原因	处理方法
异常声响	通常由紧固件松动引起，如前后门或盖板螺栓松动，与母线及支持绝缘子松动	拧紧螺栓
小车不能拉出或推入	操作顺序不正确或拉出推进机构的构件损坏	先检查操作程序，若是操作程序误操作，则排除机构运动受卡的原因；若构件损坏，则应予以修复或更换
断路器拒合	电气联锁拒合	查看联锁位置
断路器拒合	合闸电源未接通或电源电压不足	接通合闸电源或恢复电压
断路器拒合	断路器操动机构及辅助开关没有调整好或其触点接触不良	调整机构或辅助触点
断路器拒合	合闸线圈烧毁	更换线圈
断路器拒合	手车位置不到位	操作手车到相应位置
断路器拒分	操作电源未接通或电源电压不足	接通操作电源或恢复电压
断路器拒分	脱扣器线圈烧毁	更换脱扣器线圈
断路器拒分	断路器操动机构及辅助开关没有调整好或其触点接触不良	调整脱扣机构或辅助触点
接地开关不能分合	操作顺序不正确	
接地开关不能分合	传动机构卡阻、变形或松脱	先检查操作程序，若是操作程序正确，则是传动机构上的问题，应予以修复或更换

二、现场查勘

现场查勘的主要内容有以下几项。

（1）确认待检修高压开关柜的安装地点，查勘工作现场周围（带电运行）设备与工作区域安全距离是否满足"安规"要求，工作人员工作位置与周围（带电）设备的安全距离是否满足要求。

（2）查勘工具、设备进入工作区域的通道是否畅通，绘制现场检修设备、工器具和材料定置草图。

（3）了解待检修高压开关柜的连接方式，收集技术参数、运行情况及缺陷情况。

（4）正确填写现场查勘表（参考学习指南）。

三、危险点分析与控制

检修高压开关柜，应考虑防止人身触电、机械性损伤、工器具损坏、设备损坏等因素，危险点分析与控制措施见表 6-10。

表 6-10 危险点分析及控制措施

序号	危 险 点	控 制 措 施
1	作业现场情况的核查不全面、不准确	布置作业前，必须核对图纸，勘察现场，彻底查明可能向作业地点反送电的所有电源，并应断开断路器、隔离开关。对施工作业现场，应查明作业中的不安全因素，制定可靠的安全防范措施
2	作业任务不清楚	对施工作业现场，应按有关规定编制现场作业标准卡，并需组织全体作业人员结合现场实际认真学习，做好事故预想
3	作业组的工作负责人和工作班组成员选派不当	选派的工作负责人应有较强的责任心和安全意识，并熟练地掌握所承担的检修项目的质量标准。选派的工作班成员需能在工作负责人的指导下安全、保质地完成所承担的工作任务
4	工器具不足或不合规范	检查着装和所需使用安全用具是否合格、齐备
5	监护不到位	工作负责人正确、安全地组织作业，做好全过程的监护。作业人员做到相互监护、照顾、提醒
6	使用梯子不当造成摔伤	梯子必须放置稳固，由专人扶持或专梯专用，将梯子与固定物牢固地捆绑在一起；上下梯子和设备时必须清理鞋底油污
7	其他相邻设备距离太近	将小车开关停放在无障碍宽松的地方进行作业，避免误碰其他带电设备
8	调整或检修机构弹簧能量未释压，会造成设备和人身伤害	释放弹簧能量
9	在控制回路端子螺丝紧固时，未确认回路是否有电压产生触电	（1）作业人员必须明确当日工作任务、现场安全措施、停电范围； （2）现场的工具，长大物件必须与带电设备保持足够的安全距离并设专人监护； （3）现场要使用专用电源，不得使用绝缘老化的电线，控制开关要完好，熔丝的规格应合适； （4）低压交流电源应装有触电保器； （5）电源开关的操作把手需绝缘良好； （6）接线端子的绝缘保护罩齐备，导线的接头必须采取绝缘包扎措施； （7）申请母线停电处理
10	线路侧隔离开关检修时，将接于隔离开关或电缆接头处的临时接地线取下，会有反送电伤人	
11	手车室接地金属活门在开启位置误碰静触头带电体	
12	接地金属活门在处理局部松动时误碰静触头带电体	
13	使用已损坏的不合格的电源，导致低压伤人	
14	检查绝缘隔板和绝缘活门在处理局部松动时误碰静触头带电体	
15	接地金属活门存在严重松动情况，工作时有可能导致活门脱落	

续表

序号	危 险 点	控 制 措 施
16	手动分合操动机构时，作业人员触及连板系统和各传动部件，导致作业人员受伤	工作中大声呼唱
17	断路器试验或断路器传动时，工作班成员内部或工作班间在工作中协调不够，易引起人身伤害或设备损坏事故	

四、确定检修内容、时间和进度

根据现场查勘报告，编制标准化作业流程表，见表 6-11。

表 6-11 　　　　　　　　　　　标 准 化 作 业 流 程 表

工作任务	高 压 开 关 柜 检 修	
工作日期	年　月　日至　月　日	工期　　天
工作安排	工 作 内 容	时间（学时）
主持人： 参与人：全体小组成员	（1）分组制订检修工作计划、作业方案	
	（2）讨论优化作业方案，编制最优化标准化作业卡	
	（3）准备检修工器具、材料，办理开工手续	
小组成员训练顺序：	（4）高压开关柜检查	
	（5）闭锁失灵缺陷处理	
	（6）调整、试验	
主持人： 参与人：全体小组成员	（7）清理工作现场，验收、办理工作终结	
	（8）小组自评、小组互评，教师总评	
确认（签名）	工作负责人： 小组成员：	

五、确定安全、技术措施

1. 安全注意事项

（1）施工前，准备好所需仪器仪表、工器具、相关材料、相关图纸及相关技术资料。检查安全工器具是否齐备、合格，确定现场工器具摆放位置。

（2）按规定办理工作票，工作负责人同值班人员一起检查现场安全措施，履行工作许可手续。

（3）开工前，工作负责人组织全体施工人员列队宣读工作票，进行安全、技术交底。

（4）施工人员正确佩带安全帽，穿好工作服，高空作业正确使用安全带，施工过程中互相监督，保证安全施工。

（5）明确工作的作业内容、进度要求、作业标准及安全注意事项，严格按照标准卡进行工作。

（6）明确工作中的主要危险点及控制措施。

2．技术措施

（1）工作前，将停电检修开关控制、信号电源、储能电机及加热电源断开，并释放弹簧能量至未储能位置。确认断路器的操作和合闸电源熔断器已取下（或检查电源处于断开状态）。

（2）检查确认现场安全措施与工作票所列安全措施一致。

（3）相邻间隔均在运行，注意与带电设备保持足够的安全距离。

（4）工作结束前，将设备恢复至工作许可时状态，一般废弃物应放在就近设定的垃圾箱内，不得随便乱扔。

六、工器具及材料准备

1．工器具准备（见表 6-12）

表 6-12　　　　　　　　　　　　工 器 具 准 备 表

序号	名　称	规　格	单位	每组数量	备注
1	活动扳手	200mm、250mm、300mm	把	1	各 1
2	套筒板手	M6-22	套	1	
3	呆扳手		套	1	
4	梅花扳手		套	1	
5	尖嘴钳		把	1	
6	十字螺丝刀	150mm	把	2	
7	平口螺丝刀	150mm	把	1	
8	榔头	2 磅	把	1	
9	钢板尺	150mm	把	1	
10	游标卡尺	0～125mm	副	1	
11	调试专用工具			齐全	调试用
12	机油枪		把	1	
13	电源接线板	220V	只	1	

2．仪器、仪表准备（见表 6-13）

表 6-13　　　　　　　　　　　　仪器、仪表准备表

序号	名　称	规　格	单位	每组数量	备注
1	万用表	—	只	1	
2	绝缘电阻表	2500V、500V	只	1	各 1
3	低电压测试仪		套	1	
3	开关特性测试仪		只	1	
4	接触电阻测试仪	100A	台	1	
5	试验导线		套	1	

3. 消耗性材料及备件准备（见表 6-14）

表 6-14　　　　　　　　　　　消耗性材料及备件准备表

序号	名　称	规　格	单位	每组数量	备注
1	凡士林油	中性	kg	1	
2	低温润滑油		kg	0.5	
3	黄油		瓶	1	
4	轴承防锈润滑脂	BD—B01	盒	1	
5	厌氧胶		瓶	1	
6	导电膏	—	kg	0.1	
7	电力复合脂		条	1	
8	砂布	0 号	张	2	
9	毛刷子		把	4	
10	锯条		根	10	
11	棉纱		kg	2	
12	抹布		kg	1	
13	绸布	—	块	2	
14	纱手套		副	3	
15	清洗剂	—	瓶	1	
16	弹簧	8XK、282、033	个	3	各 3
17	弹簧	8XK、282、034	个	3	各 3
18	合闸线圈		个	1	
19	分闸线圈		个	1	
20	挡卡	10	个	6	
21	辅助开关	F10	个	1	
22	开口销			若干	

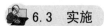 6.3　实施

一、布置安全措施，办理开工手续

（1）断开检修间隔断路器，检查断路器机械位置指示器位于分闸位置，确认断路器处于分闸位置。

（2）检查回路操作电源已切断，拉开隔离开关至分闸位置。

（3）确认检修间隔开关柜的断路器、两侧隔离开关在断开、拉开位置（或将手车退出至检修位置），并在隔离开关操作把手上挂"禁止合闸，有人工作"标示牌，并挂"在此工作"标示牌。

（4）确认检修间隔开关柜线路侧隔离开关已挂接地线（或接地开关已合上）。

（5）确认检修间隔开关柜母线侧隔离开关动、静触头之间已挂绝缘隔板。

（6）确认检修间隔开关柜四周装设围栏并挂"止步，高压危险"标示牌。

（7）列队宣读工作票，交代工作内容、安全措施和注意事项。

（8）准备好检修所需的工器具、材料、配件等，检查工器具应齐全、合格，摆放位置符合规定。

二、高压开关柜检修前的检查

检修前例行检查见表6-15。

表6-15　　　　　　　　　　　　**检修前例行检查表**

检 查 项 目	检 查 要 求	检 查 标 准
断路器手车	推进、拉出灵活轻便	无卡阻碰撞现象
安全隔板	随断路器可移开小车的进出相应动作	开启灵活
动静触头	中心线一致、触头接触紧密	插入超程满足要求
二次辅助触头	接触可靠	动作正确
接地触头	小车推入时接地触头比主触头先接触；拉出时相反	接地触头接触紧密
机械"五防"	闭锁动作	准确可靠
防止误操作	断路器不在工作或试验位置断路器	合不了闸
防止带负荷拉开小车	拉开在工作位置已合闸的断路器时	立即自动跳闸
防止带电合接地开关	断路器处在工作位置时	接地开关无法合上
防止接地状态送电	接地开关已合上时断路器	不能推进更无法合闸
防止误入带电间隔	接地开关没合上时出线电缆室门没关紧，接地开关就打不开	门打不开无法开启，接地开关打不开
电气联锁动作	带负荷拉开插头	断路器跳闸
电流互感器	二次侧未接任何仪表或继电器的端子	应短接，不能开路
清理	清理柜内异物，清除绝缘件污秽	无异物，绝缘件无污秽
加热除湿器	投入与切除加热除湿器	功能正常，投入与切除动作正确

三、高压开关柜的检修

（一）固定式高压开关柜的小修

1. 断路器（室）及操动机构的检修维护

（1）检查断路器是否清洁，有无污秽；对断路器表面、机构内部进行清洁，在传动及摩擦部位加润滑油。

（2）检查各连接螺栓、紧固件接触是否可靠，有无松动，定位销、挡卡有无断裂、脱落；导电回路接触部分有无过热。

（3）操动机构连板系统检查、清扫、加油。检查各部件应无损坏变形；检查定位止钉是否松动，端部和侧面有无打击变形现象；检查分闸连板中间轴过"死点"的距离，中间轴应低于两侧连板轴的中心连线 0.5～1.0mm。

（4）检查各辅助开关切换是否灵活正确，接触是否良好、灵活、正确，指针应在标记以内。

（5）检查各电气元件端子接线、二次端头连接可靠无松动；在清扫、检查过程中应注意防止低压触电、二次短路、接地。

（6）检查真空泡外观是否清洁，有无划痕、破损；测量触头开距应为（4±1）mm，行程应为（10±1）mm。

（7）检查断路器室顶部的百叶窗式压力释放通道是否卡涩，开启是否灵活。

2. 隔离开关、电流互感器及电缆头的检修维护

（1）清扫灰尘，特别是绝缘零部件上的尘垢，做到清洁无污秽。

（2）检查接触部分接触是否良好，有无过热、熔焊现象；在机械传动和摩擦部位涂凡士林，在触刀接触处涂导电膏。

（3）检查隔离开关、电缆头连接是否可靠，紧固零件是否松动、蠕变。

（4）检查接地隔离开关操作是否灵活，接触是否可靠。

（5）检查电流互感器二次接线是否牢固；连接紧固。

3. 防误装置的检查

（1）只有当断路器处于分闸时，才能操作隔离开关；停电时，断路器分闸后，只有先拉开线路侧各路隔离开关，才能拉开母线侧隔离开关；送电时，只有先推合母线侧隔离开关后，才能推合线路侧隔离开关，最后合断路器。

（2）只有在断路器分闸后，才能将手柄从"工作"位置拉出右旋至"分闸闭锁"位置，分、合隔离开关。

（3）当断路器和上、下隔离开关均处于合闸状态，手柄处于"工作"位置时，前后柜门不能打开。

（4）当断路器和上、下隔离开关于合闸状态，手柄不能转至"检修"或"分断闭锁"位置；当手柄均处于"分断闭锁"位置时，只能合、分上下隔离开关，不能合断路器。

（5）当上、下隔离开关未分闸，接地开关就不能合上，手柄不能从"分断闭锁"位置旋至"检修"位置。

（6）接地开关未分闸，上、下隔离开关就不能合上；接地开关接地后，才能打开前后门；应关闭的门没有关合锁好，接地开关就不能打开，隔离开关也不能操作合闸。

（二）手车式高压开关柜的小修

1. 手车的检修维护

（1）将手车退出至柜体外。

（2）检查手车上传动连杆、拉杆、开口销是否变形和有卡涩现象；脚踏板的定位销、联锁板、杠杆是否有变形，动作是否灵活、可靠。

（3）检查手车定位销及销套有无变形，定位销及"摇把挡板"是否能自动复位。

（4）检查手车推进轴上弹簧销是否存在剪切脱落失灵状况。

2. 断路器的检修维护

（1）检查断路器上绝缘隔板是否松动、破损及变形。

（2）检查并清洗支柱绝缘子、绝缘拉杆及一次插头，绝缘子清洁无损伤，触指无烧伤痕迹，镀银部件用软棉布擦拭。

（3）检查上出线座固定螺栓是否紧固。

（4）检查各接头及导电回路有无发热迹象，接头螺母有无松动。

（5）操动机构连板系统检查、清扫、加油：检查各部件应无损坏变形；检查定位止钉无松动，端部和侧面有无打击变形现象；检查分闸连板中间轴过"死点"的距离。

（6）辅助开关的检查、调整：用毛刷清扫浮尘，检查动静触头是否完好，切换是否正确、到位；检查轴销、连杆是否完好，有无扭曲、变形。

（7）清扫、检查二次接线：接线可靠、绝缘良好；在清扫、检查过程中应注意防止低压触电、二次短路、接地。

3. 手车室的检查与维护

（1）检查手车室顶部的百叶窗式泄压活门是否卡涩，开启是否灵活。

（2）检查柜底盘上接地铜母线排是否可靠接地并涂润滑油。

（3）检查供手车进出的导向角板及推进到位的勾板有无变形、移位并涂润滑油。

（4）检查定位槽板上试验位置及工作位置的定位孔有无异物堵塞。

（5）金属活门及提升机构的检查：

1）检查固定金属活门的4个螺杆是否紧固、完好、无脱落；注意保持与静触头的带电距离。

2）检查提升机构运动灵活有无卡涩，在各转动部位及与小车接触部位涂润滑油。

3）检查提升机构中带动金属活门运动的连杆灵活有无卡涩，导向弯板螺栓无松动、脱落并紧固，接触部位涂润滑油。

4）检查金属活门能否正常开启，无卡涩。

4. 联锁装置检查及校对

（1）接地开关在合闸位置，手车不能进入柜内；反之，只有在分闸位置，手车才可抽出或插入。

（2）合上接地开关，电缆室封板才可打开检查；反之，只有电缆室封板封上后，接地开关才能分闸。

（3）断路器在分闸状态，手车在试验位置和工作位置之间移动时，接地开关不能合闸。

（4）手车在试验位置，断路器合闸，手车不能推入柜内。

（5）手车在工作位置，断路器合闸，手车不能摇出，接地开关不能合闸。

（三）手车式高压开关柜的大修

1. 对手车开关本体进行检查与维护

（1）检查导电回路，有无发热迹象，螺母有无松动。

（2）清扫检查真空灭弧室，有无破损、连接是否紧固，清除绝缘表面灰尘污秽。

（3）检查各连接件的紧固件，开口销有无脱落，传动系统加注润滑油。拧紧松动的紧固件。

（4）检查支持绝缘子，外表有无污垢，有无破损，清除绝缘表面灰尘。

（5）检查触头，接触紧固，有无发热断裂迹象，触头有无烧伤痕迹，触指弹性是否良好，并涂中性凡士林油。

（6）触头开距及触头接触压力调整：把连接触头的导电杆放长（开距减小和接触压力增大）或缩短（开距增大和接触压力减小）；要求：触头开距 25^{+3}mm，触头压力由触头压缩弹簧表示为 8^{+3}mm。

（7）检查动、静触头允许磨损累计厚度分别不超过2mm。

2．手车室检查

（1）检查绝缘隔板和绝缘活门是否完好，复位弹簧闭锁是否可靠，禁止用手或工具强行推开活门（静触头带电）。

（2）检查柜外观及柜内元件及各部连接螺丝，主要受力点是否紧固、牢固。

（3）检查框架、绝缘子及各部紧固螺栓有无松动。

（4）检查活动引轨有无弯曲。

（5）检查定位勾、挡板，试验位置和工作位置定位销，定位是否可靠。

（6）检查手车断路器在试验位置是否可靠，不位移。

（7）检查接地开关及水平连杆连接是否可靠，有无松脱，开口销是否齐全。

（8）检查二次插件是否牢固、接触可靠。

（9）检查手车断路器接地是否可靠。

（10）对手车断路器及机构金属件外观进行维护，去锈蚀，底层处理和上油漆。

（11）检查电流互感器二次接线是否牢固，连接是否紧固。

（12）检查加热、防潮、照明装置，动作是否可靠、有无损坏。

（13）检查手车动触头插入深度是否符合厂家要求（大于 25mm）。

3．CT19BN（W）-I 弹簧机构大修

（1）把手车断路器拉至检修位置。

（2）机构大修前检查弹簧储能，先将合闸弹簧能量释放。

（3）拆卸手车断路器面板。

（4）拆除水平传动大轴和真空断路器的连杆。

（5）拆下辅助开关联动杆。

（6）拆卸机构本体 M12 螺栓。

（7）分别拆卸储能轴、连板、分闸半轴、扣板、输出拐臂、输出轴、储能保持掣子扣板，对拆下的部件进行检查、清洗。

（8）拆下齿轮、挂油簧、合闸弹簧、离合推轮、储能轴，对拆下的部件进行检查、清洗。

（9）机构各部回装后，不应有明显的倾斜，不应有产生影响机构灵活运动的变形。

（10）机构本体用 M12 螺栓固定在手车断路器支撑物上，再装水平传动轴用手轻轻转动大轴，大轴转动必须十分灵活，不得有阻滞现象。

（11）机构与断路器之间的连接，在断路器和机构都处于分闸位置进行。

（12）测量机构分闸限位拐臂与分闸限位轴销之间间隙 2～3mm；此时机构的输出转角为 50°～55°。

（13）装上连接水平传动大轴和真空断路器的连接杆，做几次分合动作，看看动作是否灵活可靠，分合闸指示是否正确到位。

应特别注意，机构的分闸限位拐臂与分闸限位轴销不可作为断路器的分闸限位，否则可能造成这两个零件的损坏，当机构的分闸限位拐臂和分闸限位轴销靠远时，还可能引起机构拒合。

（14）机构与断路器连接之后，当机构处于分闸并且已储能状态时，机构的扣板应该运动至脱离分闸半轴的位置，使分闸半轴完全自由复位，否则说明机构的分闸位置不正确。可通过调整机构与断路器之间连接来调整机构的分闸位置。

（15）机构与断路器连接后，先进行慢分慢合动作，以检查和排除整个机械传动系统的卡阻现象。注意在进行人力慢分慢合操作时，不一定强行合闸到位，以免损伤机构。

（16）检查操动机构传动部分，连杆有无扭曲、变形，转动部位有无卡滞，在各转动部位加注适量润滑油。

（17）检查合闸储能弹簧，储能是否可靠。

（18）检查辅助开关的接触点，连杆有无扭曲、变形，切换是否正确、到位。

（19）检查直流接触器，触点是否完好，动作是否可靠。

（20）检查、清扫端子排，检查端子有无损坏以及导线连接是否牢固，应注意防止低压触电，防止直流短路、接地。

4．操作试验

（1）分合闸动作试验：先手动分合 2～5 次再进行电动操作。

（2）分合闸低电压试验：30%额定电压时，断路器拒动；65%额定电压时，断路器可靠分闸；85%额定电压时，开关可靠合闸。

5．联锁装置检查及校对

（1）二次插头未接通之前，手车不能从试验位置推至工作位置。

（2）当手车在工作位置断路器合闸时，二次插头插座不能被解开。

（3）当手车拉出时，若二次插头插座未解开，则手车不能拉离试验位置。

（4）当断路器处于合闸状态时，手车不能在工作位置或试验位置移动。

（5）当手车在工作位置或试验位置之间时，断路器不能合闸。

（6）当接地开关处在合闸状态时，手车不能从试验位置推至工作位置。

（7）当手车在工作位置或试验位置之间时，接地开关不能进行合闸。

四、高压开关柜常见故障判断及处理

高压开关柜常见故障表现形式主要有正在运行设备突然跳闸和电动手动不能分合闸。高压开关柜常见故障类型可分为电气故障和机械故障两类。电气故障可以分为电动不能储能、电动不能合闸、电动不能分闸等。

尽管高压柜的故障形式多种多样，但只要能在事故跳闸、电动手动不能分合闸情况下判断出高压开关柜的几种常见电气或机械故障，根据故障现象和检查结果确定故障部位，就能很快将故障排除。

1．高压开关柜在运行中突然跳闸故障的判断和处理

（1）故障现象。这种故障的原因是保护动作。高压柜上装有过电流、速断、气体和温度等保护。如图 6-9 所示，当线路或变压器出现故障时，保护继电器动作使开关跳闸。跳闸后开关柜绿灯闪

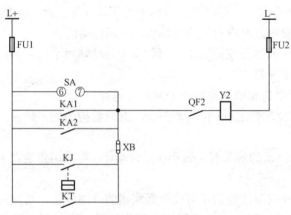

图 6-9　保护跳闸电路

SA—转换开关；KA1—速断继电器；KA2—过电流继电器；
KJ—重瓦斯继电器；KT—温度继电器；QF2—断路器辅助开关；
Y2—跳闸线圈；XB—连接片；FU1、FU2—熔断器

亮（如果没有闪光母线不闪），转换开关手柄在合闸后位置即竖直向上。高压柜内或中央信号

系统有声光报警信号，继电器掉牌指示。计算机监控系统有"保护动作"、"开关变位由合变分"的告警信息。

（2）判断方法。判断故障原因可以根据继电器掉牌、遥信信息等情况进行判断。在高压柜中气体、温度保护动作后都有相应的信号继电器掉牌指示。过电流继电器（GL 型）动作时不能区分过流和速断。在定时限保护电路中过电流和速断分别由两块（JL 型）电流继电器保护。继电器动作时红色的发光二极管亮，可以明确判断动作原因。

（3）处理方法。过电流继电器动作使断路器跳闸，是因为线路过负荷。在送电前应当减少负荷，防止送电后再次跳闸。速断跳闸时，应当检查母线、变压器、线路。找到短路故障点，将故障排除后方可送电。过电流和速断保护动作使断路器跳闸后继电器可以复位，利用这一特点可以和温度、气体保护区分。变压器发生内部故障或过负荷时气体和温度保护动作，如果是变压器内部故障使重瓦斯动作，必须检修变压器；如果是新移动、加油的变压器发生轻瓦斯动作，可以将内部气体放出后继续投入运行。温度保护动作是因为变压器温度超过整定值。如果定值整定正确，必须设法降低变压器的温度，可以通风降低环境温度，也可以减少负荷减低变压器温升。如果整定值偏小，可以将整定值调大。通过以上几个方法使温度触点打开，断路器才能送电。

2. 高压开关柜储能故障的判断和处理

在应用弹簧储能操动机构的高压柜中，合闸前必须预先储能方可合闸。储能机构由电动机带动齿轮机构将弹簧拉长。操作方法有电动和手动两种方法。手动不能储能应当是机构出现机械故障。手动可以储能，但电动不能储能是电气故障。使用时间不久的机构，机械磨损不大，一般不会出现机械故障。

如图 6-10 所示，电动不能储能分别有电机故障控制开关损坏、行程开关调节不当和线路其他部位开路等，表现形式有电机不转、电机不停、储能不到位等。电动不能储能故障判断见表 6-16。

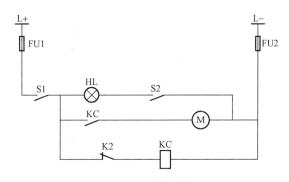

图 6-10 储能电路

S1—控制开关；S2—限位开关；HL—储能指示灯；
KC—中间继电器；M—电动机；FU1、FU2—熔断器

表 6-16　　　　　　　　　　电动机不能储能故障判断处理表

故障类型	故障表现	判断方法	处理方法
行程限位过高	电机不停转，储能指示灯不亮	手动储能，储满后凸轮顶不到限位开关	向下调整行程开关
行程限位过低	储能不满，不能合闸	凸轮过早顶到限位开关	向上调整行程开关
电机故障	冒烟，异味，熔断器熔断	用万用表检查	更换电机
控制回路断线	电机不转	电机没有电压	更换开关或接线

（1）行程开关调节不当。行程开关是控制电机储能位置的限位开关，当电机储能到位时将电机电源切断。如果限位过高时，机构储能已满，故障现象是：电机空转不停、储能指示灯不亮。只有打开控制开关才能使电机停止。限位调节过低时，电机储能未满提前

停机，由于储能不到位断路器不能合闸。调节限位的方法是手动慢慢储能找到正确位置，并且紧固。

（2）电机故障。如果电机绕组烧毁，将有异味、冒烟、保险熔断等现象发生。如果电机两端有电压，电机不转，可能是碳刷脱落或磨损严重等故障。判断是否是电机故障的方法有测量电机两端电压、电阻或用其他好的电机替换进行检查。

（3）控制开关故障或电路开路。控制开关损坏使电路不能闭合及控制回路断线造成开路时，故障表现形式都是电机不转、电机两端没有电压。查找方法是用万用表测量电压或电阻。测量电压法是控制电路通电情况下，万用表调到电压挡，如果有电压（降压元件除外），则被测两点间有开路点。用测量电阻法应当注意旁路的通断，如果有旁路并联电路，应将被测线路一端断开。

3. 高压开关柜合闸故障的判断和处理

合闸故障可分为电气故障和机械故障。合闸方式有手动和电动两种。手动不能合闸一般是机械故障。手动可以合闸，电动不能合闸是电气故障。如图 6-11 所示，高压开关柜电动不能合闸时有保护动作、防护故障、电气联锁、辅助开关故障等。电动不能合闸故障的判断处理见表 6-17。

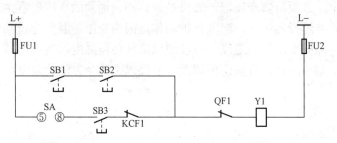

图 6-11　合闸电路

SB1—试验按钮；SB2—试验位置开关；SB3—运行位置开关；QF1—断路器辅助开关；Y1—合闸线圈；FU1、FU2—熔断器；SA—控制开关；KCF1—防跳继电器触点

表 6-17　　　　　　　　　　　　电动不能合闸故障判断处理表

故障类型	故障现象	判断方法	处理方法
保护动作	合闸后立即跳闸，有告警信号	继电保护动作	减少负荷，检查线路，降低温度等
防护故障	不能合闸，位置灯不亮	检查位置开关通断	微移手车使开关闭合
联锁故障	不能合闸，试验位置能合	检查联锁电路通断	满足联锁要求
辅助开关故障	不能合闸，绿灯不亮	检查辅助开关通断	调整拉杆长度
控制回路开路	不能合闸	合闸线圈没有电压	接通开路点
合闸线圈故障	异味，冒烟，保险熔断	测量线圈电阻	更换线圈

（1）保护动作。在前面已经分析过保护动作使开关跳闸。开关送电前线路有故障保护回路使防跳继电器作用，合闸后开关立即跳闸。即使转换开关还在合闸位置，开关也不会再次合闸连续跳跃。

（2）防护故障。现在高压柜内都设置了五防功能，要求开关不在运行位置或试验位置不能合闸。也就是位置开关不闭合，电动不能合闸。这种故障在合闸过程中经常遇到。此时运行位置灯或试验位置灯不亮，将开关手车稍微移动使限位开关闭合即可送电。如果限位开关偏移距离太大，应当进行调整。

（3）电气联锁故障。高压系统中为了系统的可靠运行设置了一些电气联锁。例如在两路电源进线的单母线分段系统中，要求两路进线柜和母联柜这三台开关只能合两台。如果三台都闭合将会有反送电的危险，并且短路参数变化，并列运行短路电流增大。

联锁电路的形式如图 6-12 所示。进线柜联锁电路串联母联柜的动断触点，要求母联柜分闸状态进线柜可以合闸。母联柜的联锁电路是分别用两路进线柜的一个动合和一个动断串联后再并联。这样就可以保证母联柜在两路进线柜有一个合闸另一个分闸时方可送电。在高压柜不能电动合闸时，首先应当考虑是否有电气联锁，不能盲目地用手动合闸。电气联锁故障一般都是操作不当，不能满足合闸要求。例如合母联虽然进线柜是一分一合，但是分闸柜内手车被拉出，插头没有插上。如果联锁电路发生故障，可以用万用表检查故障部位。

利用红、绿灯判断辅助开关故障简单方便，但是不太可靠，可以用万用表检查确定。检修辅助开关的方法是调整固定法兰的角度，调整辅助开关连杆的长度等。

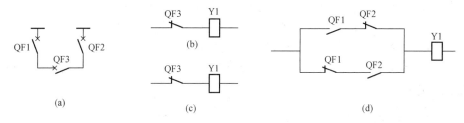

图 6-12　联锁电路

（a）主电路；（b）1 号进线柜联锁电路；（c）2 号进线柜联锁电路；（d）母联柜联锁电路；

QF1—1 号柜断路器辅助开关；QF2—2 号柜断路器辅助开关；QF3—3 号柜断路器辅助开关；Y1—合闸线圈

（4）控制回路开路故障。在控制回路中控制开关损坏、线路断线等都使合闸线圈不能得电，这时候合闸线圈没有动作的声音，测量线圈两端没有电压。检查方法是用万用表检查开路点。

（5）合闸线圈故障。合闸线圈烧毁是短路故障，这时候有异味、冒烟、保险熔断等现象发生。合闸线圈设计为短时工作制，通电时间不能太长。合闸失败后应当及时查找原因，不应该多次反复合闸。特别是 CD 型电磁操动机构的合闸线圈，由于通过电流较大，多次合闸容易烧坏。在检修高压柜不能合闸的故障时经常使用试送电的方法。这种方法可以排除线路故障(变压器温度、瓦斯故障除外)、电气联锁故障、限位开关故障。故障部位基本可以确定在手车内部。所以在应急处理时可以用试验位置试送电，更换备用手车送电的方法进行处理。这样可以起到事半功倍的效果，并且可以缩短停电时间。

4. 高压开关柜分闸故障的判断和处理

分闸故障也可分为机械故障和电气故障。电气故障主要有控制回路开路、线圈故障、辅助开关故障等。

（1）故障现象。当红灯不亮时电动不能分闸是辅助开关故障。分闸线圈烧坏时有冒烟、异味、保险熔断等明显现象发生。控制回路开路故障是指转换开关及其他部位断线，这时跳闸线圈不能得电。

（2）故障处理。在检查线圈故障时可以用万用表测量线圈两端电阻。电阻过小或为零时内部匝间短路，电阻无穷大时内部开路。查找开路故障的方法是用万用表测量电压、电阻进行判断，开路点有电压，电阻无穷大。

5. 高压开关柜机械故障的判断和处理

高压柜常见的机械故障主要有机械联锁故障、操动机构故障等。故障部位多是紧固部位松动、传动部件磨损、限位调整不当等。

（1）机械联锁故障。为了保证开关的正确操作，开关柜内设置了一些机械联锁。例如，手车进出柜体时开关必须是分闸；开关合闸时不能操作隔离开关等。这类故障形式多样，应当沿着机械传动途径进行查找。一般防护机构比较简单，与其他机构很少交叉，查找比较方便。在手车高压柜曾经出现过由于脚踏板与连杆的固定螺母脱落、机构将释能掣子顶死不能合闸的故障。

（2）操动机构故障。操动机构出现故障最多的部位是限位点偏移。例如在弹簧操动机构中扇形轮与脱扣半轴啮合量是机构调整的关键，啮合量较大，脱扣阻力就大，容易卡死；啮合量较小，容易连跳，不能合闸。调整的方法是改变限位螺栓长度和分闸连杆的长度。

五、检修自验收

（1）对检修工作全面自验收：逐项检查，无漏项，做到修必修好。

（2）现场安全措施检查：现场安全措施已恢复到工作许可时状态。

（3）恢复设备状态：断路器、隔离开关状态、接地开关状态、操作电源、防误电源等均要求恢复到工作许可时状态。

6.4 检查、考核与评价

一、工作检查

1. 小组自查

检修工作结束后，工作负责人带领小组成员进行自查，检查项目和要求见表6-18。

表6-18 小组自查检查项目及要求

序号	检 查 项 目		质 量 要 求
1	资料准备	工作票	正确、规范、完整
		现场查勘记录	
		检修方案	
		标准作业卡	
		调整数据记录	
2	检修过程	正确着装	穿棉质长袖工作服、戴安全帽、穿软底鞋
		工具、仪表、材料准备	工具、仪表、材料准备完备
		检查安全措施	（1）隔离开关闭锁可靠
			（2）接地线、标示牌装挂正确
			（3）断路器控制、信号、合闸熔断器已取下
		导电部分检查	（1）触指座无变形，无过热
			（2）触指弹簧无锈蚀，匝间均匀
			（3）所有螺栓紧固
			（4）用酒精清洗涂抹中性凡士林
		绝缘部分检查	（1）绝缘部件表面无裂纹
			（2）绝缘部件表面无污物
			（3）绝缘部件表面无放电痕迹

续表

序号	检查项目		质量要求
2	检修过程	转动部分	（1）开口销齐全并开口
			（2）轴销配合紧密，间隙小
			（3）各紧固螺栓紧固
			（4）各转动部分涂抹润滑脂
			（5）转动灵活无卡涩
		操动部分	（1）储能电机运转正常
			（2）储能弹簧无锈蚀、变形
			（3）手动、电动操作，合、分闸动作正确
			（4）各紧固螺栓紧固
			（5）各转动部分涂抹润滑脂
		机构辅助开关	转换正确
		闭锁装置	闭锁可靠
		接地装置	（1）接地可靠，操作灵活
			（2）接地部分与导电部分之间的距离符合"安规"要求
		出线部分	（1）导电接头涂抹导电膏，螺栓紧固
			（2）导体相间，对地距离符合"安规"要求
			（3）接头无过热、氧化
		机械和电气故障查找	故障查找方法正确，故障消除
		施工安全	不发生习惯性违章或危险动作，不在检修中损坏元器件
		工具使用	正确使用和爱护工器具，工具摆放规范
		文明施工	工作完后做到"工完、料尽、场地清"
3	检修记录		完善正确
4	遗留缺陷：		整改建议：

2. 小组交叉检查（见表 6-19）

表 6-19　　　　　　　　　　　　小组交叉检查内容及要求

序号	检查内容	质量要求
1	资料准备	资料完整、整理规范
2	检修记录	完善正确
3	检修过程	无安全事故、按照规程要求
4	工具使用	正确使用和爱护工器具，工作中工具无损坏
5	文明施工	工作完后做到"工完、料尽、场地清"

二、工作终结

（1）清理现场，办理工作终结。

1）将工器具进行清点、分类并归位。

2）清扫场地，恢复安全措施。

3）办理工作票终结。

（2）填写检修报告。

（3）整理资料。

三、考核

对学生掌握的相关专业知识的情况，由教师团队（参考学习指南）拟定试题，进行笔试或口试考核；对检修技能的考核，可参照考核评分细则进行。

四、评价

1. 学生自评与互评

（1）学生分组讨论，由工作负责人组织写出学习工作总结报告，并制作成PPT。

（2）工作负责人代表小组进行工作汇报，各小组成员认真听取汇报，并做好记录。

（3）各小组成员对自己小组和其他小组在检修资料准备、检修方案制定、检修过程组织、职业素养等方面进行评价，并提出改进建议。参照学习综合评价表进行评价，并填写学生自评与互评记录表（参考学习情境一表1-11）。

2. 教师评价

教师团队根据学习过程中存在普遍问题，结合理论和技能考核情况，以及学生小组自评与互评情况，对学生的相关知识学习、技能掌握、职业素养等方面进行评价，并提出改进要求。参照学习综合评价表进行评价，并填写教师评价记录表（参考学习情境一表1-12）。

3. 学习综合评价

参考学习综合评价表，按照在工作过程的资讯、决策与计划、实施、检查各个环节及职业素养的养成对学习进行综合评价（参考学习情境一表1-10）。

☞ 学习指南

第 一 阶 段 : 专 业 知 识 学 习

在主讲老师的引导下学习，了解相关专业知识，并完成以下资讯内容。

一、关键知识

（1）高压开关柜按柜体结构特点，可分为_____式和_____式；按开关元件固定的特点，可分为_____式和_____式。

（2）高压手车开关柜可分为铠装型和_____型，而铠装型按手车的位置可分为_____式和_____式。

（3）高压开关柜的"五防"功能即：

防止_____；

防止_____；

防止_____；

防止_____；

防止_____。

（4）高压开关柜以_____为主体，将检测_____、保护_____和辅助_____按一定_____要求都装在_____或_____的柜中。

（5）六氟化硫组合电器又称为气体绝缘全封闭组合电器，简称_____。它将_____、

_____、_____、_____、_____、_____或_____等分别装在各自密封间中，集中组成一个整体外壳，充以_____Pa 的气体作为绝缘介质。

二、看图填空

（1）XGN2-10 型固定式高压开关柜结构如图 6-13 所示，说出其各部分的名称及型号含义。

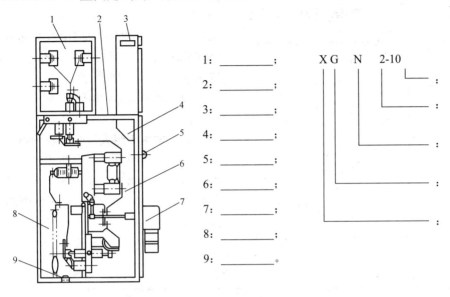

1：_____；
2：_____；
3：_____；
4：_____；
5：_____；
6：_____；
7：_____；
8：_____；
9：_____。

X G　N　2-10

图 6-13　XGN2-10 型固定式高压开关柜结构

（2）KYN28A-12 型中置式开关柜结构如图 6-14 所示，说出其 A、B、C、D 各部分和部分元件的名称及型号含义。

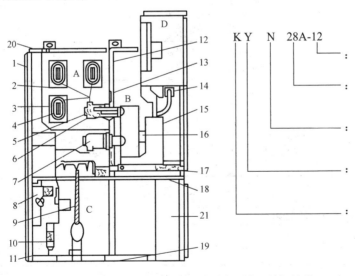

K Y　N　28A-12

图 6-14　KYN28A-12 型中置式开关柜结构

A：_____；　B：_____；　C：_____；　D：_____；
2：_____；　5：_____；　7：_____；　8：_____；
9：_____；　10：_____；　15：_____；　20：_____。

第二阶段：接受工作任务

一、工作任务下达

（1）明确工作任务：根据检修周期和运行工况进行综合分析判断，对 110kV 光明变电站 10kV 923 培训 III 线高压开关柜（KYN28-10 型）进行检修，并进行调整。现场接线如图 6-15 所示。

（2）观摩 KYN28-10 型高压开关柜检修示范操作。

二、学生小组人员分工及职责

根据设备数量（8 台断路器）进行分组，40 人分为 8 组，每组 5 人。每组确定一名工作负责人、一名工具和资料保管人，其余小组成员作为工作班成员。小组成员分工及职责情况见表 6-20。

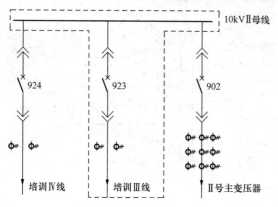

图 6-15　110kV 光明变电站 10kV923 培训 III 线接线图

表 6-20　　　　　　学生小组成员分工及职责情况

学生角色	签　名	能 力 要 求
工作负责人		（1）熟悉工作内容、工作流程、安全措施、工作中的危险点； （2）组织小组成员对危险点进行分析，告知安全注意事项； （3）工作前检查安全措施是否正确完备； （4）督促、监护小组成员遵守安全规章制度和现场安全措施，正确使用劳动防护用品，及时纠正不安全行为； （5）组织完成小组总结报告
工具和资料保管人		（1）负责现场工器具与设备材料的领取、保管、整理与归还； （2）负责小组资料整理保管
工作班成员		（1）收集整理相关学习资料； （2）明确工作内容、工作流程、安全措施、工作中的危险点； （3）遵守安全规章制度、技术规程和劳动纪律，正确使用安全用具和劳动防护用品； （4）听从工作负责人安排，完成检修工作任务； （5）配合完成小组总结报告

三、资料准备

各小组分别收集表 6-21 所列相关资料。

表 6-21　　　　　　资 料 准 备

序号	项　目	收集资料名称	收集人	保管人
1	高压开关柜及相关设备文字资料	（1）		
		（2）		
		……		

续表

序号	项 目	收集资料名称	收集人	保管人
2	高压开关柜及相关设备图片资料	（1）		
		（2）		
		……		
3	高压开关柜检修资料	（1）		
		（2）		
		……		
4	第一种工作票			
5	其 他			

第三阶段：前期准备工作

一、现场查勘（见表 6-22）

表 6-22　　　　　　　　　　　现 场 查 勘 表

工作任务：光明变电站 10kV 923 培训Ⅲ线高压开关柜检修		小组：第　组
现场查勘时间：　　年　月　日	查勘负责人（签名）：	

参加查勘人员（签名）：

现场查勘主要内容：
（1）确认待检修 KYN28-10 型高压开关柜的安装地点；
（2）安全距离是否满足"安规"要求；
（3）通道是否畅通；
（4）KYN28-10 型高压开关柜的连接方式、技术参数、运行情况及缺陷情况；
（5）确认本小组检修工位；
（6）绘制设备、工器具和材料定置草图

现场查勘记录：

现场查勘报告：

编制（签名）：

二、危险点分析与控制

明确危险点，完成控制措施，见表 6-23。

表 6-23   危险点分析及控制措施

序号		内　容
1	危险点	作业现场情况的核查不全面、不准确
	控制措施	
2	危险点	作业任务不清楚
	控制措施	
3	危险点	作业组的工作负责人和工作班组成员选派不当
	控制措施	
4	危险点	工器具不足或不合规范
	控制措施	
5	危险点	监护不到位
	控制措施	
6	危险点	使用梯子不当造成摔伤
	控制措施	
7	危险点	其他相邻设备距离太近
	控制措施	
8	危险点	调整或检修机构弹簧能量未释压，会造成设备和人身伤害
	控制措施	
9	危险点	在控制回路端子螺丝紧固时，未确认回路是否有电压产生触电
	控制措施	
10	危险点	线路侧隔离开关检修时，将接于隔离开关或电缆接头处的临时接地线取下，会有反送电伤人
	控制措施	
11	危险点	手车室接地金属活门在开启位置误碰静触头带电体
	控制措施	
12	危险点	接地金属活门在处理局部松动时误碰静触头带电体
	控制措施	
13	危险点	使用已损坏的不合格的电源，导致低压伤人
	控制措施	
14	危险点	检查绝缘隔板和绝缘活门在处理局部松动时误碰静触头带电体
	控制措施	
15	危险点	接地金属活门存在严重松动情况，工作时有可能导致活门脱落
	控制措施	
16	危险点	手动分合操动机构时，作业人员触及连板系统和各传动部件，导致作业人员受伤
	控制措施	
17	危险点	断路器试验或断路器传动时，工作班成员内部或工作班间在工作中协调不够，易引起人身伤害或设备损坏事故
	控制措施	

确认（签名）：

三、明确标准化作业流程

标准化作业流程见表 6-24。

表 6-24 第 组 标准化作业流程表

工作任务	光明变电站 10kV 923 培训Ⅲ线高压开关柜检修	
工作日期	年 月 日至 月 日	工期 天
工作安排	工 作 内 容	时间（学时）
主持人： 参与人：全体小组成员	（1）分组制订检修工作计划、作业方案	2
	（2）讨论优化作业方案，编制最优化标准化作业卡	1
	（3）准备检修工器具、材料，办理开工手续	1
小组成员训练顺序：	（4）高压开关柜检查	3
	（5）闭锁失灵缺陷处理	1
	（6）调整、试验	3
主持人： 参与人：全体小组成员	（7）清理工作现场，验收、办理工作终结	2
	（8）小组自评、小组互评，教师总评	3
确认（签名）	工作负责人： 小组成员：	

四、工器具及材料准备

1. 工器具准备（见表 6-25）

表 6-25 工 器 具 准 备 表

序号	名 称	规格	单位	每组数量	确认（√）	责任人
1	活扳手	200mm 250mm 300mm	把	各 1		
2	套筒扳手	M6-22	套	1		
3	死扳手		套	1		
4	梅花板手		套	1		
5	尖嘴钳		把	1		
6	十字螺丝刀	150mm	把	2		
7	平口螺丝刀	150mm	把	1		
8	榔头	2 磅	把	1		
9	钢板尺	150mm	个	1		
10	游标卡尺	0～125mm	副	1		
11	调试专用工具			齐全		
12	机油枪		把	1		
13	电源接线板	220V	只	1		

2. 仪器、仪表准备（见表 6-26）

表 6-26   仪器、仪表准备表

序号	名　　称	规格	单位	每组数量	确认（√）	责任人
1	万用表	—	只	1		
2	绝缘电阻表	2500V、500V	只	各1		
3	低电压测试仪		套	1		
3	开关特性测试仪		只	1		
4	接触电阻测试仪	100A	台	1		

3. 消耗性材料及备件准备（见表 6-27）

表 6-27   消耗性材料及备件准备表

序号	名　　称	规格	单位	每组数量	确认（√）	责任人
1	凡士林油	中性	kg	1		
2	低温润滑油		kg	0.5		
3	黄油		瓶	1		
4	轴承防锈润滑脂	BD—B01	盒	1		
5	厌氧胶		瓶	1		
6	导电膏	—	kg	0.1		
7	电力复合脂		条	1		
8	砂布	0 号	张	2		
9	毛刷子		把	4		
10	锯条		根	10		
11	棉纱		kg	2		
12	抹布		kg	1		
13	绸布	—	块	2		
14	纱手套		副	3		
15	清洗剂	—	瓶	1		
16	弹簧	8XK、282、033	个	3		
17	弹簧	8XK、282、034	个	3		
18	合闸线圈		个	1		
19	分闸线圈		个	1		
20	挡卡	10	个	6		
21	辅助开关	F10	个	1		
22	开口销			自定		

4. 现场布置

可参考如图 6-16 所示布置图，根据现场实际，绘制设备器材定置摆放布置图。

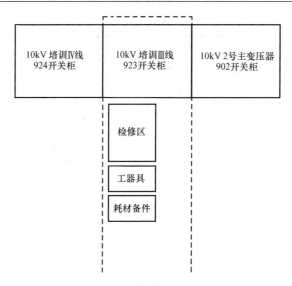

图 6-16 高压开关柜检修设备器材定置摆放布置图

第四阶段：工作任务实施

一、布置安全措施，办理开工手续

停电的范围：10kV Ⅱ段母线，923 培训Ⅲ线间隔及线路（见图 6-15 中虚线）。

（1）设备停电操作见表 6-28。

表 6-28   设 备 停 电 操 作

序号	工 作 内 容	执行人（签名）
1	断开 902 断路器	
2	将 902 断路器手车摇至试验位置	
3	断开 923 断路器	
4	将 923 手车摇至检修位置	
5	断开 924 断路器	
6	将 924 断路器手车摇至试验位置	
7	检查 902、923、924 断路器机构机械位置指示器、分闸弹簧、基座拐臂的位置，确认断路器已在分位	
8	检查 902、924 断路器手车位置	

（2）布置安全技术措施，见表 6-29。

表 6-29   布 置 安 全 措 施

序号	工 作 内 容	执行人（签名）
1	在 10kV Ⅱ段母线上对应 902、924 位置各装设一组接地线	
2	在 923 位置培训Ⅲ线线路侧之间装设一组接地线	
3	在 902、923、924 断路器就地操作把手悬挂"禁止合闸，有人工作"标示牌	

续表

序号	工作内容	执行人（签名）
4	在 923 开关柜门处悬挂"在此工作"标示牌	
5	在 923 开关柜与相邻带电设备间装设围栏，向内侧悬挂适量 "止步，高压危险" 标示牌；围栏设置唯一出口，在出口处悬挂"从此进出"标示牌	
6	在 902 开关柜和 924 开关柜的正面和背面悬挂"止步，高压危险"标示牌	
7	断开 923 断路器操动机构控制、信号、合闸电源，应拉开低压断路器或取下熔断器	

（3）开工手续见表6-30。

表6-30 办 理 开 工 手 续

序号	工作内容	执行人（签名）
1	列队宣读工作票，交代工作内容、安全措施和注意事项	
2	检查工器具应齐全、合格，摆放位置符合规定	
3	工作时，检修人员与 10kV 带电设备的安全距离必须不得小于 0.35m	

二、检修前例行检查

检修前例行检查内容见表6-31。

表6-31 检 修 前 例 行 检 查 表

序号	检查项目	检查要求	检查记录	执行人（签名）
1	断路器手车	推进、拉出灵活轻便		
2	安全隔板	随断路器可移开手车的进出相应动作		
3	动静触头	中心线一致、触头接触紧密		
4	二次辅助触头	接触可靠		
5	接地触头	手车推入时接地触头比主触头先接触；拉出时相反		
6	机械"五防"	闭锁动作		
7	防止误操作	断路器不在工作或试验位置		
8	防止带负荷拉开小车	拉开在工作位置已合闸的断路器时立即自动跳闸		
9	防止带电合接地开关	断路器处在工作位置时接地开关无法合上		
10	防止接地状态送电	接地开关已合上时断路器不能推进更无法合闸		
11	防止误入带电间隔	接地开关没合上时出线电缆室门无法开启；相反，电缆室门没关紧，接地开关就打不开		
12	电气联锁动作	带负荷拉开插头，断路器跳闸		
13	电流互感器	二次侧未接任何仪表或继电器的端子应短接，不能开路		
14	清理	清理柜内异物，清除绝缘件污秽		
15	加热除湿器	功能正常，投入与切除动作正确		

三、检修流程及质量要求

1. 检修流程及质量要求（作业卡）（见表 6-32）

表 6-32　　　　　　　　　　　　　　检修流程及质量要求

序号	检 修 内 容	质 量 要 求	检修记录	执行人	确认人
1	确认断路器处于分闸位置	（1）断路器机械位置指示器位于分闸； （2）操作电源插头已取下； （3）部件摆放位置符合规定			
2	摸底试验				
3	柜内照明灯检查	正常；灵活；正确闭锁			
4	手车断路器进出车检查				
5	柜门闭锁、断路器与接地开关间、隔离开关与断路器间闭锁检查				
6	二次插把检查	接触良好			
7	断路器一次引线接头检查，螺栓紧固				
8	断路器导电部位检查（夹紧度、深度），涂凡士林				
9	断路器绝缘部件检查、清洗				
10	断路器操动机构检查、注润滑油				
11	断路器辅助开关检查	动作灵活、可靠			
12	接触器检查	切换正常、接触良好			
13	手动、电动分/合开关	触点无烧伤损坏、动作灵活			
14	电流互感器一、二次引线检查	紧固、接触良好			
15	电流互感器绝缘部位检查与清扫；TA 上二次接线端子清扫	完好、清洁			
16	电压互感器一、二次引线检查	紧固、接触良好，二次回路严禁开路			
17	电压互感器绝缘部位检查与清扫；TV 上二次接线端子清扫	完好、清洁			
18	电压互感器回路熔断器检查	完好、无破损			
19	避雷器外观检查	绝缘子无破损，复合绝缘无裂纹，无放电痕迹			
20	避雷器引线接头检查	无松动、连接可靠			
21	避雷器计数器检查	计数器外观无破损；指示正常；不进水；牢固符合要求			
22	避雷器接地线检查	接地可靠			
23	电缆头外观、相序色带完好检查	无裂纹、放电现象			
24	电缆屏蔽接地线检查	接地良好			
25	电缆与其他设备搭接处检查	接触良好，无发热迹象			
26	穿墙套管检查	清扫表面浮灰；检查两端连接紧固螺栓			

2. 故障分析及处理（见表 6-33）

表 6-33　　　　　　　　　　　故 障 分 析 及 处 理

故障现象	可 能 原 因	处 理 办 法
断路器拒合		
断路器拒分		
绝缘故障		
载流故障		
手车不能拉出或推入		
接地开关不能分合		

第五阶段：工 作 结 束

一、小组自查

检修工作结束后，工作负责人带领小组成员进行自查，检查项目和要求见表 6-34。

表 6-34　　　　　　　　　　　小组自查检查项目及要求

序号	检 查 项 目		质 量 要 求	确认打"√"
1	资料准备	工作票	正确、规范、完整	
		现场查勘记录		
		检修方案		
		标准作业卡		
		调整数据记录		
2	检修过程	正确着装	穿棉质长袖工作服、戴安全帽、穿软底鞋	
		工具、仪表、材料准备	工具、仪表、材料准备完备	
		检查安全措施	（1）隔离开关闭锁可靠	
			（2）接地线、标示牌装挂正确	
			（3）断路器控制、信号、合闸熔断器已取下	
		导电部分检查	（1）触指座无变形，无过热	
			（2）触指弹簧无锈蚀，匝间均匀	
			（3）所有螺栓紧固	
			（4）用酒精清洗涂抹中性凡士林	
		绝缘部分检查	（1）绝缘部件表面无裂纹	
			（2）绝缘部件表面无污物	
			（3）绝缘部件表面无放电痕迹	
		转动部分	（1）开口销齐全并开口	
			（2）轴销配合紧密，间隙小	

序号	检 查 项 目		质 量 要 求	确认打"√"
2	检修过程	转动部分	（3）各紧固螺栓紧固	
			（4）各转动部分涂抹润滑脂	
			（5）转动灵活无卡涩	
		操动部分	（1）储能电机运转正常	
			（2）储能弹簧无锈蚀、变形	
			（3）手动、电动操作，合、分闸动作正确	
			（4）各紧固螺栓紧固	
			（5）各转动部分涂抹润滑脂	
		机构辅助开关	转换正确	
		闭锁装置	闭锁可靠	
		接地装置	（1）接地可靠，操作灵活	
			（2）接地部分与导电部分之间的距离符合"安规"要求	
		出线部分	（1）导电接头涂抹导电膏，螺栓紧固	
			（2）导体相间，对地距离符合"安规"要求	
			（3）接头无过热、氧化	
		机械和电气故障查找	故障查找方法正确，故障消除	
		施工安全	不发生习惯性违章或危险动作，不在检修中损坏元器件	
		工具使用	正确使用和爱护工器具，工作中工具摆放规范	
		文明施工	工作完后做到"工完、料尽、场地清"	
3	检修记录		完善正确	
遗留缺陷：			整改建议：	

二、小组交叉检查

小组交叉检查内容及要求见表6-35。

表6-35　　　　　　　　　　小组交叉检查内容及要求

检查对象	检查内容	质 量 要 求	检查结果
第1组	资料准备	资料完整、整理规范	
	检修记录	完善正确	
	检修过程	无安全事故、按照规程要求	
	工具使用	正确使用和爱护工器具，工作中工具无损坏	
	文明施工	工作完后做到"工完、料尽、场地清"	
第N组	资料准备	资料完整、整理规范	
	检修记录	完善正确	
	检修过程	无安全事故、按照规程要求	
	工具使用	正确使用和爱护工器具，工作中工具无损坏	
	文明施工	工作完后做到"工完、料尽、场地清"	

三、办理工作终结

清理现场，办理工作终结见表6-36。

表6-36　　　　　　　**办 理 工 作 终 结**

序　号	工 作 内 容	执 行 人
1	拆除安全措施，恢复设备原来状态	
2	工器具的整理、分类、归还	
3	场地的清扫	

四、填写检修报告

检修报告模板如下：

高压开关柜检修报告（模板）

检修小组	第　组	编制日期	
工作负责人		编写人	
小组成员			
指导教师		企业专家	

一、工作任务
（包括工作对象、工作内容、工作时间……）

设备型号			
设备生产厂家		出厂编号	
出厂日期		安装位置	

二、人员及分工
（包括工作负责人、工具资料保管、工作班成员……）

三、初步分析
（包括现场查勘情况、故障现象成因初步分析）

四、安全保证
（针对查勘发现的危险因素，提出预防危险的对策和消除危险点的措施）

五、检修使用的工器具、材料、备件记录

序号	名　　称	规　　格	单位	每组数量	总数量
1					
2					
3					
N					

六、检修流程及质量要求
（记录实施的检修流程）

七、检修记录
检查记录如下：

续表

序号	检查项目		允许值	采取的处理方法	记录值		
					A	B	C
1	外观检查		清洁				
2	绝缘部分		完好				
3	柜内照明灯		正常				
4	柜门闭锁		闭锁				
5	一次引线		连接紧固				
6	开关真空泡		无损伤				
7	辅助开关		切换正常				
8	TA二次回路		无开路				
9	避雷器计数器		指示正常				
10	电缆头		无裂纹放电				
11	穿墙套管		螺栓紧固				
12	带电部位安全净距		≥125mm				
13	上交资料	现场查勘记录	规范完整				
		施工方案					
		标准作业卡					
		工作票					
		施工日志					
		验收申请					
14	遗留缺陷：			建议处理方法：			

检修调试数据记录如下：

设备型号		厂家		检修日期		
序号	检修项目	技术要求		检测或检查结果		
				A相	B相	C相
1	触头开距	25^{+3}mm				
2	触头接触压力（触头压缩弹簧）	8^{+3}mm				
3	动、静触头允许磨损累计厚度	各2mm				
4	测量分闸限位与分闸限位轴销之间应有	2～4mm间隙				
5	低电压试验	30%额定电压拒动； 65%额定电压可靠分闸； 85%额定电压可靠合闸				
备注：						

八、收获与体会

五、整理资料

资料整理见表 6-37。

表 6-37　　　　　　　　　　　资 料 整 理 表

序号	名　　称	数量	编　　制	审　　核	完成情况	整理保管
1	现场查勘记录					
2	检修方案					
3	标准作业卡					
4	工作票					
5	检修记录					
6	检修总结报告					

第六阶段：评 价 与 考 核

一、考核

1. 理论考核

教师团队拟定理论试题对学生进行考核。

2. 技能考核

电气设备检修技能考核任务书如下：

电气设备检修技能考核任务书

一、任务名称

KYN28-10 型高压开关柜定期检修。

二、适用范围

电气设备检修课程学员。

三、具体任务

完成 KYN28-10 型高压开关柜定期检修。

四、工作规范及要求

（1）开工前出具已审定合格的标准化作业卡。

（2）工具、仪表、材料齐全、合格，检修技术资料齐全。

（3）开工前做好现场安全措施，交待安全注意事项及对危险点的控制。

（4）工作过程、严格按照任务书规定的范围进行作业。

（5）要求操作程序正确、动作规范。若在操作过程中出现严重违规，立即终止任务，考核成绩记为 0 分。

五、时间要求

本模块操作时间为 60min，时间到立即终止任务。

针对以上考核任务，KYN28-10 型高压开关柜检修考核评分细则见表 6-38。

表 6-38		KYN28-10 型高压开关柜检修考核评分细则						

班级：	组长姓名：	小组成员：
成绩：		考评日期：
企业考评员：		学院考评员：

技能操作项目	KYN28-10 型高压开关柜检修		
适用专业	发电厂及电力系统	考核时限	60min

需要说明的问题和要求	（1）按工作需要选择工具、仪表及材料
	（2）要求着装正确（工作服、工作鞋、安全帽、劳保手套）
	（3）小组配合操作，在规定时间内完成断路器解体检修工作，安全操作
	（4）必须按程序进行操作，出现错误则扣除应做项目分值
	（5）考核时间到立即停止操作

工具/材料/设备/场地	（1）配备安装好的 10kV 高压开关柜一台；按检修工艺配备工器具、备品、备件、专用工具、消耗性材料若干
	（2）校内实训基地

序号	项目名称	质量要求	满分	扣分标准	扣分原因	扣分	得分
1	着装	正确佩戴安全帽，着棉质工作服，穿软底鞋	5	未正确着装一处扣 2 分			
2	工作准备	工具、仪表、材料准备完备	5	工作中出现准备不充分再次拿工具、仪表或材料者每次扣 2 分			
3	检查安全措施	（1）隔离开关闭锁可靠； （2）接地线、标示牌装挂正确； （3）断路器控制、信号、合闸熔断器已取下	10	（1）未检查隔离开关闭锁扣 10 分； （2）未检查接地线装设扣 10 分； （3）未检查接地线各连接点一处扣 5 分； （4）未检查标示牌一处扣 5 分； （5）未检查断路器控制、信号、合闸熔断器已取下一处扣 5 分			
4	导电部分检查	（1）触指座无变形，无过热； （2）触指弹簧无锈蚀，匝间均匀； （3）所有螺栓紧固； （4）用酒精清洗，涂抹中性凡士林	10	（1）未正确使用工器具一次扣 2 分； （2）未检查触指座扣 2 分； （3）未检查触指弹簧扣 2 分； （4）未检查螺栓紧固扣 2 分； （5）未清洗并涂抹凡士林扣 2 分			
5	绝缘部分检查	（1）绝缘部件表面无裂纹； （2）绝缘部件表面无污物； （3）绝缘部件表面无放电痕迹	8	（1）未检查绝缘部件扣 8 分； （2）未清扫绝缘部件扣 3 分			
6	转动部分	（1）开口销齐全并开口； （2）轴销配合紧密，间隙小； （3）各紧固螺栓紧固； （4）各转动部分涂抹润滑脂； （5）转动灵活无卡涩	10	（1）未检查开口销扣 2 分； （2）未检查轴销扣 2 分； （3）未检查螺栓紧固扣 2 分； （4）未涂抹润滑脂扣 2 分； （5）未检查转动灵活扣 2 分			
7	操动部分	（1）储能电机运转正常； （2）储能弹簧无锈蚀、变形； （3）手动、电动操作，合、分闸动作正确； （4）各紧固螺栓紧固； （5）各转动部分涂抹润滑脂	13	（1）未检查储能电机扣 2 分； （2）未检查储能弹簧扣 2 分； （3）未检查手动、电动合、分闸动作扣 4 分； （4）未检查螺栓紧固扣 2 分； （5）未涂抹润滑脂扣 2 分			

序号	项目名称	质量要求	满分	扣分标准	扣分原因	扣分	得分
8	辅助开关	转换正确	5	未检查扣5分			
9	闭锁装置	闭锁可靠	5	未检查闭锁扣5分			
10	接地装置	(1) 接地可靠,操作灵活; (2) 接地部分与导电部分之间的距离符合"安规"要求	5	(1) 未检查接地装置扣5分; (2) 未检查接地部分与导电部分之间的距离扣2分			
11	出线部分	(1) 导电接头涂抹导电膏,螺栓紧固; (2) 导体相间,对地距离符合"安规"要求; (3) 接头无过热、氧化	5	(1) 未涂抹导电膏扣1分; (2) 未检查螺栓紧固扣1分; (3) 未检查导体相间、对地距离扣1分; (4) 未检查接头扣2分			
12	文明施工	工作完后做到"工完、料尽、场地清"	5	(1) 工作中掉工具或材料一次扣2分; (2) 不清理场地扣3分			
13	施工安全	不发生习惯性违章或危险动作,不在检修中损坏元器件	4	出现一次扣2分			
14	合计		100				

二、学生自评与互评

学生根据评价细则对自己小组和其他小组进行评价,并填写表6-39。

表6-39　　　　　　　　　　学 生 评 价 记 录 表

项目	评价对象	主 要 问 题 记 录	整 改 建 议	评价人
检修资料	第1组			
	第2组			
	第N组			
	第8组			
检修方案	第1组			
	第2组			
	第N组			
	第8组			
检修过程	第1组			
	第2组			
	第N组			
	第8组			
职业素养	第1组			
	第2组			
	第N组			
	第8组			

三、教师评价

教师团队根据评价细则对学生小组进行评价，并填写表6-40。

表6-40 　　　　　　　　　　　　　　教 师 评 价 记 录 表

项 目	发 现 问 题	检修小组	责任人	整 改 要 求
检修资料				
检修方案		第1组		
检修过程				
职业素养				
检修资料				
检修方案		第N组		
检修过程				
职业素养				

参 考 文 献

[1] 肖艳萍. 发电厂变电站电气设备. 北京：中国电力出版社，2008.

[2] 中国电机工程学会城市供电专业委员会组，杨香泽. 变电检修. 北京：中国电力出版社，2006.

[3] 刘志青. 电气设备检修. 北京：中国电力出版社，2005.

[4] 雷玉贵. 变电检修. 北京：中国水利水电出版社，2006.

[5] 孙宝成，刘贵先. 变电检修. 北京：中国电力出版社，2003.

[6] 李建基. 高压开关设备实用技术. 北京：中国电力出版社，2005.

[7] 陈家斌. SF_6 断路器实用技术. 北京：水利电力出版社，2004.

[8] 方可行. 断路器故障与监测. 北京：中国电力出版社，2003.

[9] 陈化钢，潘金銮，吴跃华. 高低压开关电器故障诊断与处理. 北京：水利电力出版社，2000.

[10] 上海超高压输变电公司. 常用中高压断路器及其运行. 北京：中国电力出版社，2004.

[11] 连理枝. 低压断路器及其应用. 北京：中国电力出版社，2002.

[12] 熊泰昌. 真空开关电器. 2版. 北京：中国水利水电出版社，2002.

[13] 中华人民共和国职业技能鉴定规范 电力行业 电气运行与检修专业. 北京：中国电力出版社，2000.

[14] 中华人民共和国职业技能鉴定规范 电力行业 变电运行与检修专业. 北京：中国电力出版社，2000.

[15] 国家电网公司企业标准 国家电气公司生产技能人员职业能力培训规范 第14部分：变电检修. 北京：中国电力出版社，2009.

[16] 国家电网公司. 高压开关设备管理规范. 北京：中国电力出版社，2006.

[17] 国家电网公司. 110（66）kV～500kV 互感器管理规范. 北京：中国电力出版社，2006.

[18] 国家电网公司. 10kV～66kV 干式电抗器管理规范. 北京：中国电力出版社，2006.

[19] 国家电网公司. 高压并联电容器管理规范. 北京：中国电力出版社，2006.

[20] 苑舜，崔文军. 高压隔离开关设计与改造. 北京：中国电力出版社，2007.

[21] 能源部电力司. SN10-10型少油断路器检修工艺. 北京：水利电力出版社，1992.

[22] 能源部电力司. SW6-110/220少油断路器检修工艺. 北京：水利电力出版社，1992.